JN097737

基礎化学工学

増補版

［化学工学会編］

培風館

編集・執筆者（増補版）〔(　)内は執筆担当章・節〕

編集委員長	橋本　健治	京都大学名誉教授
編集委員	石川　治男	大阪府立大学名誉教授
	寺本　正明	京都工芸繊維大学名誉教授
	平田　雄志	大阪大学名誉教授
執筆者	橋本　健治	京都大学名誉教授(1章)
	石川　治男	大阪府立大学名誉教授(2章)
	阪田　祐作	岡山大学名誉教授(2章)
	寺本　正明	京都工芸繊維大学名誉教授(3·1節，3·2節，3·8節)
	近藤　和生	同志社大学名誉教授(3·3節，3·7節)
	駒澤　　勲	大阪大学名誉教授(3·4節，3·6節)
	平井　隆之	大阪大学太陽エネルギー化学研究センター(3·4節，3·6節)
	吉田　弘之	大阪府立大学名誉教授(3·5節)
	平田　雄志	大阪大学名誉教授(4章)
	大谷　吉生	金沢大学名誉教授(5章)
	宮下　　尚	富山大学名誉教授(6章)
	吉田　正道	富山大学都市デザイン学部(6章)
	大嶋　正裕	京都大学大学院工学研究科(7章)

序　　文

私たちの周囲には，化学工業によって直接生産されたり，原材料が供給されている製品が数多くある。合成繊維，プラスチック，医薬品，写真フィルム，CD などはその例である。これらの化学製品の製造工程は複雑であるが，原料を調製して反応器に供給し，反応生成物から有用物質を分離・精製する一連の工程(プロセス)からなっている場合が多い。

化学工学の役割は，化学プロセスを設定し，原料から製品にいたる物質とエネルギーの流れの収支関係を明らかにし，各種の装置を設計し，製品を安全にかつ経済的に生産することにある。化学工学は化学工業の発展に貢献してきたが，その方法論は，化学工業と同じように物質とエネルギーの変換を伴う環境問題，省エネルギー，新材料，バイオテクノロジーなどの分野にも有効に応用できることが実証され，化学工学の学問領域が拡大している。

このため，化学系の学生諸君は，化学工学を学び基礎事項を身につけておくことがますます重要になっている。また現場技術者にとっても，工場での経験を整理し，化学装置を合理的に運転し，プロセスを改善するために化学工学の知識が必要になる。

化学工学に関する教科書や参考書はすでに多数出版されている。その多くは，化学工学が物理的な単位操作から出発した経緯をふまえて，化学量論，流動，伝熱，蒸留，ガス吸収，抽出，乾燥，沪過などのいわゆる単位操作別に章が構成されている。それに対して本書では，反応操作，新しい分離操作，プロセス制御などを含めて現在の化学工学の全般を概観できるようにし，さらに章の配列も，物質・熱収支，反応，物質分離，流動，機械的分離，熱移動，制御の順にした。化学系の学生諸君にとって，このような章構成がより親しみやすいと考えたからである。

1 章は，本書の序論であり，化学工学がどのような学問であるかを説明し，物質・熱収支の計算法を示す。2 章では，反応速度解析に基づく反応装置の設計・操作法を説明する。3 章においては，まず物質分離の原理と方法について説明し，ついでガス吸収，蒸留，抽出，調湿・乾燥などの分離法，ならびに吸着，晶析，膜分離など最近重要性が増している分離法についても基本事項を解説する。その後の4章では化学装置内の流体の流れを，5章では流体からの粒子の分離を，さらに6章ではエネルギーの流れと有効利用について，それぞれ解説する。最後の7章は，化学プロセス制御の基本的考え方をやさしく解説している。

本書は，大学の理工学部の工業化学科，応用化学科，物質工学科，化学工学科の化学工学の教科書あるいは参考書として使用されることを想定して執筆した。また，技術者の参考書や講習会でのテキストとしても使用できると思う。

本書の執筆にあたって，次の点に留意した。化学工学全般を取り上げたが，それらについての網羅的解説ではなく，重要点を絞って丁寧にかつ平易に解説することを心掛けた。抽象的な説明より，多くの例題を通して装置の設計・操作の実際的運用を理解できるように配慮した。また，筆者らの教育経験から学生に理解が困難な事項については特にわかりやすく説明した。さらに，化学工学の領域が単に化学工業でなく，その活躍する領域が拡大している様子を折りに触れ指摘して，学生の学習意欲を刺激した。

最後に，原稿完成のために何回も書き直して頂いた執筆者各位，ならびに本書の出版に際して終始お世話になった培風館の野原 剛氏，編集担当の松本育子さんに心からお礼を申し上げる。

1998年11月

編集委員長　橋 本 健 治

増補版にあたって

単位操作から始まった化学工学は，その後，移動現象，反応工学，プロセス制御などを含む学問体系に整備され，化学工業ばかりでなく，環境，エネルギーなどの幅広い分野においても有益な工学であることが認められてきた。その一方で，工学部における学科改組が進められ，化学系諸学科において化学工学の基礎教育が幅広く行われるようになった。本書は，そのような状況下に対応する化学工学の入門書として，化学工学会の関西支部に所属する教員によって執筆され，1999 年に初版が出版された。幸い多くの大学・高専での教科書あるいは参考書ならびに技術者諸氏の参考書としても利用されてきた。

しかし，改めて初版の内容を読み返してみて，いくつかの改訂が必要であるとの判断に至り，増補版を刊行することになった。各章を全般的に見直し，本文の修正と書き換え，例題と練習問題の入れ替えなどの改訂を行った。各章末に約 80 題の練習問題があり，初版では答えのみが巻末に一括記載されていた。増補版では，章末の練習問題のすべてに簡潔な解答(略解)を付けて巻末にまとめた。解答の鍵になる本文の式番号を示し，途中で導く必要のある数式と数値を明記し，答えの部分には下線をつけた。化学工学の学習において練習問題を数多く解くことが肝要であり，略解が読者にとって役立つと考える。さらに，図表と物性値推算の単位の表記を SI 表記に準拠するように改めた。

増補版の刊行に際してお世話になった培風館の山本　新氏，ならびに編集担当の久保田将広氏に厚く御礼申し上げる。

2021 年 1 月

編集委員長　橋 本 健 治

目　　次

1 序論——化学工学とその基礎

1·1 化学プロセス[1)]

私たちの身のまわりにある，合成繊維，プラスチック，医薬品，化粧品，写真フィルム，CD，化学肥料や殺虫剤，ガソリンや灯油，セメント，塗料などは，化学工業によって，直接製造されたり原材料が提供されている。

化学工業では，石油や石炭などの天然物，他の化学製品などの原料に，化学的・物理的変化を与えて性状を変えることによって，われわれの生活に役立つ製品を生産している。その一連の製造工程を化学プロセス，または単にプロセスとよぶ。化学工業は化学プロセスによって製品を生産する工業であり，その意味でプロセス工業ということもある。また，装置に原料を供給して製品を生産する工業であることに着目して装置工業とよばれることもある。それに対して，自動車やパソコンなどは各種の部品を組み立てることによって製品を作っており，組立工業とよばれている。

化学プロセスは，多様であり複雑であるが，基本的には，図1·1に示すように，原料の調製の工程，反応の工程，および分離・精製の工程からなる場合が多い。まず，原料から不純物を除去し，適当な温度・圧力に調製して，それを反応装置に供給する。反応装置では化学反応が起こり目的物質が生成するが，それ以外にも副反応が起こり不要な物質が生じる。そのうえ，未反応の原料が

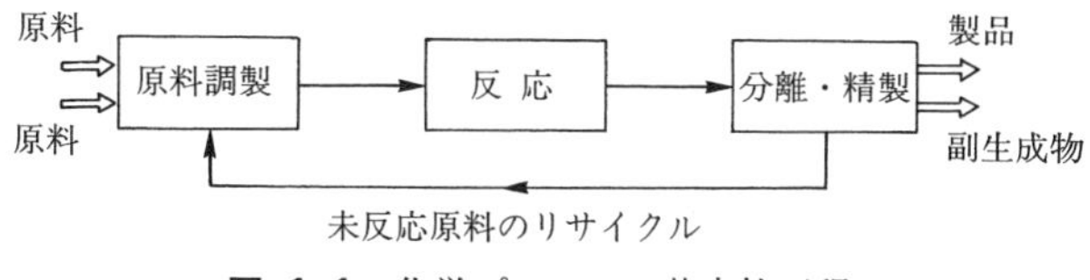

図 1·1 化学プロセスの基本的工程

残存する。したがって，反応生成物から目的物質を分離して取り出し精製する工程が必要になる。さらに，未反応の原料を分離し，原料供給口に戻すリサイクル流れも加わってくる。大規模なプロセスになると，このような一連の工程が複数結合され，複雑になってくる。

原料の調製工程と反応生成物の分離・精製工程は，それぞれプロセスの前処理と後処理の工程にあたる。プロセスによって異なった装置が用いられているが，互いに共通している装置も少なくない。たとえば，成分間の沸点の差を利用して2成分を分離する蒸留，ガス中の不純物を液中に吸収して除去するガス吸収などの操作は，取り扱う物質は異なっても各種の化学プロセスで広く用いられている。その他，抽出，晶析，吸着，膜分離，乾燥，沪過などの操作も分離・精製の工程で必要になる。また，流体を輸送する流体輸送の操作，物質を加熱したり冷却する熱移動の操作は，プロセスの各段階で用いられている。

このように各種の化学プロセスを横断的に眺めると，いくつかの基本的で共通な操作があることがわかる。それらの操作を単位操作(unit operation)とよんでいる。単位操作は，プロセスが異なり，取り扱う物質が異なっても，化学プロセスを構成していくときに必要な共通の操作である。したがって，それぞれの単位操作の原理，装置の設計法，操作法を整理し一般化し体系化しておけば，プロセスの如何にかかわらず広く利用できるはずである。化学工学の歴史は，これらの単位操作についての体系化から始まった。単位操作の内容は本書の各章で詳しく解説される。

反応の工程は反応操作ともよばれ，プロセスの心臓部にあたり，いろいろな反応装置が用いられている。液体の反応では撹拌機を備えた槽型反応器が多く用いられる。そのとき，ガスを槽内の液中に吹き込んだり，あるいは微小な固体の触媒粒子を液中に懸濁させることもある。一方，気体の反応には，管型あるいは塔型の装置が用いられ，そこに気体の反応原料を連続的に流し反応させる。また，固体触媒粒子を管に充塡する固定層型の反応装置も広く用いられている。さらに，微小な触媒粒子を反応ガスで流動化させて反応させる流動層型の反応装置も利用されている。反応操作に関する分野は反応工学とよばれ，単位操作の体系化に引き続く形で発展してきた。

このように化学プロセスは，反応装置，分離装置などから構成されており，それらがパイプで互いに複雑に結ばれている。ポンプや送風機を用いてパイプと装置内に流体を流し，その途中で熱交換器によって加熱・冷却している。また，プロセスの各所で温度，圧力，流量などを計測・制御し，それらを中央の制御室で集中管理することにより，化学プロセスを安全かつ最適な操作条件下で運転している。このような反応操作と単位操作のための装置や機械によって構成された工業規模の設備を化学プラントまたは単にプラントという。

化学プロセスを構成する装置や機械とそれらを結ぶパイプを，流れ図の形式で図面に表したものをプロセスフローシート，または単にフローシートという。図1·2にアンモニア合成プラントのフローシートを示す。アンモニアは，次の化学式で示されるように窒素と水素から合成される。

$$N_2 + 3\,H_2 \longrightarrow 2\,NH_3$$

原料の窒素は，空気を低温で液化しそれを蒸留操作で精製・分離して製造されている。水素は，石油を蒸留したとき得られるナフサを水蒸気と反応させて製造される。そのとき一酸化炭素も生成し，それがアンモニア合成反応の触媒毒になるので，除去しなければならない。このようにして得られた窒素と水素を150～300気圧に圧縮し，反応器からリサイクルされてきた反応生成ガスと合流させて循環機へ送り，冷却，冷凍・凝縮セクションを通過して，生成アンモニアが液状で分離回収されて製品となる。一方，未反応ガスは，高温の反応生成ガスと熱交換されて反応温度まで昇温(400～450℃)され触媒反応器に入りアンモニアを生成する。本反応は発熱反応であり，反応熱を除去しなければならない。ここでは触媒層を数段に分割し，各段の間に冷原料ガスを追加導入して，温度を下げる方式が採用されている。なお，アンモニア凝縮器を反応器出口に置く方式(図1·11参照)が，当初採用されていたが，高温の反応器出口ガスの顕熱が原料の予熱に利用できる点において本方式の方が優れており，現在では図1·2のフローシートが採用されている。

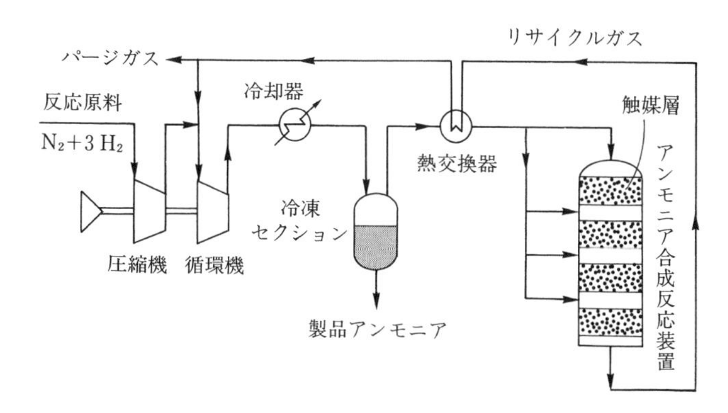

図 1·2　アンモニア合成プラントのフローシート

反応原料中には空気中に存在していたアルゴンなどの不活性ガスが混じっており，それらは未反応原料の循環のために反応器内に蓄積することになり，反応に影響してくる。そこで，プロセス内から少量のガスを外部に逃がして，不活性ガスの濃度をある限度以下に保持するように操作する。この操作をパージとよんでいる(図1·10(b)参照)。

1·2 化学プロセスの開発[1,2]

現在，化学プロセスの開発はどのように進められているのだろうか。その典型的な道筋を図1·3に示す。

(a) 基礎研究・応用研究

新しい製品や製造法の開発など，研究目標が設定されると，既存の技術や最新の特許情報を調査し，新しい反応ルートと触媒による製造方法について基礎研究が開始される。この段階では，主に化学者(ケミスト)が，ガラス製の器具や小型の実験装置を用いて研究する。その結果，実用化の可能性がある研究テーマについては，より明確な開発目標をもって行う応用研究の段階に入る。そこでは，基礎研究で見出された新しい反応，触媒，製品機能などを工業規模で行うための検討が行われる。その他，製品の新規性，品質，コスト，生産性，市場性などの観点から工業化が可能かどうかの検討も重要である。それによって研究を継続するか，中断するかが判断される。

基礎研究，応用研究を経てプロセスの優位性が確認された研究テーマについては，次のプロセス開発研究とよばれる段階に進む。

(b) プロセス開発研究

プロセス開発研究の段階からプラントの建設・運転までは化学技術者が中心的役割を果たす。まず，ベンチプラント(連続式小型試験装置)を組み立てる。これは，原料供給から製品取り出しまでの全工程をミニチュア化した実験装置であり，生産規模は日産数十kg程度である。このベンチプラントを実際に運転して，商業プラントの設計に必要なデータを採取したり，工業化にあたっての問題点を抽出し，その原因を究明し，対策をたてる。これらの結果は，基礎研究に当然フィードバックされ，ときには製造方法そのものが一新される場合

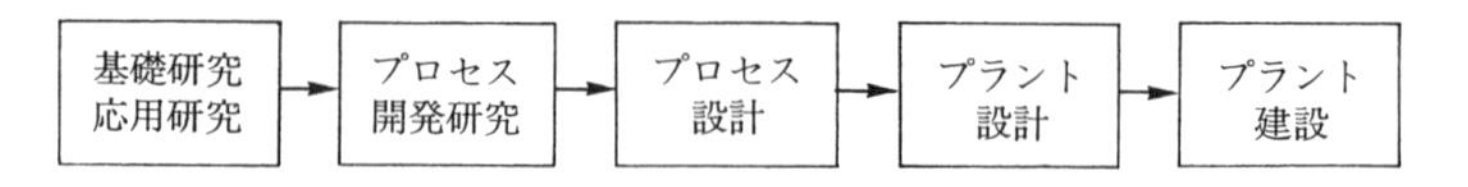

図 1·3 基礎研究からプラント建設まで

もある。

ベンチプラントによる検討と並行して，原料から製品を作るまでのプロセス全体の構想を固めていく。反応装置や各種の分離装置などを結合した簡単なフローシート（プロセスの流れ）を作成し，各装置の操作条件と性能を推測して，原料から製品に至る物質の流れと量（物質収支）を計算する。

ベンチプラントでの実験が終了した段階で，コンピューターを駆使して一気に商業プラントの設計・建設へと進む場合もあるが，新規なプロセスなどでは，実際のプラントに近いパイロットプラント（日産数百 t）を建設する。このパイロットプラントによってスケールアップ（装置規模の拡大）に伴う変化の予測が正しかったかを確認し，問題点を徹底的に検討し解決をはかる。パイロットプラントのもう一つの役割は，ある程度まとまった量の製品見本を生産し，それを市場調査や市場開拓に役立てることにある。

(c)　プロセス設計

以上のような開発研究の成果をもとにして，本プラント建設のための最終的なプロセスが具体的に検討され決定されていく。このような一連の作業をプロセス設計（process design）という。具体的には，① 原料の選定，② フローシートの決定，③ 装置の選定と設計，④ 物質・熱収支の計算，⑤ 計装と制御方式の決定，⑥ 製品コストの計算，などが含まれる。

(d)　プラント設計と建設

プロセス設計が終了するとプラント設計の段階に入る。個々の装置の詳細な機械的設計が行われ，メーカーに発注され，プラントの建設が始まる。プラント建設は，数年間にわたる複雑な仕事であり，綿密な工程スケジュールに基づき工事が進められる。プラントが完成し，試運転を繰り返した後，生産に入る。この段階では，化学技術者ばかりでなく，機械，電気，土木などの広い分野の技術者がチームを組んで仕事が進められるが，化学技術者がリーダーになることが多い。

以上で述べたように，実験室でのフラスコレベルの研究から，実際の化学製品が生産されるまでには，長い年月を要する。その過程で，化学技術者が重要な役割を果たしていることが理解できたであろう。化学技術者は，化学を理解しその成果を工業化して有用な製品を生産し，社会に供給するという責務をもっている。そのために必要な基礎知識が，これから学んでいく化学工学という学問なのである。

1・3　化学工学の目的と体系

化学プロセスの工業化に成功するには，基礎学問の適用だけでなく，創意に基づく多くの試行錯誤が必要であることを，アンモニア合成の事例からも理解できたと思う。そのような努力によって，個々の化学プロセスについての知識と経験が蓄積されていく。しかし，それらを新規のプロセスの開発に応用するには，個々の知識と方法論を整理して体系化しておく必要がある。多くの化学プロセスを要素に分解し，プロセスの工程，装置，操作法の観点から横断的に眺めると，互いに共通するものが少なくない。したがって，共通する事項を整理しておくと，新しいプロセスを構築するときに，それらが効率的に活用できるはずである。

化学工学は，そのような観点に立って，化学プロセスを工業化するときに必要な技術が何であるかを明らかにし，それらのエッセンスを整理し体系化し，化学工業をはじめとする広範囲の分野に適用できるようにした工学である。

典型的な化学プロセスを総括的に見ると，それはエネルギーの出し入れを伴いながら原料物質が化学反応によって製品に変換されていく流れである。したがって，まずプロセス内の物質とエネルギーの流れを定量的に計算し把握する必要がある。それらの計算を物質収支とエネルギー収支とよぶ。それらの計算には，化学反応における成分間の量的関係(化学量論)，反応熱，物性定数などのデータが必要になる。

化学プロセスの各工程では，気体，液体，あるいは粉粒体の流れ，熱の流れと移動，濃度差に基づく物質の移動の過程が含まれる。これらは，それぞれ流体力学(流動)，伝熱工学，物質移動論とよばれるが，それぞれの間に相似的な関係が成立するので，それらを一括して移動現象論(輸送現象論)とよんでいる。

反応工程は化学プロセスの心臓部であって，多様な反応装置が使用されている。反応速度を測定し，それを定量的に表し，さらに流体・熱・物質の移動現象の知識を加え，反応装置を合理的に設計し操作するための工学が必要である。それを反応工学とよぶ。

また，反応生成物から副生物や不純物を取り除き，目的生成物を取り出すための分離操作が必要になる。化学プロセスでは，各種の分離法が用いられている。それらは，平衡状態での異相間の組成差を利用する方法と，平衡に至るまでの物質移動速度の差を利用する方法に分けられるが，実際の分離操作では両者が相互に関係している。このように分離操作を取り扱う分野を分離工学とよんでいる。

以上は，化学プロセスを構成する反応，分離の工程について取り扱う工学であるが，プロセス全体を眺め，プロセスの構成，個々の機器の選定，設計および操作を，最適な状態に設定し制御し，安全に運転するための工学が必要である。それらを取り扱うのがプロセス制御とプロセスシステム工学である。

以上をまとめると，化学工学を構成する主要な分野は以下のようになる。

（1）　物質収支とエネルギー収支

（2）　移動現象

・管路や化学装置内の流体の流れ

・伝導，対流，放射による熱移動

・物質の濃度勾配によって起こる物質移動

（3）　反応工学

・反応過程の解析と反応速度式の定式化

・反応速度，流体・熱・物質の移動現象に基づく反応装置の設計と操作

（4）　分離工学

・平衡状態での異相間の組成差，あるいは物質移動の速度差を利用する物質の分離：ガス吸収，抽出，乾燥，吸着，蒸留，晶析，膜分離，電気泳動など

・液相・気相からの固体粒子の分離：沪過，遠心分離，集塵など

（5）　プロセス制御とプロセスシステム工学

・装置とプロセスの制御

・プロセスの構成，最適化

本書では，上記の順序とは異なり，物質·エネルギー収支，反応工学，分離工学，移動現象，プロセス制御の順番で学んでいく。

化学工学を学ぶためには，基礎学問として，数学，物理学，物理化学，無機化学，有機化学，生物学などを学ばなければならない。さらに，これらの基礎学問をベースにしてさまざまな応用分野が花開いている。

図1·4は，化学工学を構成する重要な分野，その基礎として必要な学問，ならびに化学工学が重要な役割を果たしている応用分野を，一本の大木にたとえて模式的に示している。

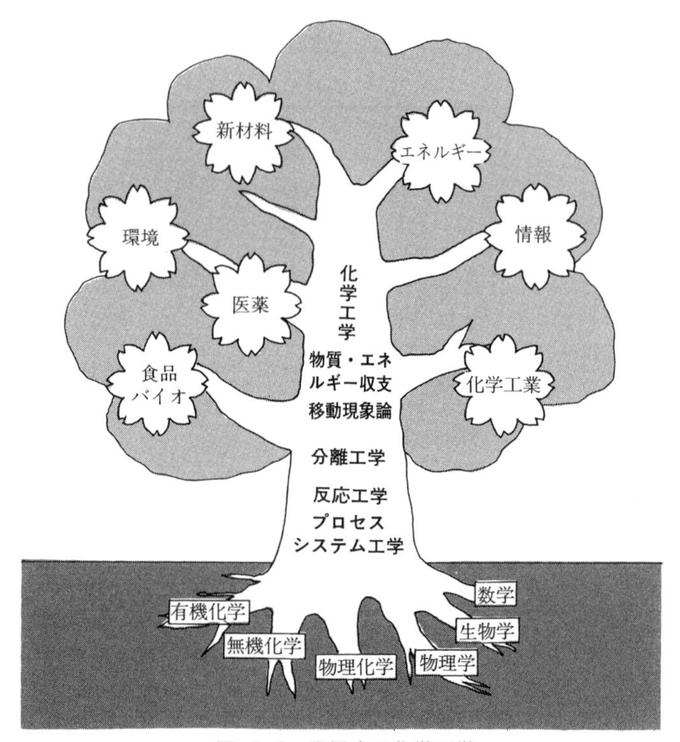

図 1·4　発展する化学工学

1·4　拡大する化学工学の領域[1,3)]

これまで化学工学は化学工業を中心にして歩んできたが，化学工学の方法論は，化学工業と同じように物質やエネルギーの流れを伴うエネルギー，環境，新材料，バイオなどの分野にも有効に応用できる。その様子を，酸性雨の防止，電子材料製造を例にとって，簡単に述べる。

1·4·1　地球環境問題への適用——酸性雨の防止

現在，炭酸ガスによる地球温暖化，フロンによるオゾン層の破壊，酸性雨による森林破壊などの地球規模の環境問題がクローズアップされている。たとえば，酸性雨は，主に発電所や工場，自動車などで化石燃料を燃焼したときに生成する硫黄酸化物(SO_x)や窒素酸化物(NO_x)が大気中の雨や雪にとけて硫酸や硝酸になって降ってくるものである。ある国で石炭を燃焼して発生した二酸化硫黄が季節風に乗って他国に移動し，そこで雨や雪の中に溶解して地上に降り，森林を破壊したり，湖沼を酸性化したり，農作物に被害を与える。

酸性雨の発生を防ぐために，燃焼ガスに含まれる硫黄化合物(SO_x)を除去する排煙脱硫技術が開発されてきた。その一つは，排出される二酸化硫黄(SO_2)を，CaO あるいは $CaCO_3$ の水溶液に吸収・反応させ，さらに空気で酸化して石膏($CaSO_4$)として硫黄分を回収する方法である。反応自体は中学校の理科実験でも行われている簡単な反応である。

理科の実験では，ビーカー中の液をかき混ぜて，そこに SO_2 を吹き込めばよいが，工業的には，煙突から連続的に排出される大量の燃焼排ガスを処理する大規模な装置を製作し，それを効率的に安全に運転しなければならない。まず，燃焼排ガス中の二酸化硫黄(SO_2)をよく吸収する溶液を選択し，大量の排ガスと溶液を効率よく接触させる装置の構造を工夫し，その大きさを決めなければならない。さらに，反応で生成した固体の石膏を装置外へ排出する方法についても考える必要がある。それらの解決には，分離工学の一つであるガス吸収の知識が活用できる。

現在，多くの発電所には，図 1·5 に示すような排煙脱硫プロセスが用いられている。格子状の充填物を収めた吸収塔に排煙と吸収液を供給し，両者を向流に接触させて二酸化硫黄を液中に吸収して亜硫酸カルシウムスラリー水溶液にする。ついで，その生成液に空気を吹き込んで酸化して石膏を得ている。このプロセスによって，大気中の SO_2 濃度を一日平均 0.04 ppm(1 ppm＝1 mg·l^{-1})以下に保つことができるようになった。

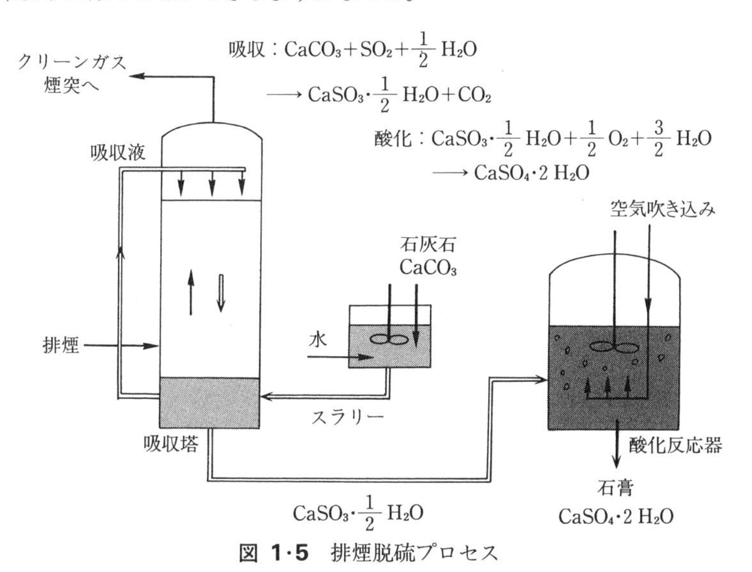

図 1·5 排煙脱硫プロセス

しかしながら，この排煙脱硫プロセスでは高温排ガス(数百℃)を50℃程度まで下げねばならず，熱エネルギーの損失によって発電効率が低下する。そこで，石炭などを燃焼するとき，燃焼炉内に石炭と一緒に石灰石を投入して，燃焼しながら炉内で脱硫し炉下部から石膏として抜き出す方式が開発されている。これによって生成ガスの温度を下げる必要がなくなるばかりか，排煙脱硫装置すらいらなくなる。このように，一つの操作を行うにしても，どこで，いつ，どのように操作し制御するかによって効率や環境負荷の程度が大きく異なる。これを論理立てて明確にしていくのが，化学工学なのである。

1・4・2　電子材料の製造での役割

半導体素子の製造では極めて高純度のシリコンが出発原料になる。要求されるシリコンの純度は実に99.99999999%(9が10個並ぶのでテンナインという)以上である。以下にその製造プロセスの概要を簡単にたどり，その中で化学工学の果たしている役割を見てみよう。

高純度シリコンの原料はSiO_2を約99.5%以上含むケイ石である。それを高温で炭素により還元して，Siを溶融液として分離する($SiO_2+C=Si+CO_2$)。この溶融液を冷却・固化するとSiの純度が98〜99%の粗金属シリコンが得られる。それを細かく粉砕し塩化水素ガスと反応させると，三塩化シラン($SiHCl_3$)が生成する($Si+3\,HCl=SiHCl_3+H_2$)。$SiHCl_3$は沸点が31.8℃の液体であるが，副反応のために不純物が含まれており，高精度の精製が必要である。各成分の蒸気圧の差を利用する蒸留法によって精製される。3章で述べるように，蒸留は化学プロセスで最も多く用いられている分離法の一つである。三塩化シランの精製には，段数が約百段の蒸留塔が用いられ，純度がナインナイン以上になる。

このようにして得られた高純度$SiHCl_3$を加熱・気化して水素と反応させると，固体の多結晶シリコンが析出する($SiHCl_3+H_2=Si+3\,HCl$)。実際の反応は，あらかじめ用意した棒状のSi固体に通電して1100℃程度に加熱し，その上に$SiHCl_3$を含む水素気流を流し，Siを棒状Siの表面に蒸着させ太らせていく。このような方法を化学蒸着法(chemical vapor deposition; CVD)とよぶ。このようにして棒状の多結晶シリコンが得られる。

ついで，この多結晶シリコンをルツボ内で溶融し，種結晶を浸しその周囲に固体の単結晶を成長させるCzochralski法によって，円筒状の単結晶シリコンの塊(インゴット)にする。それを薄く切りとり，表面加工をすると単結晶基板(ウェハー)になる。

半導体集積回路(IC)は，このウェハーの上に膨大な数のトランジスタとコンデンサの組み合わせを作り，それらを配線で結合したものである。このような構造を作るには，絶縁体，半導体，金属などの種々の薄膜を何層にも積層させることが必要であり，化学蒸着法(CVD法)による薄膜製造の技術が適用されている。そのとき薄膜の厚さを原子のオーダーで制御している。CVD法の解析には反応工学の知識が活用されている。このように電子材料の製造に，蒸留，CVD，結晶成長などの化学工学の知識が重要な役割を果たしているのである。

上記の二つの例からも類推できるように，化学工学は，化学工業への適用にとどまらずに新材料開発から地球環境技術に至るまでの広範囲の分野で必要とされる工学に成長している。2章以降においても，化学工学の適用範囲が拡大している様子が述べられている。

1·5　物質収支とエネルギー収支

1·5·1　単　　位

長さ，面積，時間，速度などの物理量の大きさは，基準の値に対してその何倍であるかによって表される。その基準となる物理量の大きさを単位という。単位は基本単位と組立単位(誘導単位)に分かれる。長さ，質量，時間などの独立した物理量の単位を基本単位という。それに対して，面積，速度などは基本単位の組み合わせによって表され，これを組立単位という。基本単位の選び方によって，絶対単位系，重力単位系，および工学単位系があり，さらに10進法のメートル制と，10進法でない英国制が併用されてきた。このように専門分野あるいは国によって異なった単位系が使用されてきたが，相互の換算が煩雑で不便であった。このような単位の混乱を解消するために，国際単位系(SIと略称される)が1960年に制定された。本書ではSIを使用する。

(a)　国際単位系(SI)

SIでは表1·1に示す7種の基本単位と2種の補助単位を用いる。長さはm，質量はkg，時間はs，温度はK，物質量はmolをそれぞれ用いる。

質量数12の炭素原子^{12}Cの12gには，6.02×10^{23}個(アボガドロ数)の原子が含まれており，それを1molと定義する。その相対質量を12と定めると，他の原子の相対質量である原子量が定まり，さらに分子の相対質量すなわち分子量が算出できる。このように，原子量，分子量は相対値であるから無次元数である。その数値に[g·mol^{-1}]の単位をつけた値はモル質量と定義されている

表 1·1 SI 基本単位(7 個)と SI 補助単位(2 個)

量	名　称	記号
長さ	メートル	m
質量	キログラム	kg
時間	秒	s
電流	アンペア	A
熱力学温度	ケルビン	K
光度	カンデラ	cd
物質量	モル	mol
平面角	ラジアン	rad
立体角	ステラジアン	sr

が，化学工学では，従来から両者を単に分子量とよんできた。本書でもその慣用を採用する。しかし，SI では g の代わりに kg を用いるので，分子量には [$kg \cdot mol^{-1}$]の単位で表した数値を代入しなければならない。たとえば，二酸化炭素 CO_2 の分子量は $12+16\times2=44$ であるが，SI では $44\times10^{-3}\,kg \cdot mol^{-1}$ と表すことになる。

組立単位のうちで固有の名称が与えられている単位は 17 個あるが，表 1·2 に本書でよく使用する組立単位の名称と SI 基本単位および組立単位による定義を示す。質量 1 kg の物体に $1\,m \cdot s^{-2}$ の加速度を生じる力を 1 N(ニュートン)と定義する。1 N の力が $1\,m^2$ の面積に作用するときの圧力が 1 Pa(パスカル)である。1 N の力が作用して物体を 1 m 移動させる仕事量(エネルギー)が 1 J(ジュール)である。また，1 s につき 1 J の仕事をする仕事率を 1 W(ワット)と定義する。上記の諸単位を SI 基本単位の kg, m および s で表したときの定義と組立単位の相互関係も表 1·2 に与えられている。

SI では原則的には一つの物理量に一種の単位を用いる。しかし，表 1·1 の基本単位を用いて導かれた組立単位が実用上便利な大きさの数値になるとは限らない。そこで表 1·3 に示すような接頭語の使用が認められている。標準大気圧 $1\,atm=1.013\times10^5\,Pa$ は，$10^6=1\,mega=1\,M$ であるから，0.1013 MPa の

表 1·2 固有の名称をもつ組立単位

量	名　称	記号	定　義
力	ニュートン	N	$kg \cdot m \cdot s^{-2}=J \cdot m^{-1}$
圧力	パスカル	Pa	$kg \cdot m^{-1} \cdot s^{-2}=N \cdot m^{-2}=J \cdot m^{-3}$
エネルギー	ジュール	J	$kg \cdot m^2 \cdot s^{-2}=N \cdot m=Pa \cdot m^3$
仕事率	ワット	W	$kg \cdot m^2 \cdot s^{-3}=J \cdot s^{-1}$

表 1・3　主な接頭語

大きさ	名　称	記号
10^{3}	キロ	k
10^{6}	メガ	M
10^{-1}	デシ	d
10^{-2}	センチ	c
10^{-3}	ミリ	m
10^{-6}	マイクロ	μ
10^{-9}	ナノ	n
10^{-12}	ピコ	p

ように書くことができる。

(b)　その他の単位系

現在，法律によってSIの使用が義務づけられている。しかし，従来からの単位が引き続き使用されているのが現状である。工業の分野では力を基本単位の一つとする重力単位系が使用されてきた。重力単位系では質量1kgの物体に作用して$9.807\,\mathrm{m \cdot s^{-2}}$の加速度を生じる力，すなわち重力を単位にとり，それを1kgf(または1Kg)で表し，1重量キログラムとよぶ。

Newtonの運動の法則によると，力は質量と加速度の積に比例するから，1 kgfの力をSIで表すと

$$(1\,\mathrm{kg})(9.807\,\mathrm{m \cdot s^{-2}}) = 9.807\,\mathrm{kg \cdot m \cdot s^{-2}} = 9.807\,\mathrm{N}$$

すなわち，次の換算関係が成立する。

$$1\,\mathrm{kgf} = 9.807\,\mathrm{N}$$

また，長さをyd(ヤード)あるいはft(フィート)，質量の単位をlb(ポンド)を用いるヤード・ポンド法も，国によって未だ使用されている。本書では，原則としてSIを採用するが，一部atmのような非SIも使用する。このように，実際には，単位の換算が必要になる。付録に単位換算表をのせておく。

(c)　物理量，変数の単位の表記

上に説明したように化学工学では，非SIの単位を用いることが多い。そこで，本書では物理量，変数の単位を示すために括弧付き[単位]の表記を用い，物理量，変数の後に[単位]をつけて表す。また，数値を扱う図表や物性値の推算では，SI表記法に準拠した物理量/単位(＝数値)の表記を用いる。

(d)　単位の換算

非SIで表されている量と式をSIによって表現する換算法を例題によって示す。

［**例題 1·1**］　次の量を SI によって表せ。

（1）$0.95\,\mathrm{g\cdot cm^{-3}}$,（2）$6.95\,\mathrm{Btu\cdot(lb\text{-}mol)^{-1}\cdot{}^\circ F^{-1}}$,（3）$25\,\mathrm{kgf\cdot cm^{-2}}$,

（4）気体定数 $R=0.08205\,\mathrm{atm\cdot \mathit{l}\cdot mol^{-1}\cdot K^{-1}}$

解　単位の換算表を用いて，非 SI の単位を SI 単位に換算する。

（1）$1\,\mathrm{g}=10^{-3}\,\mathrm{kg}$, $1\,\mathrm{cm}=10^{-2}\,\mathrm{m}$ であり，

$$0.95\frac{\mathrm{g}}{\mathrm{cm^3}}=0.95\frac{1\,\mathrm{g}}{(1\,\mathrm{cm})^3}=0.95\frac{10^{-3}\,\mathrm{kg}}{(10^{-2}\,\mathrm{m})^3}=950\,\mathrm{kg\cdot m^{-3}}$$

（2）Btu は熱量の英国単位であり，$1\,\mathrm{Btu}=1055\,\mathrm{J}$ である。lb-mol とは分子量を lb の単位で表したものであり，$1\,\mathrm{lb}=453.6\,\mathrm{g}$ であるから，$1\,\mathrm{lb\text{-}mol}=453.6\,\mathrm{g\text{-}mol}=453.6\,\mathrm{mol}$ とおける。次に，注意すべきは $\mathrm{{}^\circ F^{-1}}$ の取り扱いである。これは温度が 1°F 上昇したときの変化を表している。同一の温度を t °F, t' °C, T K と表すとき，t, t', T の間には次の関係式が成立する。

$$t=(9/5)\,t'+32=1.8t'+32, \qquad T=t'+273.2$$

したがって，

$$1^\circ\mathrm{C}\text{ の温度変化}=1\,\mathrm{K}\text{ の温度変化}=1.8^\circ\mathrm{F}\text{ の温度変化}$$

$$\therefore\quad 1^\circ\mathrm{F}\text{ の温度変化}=(1/1.8=0.5556)\,\mathrm{K}\text{ の温度変化}$$

$$6.95\frac{\mathrm{Btu}}{(\mathrm{lb\text{-}mol})(^\circ\mathrm{F})}=6.95\frac{1055\,\mathrm{J}}{(453.6\,\mathrm{mol})(0.5556\,\mathrm{K})}=29.1\,\mathrm{J\cdot mol^{-1}\cdot K^{-1}}$$

（3）力の換算表から $1\,\mathrm{kgf}=9.807\,\mathrm{kg\cdot m\cdot s^{-1}}=9.807\,\mathrm{N}$, $1\,\mathrm{cm}=10^{-2}\,\mathrm{m}$, $1\,\mathrm{N\cdot m^{-2}}=1\,\mathrm{Pa}$ なので，

$$25\,\mathrm{kgf\cdot cm^{-2}}=25\frac{9.807\,\mathrm{N}}{(1\times10^{-2}\,\mathrm{m})^2}=2.452\times10^6\,\mathrm{N\cdot m^{-2}}=2.452\times10^6\,\mathrm{Pa}=2.45\,\mathrm{MPa}$$

（4）$1\,\mathrm{atm}=1.01325\times10^5\,\mathrm{Pa}$, $1\,l=10^{-3}\,\mathrm{m^3}$ であり，それらを R に代入すると

$$R=0.08205\,\mathrm{atm\cdot \mathit{l}\cdot mol^{-1}\cdot K^{-1}}=0.08205\frac{(1.01325\times10^5\,\mathrm{Pa})(10^{-3}\,\mathrm{m^3})}{(1\,\mathrm{mol})(1\,\mathrm{K})}$$

$$=8.314\,\mathrm{Pa\cdot m^3\cdot mol^{-1}\cdot K^{-1}}$$

が得られる。さらに表 1·2 より $1\,\mathrm{Pa}=1\,\mathrm{J\cdot m^{-3}}$ の関係を用いると

$$R=8.314\,\mathrm{J\cdot mol^{-1}\cdot K^{-1}}$$

と書き表せる。気体定数 R の値は，圧力と体積のとり方により，いろいろな数値が用いられてきたが，SI では圧力に Pa，体積に $\mathrm{m^3}$，エネルギーに J を用いると，R に対しては 8.314 なる数値だけを記憶しておけばよい。

［**例題 1·2**］　200°C，5 atm に保たれた容器に成分 A と B からなる混合気体が封入されている。A の体積分率は 0.6 である。A の濃度を求めよ。

解　A の分圧 $p_\mathrm{A}=P_\mathrm{t}y_\mathrm{A}=(5)(0.6)=3\,\mathrm{atm}=(3)(1.013\times10^5)=3.039\times10^5\,\mathrm{Pa}$

温度 $T=200+273.2=473.2\,\mathrm{K}$, $R=8.314\,\mathrm{Pa\cdot m^3\cdot mol^{-1}\cdot K^{-1}}$ を用いると，濃度は次のように計算できる。

$$C_\mathrm{A}=\frac{p_\mathrm{A}}{RT}=\frac{3.039\times10^5\,\mathrm{Pa}}{(8.314\,\mathrm{Pa\cdot m^3\cdot mol^{-1}\cdot K^{-1}})(473.2\,\mathrm{K})}=77.3\,\mathrm{mol\cdot m^{-3}}$$

［**例題 1·3**］　半径 r［cm］の毛管内でのガスの拡散係数 D_{KA}［$cm^2 \cdot s^{-1}$］は，温度 T［K］とガスの分子量 M_A［$g \cdot mol^{-1}$］の関数として式(a)で表される。

$$D_{KA} = 9700\, r\,(T/M_A)^{1/2} \tag{a}$$

この有次元式を SI で表せ。

解　係数 9700 は次のような次元をもっている。この係数を α とおくと

$$[\alpha] = \frac{D_{KA} M_A^{1/2}}{r T^{1/2}} = \left[\frac{cm^2}{s} \cdot \frac{g^{1/2}}{mol^{1/2}} \cdot \frac{1}{cm} \cdot \frac{1}{K^{1/2}}\right] = [cm \cdot g^{1/2} \cdot s^{-1} \cdot mol^{-1/2} \cdot K^{-1/2}]$$

のような次元をもつ。$1\,cm = 10^{-2}\,m$，$1\,g = 10^{-3}\,kg$ であるから

$$\begin{aligned} \alpha &= 9700\,cm \cdot g^{1/2} \cdot s^{-1} \cdot mol^{-1/2} \cdot K^{-1/2} \\ &= (9700)(10^{-2}\,m)(10^{-3}\,kg)^{1/2} \cdot s^{-1} \cdot mol^{-1/2} \cdot K^{-1/2} \\ &= 3.067\,m \cdot kg^{1/2} \cdot s^{-1} \cdot mol^{-1/2} \cdot K^{-1/2} \end{aligned}$$

したがって，式(a)を SI で表すときは，式(b)のように書ける。

$$D_{KA} = 3.067\, r\,(T/M_A)^{1/2} \tag{b}$$

ただし，D_{KA} は［$m^2 \cdot s^{-1}$］，r は［m］，M_A は［$kg \cdot mol^{-1}$］の単位をもつ。たとえば，水素の M_A には $2 \times 10^{-3}\,kg \cdot mol^{-1}$ を代入することに注意すべきである。

1·5·2　物 質 収 支

物質が装置内に滞在したり，流れる間に，物理的および化学的変化を受けて，その性状，数量ならびに組成などが変化する。それらの変化を定量的に取り扱うのが物質収支である。

（a）　物質収支の基礎式

物質収支の計算を行うには，まず，プロセス全体，その中のある装置，あるいは装置内の微小な空間に着目して，それらの閉じた空間を系として設定する。系の取り方によって，計算の難易が異なってくるので，問題に応じて適切な系を採用しなければならない。ついで，特定の時間間隔(年，時間，秒あるいは微小時間)を指定して，系に出入りする物質の収支関係を考える。そのとき着目する物質としては，(1) 個々の物質，(2) 含まれる物質全体，(3) 物質を構成する元素，のいずれかである。また，化学反応によって分子の組み替えが起こる場合と，反応がない場合がある。さらに定常状態か非定常状態かの区別もある。

いま，図 1·6 に示すような系について，ある物質 A_j に着目し，A_j が系内に流入し，系から流出し，また系内での反応により A_j が生成した結果，系内に存在する任意の物質 A_j $(j = 1, 2, \cdots)$ の量に変化が起こったと考えると，ある時間間隔内について次の関係が成立する。

$$(A_j\text{ の蓄積量}) = (A_j\text{ の流入量}) - (A_j\text{ の流出量}) + \begin{pmatrix}\text{反応による} \\ A_j\text{ の正味の} \\ \text{生成量}\end{pmatrix} \tag{1·1}$$

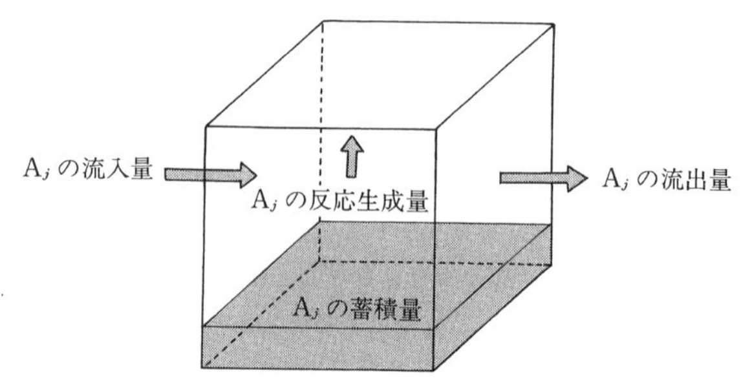

図 1·6 物質収支

反応によって物質が生成したり消滅したりするが，上式の右辺第3項は正味の生成量を表す。連続操作が定常状態で進行する場合は，上式の左辺は0とおける。また，回分操作では上式の右辺の第1項と第2項が0とおける。上式は質量[kg]基準でも物質量[mol]基準でも成立するが，反応を含む場合はmol基準で考える方が簡単である。

個々の成分ではなくて，物質全体の質量に着目すると，反応が起こっても物質全体の質量は変化しないから，式(1·1)の右辺の第3項がゼロになり，式(1·2)が成立する。

$$\begin{pmatrix}\text{全物質の}\\\text{質量蓄積量}\end{pmatrix}=\begin{pmatrix}\text{全物質の}\\\text{流入質量}\end{pmatrix}-\begin{pmatrix}\text{全物質の}\\\text{流出質量}\end{pmatrix} \tag{1·2}$$

また，化学反応を含む場合でも，ある元素E(たとえば，炭素原子，水素原子)に着目すると，式(1·2)と同様に式(1·3)が成立する。

$$\begin{pmatrix}\text{元素 E の}\\\text{蓄積量}\end{pmatrix}=\begin{pmatrix}\text{元素 E の}\\\text{流入量}\end{pmatrix}-\begin{pmatrix}\text{元素 E の}\\\text{流出量}\end{pmatrix} \tag{1·3}$$

反応を含む場合，個々の物質について式(1·1)が適用できるが，化学量論式によって反応による物質量の増減が簡単に表現できるので，物質量基準の収支計算が簡単になる。

(b) 物質収支の計算の手順

物質収支の計算は，次のような手順に従って進めるのがよい。

(1) プロセスの簡単な略図を書き，与えられたデータを記入する。化学反応が起こる場合は化学反応式を書いておく。

(2) 計算のために適当な基準を選定する。問題に基準が与えられている場合があるが，それが問題を解くときに最も便利な基準であるとは限らない。

(3) 各成分に対して物質収支式がたてられるが，未知数の数が多くなると計算が複雑になってくる。系に流入する物質のうちで，系内で変化せずに流出する物質が存在することがある。たとえば燃焼反応における空気中の N_2 のような物質である。また，水溶液の蒸発操作では水の量は変化するが，溶質の量は変化しない。乾燥操作でも水分は蒸発し変化するが乾燥固体の量は変化しない。このような物質を対応物質あるいは手がかり物質という。この対応物質に着目すると，収支計算が簡単になることが多い。

以下の例題によって物質収支計算の具体的な進め方を示す。

(c)　物理的操作の物質収支

反応を含まない物理的操作では，式(1·1)の右辺第3項を0とおけばよい。定常状態ではさらに左辺の蓄積項がなくなる。したがって定常状態での物理的操作では，一般に基準を定めて未知数を選び物質収支をとると，連立代数方程式が得られ，それを解けばよい。一方，対応物質がある場合は算術的に解くことができる。

(1)　代数方程式の解

[**例題 1·4**]　連続蒸留塔は，液成分の沸点の差を利用して物質を連続的に分離する装置である。図1·7に示すように，低沸点成分Aと高沸点成分Bからなる液を蒸留塔中段に連続的に供給すると，気液平衡の関係から低沸点成分に富む液が塔上部から，高沸点成分に富む液が塔下部から，それぞれ排出される。このようにして2成分の分離が可能になる。

二塩化エチレン(低沸点成分：A)を40 wt%，トルエン(高沸点成分：B)を60 wt%，それぞれ含む混合液がある。それを $100\,kg\cdot h^{-1}$ の流量で連続蒸留塔に連続的に供給する。塔頂からは二塩化エチレンを95 wt% 含む留出液を，塔底からは二塩化エチレンを10 wt% 含む缶出液を，それぞれ得たい。留出液と缶出液の流量を求めよ。

解　図1·7に示すように，蒸留塔全体を系とし，時間間隔を1hにとり，各成分に対して質量[kg]基準で収支をとる。留出液の流量を $D\,[kg\cdot h^{-1}]$，缶出液の流量を $W\,[kg\cdot h^{-1}]$ とおくと，全成分については式(1·2)，成分Aと成分Bについては式(1·1)で反応による項を無視した式が，それぞれ適用できる。さらに定常状態であり，両式の左辺を0とおくと，次の物質収支式が成立する。

$$\text{全物質；}\quad 100 = D + W \qquad \text{(a)}$$

$$\text{成分 A；}\ 100\times 0.4 = 0.95\,D + 0.10\,W \qquad \text{(b)}$$

$$\text{成分 B；}\ 100\times 0.6 = (1-0.95)\,D + (1-0.10)\,W \qquad \text{(c)}$$

上式から二つの式を選んで解くと，D と W は次式で与えられる。

$$D = 35.3\,kg\cdot h^{-1}, \qquad W = 64.7\,kg\cdot h^{-1}$$

(2)　対応物質(手がかり物質)の活用

[**例題 1·5**]　15 mol% の SO_2 を含む空気を水槽に連続的に吹き込み，槽内の気泡

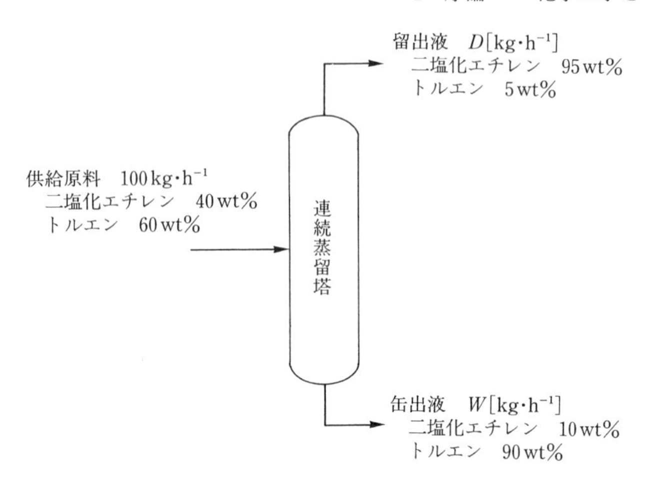

図 1·7　連続蒸留操作

から SO_2 を吸収させたところ，水槽出口での空気中の SO_2 は 3 mol% になった。SO_2 の吸収率を求めよ。ただし空気の吸収と水溶液の蒸発は無視できる。

解　空気や水の流量は与えられていないが，水槽に吹き込まれる空気の流量を 100 mol·h^{-1} にとり計算する。

空気 100 mol 中には，SO_2 が 15 mol，空気が 85 mol 含まれている。この 85 mol の空気は吸収されないから水槽内では変化しない。すなわち対応物質になる。これに着目すると，水槽出口での空気は 100−3=97 mol% に相当するから，3 mol% に相当する SO_2 の量は

$$85\,\mathrm{mol}\times(3/97)=2.63\,\mathrm{mol}$$

となる。すなわち，SO_2 が水中に吸収されて 15 mol から 2.63 mol に減少したことになるから，吸収率は

$$SO_2\text{ の吸収率}=(15-2.63)/15=0.825=82.5\%$$

(d)　反応操作の物質収支

ここでは，一般の化学反応や燃焼反応を含むプロセスの物質収支を考える。それに先立ち，これらの問題を解くときに必要な用語を説明しておく。

化学反応に関与する物質間の量的関係を表すのが化学量論式である。単一の量論式によって反応系の量的関係が記述できる場合を単一反応，複数個の量論式が必要な場合を複合反応とよんでいる。単一反応では，特定の 1 成分の物質量によってそれ以外の成分の物質量が表現できる。複合反応では，個々の反応の反応量を考えねばならない。反応原料の組成は量論式で表される比率になっていない場合が少なくない。反応原料中にもっとも過小な比率で存在する成分を限定反応成分とよんでいる。

反応プロセスでは，反応率 x_A，収率 Y_R および選択率 S_R という術語がよく

用いられる。限定反応成分をA，目的生成物をRで表すと，それらは次式によって定義される。

$$反応率\ x_A=\frac{反応によって消失した限定反応成分Aの量}{反応器に供給された限定反応成分Aの量} \quad (1\cdot4)$$

$$収率\ Y_R=\frac{目的生成物質Rに転化した限定反応成分Aの量}{反応器に供給された限定反応成分Aの量} \quad (1.5)$$

$$選択率\ S_R=\frac{目的生成物質Rに転化した限定反応成分Aの量}{反応によって消失した限定反応成分Aの量} \quad (1\cdot6)$$

一方，燃焼反応では，以下の用語がよく用いられる。

（1）　湿り燃焼ガス：燃焼過程で得られる水蒸気を含んだ全気体。

（2）　乾き燃焼ガス：燃焼ガス中から水蒸気を除外した全気体。

（3）　理論空気：完全燃焼に必要な空気量。

（4）　過剰空気：理論空気よりも過剰に含まれている空気量。ただし，燃焼時にCからCO_2とCOが生成しても，過剰空気はCよりCO_2のみが生成するとして計算する。

（5）　過剰空気率は式(1·7)により計算できる。

$$過剰空気率=\frac{過剰空気量}{理論空気量} \quad (1\cdot7)$$

[例題 1·6]　塩素ガスを製造するディーコン法では，乾燥した塩化水素ガスと空気を触媒層に流通させる。その量論式は次式で表される。

$$4HCl + O_2 \longrightarrow 2H_2O + 2Cl_2$$

塩素を100 kg·h^{-1}で生産したい。ただし，酸素を量論比より20%過剰に供給し，HClの反応率を60%にとるものとする。そのときの原料の塩化水素と空気の供給速度[kg·h^{-1}]を求めよ。空気の見かけの分子量は29×10^{-3}kg·mol^{-1}，その組成は酸素：21 mol%，窒素：79 mol%とする。

解　化学反応は質量基準よりは物質量基準で考える方が計算が簡単になる。この場合の限定反応成分はHClであるので，その量論係数が1になるように量論式を書き改めると，成分間の量的関係が明白になる。

$$HCl + 1/4O_2 \longrightarrow 1/2H_2O + 1/2Cl_2 \qquad (A + 1/4B \longrightarrow 1/2C + 1/2D)$$

反応器入口，出口での各成分の物質流量を図1·8に示す。HCl(成分A)の物質量流量をF_{A0}[mol·h^{-1}]，反応率をx_Aとおくと，Aの反応量は$F_{A0}x_A$であり，量論式から(1/2)$F_{A0}x_A$の塩素ガス(D)が反応器出口で生成する。

F_{A0}=100 mol·h^{-1}の塩化水素を基準にとると，塩化水素の分子量が36.5×10^{-3}kg·mol^{-1}であるから，原料Aの供給速度は

$$100\times36.5\times10^{-3}=3.65\ \mathrm{kg\cdot h^{-1}}$$

一方，供給酸素は量論比の20%増しであるから，

$$100\times(1/4)(1+0.20)=30\ \mathrm{mol\cdot h^{-1}}$$

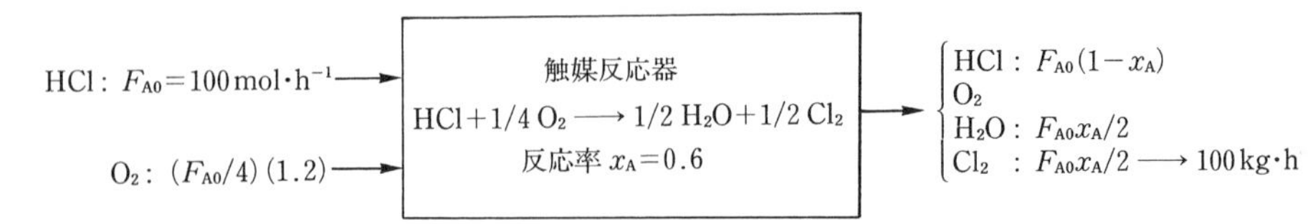

図 1·8　塩素の製造プロセス(ディーコン法)の物質収支

となり，それに対応する空気の流量は，空気の組成と平均分子量から

$$30(1.00/0.21)=142.9\,\mathrm{mol \cdot h^{-1}}=(142.9)(29\times10^{-3})=4.144\,\mathrm{kg \cdot h^{-1}}$$

生成する塩素(D)の質量流量は，D の分子量が $71.0\times10^{-3}\,\mathrm{kg \cdot mol^{-1}}$ であるから

$$F_D=F_{A0}x_A/2=100(0.6)/2=30\,\mathrm{mol \cdot h^{-1}}=(30)(71.0\times10^{-3})=2.130\,\mathrm{kg \cdot h^{-1}}$$

以上の計算を，塩素の生産速度を $100\,\mathrm{kg \cdot h^{-1}}$ にとったときに換算すると

$$\text{塩化水素の供給速度}=3.65\times(100/2.130)=171.4\,\mathrm{kg \cdot h^{-1}}$$

$$\text{空気の供給速度}=4.144\times(100/2.130)=194.6\,\mathrm{kg \cdot h^{-1}}$$

[**例題 1·7**]　硫黄を乾き空気で燃焼させたところ，式(a)，(b)で示される複合反応が起こり，SO_2 と SO_3 が生成した。SO_3 を除いた生成ガスを分析したところ，体積分率で SO_2：16.9%，O_2：3.1%，N_2：80% であった。反応した硫黄のうち SO_3 に転化した割合を求めよ。

$$S + O_2 \longrightarrow SO_2 \qquad \text{(a)}$$

$$S + 3/2\,O_2 \longrightarrow SO_3 \qquad \text{(b)}$$

解　図 1·9 にフローシートを示す。

計算の基準を選定するとき，解答が求められている量を直接採用するより，間接的であっても情報量が多い量を採用する方が計算が簡単になることが多い。この場合，SO_3 を除いた燃焼ガスの組成が与えられているので，その 100 mol を基準にとる。その中で N_2 の量は 80 mol であり，それは変化しないから，対応物質になる。したがって，反応器入口に供給された空気中の N_2 が 80 mol になり，それが 79% に相当するから，O_2 の量は

$$\text{反応器に供給された}\ O_2=80\times(21/79)=21.27\,\mathrm{mol}$$

次に，O_2 の物質収支を考える。量論式(a)によって消費された O_2 は生成した SO_2 に等しく 16.9 mol になる。量論式(b)によって消費された O_2 の量を x とする。未反応の O_2 が 3.1 mol ある。酸素の物質収支は

$$21.27-(16.9+x)=3.1$$

$$\therefore \quad x=1.27\,\mathrm{mol}$$

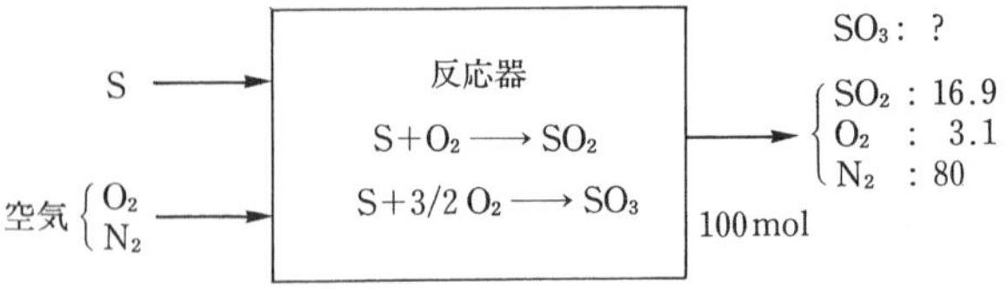

S
空気 O_2, N_2
反応器
$S+O_2 \longrightarrow SO_2$
$S+3/2\,O_2 \longrightarrow SO_3$
SO_3 : ?
SO_2 : 16.9
O_2 : 3.1
N_2 : 80
100 mol

図 1·9　硫黄の燃焼反応の物質収支

式(b)より，1 mol の O_2 と反応する S は 2/3 mol であるから

$$SO_3\text{に転化したSの量} = 1.27 \times (2/3) = 0.847\ \mathrm{mol}$$

一方，SO_2 に転化した S の量は，生成した SO_2 に等しく 16.9 mol であるから，

$$\text{燃焼した全硫黄の量} = 16.9 + 0.847 = 17.75\ \mathrm{mol}$$

したがって，反応した硫黄のうちで，SO_3 に転化した S の割合は

$$(0.847/17.75) \times 100\% = 4.77\%$$

(e)　バイパス操作，リサイクル操作，およびパージ操作

化学プロセスでは，原料流体や生成物流体などのいろいろな物質の流れが複雑に絡み合っている。それらの物質の流れに着目すると，通常の操作では，原料流体を装置入口から出口へ直線的に流している。その他，図 1·10 に示すような，バイパス操作，リサイクル操作，パージ操作などがある。

バイパス操作は，原料流体を分割して，その一つの流れのみを装置に供給して反応や分離の処理を行い，残りの原料流体は装置を通さずに装置出口に合流させる操作法である。たとえば，少量の塩分をふくむ塩水の一部を蒸発し真水にし，残りの塩水はバイパスして，両者を混合して所定の塩分濃度の用水を得るような場合である。

リサイクル操作は，生成物の流れの一部を装置入口に循環させる方式である。たとえば，流通式反応器において一回通過の反応率(単通反応率)を大きくとれないとき，適当な分離装置を反応器出口に接続し，生成した目的物質を系外に取り出し，未反応の反応原料を反応器入口にリサイクルし，補給原料と混合して反応器に供給する。次の例題 1·8 に示すように，リサイクルによってプロセスの総括反応率は理論的には 100% になる。

原料中に不活性な物質が含まれている場合のリサイクル操作では，不活性物質が反応系内に蓄積し反応に阻害効果が出てくる。そこで，リサイクル流れの一部を系外に連続的に放出(パージ)し，反応器内での不活性物質の濃度を一定値以下に保持する操作を併用する必要がある。これをパージ操作とよぶ。たとえば，アンモニア合成プロセスでは，反応原料の窒素を空気から製造するときに微量のアルゴンが含まれ，リサイクル操作によって，それが系内に蓄積し反

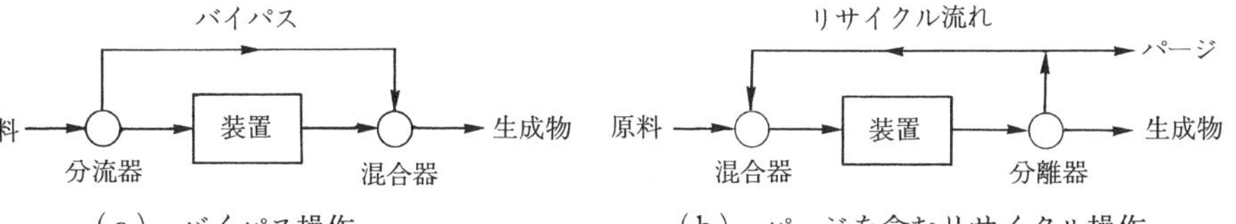

（a）　バイパス操作　　　（b）　パージを含むリサイクル操作

図 1·10　バイパス操作，パージを含むリサイクル操作

応を阻害する。それを防ぐためにパージが行われている。

これらの操作における物質収支の計算では，物質収支をとる範囲を適切に選定することが重要である。たとえば，補給原料基準の反応率を算出するときは，リサイクルを包含する系について物質収支をとると計算が簡単になる。また，パージ操作でも，不活性物質について上記と同様な計算によってパージ流量が簡単に算出できる。さらに，合流点，分岐点での物質収支も有効な情報を与えることに留意すべきである。

[例題 1·8]　アンモニアは，次式に示すように，窒素と水素から製造される。

$$N_2 + 3H_2 \longrightarrow 2NH_3 \qquad (A + 3B \longrightarrow 2C)$$

図1·11はアンモニア合成プロセスのフローシートを示す。量論比のN_2(Aで表す)とH_2(B)を触媒反応器に供給し，生成したNH_3(C)を反応器出口に接続した凝縮器で液状にして全量を取り出し，未反応のN_2とH_2を反応器入口にリサイクルする。ただし，空気中には不活性ガスのアルゴンが微量含まれるが，ここではそれを無視する。N_2の単通反応率(反応器入口から出口までの反応率)を15%に設定する。以下の問いに答えよ。

（1）　反応器入口でのN_2(A)の物質量流量F_{A1}を$100\,mol\cdot h^{-1}$に設定し，これを基準にし，図1·11の各点における物質量流量F_{ji}[$mol\cdot h^{-1}$]を求めよ。

（2）　補給原料についての反応率を求めよ。

（3）　リサイクル流れ(4)の物質量流量F_{t4}と補給原料(0)の物質量流量F_{t0}の比を求めよ。

解　（1）　基準：反応器に入る窒素の物質量流量$F_{A1}=100\,mol\cdot h^{-1}$(図1·11の点(1))にとる。量論比の窒素と水素が補給原料として反応器に供給され，両者は互いに分離されずにプロセス内を流れているから，反応が進行しても両者の流量比は常に量論比に保たれている。したがって，反応器入口での水素の物質量流量F_{B1}は窒素のそれの3倍になる。すなわち，$F_{B1}=300\,mol\cdot h^{-1}$である。

単通反応率が15%であるから，反応器内でのN_2の消失量は，$100\times0.15=$

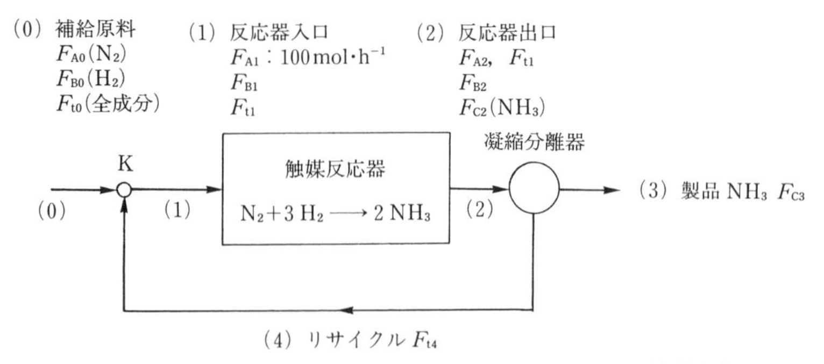

図 1·11　リサイクルを含むアンモニア合成プロセスの物質収支

表 1·4　アンモニア合成プロセスの物質収支(単位：[$mol \cdot h^{-1}$])

成　分	補給原料 (0)	反応器入口 (1)	反応器出口 (2)	製　品 (3)	リサイクル (4)
N_2　A	15	100	85	0	85
H_2　B	45	300	255	0	255
NH_3　C	0	0	30	30	0
全成分　t	60.0	400	370.0	30	340

15 $mol \cdot h^{-1}$ となる。量論式から各成分の消失量と生成量がわかるから，反応器出口(添字 2)での各成分の流量は次のように計算できる。

$$N_2：F_{A2}=100-15=85\,mol \cdot h^{-1}$$
$$H_2：F_{B2}=F_{B1}-(3)(15)=300-45=255\,mol \cdot h^{-1}$$
$$NH_3：F_{C2}=(2)(15)=30\,mol \cdot h^{-1}$$
$$全物質量流量：F_{t2}=85+255+30=370\,mol \cdot h^{-1}$$

凝縮分離器で生成物の NH_3 が完全に取り出されるから，NH_3 の流量 F_{C3} は F_{C2} に等しく 30 $mol \cdot h^{-1}$ である。残りの未凝縮ガス成分はリサイクルされる。

次に，点 K において物質収支をとると，

$$F_{t0}+F_{t4}=F_{t1}$$

ここで，表 1·4 より $F_{t1}=400\,mol \cdot h^{-1}$，$F_{t4}=340\,mol \cdot h^{-1}$ であるから，上式に代入すると，補給原料 $F_{t0}=60\,mol \cdot h^{-1}$ となる。

補給原料中は N_2 と H_2 は量論比(1：3)で存在するから，両成分の物質量流量は

$$N_2：(60)(1/4)=15\,mol \cdot h^{-1},\quad H_2：(60)(3/4)=45\,mol \cdot h^{-1}$$

このようにして，フローシートの各流れの物質量流量が明らかになった。その結果を表 1·4 にまとめてある。

（2） リサイクルを内蔵する系について考えると，N_2 が 15 $mol \cdot h^{-1}$ 供給され，系外に排出される N_2 の量は 0 であるから

$$補給原料基準の反応率=(15-0)/15=1.0=100\%$$

となる。このように未反応原料をリサイクルすることによって，単通反応率は 15% であるが，総括反応率は 100% になり，補給原料がすべて反応したことになる。

ただし不活性ガスのパージがある場合の反応率は 100% にはならない。

（3） (リサイクル物質量流量 F_{t4})/(補給原料の物質量流量 F_{t0})$=340/60=5.7$

1·5·3　エネルギー収支

化学工業においては，物質の流れに同伴してエネルギーの流れが起こる。それを定量的に取り扱うのがエネルギー収支である。

(a) エンタルピー収支式(熱収支式)

エネルギーの形態は多様であって，物質の分子構造と温度によって決まる内部エネルギー，物体が位置する高さによる位置のエネルギー，運動する物体が

もつ運動エネルギー，熱エネルギー，および仕事などがある。熱力学の第一法則は，これらの全エネルギーについて保存則が成立することを述べている。しかし，通常の化学プロセスにおいては位置エネルギーや運動エネルギーの変化は小さく，また機械的仕事の寄与も小さい。そのような場合，一般的なエネルギー収支式は，内部エネルギー U と流体の流れ仕事 PV の和であるエンタルピー $H=U+PV$ のみに注目した式(1·8)のエンタルピー収支式に簡略化できる。ここでは，そのエンタルピー収支について述べる。より一般的なエネルギー収支については 4 章と 6 章で述べられる。

図 1·12 に示すような流通系を考えて，単位時間についてエンタルピー収支をとると，式(1·8)が成立する。

$$\begin{pmatrix}\text{エンタルピー}\\ \text{流入速度 } H_{\text{in}}\end{pmatrix}-\begin{pmatrix}\text{エンタルピー}\\ \text{流出速度 } H_{\text{out}}\end{pmatrix}+\begin{pmatrix}\text{周囲からの}\\ \text{加熱速度 } Q\end{pmatrix}=\begin{pmatrix}\text{エンタルピー}\\ \text{蓄積速度 } \mathrm{d}H_{\text{sys}}/\mathrm{d}t\end{pmatrix} \tag{1·8}$$

上式の左辺第 1 項 H_{in} は，系に流入する流体によってもち込まれるエンタルピーの流入速度であり，各成分の物質量流量を F_{j0}[mol·s^{-1}]，エンタルピーを H_{j0}[J·mol^{-1}]で表すと，式(1·9a)のように書き表せる。

$$H_{\text{in}}=\sum F_{j0}H_{j0} \tag{1·9a}$$

同様に，式(1·8)の左辺第 2 項 H_{out} も式(1·9b)のように書ける。

$$H_{\text{out}}=\sum F_{j}H_{j} \tag{1·9b}$$

第 3 項 Q は系の外部から加熱されるときの熱量である。除熱されるときは負の値をとる。これらの代数和が式(1·8)の右辺に等しく，系のエンタルピー H_{sys}[J]の蓄積速度 $\mathrm{d}H_{\text{sys}}/\mathrm{d}t$ になる。系内に存在する各成分の物質量を n_j で

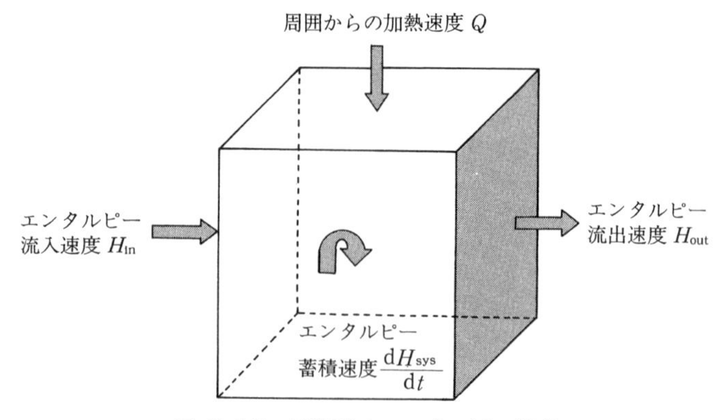

図 1·12　流通系のエンタルピー収支

表すと

$$\frac{\mathrm{d}H_{\mathrm{sys}}}{\mathrm{d}t}=\frac{\mathrm{d}(\sum n_j H_j)}{\mathrm{d}t} \tag{1·9c}$$

のように書ける。

以上をまとめると，式(1·8)は式(1·10)のように書き改められる。

$$\frac{\mathrm{d}(\sum n_j H_j)}{\mathrm{d}t}=\sum F_{j0}H_{j0}-\sum F_j H_j+Q \tag{1·10}$$

上式で，流量 F，量 n の単位は質量[kg]あるいは物質量[mol]で表されるが，それぞれに対応してエンタルピーの単位は[$\mathrm{J\cdot kg^{-1}}$]あるいは[$\mathrm{J\cdot mol^{-1}}$]にとる。いずれの場合も式(1·10)の各項の単位は[$\mathrm{J\cdot s^{-1}}$]になる。

定常状態では式(1·10)の左辺が0とおけて，式(1·11)の関係が成立する。

$$\sum F_j H_j-\sum F_{j0}H_{j0}=Q \tag{1·11}$$

この式は，定常状態で単位時間について考えると，系内への流体の入出によるエンタルピーの変化量は周囲からの加熱量に等しいことを示している。なお，反応器を断熱材で覆い，反応器内と周囲との熱の移動を遮断した断熱操作では上記の諸式で Q を0とおくことができる。

以下に上記のエンタルピー収支式の使い方を物理的過程と反応を含む過程に分けて述べる。

(b)　物理的過程のエンタルピー変化

物質を加熱したり冷却すると，温度が変化するか，温度が変化せずに相の変化が起こる。たとえば，固体を加熱すると，固体の状態を保ちながら温度が上昇するが，ある温度に達すると固体が溶解し始め，液相が出現し固体と共存するようになる。そして，固体が完全に溶解し終わるまで温度は変化しない。相転移がなく物質の温度変化に関係する熱を顕熱といい，それに対して物質に温度変化がなく相転移に伴って吸収されたり放出されたりする熱エネルギーを潜熱という。反応が起こらない物理的過程のエンタルピー変化は，顕熱変化と潜熱変化の和である。

(1)　比熱容量とモル熱容量

一定量の物質の温度を1K(1℃)上昇させるのに必要な熱量が熱容量であり，単位質量についての場合が比熱容量[$\mathrm{J\cdot kg^{-1}\cdot K^{-1}}$]，物質量基準のときをモル熱容量[$\mathrm{J\cdot mol^{-1}\cdot K^{-1}}$]という。比熱容量には，系の圧力を一定にしたときの定圧比熱容量 c_p と，系の体積一定の条件下での定容比熱容量 c_v がある。同様に，定圧モル熱容量を C_p，定容モル熱容量を C_v によってそれぞれ表す。

理想気体の2種類のモル熱容量に対して式(1・12)の関係が成立する。

$$C_p - C_v = R \tag{1・12}$$

ここに R は気体定数である。

気体の定圧モル熱容量は，式(1・13)のような T の多項式の形で表される。

$$C_p = a + bT + cT^2 \tag{1・13}$$

ここに a, b, c は定数である。この場合に，T_1 と T_2 の温度範囲における平均のモル熱答量 $\overline{C}_p$ は，式(1・14)のように書ける。

$$\overline{C}_p = \int_{T_1}^{T_2} \frac{C_p \mathrm{d}T}{T_2 - T_1} = a + \frac{b}{2}(T_2 + T_1) + \frac{c}{3}(T_2^2 + T_2 T_1 + T_1^2) \tag{1・14}$$

相変化がなく温度が T_1 より T_2 に上昇するときの単位物質量についてのエンタルピー変化 $\Delta H[\mathrm{J \cdot mol^{-1}}]$ は，式(1・15)によって計算できる。

$$\Delta H = \int_{T_1}^{T_2} C_p \mathrm{d}T = \overline{C}_p(T_2 - T_1) = \overline{C}_p \Delta T \tag{1・15}$$

(2)　相転移を伴う物理過程の全エンタルピー変化

固体から液体へのエンタルピー変化を融解エンタルピー，液体と蒸気間の相転移のエンタルピー変化を蒸発エンタルピー，固体から直接気体へのエンタルピー変化を昇華エンタルピーとそれぞれよぶ。

相転移を伴う物理過程における全エンタルピー変化 ΔH は，顕熱と潜熱の総和であって，潜熱を $L[\mathrm{J \cdot mol^{-1}}]$ で表すと，式(1・16)のように表せる。

$$\Delta H = \sum \overline{C}_p \Delta T + \sum L \tag{1・16}$$

[**例題 1・9**]　-10℃の氷1molを400Kの過熱水蒸気にするのに必要な熱量を計算せよ。ただし，氷，水，蒸気の比熱容量はそれぞれ2.09, 4.187, 1.97 $\mathrm{kJ \cdot kg^{-1} \cdot K^{-1}}$，氷の融解エンタルピーは335 $\mathrm{kJ \cdot kg^{-1}}$，373Kにおける水の蒸発エンタルピーは2257 $\mathrm{kJ \cdot kg^{-1}}$ である。

解　顕熱は氷を-10℃から0℃に，水を0℃から100℃に，さらに水蒸気を100℃=373Kから400Kまで，それぞれ加熱するのに必要な熱量であり，式(1・15)をそれぞれの過程に適用すると，

$$\sum \overline{c}_p \Delta T = 2.09[0-(-10)] + 4.187(100-0) + 1.97(400-373)$$
$$= 20.9 + 418.7 + 53.19 = 492.8\,\mathrm{kJ \cdot kg^{-1}}$$

一方，潜熱は氷の融解エンタルピーと水の蒸発エンタルピーであるから，

$$\sum L = 335 + 2257 = 2592\,\mathrm{kJ \cdot kg^{-1}}$$

全変化に伴うエンタルピー変化は式(1・16)から計算できる。水1molは 18×10^{-3} kgであるから，

$$\Delta H = 18 \times 10^{-3}(492.8 + 2592) = 55.5\,\mathrm{kJ \cdot mol^{-1}}$$

(c) 化学反応に伴うエンタルピー変化

(1) 標準反応エンタルピー

化学反応によって分子の組み替えが起こると，エンタルピー変化が生じる。これを反応エンタルピーという。

$$A + \frac{b}{a}B \longrightarrow \frac{c}{a}C + \frac{d}{a}D \tag{1.17}$$

で表される化学反応の反応エンタルピー ΔH_R とは，温度が T，圧力が P にある 1 mol の A と b/a mol の B が完全に反応して c/a mol の C と d/a mol の D が生成し，その温度と圧力がそれぞれ T と P であるときのエンタルピー変化と定義できる。温度が 298.2 K，圧力が 0.1013 MPa のときの反応エンタルピーを標準反応エンタルピー ΔH_R° とよぶ。ΔH_R° は各成分の標準生成エンタルピー ΔH_f° を用いて式(1・18)により計算できる。

$$\Delta H_R^\circ = \frac{c}{a}\Delta H_{f,C}^\circ + \frac{d}{a}\Delta H_{f,D}^\circ - \left(\Delta H_{f,A}^\circ + \frac{b}{a}\Delta H_{f,B}^\circ\right) \tag{1・18}$$

$\Delta H_{f,A}^\circ$ は物質 A が元素より生成するときのエンタルピー変化である。通常は A を構成する元素と生成物がともに 298.2 K, 0.1013 MPa の条件にあるとして計算された仮想的なエンタルピー変化を表す。

(2) 反応を伴うエンタルピー変化の計算

反応を含む場合は反応エンタルピーと顕熱変化を同時に考慮する必要がある。たとえば，式(1・8)左辺第 2 項の流出流体のエンタルピーは，反応エンタルピーと生成物の温度変化に伴う顕熱を同時に考慮する必要がある。

[**例題 1・10**]　SO_2 を空気酸化して SO_3 を製造する触媒反応器がある。

$$SO_2 + 1/2\,O_2 \longrightarrow SO_3$$

SO_2 を 10 mol% 含む空気を $T_{in} = 450°C$ で反応器入口に連続的に供給して反応させたところ，反応器出口での温度は 600°C，反応率は 76% であった。

そのとき反応器外部から加えられた熱量 Q を求めよ。298.2 K, 0.1013 MPa における標準生成エンタルピー ΔH_f°，平均モル熱容量 $\bar{C}_p$[J・mol^{-1}・K^{-1}]は表 1・5 のように与えられる。

解　図 1・13 はフローシートと熱収支の計算過程に示している。

物質収支の基準：原料 $F_t = 100$ mol・h^{-1}

表 1・5

成　分	SO_2	O_2	SO_3	N_2
ΔH_f°/kJ・mol^{-1}	−297.0	0	−395.2	0
$\bar{C}_p$/J・mol^{-1}・K^{-1}	46.4	31.3	65.0	29.9

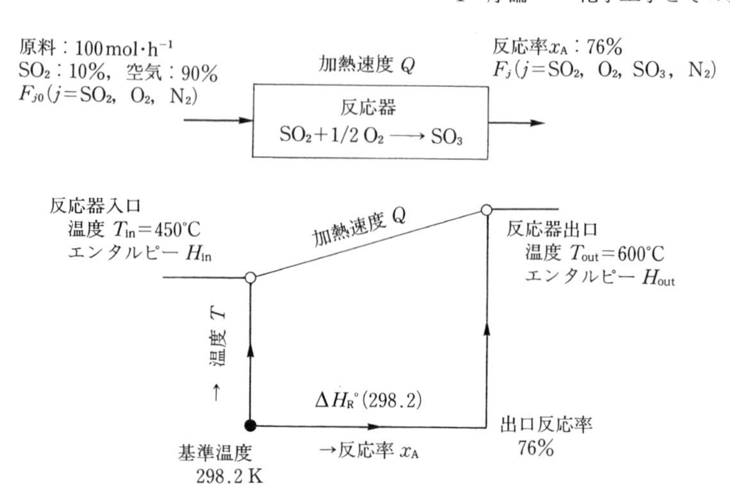

図 1·13　発熱反応器の除熱速度の計算

（1）　反応器入口：SO_2 のモル分率が 10%，空気中の酸素と窒素のモル分率が 0.21 と 0.79 であることに注意すると，反応器入口での各成分の物質量流量 F_{j0} は

$$SO_2：100(0.1)=10\,\mathrm{mol\cdot h^{-1}},\quad O_2：100(1-0.10)(0.21)=18.9\,\mathrm{mol\cdot h^{-1}}$$
$$N_2：100(1-0.10)(0.79)=71.1\,\mathrm{mol\cdot h^{-1}}$$

（2）　反応器出口：SO_2 の反応率が 0.76 であるから

$$SO_2 の反応量=(10\,\mathrm{mol\cdot h^{-1}})(0.76)=7.60\,\mathrm{mol\cdot h^{-1}}$$
$$SO_2：10-7.6=2.4\,\mathrm{mol\cdot h^{-1}},\quad O_2：18.9-7.6/2=15.1\,\mathrm{mol\cdot h^{-1}}$$
$$SO_3：7.6\,\mathrm{mol\cdot h^{-1}},\quad N_2：71.1\,\mathrm{mol\cdot h^{-1}}$$

（3）　エンタルピー収支の計算：反応器内部で反応が起こり，温度 T と反応率 x_A が変化し，それに対応してエンタルピー変化が生じる。

基準温度 T°=25°C=298.2 K にとる。反応原料の温度 T_{in}=450°C=723.2 K，反応生成物の温度 T_{out}=600°C=873.2 K である。

反応器入口温度 T_{in}=450°C での反応原料のエンタルピー流入速度 H_{in} は式(1·9 a)から

$$\begin{aligned}H_{in}&=\sum F_{j0}H_{j0}=\sum F_{j0}\bar{C}_{pj}(450-25)\\&=[(10)(46.4)+(18.9)(31.3)+(71.1)(29.9)](10^{-3})(425)\\&=1352.1\,\mathrm{kJ\cdot h^{-1}}\end{aligned}\qquad\text{(a)}$$

一方，反応器出口での反応生成物のエンタルピー流出速度 H_{out} は，298.2 K での反応によるエンタルピー変化，および反応生成物を 298.2 K から反応器出口温度 T_{out} まで昇温させるときの顕熱の和として表せる。

$$H_{out}=\Delta H_R^\circ(298.2)\times(SO_2 の反応量)+\sum F_j\bar{C}_{pj}(T_{out}-298.2)\qquad\text{(b)}$$

標準反応エンタルピー ΔH_R°(298.2)は，式(1·18)より計算できる。

$$\Delta H_R^\circ(298.2)=\Delta H_{f,SO_3}^\circ-\Delta H_{f,SO_2}^\circ-(1/2)\Delta H_{f,O_2}^\circ$$

$$= (-395.2) - (-297.0) - 0 = -98.2\,\mathrm{kJ \cdot mol^{-1}} \quad \text{(c)}$$

反応に伴うエンタルピー変化は反応エンタルピーと反応量の積で与えられるから，

$$(-98.2\,\mathrm{kJ \cdot mol^{-1}})(7.6\,\mathrm{mol \cdot h^{-1}}) = -746.3\,\mathrm{kJ \cdot h^{-1}} \quad \text{(d)}$$

反応生成物の顕熱変化の項は $T_{out} = 600 + 273.2 = 873.2\,\mathrm{K}$ を式(b)に代入すると

$$\begin{aligned}\sum F_j \overline{C}_{pj}(T_{out} - 298.2) &= [(2.4)(46.4) + (15.1)(31.3) + (7.6)(65) \\ &\quad + (71.1)(29.9)](10^{-3})(T_{out} - 298.2) \\ &= 3.204(873.2 - 298.2)\,\mathrm{kJ \cdot h^{-1}} \\ &= 1842.3\,\mathrm{kJ \cdot h^{-1}} \quad \text{(e)}\end{aligned}$$

式(c)～(e)を式(b)に代入すると，反応器出口でのエンタルピー H_{out} は

$$H_{out} = -746.3 + 1842.3 = 1096\,\mathrm{kJ \cdot h^{-1}} \quad \text{(f)}$$

のように表せる。

反応器入口と出口におけるエンタルピーの値を式(1・11)に代入すると，

$$1352.1 - 1096 + Q = 0$$

$$\therefore \quad Q = -256.1\,\mathrm{kJ \cdot h^{-1}} \quad \text{(g)}$$

Q の符号がマイナスであることは，反応器外部から加熱するのではなく，徐熱する必要があることを意味する。実プラントでは，装置外壁を断熱材で覆い，触媒層を数段に分割した多段断熱式の固定層反応器が用いられている。各触媒層の間で反応流体を冷却するか，冷ガスを追加導入して各層の入口温度を下げて，反応器内の温度上昇を抑制している。

問　　題

1・1　次の量を SI で表せ。

（1） $80\,\mathrm{lb \cdot ft^{-3}}$，（2） $5.8\,\mathrm{kgf \cdot cm^{-2}}$，（3） $1900\,\mathrm{mmHg}$，

（4） $9.3\,\mathrm{Btu \cdot (lb\text{-}mol)^{-1} \cdot {}^\circ F^{-1}}$，（5） $982\,\mathrm{kcal \cdot h^{-1}}$

1・2　原子ガスが管内を乱流で流れるときのガス側熱伝達係数 h は，次の有次元式で表される。

$$h = 0.0156\, c_p G^{0.8} / D^{0.2}$$

h は$[\mathrm{kcal \cdot m^{-2} \cdot h^{-1} \cdot {}^\circ C^{-1}}]$，$c_p$ は定圧比熱容量$[\mathrm{kcal \cdot kg^{-1} \cdot {}^\circ C^{-1}}]$，$G$ はガス質量速度$[\mathrm{kg \cdot m^{-2} \cdot h^{-1}}]$，$D$ は管内径[m]の単位をもつ。この式を SI で表せ。

1・3　HCl(ガス)の比熱容量 c_p は，次式で近似的に表せる。

$$c_p = 0.188 + 2.63 \times 10^{-5} t$$

ただし，$c_p[\mathrm{cal \cdot g^{-1} \cdot {}^\circ C^{-1}}]$，$t[{}^\circ\mathrm{C}]$。モル熱容量 $C_p[\mathrm{J \cdot mol^{-1} \cdot K^{-1}}]$を表す式を導け。

1・4　蒸発装置によって 10 wt% の食塩水 100 kg を 28 wt% まで濃縮したい。蒸発水分および残存濃縮液の量を求めよ。

1・5　ある水路の中を流れる水の流量を調べるために，10 wt% の硫酸ナトリウム Na_2SO_4 を $2.50\,\mathrm{kg \cdot min^{-1}}$ の流量で水路に加えたところ，下流における Na_2SO_3 の濃度は 0.35 wt% であった。水の流量$[\mathrm{m^3 \cdot h^{-1}}]$を求めよ。

1・6　モル分率で 0.30 の空気と 0.70 の NH_3 からなる混合ガスを酸性水溶液中に通して NH_3 を吸収させたところ，出口ガス中の NH_3 のモル分率は 0.18 になった。入口ガス中の NH_3 に対して吸収された NH_3 の割合を求めよ。ただし空気の吸収と水

溶液の蒸発は考えなくてもよい。

1·7　メタンを過剰空気率50%の空気を用いて完全燃焼させたところ，CO_2とH_2Oが生成した。燃焼炉出口のガス組成を求めよ。

1·8　CとHよりなる燃料油を空気で燃焼したところ，乾き燃焼ガス基準で次の組成をもった燃焼ガスが得られた。

$$CO_2 = 13.4\,\mathrm{vol\%},\quad O_2 = 3.6\,\mathrm{vol\%},\quad N_2 = 83.0\,\mathrm{vol\%}$$

ただし，次の二つの反応が同時に起こっていると考えてよい。

$$C + O_2 \longrightarrow CO_2 \qquad \text{(a)}$$

$$H_2 + 1/2\,O_2 \longrightarrow H_2O \qquad \text{(b)}$$

次の各項を計算せよ。(1) 過剰空気率[%]，(2) 燃料油の質量組成，(3) 100kgの燃料油から発生する湿り燃焼ガスの量[mol]

［ヒント］　出口の乾き燃焼ガス$100\,\mathrm{mol \cdot h^{-1}}$を基準にとれ。

1·9　次の複合反応が流通反応器内で進行している。

$$C_2H_6 \longrightarrow C_2H_4 + H_2 \qquad (A \longrightarrow R+T) \qquad \text{(a)}$$

$$C_2H_6 + H_2 \longrightarrow 2\,CH_4 \qquad (A+T \longrightarrow 2\,S) \qquad \text{(b)}$$

反応原料は80%のエタン(C_2H_6；A)と20%の不活性ガス(I)からなり，エタンの反応率x_Aは63%，エチレン(C_2H_4；R)の収率Y_Rは0.48である。反応器出口での各成分のモル分率y_j，エチレンの選択率S_Rの値を求めよ。

［ヒント］　反応原料$100\,\mathrm{mol \cdot h^{-1}}$を基準にとり，反応(a)と(b)の反応量を未知数にして物質収支をとれ。

1·10　600ppm(ppm：百万分の1の含有量)の塩分を含む塩水を農業用水にするために，塩分濃度を50ppmに下げたい。そのために，塩水の一部を蒸発装置に導き，真水と塩分に分離し，残りの塩水はバイパスさせて蒸発装置出口で蒸発装置から排出される真水と混合して所定の塩分濃度にする。バイパスする塩水の分率を求めよ。

1·11　例題1·8において，補給原料中に不活性物質のアルゴンが0.2mol%含まれており，残りは窒素と水素が量論比で存在する場合，リサイクル流れの一部を系外にパージし，アルゴンを4.7%以下に保つためには，補給原料ガスに対するパージガスの物質量流量の比をいくらにすればよいか。

［ヒント］　補給原料$100\,\mathrm{mol \cdot h^{-1}}$を基準にとり，パージ量を未知数にして，アルゴンについての総括的な物質収支をとれ。

1·12　メタンのモル熱容量は次式で与えられる。

$$C_p/\mathrm{cal \cdot mol^{-1} \cdot K^{-1}} = 5.34 + 0.0115\,T/\mathrm{K}$$

メタン1kgを25℃から300℃まで加熱するときに必要な熱量$[\mathrm{kJ \cdot kg^{-1}}]$を求めよ。

1·13　100℃の水蒸気を凝縮させることによって，20℃の水1kmolを80℃まで加熱したい。必要な加熱用蒸気量を計算せよ。ただし水の比熱容量は$4.187\,\mathrm{kJ \cdot kg^{-1} \cdot K^{-1}}$，373Kにおける水の蒸発エンタルピーは$2257\,\mathrm{kJ \cdot kg^{-1}}$とする。

1·14　例題1·10において，反応器外壁を断熱材で覆い，熱を外部に逃さないように操作(断熱操作)した場合，反応器出口での温度T_{out}を求めよ。

参考文献

1)　橋本健治編：「ケミカルエンジニアリング—夢を実現する工学」，培風館(1995).
2)　高塚透，武藤恒久，田口貴士共著：「試験管からプラントまで—プロセス開発の魅力」，培風館(1996)．
3)　古崎新太郎編：「ケミカルエンジニアリングのすすめ—次世代に向けての化学工学」，共立出版(1987)．

2 化学反応操作

化学工業では，種々の化学反応操作を行う。その場合，経済的で合理的な化学反応プロセスを選定するとともにその操作条件を確立し，反応プロセスを構成する各種の反応器の適切な形式選定と，その設計および操作を行うための手法が重要になる。これらの基礎的事項を体系化したのが反応工学(chemical reaction engineering)とよばれ，化学工学の主要な学問分野である。本章では，反応工学が対象にしている化学反応と反応器の分類法，反応速度の表し方，反応器の設計法，反応速度の解析法などについて述べる。

2・1 化学反応と反応器の分類

2・1・1 化学反応

化学の分野では，化学反応を無機反応，有機反応および生化学反応などに分類し，さらにこれらを反応機構に基づいて細かく分類しているが，反応工学では，反応器の設計や操作の立場から反応の量論関係を与える量論式の個数と，反応に関与する相の状態に着目した分類が採用されている。

(a) 単一反応と複合反応

着目している系内で化学反応が進行している場合，反応に関与している各成分の物質量[mol]の間の関係を量論関係とよぶが，この反応を記述するのに必要な量論式(stoichiometric equation)は一つだけとはかぎらない。反応がただ一つの量論式で記述される場合を単一反応(single reaction)，複数個の量論式を必要とする場合を複合反応(multiple reaction)という。可逆反応は，正反応と逆反応から構成されており，それぞれ量論式が書けるが，反応に関与する各成分の量的関係を規定するには正逆両反応のうちのどちらか一方の反応の量論式で十分である。したがって，可逆反応は単一反応として取り扱える。

複合反応には種々の形式のものがあるが，下記の並列反応または並発反応(parallel reaction, simultaneous reaction)，逐次反応(consecutive reaction)，およびこれら二つを組み合わせた逐次並列反応(mixed reaction)のどれかに属するとみなすことができる。

並列反応　$A \longrightarrow C, \quad A \longrightarrow D$

逐次反応　$A \longrightarrow C \longrightarrow D$

逐次並列反応　$A + B \longrightarrow C, \quad C + B \longrightarrow D$

(b) 素反応

ただ一つの量論式で記述できる単一反応でも実際の反応過程は複雑であって，中間生成物(intermediate)を生成する多くの過程を経て進行する場合が少なくない。各過程において，それ以上に分割できない反応を素反応(elementary reaction)とよぶ。

ある素反応によって生成した活性中間体(active intermediate)は，反応性に富んでおり，他の素反応によって迅速に消費されるから，その濃度および正味の生成速度は非常に小さく，通常の分析法によって定量したり，分離して取り出したりするのが困難なことが多い。活性中間体になる物質としては，各種のラジカル($CH_3\cdot$，$C_2H_5\cdot$，$H\cdot$，$Br\cdot$など)，イオン(Na^+，NH_4^+，OH^-，I^-など)，分子間の衝突過程で生成する不安定な活性錯合体(activated complex)などがある。

活性中間体は量論式中には現われず，反応成分の量的関係は単一の量論式で記述することができる。したがって，単一の量論式で表される反応は，その反応がいくつかの素反応からなる反応であっても単一反応に分類できる。

(c) 均一反応と不均一反応

工学的に便利な化学反応の分類法として，反応系あるいは反応器内に存在する反応物質の相形態によって分類する方法がある。気相，液相，固相のそれぞれ単一相内で起こる反応を，気相反応，液相反応，固相反応といい，これらを一括して均一反応(homogeneous reaction)とよぶ。一方，反応に関与する相が二つ以上存在する場合を不均一反応(heterogeneous reaction)といい，気相，液相，固相の組み合わせによって，気液系反応，気固系反応などと分類される。表2·1は化学反応の相形態による分類を示したもので，それぞれの反応について現在工業的に実施されている具体的な反応例を挙げておいた。

2·1·2 反応器

化学工業で用いられている反応器は，多種多様である。図2·1は，操作法と

表 2·1　化学反応の相形態による分類

反応の分類		反　応　例
均一反応	気相反応	炭化水素の熱分解，NO の酸化反応
	液相反応	エステル化反応，ポリエステルの塊状重合反応
不均一反応	気固触媒反応	アンモニア合成反応，エチレンの酸化反応
	気固反応	石炭の燃焼反応，石灰石の熱分解反応
	気液反応	炭化水素の塩素化反応，エタノールアミン水溶液による CO_2 の反応吸収
	気液固触媒反応	油脂の水素添加反応，活性汚泥法
	液液反応	ベンゼンのニトロ化反応，乳化重合反応
	液固反応	イオン交換反応，固定化酵素反応
	固固反応	セメント製造反応，セラミックス製造反応

形状により反応器を分類したもので，その形状から(a)槽型反応器(stirred-tank reactor)と(b)管型反応器(tubular reactor)とに大別できる。また，操作法からは回分式，連続式および半回分式に分類できる。

回分式は，一定量の反応原料を反応器内に仕込んでから反応を開始させ，所定の時間が経過したのち，装置内の反応混合物すなわち生成物と未反応物の混合物を全部取り出す方式である。連続式は流通式ともよばれ，反応原料を反応

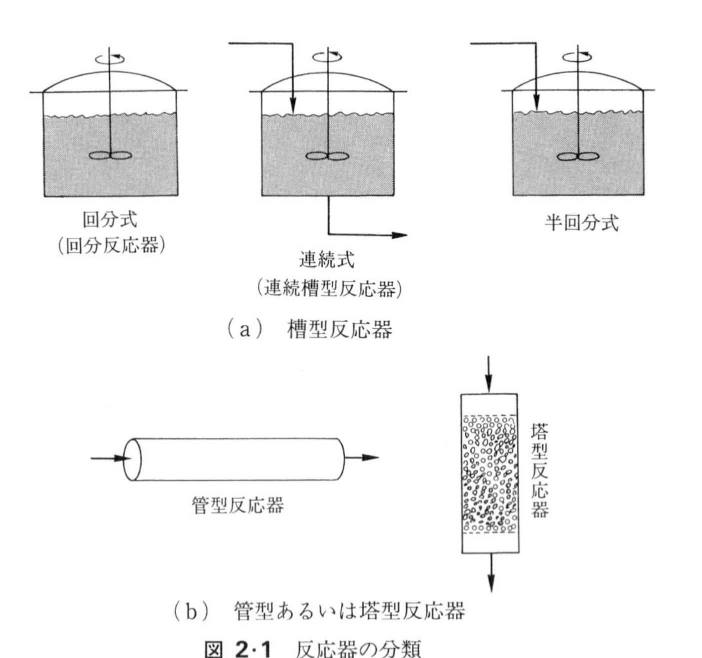

図 2·1　反応器の分類

器入口から連続的に供給し，反応生成物を含む反応混合物を装置出口から連続的に取り出す方式である。半回分式は回分式と連続式の中間的な特徴をもつ方式で，反応原料の一成分を槽型反応器内に仕込んでおき，そこへ他の原料成分を少量ずつ連続的あるいは間欠的に供給しながら反応させる方式である。

槽型反応器内には，反応物質の均一分散をはかる目的で撹拌機が備えられており，反応熱の除去または補給を目的として，ジャケットやコイルなどの伝熱装置が設けられている。この反応器は，主として均一液相反応に用いられるが，気液系反応や気液固系触媒反応などの不均一反応にも用いられる。槽型反応器は，回分式および連続式の両操作で用いられ，回分式で使用される場合に回分反応器(batch reactor)，連続式で用いられる場合に連続槽型反応器(continuous stirred-tank reactor; CSTR と略記)という。連続槽型反応器としては，数個の槽型反応器を直列に結合した連続多段槽型反応器が採用されることもある。

管型反応器は細長い管状の反応管を用いた反応器で，連続操作に対してのみ採用される。装置内での反応物質の濃度は，入口からの距離によって連続的に変化する。多管式熱交換器のように，多数の反応管を円筒などの管胴内におさめた多管式反応器もある(後述の 2·4 節を参照)。

2·1·3　反応器内の反応流体の流れ

流通反応器内での反応流体の流れは複雑であるが，反応工学では，理想化された流動状態として，完全混合流れ(perfectly mixed flow あるいは mixed flow)と押出し流れ(plug flow)の二つの流れを考える。

完全混合流れとは，反応器に供給された反応流体は瞬間的に混合分散され，装置内のあらゆる場所で温度，濃度ともに均一となるような流れの状態をいい，反応流体の流れが完全混合流れの反応器を完全混合流れ反応器(mixed flow reactor あるいは mixed reactor)とよぶ。連続操作の槽型反応器は完全混合流れ反応器とみなして取り扱われる。一方，押出し流れはピストン流れ(piston flow)ともよばれ，反応器に供給された反応流体が，装置入口から出口に向かってピストンで押出されるように軸方向に向かって移動する流れの状態をいう。この場合，流れと直角方向の速度分布は一様で，したがって反応成分の濃度も均一であるが，流れ方向には流体の混合が起こらないので濃度分布が生じる。反応流体の流れが押出し流れの反応器を押出し流れ反応器(plug flow reactor または piston flow reactor; PFR と略記)とよび，管型反応器は押出し流れ反応器とみなして取り扱われる。

完全混合流れと押出し流れを総称して理想流れ(ideal flow)とよび，反応流体の流れが理想流れの反応器を理想流れ反応器(ideal flow reactor)という。装置内の流体の流れが，完全混合流れや押出し流れのような理想流れではなく両者の中間的な特徴をもつ場合には，この流れを非理想流れ(non-ideal flow)とよび，このような流れの反応器を非理想流れ反応器(non-ideal flow reactor)という。連続槽型反応器と管型反応器は，理想流れ反応器として取り扱い得る場合が多いが，工業反応器では多くの場合非理想流れである。

2・2　反応速度式

反応器の合理的な設計や操作を行うためには，装置内で進行する化学反応の速度についての知識が必要である。本節では，まず反応速度の定義とその表現法について概説したのち，複雑な反応経路を経て進行する反応の反応速度式を定常状態近似法と律速段階近似法を適用して導出する方法について述べる。

2・2・1　反応速度の定義

次の量論式

$$aA + bB \longrightarrow cC + dD \qquad (2\cdot1)$$

で表される均一反応について考える。この量論式は，原料成分(reactant)のAとBが反応して生成物成分(product)のCとDを生成すること，およびこれらの反応成分の変化量の比が量論係数(stoichiometric coefficient) a, b, c および d の比に等しいことを示している。任意の反応成分 j に対する反応速度 r_j は，反応成分混合物の単位体積について単位時間に増加する成分 j の物質量と定義される。いま，体積，時間，物質量の単位としてそれぞれ[m^3], [s], [mol]を用いると，反応速度の単位は[mol・m^{-3}・s^{-1}]となる。式(2・1)の各反応成分A, B, C, Dに対して反応速度 r_A, r_B, r_C, r_D がそれぞれ定義できる。この場合，反応が進行するにつれて，生成物成分の量は増大するから，成分C, Dに対する反応速度 r_C, r_D は正の値をとるが，原料成分である成分A, Bの量は減少するから，r_A, r_B は負の値をとる。各反応成分の量論係数 a, b, c, d の値が異なると，それぞれの成分に対する反応速度の値も異なるが，反応速度の絶対値を量論係数で割った値は各成分について等しくなり，その値は量論式に固有な値になる。すなわち，量論式(2・1)に対しては

$$r = \frac{r_A}{-a} = \frac{r_B}{-b} = \frac{r_C}{c} = \frac{r_D}{d} \qquad (2\cdot2)$$

が成立する。式(2・2)で定義される r を量論式(2・1)に対する反応速度とよぶ。

二つ以上の量論式で与えられる複合反応の場合，着目した成分に対する速度式は，各量論式に対する反応速度と量論係数の積の和として表される。たとえば，m 個の量論式からなる複合反応において，成分 A に着目すると，反応速度は

$$r_A = r_{1A} + r_{2A} + \cdots + r_{iA} + \cdots + r_{mA} \tag{2·3}$$

で与えられる。ここで，r_{iA} は i 番目の反応による成分 A の反応速度(生成速度)であり，反応速度 r_i と成分 A の量論係数の積として表される。

上述の反応速度の r_A, r_B などは，均一反応を対象にした反応混合物の単位体積あたりについての反応速度であるが，不均一反応の場合には他の基準を採用した方が便利である。たとえば，気固反応では反応固体の単位質量あたりの反応速度 r_{Am}[mol·kg^{-1}·s^{-1}]を，気液反応では気液の単位界面積基準の反応速度 r_{As}[mol·m^{-2}·s^{-1}]や液体積基準の反応速度 r_{AL}[mol·m^{-3}·s^{-1}]を採用した方が都合がよい。

[**例題 2·1**]　次のような複合反応において，各成分に対する反応速度を量論式に対する反応速度を用いて表せ。ただし，量論式に対する反応速度を r_1 と r_2 とせよ。

$$A + 2B \longrightarrow 2C + 3D \quad : r_1 \tag{a}$$

$$2A + C \longrightarrow 2D \quad : r_2 \tag{b}$$

解　式(a)の反応に式(2·2)の関係を適用すると，

$$r_{1A} = -r_1, \quad r_{1B} = -2r_1, \quad r_{1C} = 2r_1, \quad r_{1D} = 3r_1 \tag{c}$$

の関係が得られる。また，式(b)に対して以下の関係が成立する。

$$r_{2A} = -2r_2, \quad r_{2B} = 0, \quad r_{2C} = -r_2, \quad r_{2D} = 2r_2 \tag{d}$$

成分 A に着目すると，反応速度 r_A は二つの反応の A についての反応速度 r_{1A}, r_{2A} の和であるから，式(2·3)から式(e)が成立する。

$$r_A = r_{1A} + r_{2A} = -r_1 - 2r_2 \tag{e}$$

同様に，成分 B, C, D に対する反応速度は次の諸式で与えられる。

$$r_B = -2r_1 \tag{f}$$

$$r_C = 2r_1 - r_2 \tag{g}$$

$$r_D = 3r_1 + 2r_2 \tag{h}$$

2·2·2　反応次数と反応の分子数

量論式(2·1)の反応速度 r が，式(2·4)

$$r = kC_A{}^m C_B{}^n \tag{2·4}$$

のように，各成分の濃度のベキ乗の積の形で表されるとき，この反応は成分 A に関して m 次，成分 B に関して n 次，全体として$(m+n)$次の反応であるという。反応次数(order of reaction)の m, n は実験的に求められる値であって，量論係数 a, b とは必ずしも一致せず，整数ではなく分数や小数のことも

多い。一方，式(2･1)が素反応式である場合，量論係数の a や b は反応に関与する分子数であるから必ず正の整数となり，その合計は反応の分子数(molecularity)とよばれる。また，反応次数 m および n は，それぞれ量論係数 a および b と数値的に一致する。

反応速度は，式(2･4)のように各成分の濃度のベキ乗の積の形で表されるとはかぎらない。たとえば，量論式

$$H_2 + Br_2 \longrightarrow 2\,HBr \tag{2･5}$$

で表される臭化水素の生成反応の反応速度は，

$$r = \frac{k_1[H_2][Br_2]^{1/2}}{k_2 + ([HBr]/[Br_2])} \tag{2･6}$$

のような複雑な形の式で表されることがわかっている。

2･2･3　反応速度式の導出

上述のように，単一の量論式で記述できる化学反応であっても，多くの素反応からなる反応が少なくない。このような反応の速度式を導出するのに用いられる近似法として，定常状態近似法と律速段階近似法とがある。以下では，この両近似法について概説し，定常状態近似法を適用して連鎖反応や酵素反応などの複雑な反応の速度式を導出する。

数個の素反応からなる反応の速度式は，各素反応の量論式がわかればそれぞれの速度式が求められるから，全体としての速度式を得ることができる。しかし，このようにして得られた速度式は，反応過程中に生成する中間生成物の濃度を含んでいるが，通常それらの濃度を測定できないので，実用にはならない。このような場合，定常状態近似法(steady-state approximation)を適用すれば，中間生成物の濃度を含まない反応速度式を導出することができる。

反応の各素反応過程で生成する活性中間体は，他の素反応によって迅速に消費されるから，反応系内の存在量は微量であり，その濃度は原料成分や生成物成分の濃度に比べて無視できる。さらに，原料成分や生成物成分の濃度の変化速度と比較して，活性中間体の濃度の変化速度，すなわち活性中間体の反応速度は近似的にゼロとみなせるほど小さくなる。このような二つの条件が満足される場合，この活性中間体に対して定常状態の近似が成立する。

以下では，定常状態近似法を適用して，次の量論式

$$A \longrightarrow C + D \tag{2･7}$$

で表される物質Aの気相熱分解反応に対する反応速度式を導出する。式(2･7)の反応が，次の二つの素反応

$$A + A \underset{k_2}{\overset{k_1}{\rightleftharpoons}} A^* + A \tag{2・8}$$

$$A^* \xrightarrow{k_3} C + D \tag{2・9}$$

からなるものとし，活性中間体の A^* に対して定常状態近似を適用する。式(2・8)の正，逆両反応と式(2・9)の反応の速度から，A^* の正味の生成速度 r_{A^*} を表す式を導き，これをゼロと近似すると式(2・10)のようになる。

$$r_{A^*} = k_1[A]^2 - k_2[A][A^*] - k_3[A^*] = 0 \tag{2・10}$$

本式を解けば，測定不可能な活性中間体 A^* の濃度$[A^*]$を，測定可能な成分 A の濃度$[A]$の関数として表した式(2・11)が得られる。

$$[A^*] = \frac{k_1[A]^2}{k_2[A] + k_3} \tag{2・11}$$

量論式(2・7)に対する反応速度 r は，生成物成分の C または D に対する反応速度 r_C または r_D に等しいから式(2・12)で表される。

$$r = r_C = r_D = k_3[A^*] \tag{2・12}$$

したがって，式(2・12)に式(2・11)を代入することにより，量論式(2・7)に対する反応速度 r を与える式として式(2・13)が得られる。

$$r = \frac{k_1 k_3[A]^2}{k_2[A] + k_3} \tag{2・13}$$

$k_2[A] \ll k_3$ が成立する成分 A の低濃度領域では，式(2・13)は

$$r = k_1[A]^2 \tag{2・14}$$

で近似され，式(2・7)の反応が 2 次反応として進行することがわかる。これは，低圧条件下で分子衝突による A^* の生成過程，すなわち式(2・8)の正反応が最も遅いことを示しており，これを律速過程とよぶ。逆に，$k_2[A] \gg k_3$ が成立する成分 A の高濃度領域では，式(2・13)は

$$r = \frac{k_1 k_3}{k_2}[A] \tag{2・15}$$

となり，この反応が 1 次反応で近似できることが示される。この場合式(2・9)で表される素反応が律速過程である。

このように，反応次数が濃度範囲，すなわち圧力範囲によって変化する結果は多くの熱分解反応で認められている。

定常状態近似法の適用できる反応には，炭化水素の気相熱分解反応，燃焼反応，重合反応などの連鎖反応(chain reaction)や酵素反応がある。酵素(enzyme)は，細胞内で起こる合成反応，加水分解反応，酸化還元反応，など

の複雑な化学反応を選択的に促進する触媒であり，その主体はタンパク質である。酵素によって促進される化学反応を酵素反応(enzyme reaction)といい，酵素の作用を受けて変化する原料物質を基質(substrate)とよぶ。種々の酵素が微生物や動・植物細胞から抽出分離され，工業用触媒として有用物質の生産に使用されるほか，食品の生産や加工，医薬品の製造などにも利用されている。

［**例題 2·2**］　酵素Eを触媒とする基質Sから生成物Pを合成する反応は，次の機構に従う。

$$\mathrm{E}+\mathrm{S} \underset{k_2}{\overset{k_1}{\rightleftharpoons}} \mathrm{ES} \xrightarrow{k_3} \mathrm{E}+\mathrm{P} \tag{a}$$

ここでESは活性中間体である酵素-基質複合体(enzyme-substrate complex)である。反応速度式を導出せよ。

解　通常，酵素Eの濃度は基質Sの濃度に比べて十分小さいから，活性中間体ESの濃度は基質濃度よりもはるかに小さく，その時間的変化も小さいと考えると，ESに対して定常状態近似法が適用できる。ESに対する反応速度 r_{ES} を求めてこれをゼロとおくと，式(b)が得られる。

$$r_{\mathrm{ES}}=k_1[\mathrm{E}][\mathrm{S}]-k_2[\mathrm{ES}]-k_3[\mathrm{ES}]=0 \tag{b}$$

ここで，[E]は溶液中に遊離の状態で存在する酵素の濃度であり，[ES]は基質と結合している酵素の濃度を表す。全酵素濃度を$[\mathrm{E_T}]$とすると，[E]は式(c)のように表される。

$$[\mathrm{E}]=[\mathrm{E_T}]-[\mathrm{ES}] \tag{c}$$

式(c)を式(b)に代入して[ES]について解くと，式(d)が得られる。

$$[\mathrm{ES}]=\frac{k_1[\mathrm{E_T}][\mathrm{S}]}{k_2+k_3+k_1[\mathrm{S}]}=\frac{[\mathrm{E_T}][\mathrm{S}]}{K_{\mathrm{m}}+[\mathrm{S}]} \tag{d}$$

ただし，式中の K_{m} は式(e)

$$K_{\mathrm{m}}=\frac{k_2+k_3}{k_1} \tag{e}$$

で定義される濃度の単位をもつ値であり，Michaelis定数とよばれている。

反応速度 r は，反応生成物Pに対する反応速度 r_{P} に等しいから

$$r=r_{\mathrm{P}}=k_3[\mathrm{ES}]=\frac{k_3[\mathrm{E_T}][\mathrm{S}]}{K_{\mathrm{m}}+[\mathrm{S}]} \tag{f}$$

となる。全酵素濃度$[\mathrm{E_T}]$が一定のもとで基質濃度[S]を大きくすると，反応速度 r はその最大値 $V_{\max}$ に漸近する。この最大値は式(g)

$$V_{\max}=k_3[\mathrm{E_T}] \tag{g}$$

で与えられるから，式(g)を用いて式(f)を書きなおすと

$$r=\frac{V_{\max}[\mathrm{S}]}{K_{\mathrm{m}}+[\mathrm{S}]} \tag{h}$$

が得られる。本式は，酵素反応の速度論的取り扱いの基礎となっている著名な式で，Michaelis-Menten式とよばれている。

式(h)において$[\mathrm{S}]=K_{\mathrm{m}}$の場合には $r=V_{\max}/2$ となる。この結果から，反応速度

が最大値 V_{max} の 1/2 に等しいときの基質濃度[S]の値が Michaelis 定数 K_m に等しいことがわかる。

基質濃度が小さいときには，式(h)は

$$r=\frac{V_{max}}{K_m}[S] \tag{i}$$

となり，反応は1次反応とみなせる。逆に，基質濃度が大きいときには，式(h)は

$$r=V_{max} \tag{j}$$

となり，このときの反応は0次反応と近似できる。

複雑な反応の速度式を導出するのに用いられるもう一つの方法は律速段階近似法(rate determining step approximation)である。数個の素反応が逐次的に進行する反応において，どれか一つの素反応過程の速度が他の素反応の速度に比較してきわめて遅い場合には，その遅い素反応の速度が反応全体の速度を支配することになる。この素反応過程を律速段階(rate determining step, rate controlling step)という。反応を構成する素反応のうちの一つを律速段階とした場合には，他の素反応はすべて平衡状態にあるとみなすことができる。このような平衡状態を部分平衡(partial equilibrium)とよぶ。

律速段階近似法は，定常状態近似法よりもかなり適用範囲は狭いが，数多くの反応ステップを考慮しなければならない酵素反応などでは定常状態近似法と組み合わせて用いることにより比較的簡単な速度式が得られるため，きわめて有効な解析手段である。

2・2・4　反応速度の温度依存性

式(2・4)の反応速度式中の係数 k は，反応速度定数(reaction rate constant)とよばれ，一般に温度だけの関数であり反応成分の濃度には無関係である。反応速度定数の単位は，反応次数によって異なり，反応速度の単位として[$mol\cdot m^{-3}\cdot s^{-1}$]，濃度の単位として[$mol\cdot m^{-3}$]を用いると，1次反応，2次反応ならびに n 次反応の速度定数の単位は，それぞれ[s^{-1}]，[$m^3\cdot mol^{-1}\cdot s^{-1}$]ならびに[$(mol\cdot m^{-3})^{1-n}\cdot s^{-1}$]で表される。

反応速度は温度によって著しく影響される。これは反応速度定数の温度依存性によるもので，この関係は経験的に得られた次の Arrhenius の式

$$k=Ae^{-E/RT} \tag{2・16}$$

によって表される。ここで，A は頻度因子(frequency factor)，E[$J\cdot mol^{-1}$]は反応の活性化エネルギー(activation energy)，R は気体定数(=8.314 $J\cdot mol^{-1}\cdot K^{-1}$)，$T$[K]は温度である。

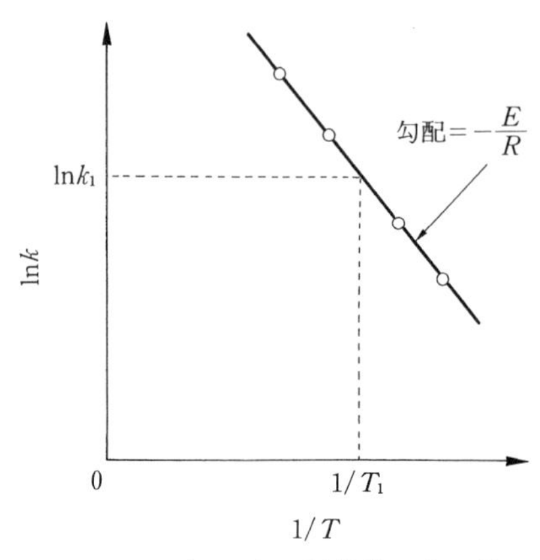

図 2·2　Arrhenius プロット：活性化エネルギーの決定法

式(2·16)の両辺の対数をとると，式(2·17)

$$\ln k = \ln A - \frac{E}{RT} \tag{2·17}$$

が得られる。したがって，$\ln k$ を $1/T$ に対してプロットすると，図 2·2 に示すように右下りの直線が得られ，その勾配$-E/R$ から活性化エネルギー E の値が求められる。なお，頻度因子 A の値は任意の温度 T_1 における反応速度定数 k_1 の値を式(2·16)に代入することによって算出できる。図 2·2 のような $\ln k$ 対 $1/T$ のプロットを通常，Arrhenius プロットとよんでいる。

活性化エネルギーを測定すると，反応速度定数の温度依存性がわかり，ある基準の温度における速度定数がわかっていれば，他の任意の温度における反応速度定数が推定できる。また，律速段階がどのような過程にあるかの推定，反応機構の推定などに利用できる。

2·3　反応器設計の基礎式

反応器内での化学反応の進行に伴い，反応に関与する各反応成分の物質量はそれぞれ変化するが，これらの変化量の間には量論式に基づく量的関係が成立する。本節では，まず特定の反応成分の反応率を用いて種々の量論関係式を導く。次に，等温状態下の反応器における物質収支から，反応器の設計や反応操作の解析に必要な基礎式を導出することができる。ここでは 3 種の理想反応器を用いて単一反応を行う場合の基礎式を導出する。

2・3・1　量論関係

(a)　限定反応成分

反応器内で，式(2・1)の量論式で表される単一反応が進行する場合について考える。反応器へ供給される反応原料中の各成分の混合比率は，量論係数の比，すなわち量論比と異なる場合が多く，通常はある成分が量論比に基づく理論量よりも過剰に含まれている。量論比に比べて最も少なく供給される原料成分を限定反応成分(limiting reactant)といい，量論比よりも多量に供給される原料成分を過剰反応成分(excess reactant)とよぶ。反応原料中の限定反応成分がすべて反応消失しても，過剰反応成分は反応混合物中に残ったままである。

反応器内での反応による各反応成分の変化量(絶対値)は量論比に比例するから，各成分中のある1成分に着目すると，この成分の変化量から残りの成分の変化量が求められ，反応混合物の組成が計算できる。着目成分としては限定反応成分を選ぶのが便利である。

(b)　反応率

反応器に供給された原料物質がどの程度反応したかを表す量として，反応率(conversion)が用いられる。反応率とは，ふつう反応器に供給された限定反応成分のうち，反応によって消失した割合と定義される。

まず，回分反応器を用いる場合について考える。反応器へ供給した限定反応成分Aの物質量を n_{A0}，任意の時間反応させた後，反応器内に残っているAの物質量を n_A とすると，この場合の成分Aの反応率 x_A は式(2・18)から計算できる。

$$x_A = \frac{n_{A0} - n_A}{n_{A0}} \tag{2・18}$$

限定反応成分Aの反応率 x_A を用いると，量論式(2・1)の量論関係に基づいて，原料成分A, B，生成物成分C, Dおよび反応に無関係な溶媒や希釈剤などの不活性成分Iの装置内での残存量 n_A, n_B, n_C, n_D, n_I を，式(2・19)～(2・23)のように統一的に書き表すことができる。

$$n_A = n_{A0} - n_{A0}x_A = n_{A0}(1 - x_A) \tag{2・19}$$

$$n_B = n_{B0} - \frac{b}{a}n_{A0}x_A = n_{A0}\left(\theta_B - \frac{b}{a}x_A\right) \tag{2・20}$$

$$n_C = n_{C0} + \frac{c}{a}n_{A0}x_A = n_{A0}\left(\theta_C + \frac{c}{a}x_A\right) \tag{2・21}$$

$$n_D = n_{D0} + \frac{d}{a} n_{A0} x_A = n_{A0}\left(\theta_D + \frac{d}{a} x_A\right) \qquad (2\cdot22)$$

$$n_I = n_{I0} = n_{A0}\theta_I \qquad (2\cdot23)$$

ここで，$n_{B0}, n_{C0}, n_{D0}, n_{I0}$ はそれぞれ反応開始時における成分 B, C, D, I の物質量であり，θ_j は限定反応成分 A に対する成分 j の初期物質量の比で，式(2・24)で与えられる。

$$\theta_j = \frac{n_{j0}}{n_{A0}} \qquad (j = \mathrm{B, C, D, I}) \qquad (2\cdot24)$$

式(2・19)～(2・23)の各式の左辺と中辺をそれぞれ加算すると，任意の時刻 t における全成分の物質量 n_t を与える式として式(2・25)が得られる。

$$\begin{aligned} n_t &= n_A + n_B + n_C + n_D + n_I \\ &= n_{t0} + \frac{-a-b+c+d}{a} n_{A0} x_A \\ &= n_{t0}(1 + \delta_A y_{A0} x_A) = n_{t0}(1 + \varepsilon_A x_A) \end{aligned} \qquad (2\cdot25)$$

ここで，n_{t0}, y_{A0} はそれぞれ反応開始時における全成分の物質量の総和，反応開始時における成分 A の存在割合をモル分率で表したもので，式(2・26)，(2・27)

$$n_{t0} = n_{A0} + n_{B0} + n_{C0} + n_{D0} + n_{I0} \qquad (2\cdot26)$$

$$y_{A0} = \frac{n_{A0}}{n_{t0}} \qquad (2\cdot27)$$

のように表される。また，δ_A, ε_A はそれぞれ式(2・28)，(2・29)で与えられる。

$$\delta_A = \frac{-a-b+c+d}{a} \qquad (2\cdot28)$$

$$\varepsilon_A = \delta_A y_{A0} \qquad (2\cdot29)$$

一方，連続槽型反応器や管型反応器のような流通反応器を用いた反応操作では，装置内の任意の位置での限定反応成分 A の反応率 x_A は，装置の入口および装置内の任意の位置での成分 A の物質量流量を，それぞれ F_{A0}, F_A とすると，式(2・30)のように定義される。F_{A0}, F_A の単位は[$\mathrm{mol \cdot s^{-1}}$]である。

$$x_A = \frac{F_{A0} - F_A}{F_{A0}} \qquad (2\cdot30)$$

本式を回分反応器に対する式(2・18)と比較すると，装置内の成分 A の物質量 n_A と物質量流量 F_A とが対応していることがわかる。したがって，回分反応器内での各成分の物質量 n_A, n_B, n_C などに対する諸式を物質量流量 F_A, F_B, F_C などに対する諸式と読み替えて用いればよい。

(c) 濃　　度

反応が進行しても反応混合物の体積あるいは密度が変化しない反応系を定容系(constant-volume system)という。液相反応は，回分反応器または流通反応器のどちらを用いても，定容系とみなし得る場合が多い。気相反応も一定体積の回分反応器内で行う場合には，もちろん定容系として取り扱うことができる。しかしながら，気相反応を流通反応器や体積の変化する回分反応器を用いて行う場合には，反応の進行につれて物質量が変化すれば，反応混合物の密度も変化するから，変容系(variable-volume system)とみなさなければならない。この場合でも，反応器内の圧力が一定に保持されておれば，変容系でも定圧系として取り扱える。

回分反応器内の任意の成分 j の物質量を n_j，反応混合物の体積を V とすれば，成分 j の濃度 C_j は，式(2・31)で与えられる。

$$C_j=\frac{n_j}{V} \qquad (2\cdot31)$$

物質量，体積の単位としてそれぞれ[mol], [m^3]を用いれば濃度の単位は[mol・m^{-3}]となる。

流通反応器内での成分 j の濃度 C_j は，反応混合物の体積流量を v[m^3・s^{-1}]，成分 j の物質量流量を F_j[mol・s^{-1}]とすると，式(2・32)から算出できる。

$$C_j=\frac{F_j}{v} \qquad (2\cdot32)$$

反応器内で気相反応を行う場合，任意の成分 j の分圧 p_j[Pa]は，理想気体の法則が成立するときには，式(2・33)から計算できる。

$$p_j=RTC_j \qquad (2\cdot33)$$

式(2・31)と式(2・32)中の n_j と F_j は，上述のように，x_A の関数として表すことができるが，V と v は定容系の場合と変容系の場合とでは異なる。以下では，それぞれの場合について，濃度を与える式を導出する。

定容系の場合には，反応混合物の体積 V および体積流量 v は，それぞれ反応開始時における値 V_0 および反応器入口における値 v_0 に等しい。したがって，定容回分反応器について得られた物質量に関する式(2・19)～(2・23)を，式(2・31)に代入したのち $V=V_0$ とすると，式(2・34)～(2・38)の諸式が得られる。

$$C_A=C_{A0}(1-x_A) \qquad (2\cdot34)$$

$$C_B=C_{A0}\left(\theta_B-\frac{b}{a}x_A\right) \qquad (2\cdot35)$$

$$C_C = C_{A0}\left(\theta_C + \frac{c}{a}x_A\right) \tag{2·36}$$

$$C_D = C_{A0}\left(\theta_D + \frac{d}{a}x_A\right) \tag{2.37}$$

$$C_I = C_{A0}\theta_I \tag{2·38}$$

これらの関係式は，定容系とみなせる流通反応器の場合でも成立する。

次に，反応の進行に伴い体積の変化する気相反応を，体積の変化する回分反応器を用いて行う場合について考える。反応の開始時$(t=0)$と，それ以後の任意の時刻$(t=t)$における気体反応混合物の状態方程式は，それぞれ式(2·39)，(2·40)で与えられる。

$$P_{t0}V_0 = z_0 n_{t0} R T_0 \tag{2·39}$$

$$P_t V = z n_t R T \tag{2·40}$$

ただし，P_tは全圧，Tは温度，Rは気体定数，zは圧縮係数(compression coefficient)を表し，添字0は時刻$t=0$における値であることを示す。

式(2·40)を式(2·39)で割り，式(2·25)の関係を代入すると，式(2·41)が得られる。

$$\frac{V}{V_0} = \frac{P_{t0}}{P_t}\frac{T}{T_0}\frac{z}{z_0}(1+\varepsilon_A x_A) \tag{2·41}$$

等温，定圧でしかも$z/z_0 \fallingdotseq 1$の条件が成立する場合には，式(2·41)は簡単化されて式(2·42)が得られる。

$$\frac{V}{V_0} = 1+\varepsilon_A x_A \tag{2.42}$$

したがって，体積の変化する回分反応器内の成分jの濃度C_jは，式(2·31)に式(2·41)を代入することによって求められる。変容系であっても定圧系とみなされる気相反応では$P_{t0}/P_t=1$であり，さらに通常の操作条件下では$z/z_0 \fallingdotseq 1$とおけるから，反応器内の温度が一定の場合には，$T_0/T=1$とおくことによって，各反応成分の濃度は式(2·43)～(2·47)のように表される。

$$C_A = \frac{C_{A0}(1-x_A)}{1+\varepsilon_A x_A} \tag{2·43}$$

$$C_B = \frac{C_{A0}[\theta_B - (b/a)x_A]}{1+\varepsilon_A x_A} \tag{2·44}$$

$$C_C = \frac{C_{A0}[\theta_C + (c/a)x_A]}{1+\varepsilon_A x_A} \tag{2·45}$$

$$C_D = \frac{C_{A0}[\theta_D + (d/a)x_A]}{1+\varepsilon_A x_A} \tag{2·46}$$

$$C_{\mathrm{I}}=\frac{C_{\mathrm{A0}}\theta_{\mathrm{I}}}{1+\varepsilon_{\mathrm{A}}x_{\mathrm{A}}} \tag{2・47}$$

流通反応器を用いて気相反応を行う場合も，上と同様に取り扱うことができる。すなわち，気体反応混合物の体積 V の代わりに気体反応混合物の体積流量 v を用いれば式(2・41)あるいは式(2・42)はそのまま用いられる。さらに，それらの式を式(2・32)に代入すれば回分反応器に対する諸式(2・43)～(2・47)と全く同じ式が得られる。

2・3・2　反応器の設計方程式

連続槽型反応器および管型反応器にそれぞれ代表される完全混合流れ反応器および押出し流れ反応器を総称して理想流れ反応器とよぶことは，すでに2・1・3項で述べた。ここでは，この理想流れ反応器に，回分(槽型)反応器を加えた計3種の反応器を理想反応器(ideal reactor)とよぶことにし，この理想反応器を用いて行われる反応操作の基礎式を導出する。

(a)　反応器の物質収支式

反応器での反応操作の基礎式は，任意の反応成分 j に対する物質収支から導くことができる。図2・3に示したような体積要素(volume element)を反応器内に想定し，その内部での物質収支をとればよい。体積要素の大きさは，要素内の反応成分の濃度が均一とみなせる程度の大きさに選ぶことが望ましい。完全混合流れ反応器の場合には，装置内の濃度は均一であるから，装置全体を体積要素と考えればよいが，押出し流れ反応器の場合には，装置内の濃度は流れ方向に連続的に変化するから，流れ方向に垂直な二つの断面にはさまれた微小体積要素について物質収支をとらなければならない。

図2・3に示した体積要素について成分 j の物質収支をとると，式(2・48)が得られる。

$$\begin{pmatrix}\text{体積要素内}\\\text{への成分 }j\\\text{の流入速度}\end{pmatrix}-\begin{pmatrix}\text{体積要素外}\\\text{への成分 }j\\\text{の流出速度}\end{pmatrix}+\begin{pmatrix}\text{体積要素内での}\\\text{反応による成分}\\j\text{ の生成速度}\end{pmatrix}=\begin{pmatrix}\text{体積要素内}\\\text{での成分 }j\\\text{の蓄積速度}\end{pmatrix} \tag{2・48}$$

ここで，体積要素の体積を V，体積要素内の成分 j の物質量を n_j，時間を t，反応による成分 j の生成速度を r_j[mol・m^{-3}・s^{-1}]とし，成分 j の流入速度および流出速度をそれぞれ F_{j0} および F_j とすると，式(2・48)は

$$F_{j0}-F_j+r_jV=\frac{\mathrm{d}n_j}{\mathrm{d}t} \tag{2・49}$$

のように表される。式(2・48)および式(2・49)は理想反応器における物質収支の

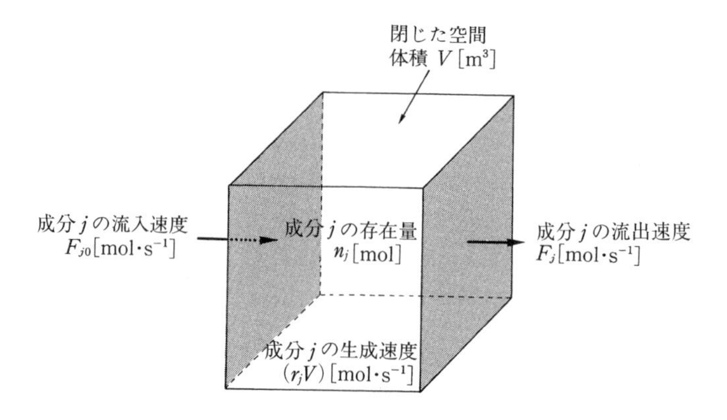

図 2·3　成分 j の物質収支

一般式である。以下では，これらの式を個々の理想反応器に適用する。

(b)　回分反応器

(1)　定容回分反応器

定容回分反応器に対しては $F_{j0}=F_j=0$ が成立するから，この関係を式(2·49)に代入すると，式(2·50)が得られる。

$$\frac{\mathrm{d}n_j}{\mathrm{d}t}=r_jV \tag{2·50}$$

ここで，V は装置内の反応混合物の体積であり，一般に反応器体積とよばれる。定容回分反応器では，V は一定であるから，式(2·50)は式(2·51)

$$\frac{\mathrm{d}(n_j/V)}{\mathrm{d}t}=\frac{\mathrm{d}C_j}{\mathrm{d}t}=r_j \tag{2·51}$$

のように書き換えられる。

限定反応成分である成分Aに対して式(2·51)を適用し，積分すると式(2·52)となる。

$$t=\int_{C_{A0}}^{C_A}\frac{\mathrm{d}C_A}{r_A(C_A)}=\int_{C_A}^{C_{A0}}\frac{\mathrm{d}C_A}{-r_A(C_A)} \tag{2·52}$$

ここで，C_{A0} は反応開始時すなわち $t=0$ における成分Aの濃度であり，$-r_A(C_A)$ は，成分Aの濃度 C_A で表した消失速度を表す。

濃度 C_A の代わりに反応率 x_A を変数として用いる場合には，式(2·34)の関係を式(2·51)に代入することにより，式(2·53)が得られる。

$$C_{A0}\frac{\mathrm{d}x_A}{\mathrm{d}t}=-r_A \tag{2·53}$$

表 2·2　定容回分反応器に対する基礎式の積分形

量論式	反応速度式	積分形
任意の量論式	$-r_A=k$	$t=\dfrac{C_{A0}-C_A}{k}=\dfrac{C_{A0}x_A}{k},\quad\left(t<\dfrac{C_{A0}}{k}\right)$
	$-r_A=kC_A$	$t=-\dfrac{1}{k}\ln\dfrac{C_A}{C_{A0}}=-\dfrac{1}{k}\ln(1-x_A)$
	$-r_A=kC_A{}^n$ $(n=2,3,\cdots)$	$t=\dfrac{C_A{}^{1-n}-C_{A0}{}^{1-n}}{(n-1)k}=\dfrac{C_{A0}{}^{1-n}[(1-x_A)^{1-n}-1]}{(n-1)k}$
$A+bB\longrightarrow C$	$-r_A=kC_AC_B$	$t=\dfrac{\ln(\theta_BC_A/C_B)}{kC_{A0}(b-\theta_B)}=\dfrac{\ln[\theta_B(1-x_A)/(\theta_B-bx_A)]}{kC_{A0}(b-\theta_B)},\quad(\theta_B\neq b)$
		$t=\dfrac{1}{bk}\left(\dfrac{1}{C_A}-\dfrac{1}{C_{A0}}\right)=\dfrac{x_A}{bkC_{A0}(1-x_A)},\quad(\theta_B=b)$
$A\rightleftharpoons C$	$-r_A=k\left(C_A-\dfrac{C_C}{K_C}\right)$	$t=\dfrac{K_C}{k(K_C+1)}\ln\left[\dfrac{K_CC_{A0}-C_{C0}}{(K_C+1)C_A-C_{A0}-C_{C0}}\right]=\dfrac{K_C}{k(K_C+1)}\ln\left[\dfrac{K_C-\theta_C}{K_C-\theta_C-(K_C+1)x_A}\right]$

$\theta_B=C_{B0}/C_{A0},\quad\theta_C=C_{C0}/C_{A0}$

成分 A の反応速度 $-r_A$ は濃度 C_A や C_B などの関数であり，これらの濃度は式(2·34)～(2·38)を用いれば x_A の関数として表せるから，式(2·53)は式(2·54)のように積分できる。

$$t=C_{A0}\int_0^{x_A}\frac{dx_A}{-r_A(x_A)} \tag{2·54}$$

本式により，回分反応器での反応率が x_A になるのに必要な時間 t を求めることができる。反応速度式 $-r_A(C_A)$ や $-r_A(x_A)$ が C_A や x_A の複雑な関数である場合には，式(2·52)または式(2·54)の積分を解析的に行うことは困難であり，図積分法または数値積分法によらなければならない。

比較的簡単な反応速度式に対して，式(2·52)または式(2·54)を用いて解析的に導出した回分反応器の反応時間と反応率または濃度との関係式を表 2·2 に示した。

[例題 2·3]　$A\xrightarrow{k_1}R\xrightarrow{k_2}S$ で表される液相逐次反応を回分反応器で行う。各反応は 1 次反応であり，反応原料中には A のみが含まれている。各成分の濃度を時間の関数として表せ。

解　各成分に対する反応速度は，例題 2·1 と同様に考えると，

$$r_A=r_{1A}+r_{2A}=-r_1+0=-k_1C_A \tag{a}$$

$$r_R=r_{1R}+r_{2R}=r_1+(-)r_2=k_1C_A-k_2C_R \tag{b}$$

$$r_S=r_{1S}+r_{2S}=0+r_2=k_2C_R \tag{c}$$

で与えられる。これらの関係を回分反応器の基礎式(2･51)に代入すると，

$$dC_A/dt = -k_1 C_A \tag{d}$$

$$dC_R/dt = k_1 C_A - k_2 C_R \tag{e}$$

$$dC_S/dt = k_2 C_R \tag{f}$$

が得られる。また，初期条件は

$$t=0\,; \quad C_A = C_{A0}, \quad C_R = 0, \quad C_S = 0 \tag{g}$$

で与えられる。

式(d)～(f)を連立して解く代わりに，式(d), (e)と式(h)

$$C_{A0} = C_A + C_R + C_S \tag{h}$$

を連立させて解くこともできる。式(d)から，

$$C_A = C_{A0} e^{-k_1 t} \tag{i}$$

が得られる。次に，式(e)を式(d)で辺々割って dt を消去すると

$$dC_R/dC_A = -1 + \kappa C_R/C_A, \qquad \kappa = k_2/k_1 \tag{j}$$

となる。この線形常微分方程式の解は式(k), (l)で与えられる。

$$\frac{C_R}{C_{A0}} = \frac{1}{1-\kappa}\left[\left(\frac{C_A}{C_{A0}}\right)^{\kappa} - \frac{C_A}{C_{A0}}\right] \qquad \left(\kappa = \frac{k_2}{k_1} \neq 1\right) \tag{k}$$

$$\frac{C_R}{C_{A0}} = -\frac{C_A}{C_{A0}} \ln \frac{C_A}{C_{A0}} \qquad (\kappa = 1) \tag{l}$$

式(k)または式(l)に式(i)の関係を代入すると，C_R が時間 t の関数として求まる。さらに，式(h)に式(i)と式(k)または式(l)の関係を代入すると，C_S が時間の関数として与えられる。

(2)　定圧回分反応器

定圧回分反応器を用いて，一定温度のもとで気相反応を行う場合について考える。限定反応成分 A に対して式(2･50)を適用し，本式に式(2･19)と式(2･42)の関係を代入すると

$$\frac{d[n_{A0}(1-x_A)]}{dt} = r_A V_0 (1 + \varepsilon_A x_A) \tag{2･55}$$

となる。これを整理すると

$$\frac{C_{A0}}{1+\varepsilon_A x_A} \frac{dx_A}{dt} = -r_A \tag{2･56}$$

となるから，この式を積分すると式(2･57)が得られる。

$$t = C_{A0} \int_0^{x_A} \frac{dx_A}{(1+\varepsilon_A x_A)(-r_A)} \tag{2･57}$$

ただし，反応速度式中の各成分の濃度は，定圧系に対する式(2･43)～(2･47)を用いてすべて x_A の関数として表さなければならない。

(c)　連続槽型反応器

図 2･4 に示す連続槽型反応器，すなわち完全混合流れ反応器における反応操作について考える。操作は定常状態下で行われるものとすると，式(2･49)の右

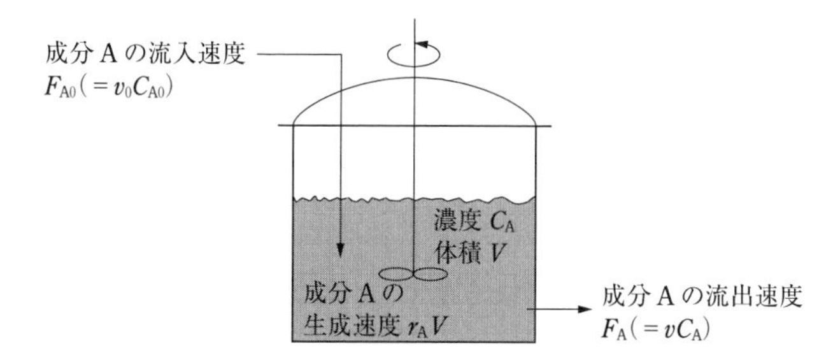

図 2·4　連続槽型反応器の物質収支

辺はゼロとなるから

$$F_{j0}-F_j+r_jV=0 \tag{2·58}$$

が成立する。本式を限定反応成分 A に対して適用すると，式(2·59)の関係

$$\frac{F_{A0}-F_A}{V}=-r_A \tag{2·59}$$

が得られるから，この式に式(2·30)と $F_{A0}=v_0C_{A0}$ の関係を代入すると

$$\frac{v_0C_{A0}x_A}{V}=-r_A \tag{2·60}$$

となる。ここで，流通反応器の新しい操作変数として，時間の単位をもつ空間時間(space time) τ を式(2·61)のように定義すると，

$$\tau=\frac{V}{v_0} \tag{2·61}$$

式(2·60)は式(2·62)のように書き換えられる。

$$\tau=\frac{V}{v_0}=C_{A0}\frac{x_A}{-r_A} \tag{2·62}$$

本式を使用すれば，希望する反応率 x_A の値を達成するのに必要な反応器の空間時間 τ あるいは装置体積 V を算出することができる。ただし，反応速度式中の各成分の濃度としては，液相反応に対しては式(2·34)～(2·38)を，気相反応に対しては式(2·43)～(2·47)をそれぞれ使用しなければならない。

(d)　管型反応器の基礎式

図 2·5 に示すように，管型反応器すなわち押出し流れ反応器の入口から体積にして V および$(V+\mathrm{d}V)$だけ離れた位置に二つの断面を想定し，この二つの断面に挟まれた微小体積要素 $\mathrm{d}V$ における任意の成分 j の物質収支をとる。管型反応器内では反応成分の濃度は流れ方向に連続的に変化しており，したがって成分 j の物質量流量 F_j も反応器入口からの流れ方向距離すなわち反応器体

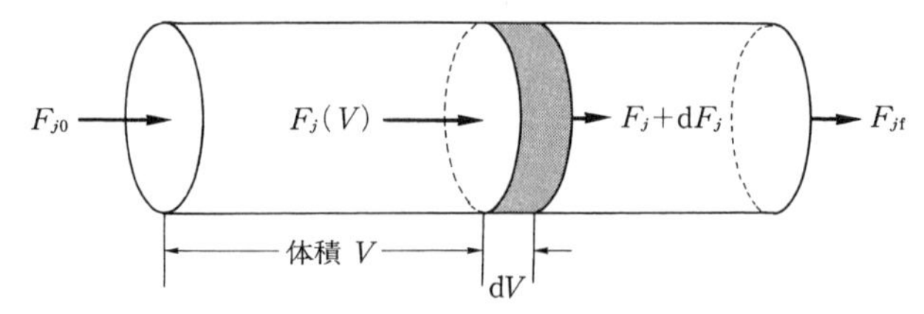

図 2·5　押出し流れ反応器の物質収支

積 V の関数とみなすことができる。前出の物質収支の一般式(2·48)の各項は，それぞれ F_j, $F_j+\mathrm{d}F_j$, $r_j\mathrm{d}V$, 0 となるから，成分 j の物質収支式は結局，

$$F_j-(F_j+\mathrm{d}F_j)+r_j\mathrm{d}V=0 \tag{2·63}$$

のようになり，これを整理すれば，

$$\frac{\mathrm{d}F_j}{\mathrm{d}V}=r_j \tag{2·64}$$

が得られる。限定反応成分 A に対して本式を適用し，さらに反応率 x_A の定義式(2·30)を用いると

$$F_{A0}\frac{\mathrm{d}x_A}{\mathrm{d}V}=-r_A \tag{2·65}$$

となり，この式を積分すると

$$\frac{V}{F_{A0}}=\int_0^{x_A}\frac{\mathrm{d}x_A}{-r_A(x_A)} \tag{2·66}$$

あるいは

$$\tau=\frac{V}{v_0}=C_{A0}\int_0^{x_A}\frac{\mathrm{d}x_A}{-r_A(x_A)} \tag{2·67}$$

が得られる。反応速度 $-r_A$ を反応率 x_A の関数として表せば，式(2·66)あるいは式(2·67)の積分が可能となり，反応率 x_A が所定の値になるのに必要な反応器体積 V または空間時間 τ が計算できる。反応速度式が複雑な場合には，式(2·67)の積分を解析的に求めることは困難で，図積分法または数値積分法によらなければならない。

管型反応器を用いて比較的簡単な定圧系気相反応を行う場合の基礎式の積分形を表 2·3 に示した。なお，$\varepsilon_A=0$ とおけば，本表の結果は反応の進行に伴う系の密度変化が無視できる液相反応に対しても適用できる。

(e)　連続槽型反応器と管型反応器の比較

限定反応成分 A の反応速度 $-r_A$ を反応率 x_A の関数として表し，$C_{A0}/(-r_A)$ の値を x_A に対してプロットすると，図 2·6 に示すような曲線が得られる。

表 2·3　定圧気相反応を管型反応器で行うときの基礎式の積分形

量論式	反応速度式	積分形
$A \longrightarrow cC$	$-r_A = kC_A$	$\tau = \dfrac{1}{k}\left[(1+\varepsilon_A)\ln\dfrac{1}{1-x_A} - \varepsilon_A x_A\right]$
$A + bB \longrightarrow cC$	$-r_A = kC_AC_B$ $(\theta_B \neq b)$	$\tau = \dfrac{1}{bkC_{A0}}\left[\varepsilon_A{}^2 x_A + \dfrac{(1+\varepsilon_A)^2}{(\theta_B/b)-1}\ln\dfrac{1}{1-x_A} + \dfrac{(1+\varepsilon_A\theta_B/b)^2}{(\theta_B/b)-1}\ln\dfrac{(\theta_B/b)-x_A}{\theta_B/b}\right]$
$A \rightleftharpoons cC$	$-r_A = k_1C_A - k_2C_C$	$\tau = \dfrac{\theta_C + cx_{A\infty}}{k_1(\theta_C + c)}\left[-(1+\varepsilon_A x_{A\infty})\ln\left(1-\dfrac{x_A}{x_{A\infty}}\right) - \varepsilon_A x_A\right]$

$\theta_B = C_{B0}/C_{A0}$，$\theta_C = C_{C0}/C_{A0}$，$x_{A\infty}$＝平衡反応率。定容液相反応に対しては $\varepsilon_A = 0$ とおく。

$x_A = 0 \sim x_{Af}$（反応器出口での値）の範囲内での曲線 DE と x_A 軸 OB に挟まれた斜線部分 DOBE の面積は，反応器出口の反応率を x_{Af} とした場合の式(2·67)の右辺の値，すなわち管型反応器の空間時間 τ_p を与える。

連続槽型反応器に対しては式(2·62)が成立するが，装置出口の反応率が x_{Af} の場合の右辺の値 $C_{A0}x_{Af}/[-r_A(x_{Af})]$ は，図 2·6 では垂線 BE の長さ $C_{A0}/[-r_A(x_{Af})]$ と x_A 軸上の OB の長さ x_{Af} の積に等しい。すなわち，図 2·6 中の長方形 AOBE の面積は，連続槽型反応器の空間時間 τ_m を表す。

面積 DOBE と面積 AOBE の比較から明らかなように，管型反応器の空間時間 τ_p は連続槽型反応器の空間時間 τ_m よりも小さい。この事実は，両反応器への反応流体の供給速度 v_0 が同一であれば，同じ反応率 x_{Af} を達成するのに必

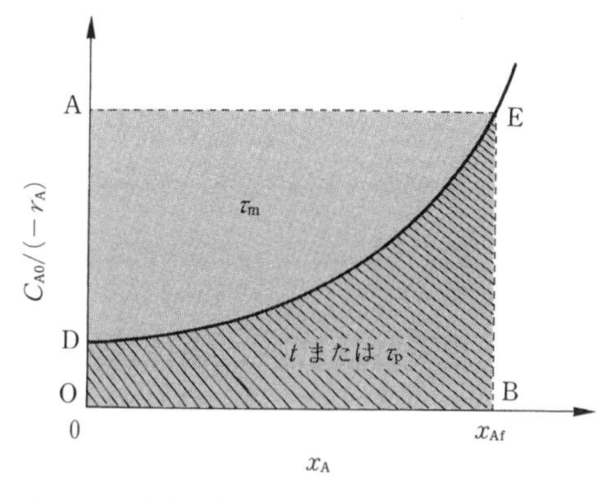

図 2·6　反応器の性能比較
（反応速度が反応率 x_A の増加に伴い単調に減少する場合）

要な反応器の体積は，連続槽型反応器よりも管型反応器の方が小さくてすむことを示している。ただし，この結論は反応速度が反応率の増大につれて単調に減少する場合にかぎって成立し，自触媒反応のように反応速度が最大値をとるような場合には，連続槽型反応器と管型反応器のどちらの性能が優れているかは簡単には判定できない。

2・3・3　流通反応器における空間時間，空間速度および滞留時間

上述のように，式(2・61)で定義される空間時間 τ は，時間の単位をもつ流通反応器の操作変数で，回分反応器における反応時間に対応している。空間時間が 10 min ということは，10 min ごとに反応器体積に等しい量の反応流体(装置入口の状態での値)が反応器へ供給されることを意味する。

空間時間 τ の逆数は空間速度(space velocity)とよばれ，ふつう S_V で表され，式(2・68)によって定義される。

$$S_V=\frac{1}{\tau}=\frac{v_0}{V} \tag{2・68}$$

空間速度が $5\,h^{-1}$ というのは，1 h に反応器体積の 5 倍量の反応流体が処理されることを意味する。

空間時間および空間速度は反応器の性能を比較するのに用いられる。所定の反応率を得るのに必要な空間時間の値が小さいほど，空間速度の値が大きいほど，反応器の性能は優れている。なお，空間時間および空間速度の算出に用いられる反応流体の体積流量 v_0 としては，反応器入口における温度と圧力のもとでの値が採用される。

反応流体の流体エレメントが流通反応器内にとどまっている時間をその流体エレメントの滞留時間(residence time)とよぶ。理想的な管型反応器(押出し流れ反応器)では，すべての流体エレメントが同一の滞留時間をもつが，連続槽型反応器(完全混合流れ反応器)では流体エレメントの滞留時間に分布が存在する。各流体エレメントの滞留時間の平均値を平均滞留時間(mean residence time)といい，$\bar{t}$ で表す。

気相反応において，反応の進行につれて物質量が変化したり，反応器内に温度や圧力の分布が存在したりすると，装置内での反応流体の体積流量 v は装置入口での値 v_0 とは異なってくる。したがって，このような場合には空間時間 τ と平均滞留時間 $\bar{t}$ とは一致しない。しかし，反応器内が等温，定圧で，さらに反応流体の密度が変化しない場合には，空間時間 τ と平均滞留時間 $\bar{t}$ は一致する。

[例題 2・4]　$A \longrightarrow \nu B$，反応速度 r_A[mol・(m^3-触媒)$^{-1}$・s^{-1}]が $-r_A = kC_A{}^n$ で表されるモル数変化を伴う気相反応を，固体触媒の充塡された管型反応器で行う。反応器には純粋な成分 A のみが供給され，温度 T，圧力 P の等温等圧下で操作されている。

（1）　空間時間 τ_p と平均滞留時間 $\bar{t}$ を，x_A の関数として表せ。

（2）　気相反応 $A \longrightarrow 2B$ に対して，その反応速度が成分 A に関する一次反応で表される場合，反応率 80% を与える空間時間と平均滞留時間を求めよ。ただし，反応速度定数は $k = 6200\,\mathrm{h}^{-1}$ とする。

解　（1）　題意に従って，反応の進行に伴う物質量（モル数）増加 δ は式(2・28)より $\delta = \nu - 1$，また式(2・29)より $\varepsilon_A = \delta_A(n_{A0}/n_{t0}) = \nu - 1$ となる。これらを式(2・43)に代入すると式(a)を得る。

$$C_A = \frac{C_{A0}(1-x_A)}{1+(\nu-1)x_A} \tag{a}$$

反応速度 $-r_A$ を x_A の関数として表現すると，

$$-r_A = kC_{A0}{}^n\left[\frac{1-x_A}{1+(\nu-1)x_A}\right]^n \tag{b}$$

したがって，空間時間 τ_p は，式(2・67)の定義に従えば式(c)で表される。

$$\tau_p = \frac{V}{v_0} = \frac{C_{A0}{}^{1-n}}{k}\int_0^{x_A}\left[\frac{1+(\nu-1)x_A}{1-x_A}\right]^n \mathrm{d}x_A \tag{c}$$

ただし，$C_{A0} = P/RT$ である。

供給原料成分 A の反応器内の平均滞留時間 $\bar{t}$ は，定義により，

$$\mathrm{d}\bar{t} = \frac{\mathrm{d}V}{v(x_A)} \tag{d}$$

であるから，この式に式(2・65)および $F_{A0} = C_{A0}v_0$ の関係を代入して積分すると，式(e)の関係が得られる。

$$\bar{t} = \int_0^{x_A}\frac{C_{A0}v_0}{v(x_A)[-r_A(x_A)]}\mathrm{d}x_A \tag{e}$$

式(2・42)の関係を用いると体積流量 $v(x_A)$ は式(f)のように書ける。

$$v(x_A) = v_0(1+\varepsilon_A x_A) = v_0[1+(\nu-1)x_A] \tag{f}$$

式(e)に式(b)と式(f)の関係を代入すると，式(g)が得られる。

$$\bar{t} = \frac{C_{A0}{}^{1-n}}{k}\int_0^{x_A}\frac{[1+(\nu-1)x_A]^{n-1}}{(1-x_A)^n}\mathrm{d}x_A \tag{g}$$

式(c)と式(g)を比較すると，反応に伴う物質量の変化がない，すなわち $\nu=1$ の場合にのみ，τ_p と $\bar{t}$ は数値的に一致することがわかる。

（2）　本題は式(c)と式(g)において，$\nu=2$ かつ $n=1$ の場合に相当するから，τ_p と $\bar{t}$ は簡略化されて，式(h)，(i)が得られる。

$$\tau_p = \frac{1}{k}\int_0^{x_A}\frac{1+x_A}{1-x_A}\mathrm{d}x_A = [-2\ln(1-x_A) - x_A]/k \tag{h}$$

$$\bar{t} = \frac{1}{k}\int_0^{x_A}\frac{1}{1-x_A}\mathrm{d}x_A = [-\ln(1-x_A)]/k \tag{i}$$

上記の二つの式に，$k = 6200\,\mathrm{h}^{-1} = 1.72\,\mathrm{s}^{-1}$，$x_A = 0.80$ を代入すると，下記の結果が得られる。

$$\tau_p=(-2\ln 0.2-0.8)/1.72=1.41\,\mathrm{s}$$
$$\bar{t}=(-\ln 0.2)/1.72=0.94\,\mathrm{s}$$

この結果から，反応により物質量の増加が見られる反応系では，$\tau_p>\bar{t}$ となることがわかる。

2・4　反応器の設計と操作

本節では先に 2・3 節で導出した各種反応器の設計方程式に基づく反応器設計と反応操作について，例題を中心に述べる。

図 2・7 には，回分反応器，管型反応器，連続槽型反応器，および連続多段反応槽列による反応操作における濃度変化を比較して示している。

2・4・1　回分反応器による反応操作

回分反応操作とは，はじめに所定量の反応物質を反応器に仕込み，所定の反応温度と圧力条件のもとで，希望する反応率まで反応させた後，反応器内の反応物質と生成物質の混合物をすべて取り出す方式の操作である。この一連の操作，すなわち 1 サイクルに必要な反応操作時間 t_T は，実際の反応時間 t_r の他に，原料仕込みなどに必要な前処理時間 t_1 と反応後の反応器内容物の取り出しや反応器の洗浄などに必要な後処理時間 t_2 を加えたものになる。

$$t_T=t_r+t_0 \tag{2・69}$$

ただし，t_0 は t_1 と t_2 の和 $(t_0=t_1+t_2)$ であり，反応率には無関係な一定値である。

反応時間 t_r は，反応速度式 $-r_A$ が与えられると回分反応器の基礎式(2・50)から導かれる式(2・70)のように，反応率 x_A の関数として表される。

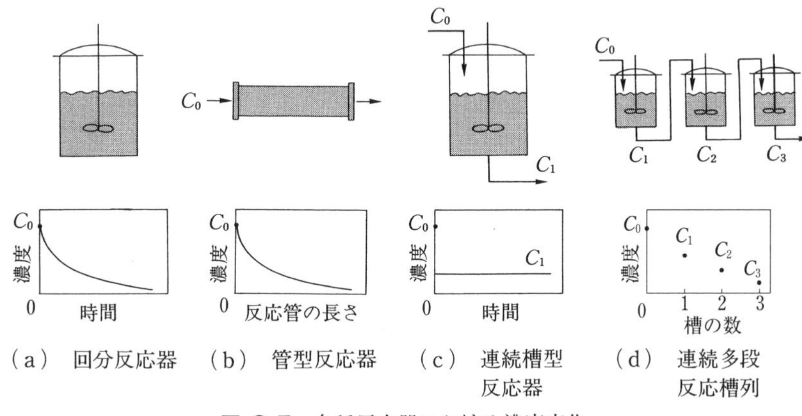

図 2・7　各種反応器における濃度変化

$$t_r = n_{A0}\int_0^{x_A} \frac{dx_A}{V[-r_A(x_A)]} \tag{2・70}$$

(a) 定容回分反応操作

一般の液相反応のように，系の密度変化が無視できる場合には，V は反応の進行に関係なく一定とみなせるから，このような場合には，式(2・70)はすでに示した式(2・54)のように簡略化される。そして，$t = t_r$ とおくと，

$$t_r = C_{A0}\int_0^{x_A} \frac{dx_A}{-r_A(x_A)} = \int_{C_A}^{C_{A0}} \frac{dC_A}{-r_A(C_A)} \tag{2・71}$$

式(2・71)における t_r は，先に図2・6に示した $C_{A0}/(-r_A)$ 対 x_A プロットにおける斜線の施された面積DOBEに相当する。

比較的簡単な反応に対する定容回分反応器の反応時間と反応率あるいは濃度との関係式は，表2・2に与えられている。

定容反応系では，式(2・71)から明らかなように，t_r は反応器体積 V に関係なく，反応率 x_A により決定される。したがって，回分反応操作における反応器体積 V は，生産量を判断する指標あるいは目安であるといえる。たとえば，反応 A ⟶ B において，生成物質Bの生産速度を R_B[mol・h^{-1}]で表せば，1サイクルの回分操作による生産量 N[mol・cycle^{-1}]は，式(2・72)で表される。

$$N = R_B t_T = R_B(t_r + t_0) = VC_{A0}x_A \tag{2・72}$$

[例題 2・5]　定容回分反応器を用いて，A ⟶ B で表される液相2次反応を，成分Aの初濃度2 kmol・m^{-3} で20分間反応させたところ，反応率85%という結果を得た。

（1）同じ反応条件で，反応率95%を達成するのに必要な反応時間を求めよ。また，反応器への原料の仕込みなどの準備と反応後の処理に，合計1時間が必要であるとして，回分操作1サイクルの時間を求めよ。

（2）(1)の反応条件で，成分Bを10 kmol・h^{-1} の生産速度で操作するために必要な反応器体積を求めよ。

解　2次反応であるから，表2・2の反応速度 $-r_A = kC_A{}^n$ に対する積分式で $n=2$ とおくことにより

$$k = \frac{1}{t_r C_{A0}}\frac{x_A}{1-x_A} \tag{a}$$

（1）題意から，$C_{A0} = 2$ kmol・m^{-3}，$t_r = 20$ min，$x_A = 0.85$ を式(a)に代入すると，この反応の速度定数 k が求まる。

$$k = \frac{1}{(20)(2)}\frac{0.85}{1-0.85} = 0.142\ \mathrm{m^3 \cdot kmol^{-1} \cdot min^{-1}}$$

したがって，$x_A = 0.95$ まで反応させるのに必要な反応時間 t_r は，式(a)に C_{A0} と k の計算値を代入することにより求められる。

$$t_r = (0.95)/[(0.142)(2)(1-0.95)] = 66.9\ \mathrm{min} \fallingdotseq 67\ \mathrm{min}$$

さらに題意より $t_0=1\,\mathrm{h}=60\,\mathrm{min}$ であるから，1 サイクル操作に必要な時間 t_T は，

$$t_T=t_r+t_0=67+60=127\,\mathrm{min}=2.12\,\mathrm{h}$$

（2）　題意から，生産速度 $R_B=10\,\mathrm{kmol \cdot h^{-1}}$ であるから，1 サイクルあたりの生産量は，$R_B t_T=(10)(2.12)=21.2\,\mathrm{kmol}$ である。したがって，反応器体積は式(2･72)より求められる。

$$V=(R_B t_T)/(C_{A0}x_A)=(21.2\,\mathrm{kmol})/(2\,\mathrm{kmol \cdot m^{-3}})(0.95)=11.2\,\mathrm{m^3}$$

（b）　定圧回分反応操作

反応によりモル数が増加あるいは減少する気相反応で，反応器圧力が一定に保たれる回分反応操作を考える。回分操作であるから，反応開始時に所定量の気体反応原料 n_{A0} を体積 V の反応器に仕込み，反応開始後の反応率 x_A の経時変化を測定する。

この場合の設計基礎式は，式(2･57)で与えられる。

$$t=C_{A0}\int_0^{x_A}\frac{dx_A}{(1+\varepsilon_A x_A)(-r_A)} \qquad (2\cdot 57)$$

$n_A=n_{A0}(1-x_A)$ と $V=V_0(1+\varepsilon_A x_A)$ の関係を用いると，任意時間 t における成分 A の濃度 C_A は，式(2･73)で与えられる。

$$C_A=\frac{n_A}{V}=\frac{C_{A0}(1-x_A)}{1+\varepsilon_A x_A} \qquad (2\cdot 73)$$

したがって反応速度が 1 次反応 $-r_A=kC_A$ で表される場合には，先の式(2･57)は式(2･74)のようになる。

$$t=\frac{1}{k}\int_0^{x_A}\frac{dx_A}{1-x_A}=\frac{1}{k}\ln\frac{1}{(1-x_A)} \qquad (2\cdot 74)$$

すなわち，この場合所定の反応率に達するのに必要な反応時間は，定容回分反応器の場合と同じになる(表 2･2，積分式参照)。

[**例題 2･6**]　　気相反応 2 A ⟶ 3 B は，反応速度が $-r_A=kC_A^2$ で表される 2 次反応である。この反応を定容回分反応器で行う。不活性成分による希釈はなく，成分 A のみを 1atm で反応器に仕込み，310 K で反応させた。反応開始後 4 分間で反応器圧力が 1.35 atm になった。

この反応を定容回分反応器の場合と同条件で定圧回分反応器として操作するとき，成分 A に関して同じ反応率を達成するのに必要な反応時間を求めよ。またこのとき，反応器体積は初期の何倍になるか。

解　（1）　定容回分反応器での操作の結果より，系内の初期物質量 $n_{t0}=n_{A0}$，反応率 x_A における成分 A の量は $n_A=n_{A0}(1-x_A)$，成分 B の量は $n_B=n_{A0}x_A\cdot(3/2)$ であるから，

$$\text{全物質量}\quad n_t=n_A+n_B=n_{t0}(1+0.5x_A) \qquad \text{(a)}$$

等温，定容の条件下では，反応系の圧力は物質量(モル数)に比例するから，

$$n_{t0}/n_t=1/(1+0.5x_A)=1/1.35\,\mathrm{atm/atm} \qquad \text{(b)}$$

式(b)を x_A について解けば，反応率 $x_A=0.70$ となる。

次に反応速度定数 k を算出する。定容，2次反応操作の積分形設計式は，表2·2から，

$$k=\frac{1}{t}\left(\frac{1}{C_A}-\frac{1}{C_{A0}}\right)=\frac{x_A}{tC_{A0}(1-x_A)} \tag{c}$$

この式に，$C_{A0}=P_{A0}/RT$ と $x_A=0.70$，$t=4\,\mathrm{min}$，$P_{A0}=1\,\mathrm{atm}=1.01325\times10^5\,\mathrm{J\cdot m^{-3}}$，$R=8.314\,\mathrm{J\cdot mol^{-1}\cdot K^{-1}}$，$T=310\,\mathrm{K}$ を代入すると，

$$k=(0.7/1.2)(RT/P_{A0})=(0.583)(8.314\times310/1.01325\times10^5)$$
$$=14.8\times10^{-3}\,\mathrm{m^3\cdot mol^{-1}\cdot min^{-1}}$$

(2)　定圧回分反応操作する場合を考える。

反応速度式 $-r_A=kC_A{}^2=kC_{A0}{}^2(1-x_A)^2/(1+\varepsilon_A x_A)^2$ を，設計基礎式(2·57)に代入して，

$$t=\frac{1}{kC_{A0}}\int_0^{x_A}\frac{1+\varepsilon_A x_A}{(1-x_A)^2}\mathrm{d}x_A \tag{d}$$

式(d)を積分すると，式(e)が得られる。

$$kC_{A0}t=(1+\varepsilon_A)\frac{x_A}{1-x_A}+\varepsilon_A\ln(1-x_A) \tag{e}$$

反応によるモル数変化に関するパラメーター ε_A は，式(2·29)に従って，$y_{A0}=1$，$\delta_A=(-2+3)/2=0.5$ より $\varepsilon_A=\delta_A y_{A0}=0.5$ となる。さらに $x_A=0.70$ と $k=(0.7/1.2)\cdot(RT/P_{A0})$，$C_{A0}=P_{A0}/RT$ を，式(e)に代入すると所要反応時間 t が次のように算出される。

$$t=(1.2/0.7)[(1+0.5)(0.7/0.3)+0.5\ln(1-0.7)]=5.0\,\mathrm{min}$$

また，$V/V_0=1+\varepsilon_A x_A=1+0.5(0.7)=1.35$ であるから，反応率 x_A が70%に達したときの反応系の体積は1.35倍に増加する。

2·4·2　連続槽型反応器による反応操作

理想的な完全混合流れ反応器による操作では，先に図2·4あるいは図2·7(c)に示したように，体積 V の槽型反応器に速度 $F_{A0}=v_0C_{A0}$ で供給された初濃度 C_{A0} の成分Aは，瞬時に混合されて反応し，槽内濃度は均一の C_A になる。したがって，成分Aが反応槽から連続的に流出する速度 F_A は vC_A に等しく，その濃度 C_A は槽内濃度に等しい。設計基礎式は，式(2·59)より式(2·75)で表される。

$$-r_A=\frac{F_{A0}-F_A}{V}=\frac{v_0C_{A0}-vC_A}{V} \tag{2·75}$$

定容反応系や，一般の液相反応のように反応による系の密度変化が無視できる場合には，反応槽から流出する反応物の体積流量 v は，供給する反応物の体積流量 v_0 に等しくなる。したがって，反応器入口と出口間での成分Aの反応率 x_A は，一般的には $(F_{A0}-F_A)/F_{A0}$ で定義される。定容系では濃度を用いて $(C_{A0}-C_A)/C_{A0}$ と表すこともできる。この場合，設計基礎式(2·75)は，簡

略化されて式(2・76)のようになる。

$$\tau=\frac{V}{v_0}=\frac{C_{A0}-C_A}{-r_A}=\frac{C_{A0}x_A}{-r_A} \tag{2・76}$$

反応器操作設計では，一般に反応率 x_A と反応速度 $-r_A$ は既知であるから，空間時間 τ が，式(2・76)によって算出できる。以下に具体的な反応速度式を例として τ の解析法について述べる。

(a)　代数的解法

反応速度が成分Aに関して n 次の反応，すなわち $-r_A=kC_A{}^n$ で表される場合，式(2・76)を書き換えると，式(2・77)が得られる。

$$a\left(\frac{C_A}{C_{A0}}\right)^n+\frac{C_A}{C_{A0}}-1=0 \tag{2・77}$$

あるいは，

$$a(1-x_A)^n-x_A=0 \tag{2・78}$$

ただし，両式において，$a=\tau kC_{A0}{}^{n-1}$ である。反応次数 n を与えると，反応率 x_A と空間時間 τ の関係をさらに詳しく検討できる。

0次反応($n=0$)の場合：$-r_A=k$，　$a=\dfrac{\tau k}{C_{A0}}$

$$\frac{C_A}{C_{A0}}=1-\frac{\tau k}{C_{A0}} \tag{2・79 a}$$

$$x_A=\frac{\tau k}{C_{A0}} \tag{2・79 b}$$

ただし，$\tau<C_{A0}/k$ である。

1次反応($n=1$)の場合：$-r_A=kC_A$，$a=\tau k$

$$\frac{C_A}{C_{A0}}=\frac{1}{1+\tau k} \tag{2・80 a}$$

$$x_A=\frac{\tau k}{1+\tau k} \tag{2・80 b}$$

τk は次元をもたない無次元化された速度定数である。

2次反応($n=2$)の場合：$-r_A=kC_A{}^2$，$a=\tau kC_{A0}$

$$\frac{C_A}{C_{A0}}=1-x_A=\frac{(1+4\tau kC_{A0})^{1/2}-1}{2\tau kC_{A0}} \tag{2・81}$$

連続槽型反応器では，反応率が高い領域では，反応器を大きく(空間時間を大きく)して反応器内での滞留時間を長くしても，反応率はさほど増加しない傾向をもっている。

(b)　多段反応槽列操作

前節で考えたように単一の連続槽型反応器では，高い反応率を実現しようとすると，反応器内の反応物濃度が低くなるため，空間時間の逆数に相当する処理速度が極端に低下する(図2·7(c))。このような欠点を補うために，数個の反応槽を連結して用いる槽列操作がある。

一般化して図2·8に示すように，体積の異なるN個の連続槽型反応器が直列に配置され，それぞれの反応槽が異なる温度で操作されている場合を考える。

任意の第i番目の反応槽の体積をV_iとすると，この反応槽に単位時間あたり供給される成分Aの量は，一つ前の第$i-1$番目の反応槽(体積V_{i-1})から体積流量v_{i-1}，濃度C_{Ai-1}で排出されるから，$v_{i-1}C_{Ai-1}$である。同様に，第i番目の反応器からの成分Aの排出速度は，v_iC_{Ai}である。第i反応槽について反応成分Aの物質収支をとると，

$$v_{i-1}C_{Ai-1}-v_iC_{Ai}=(-r_{Ai})\,V_i \tag{2·82}$$

この式を書き換えると，$(v_{i-1}/v_i)(C_{Ai-1}/C_{Ai})-1=(-r_{Ai})(V_i/v_i)/C_{Ai}$となる。反応流体の密度変化がない場合には，$v_{i-1}=v_i=v_0$であるから，簡略化されて式(2·83)を得る。

$$\frac{C_{Ai-1}}{C_{Ai}}=1+\frac{(-r_{Ai})\,\tau_i}{C_{Ai}},\qquad ただし\ \ \tau_i=\frac{V_i}{v_i} \tag{2·83}$$

具体的な例として，1次反応の場合を考える。$-r_{Ai}=k_iC_{Ai}$であるから，

$$\frac{C_{Ai-1}}{C_{Ai}}=1+k_i\tau_i \tag{2·84}$$

第1反応槽($i=1$)では，

$$\frac{C_{A0}}{C_{A1}}=1+k_1\tau_1,\qquad \tau_1=\frac{V_1}{v_1}$$

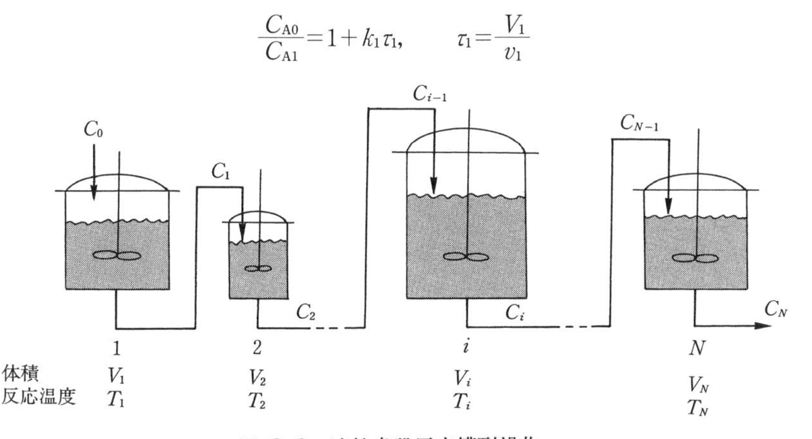

図 2·8　連続多段反応槽列操作

第2反応槽($i=2$)では,

$$\frac{C_{A1}}{C_{A2}}=1+k_2\tau_2, \qquad \tau_2=\frac{V_2}{v_2}$$

最後の第 N 反応槽($i=N$)では,

$$\frac{C_{AN-1}}{C_{AN}}=1+k_N\tau_N, \qquad \tau_N=\frac{V_N}{v_N}$$

ここで, N 個の槽全体について考えると,

$$\frac{C_{A0}}{C_{A1}}\cdot\frac{C_{A1}}{C_{A2}}\cdots\frac{C_{Ai-1}}{C_{Ai}}\cdots\frac{C_{AN-1}}{C_{AN}}=\frac{C_{A0}}{C_{AN}}$$

式(2・84)と組み合わせると, 式(2・85)が得られる。

$$\frac{C_{A0}}{C_{AN}}=(1-x_A)^{-1}=(1+k_1\tau_1)\cdot(1+k_2\tau_2)\cdots(1+k_N\tau_N) \qquad (2\cdot 85)$$

図2・8に示されているすべての反応槽が, 同じ反応温度, 同一体積の場合には,

$$k_1\tau_1=k_2\tau_2=\cdots=k_N\tau_N\equiv k\tau$$

であるから, 式(2・85)は簡略化されて式(2・86)が得られる。

$$\frac{C_{AN}}{C_{A0}}=1-x_A=\frac{1}{(1+k\tau)^N} \qquad (2\cdot 86)$$

(c) 図式解法

反応操作設計の基礎となる一般式(2・75), あるいは定容反応系に対する簡略化された式(2・76)の図式解法について述べる。

単純な一段槽型反応操作も含めて, N 個の連続反応槽からなる直列多段反応操作を取り上げる。式(2・83)を変形すると, 第 i 槽に対して式(2・87)が得られる。

$$-r_{Ai}=\frac{-1}{\tau_i}(C_{Ai}-C_{Ai-1}) \qquad (2\cdot 87)$$

この式は入口濃度 C_{Ai-1} が既知であると, 反応速度 $-r_{Ai}$ と反応器出口濃度 C_{Ai} が直線関係にあることを示している。図2・9のように, 反応速度を縦軸に, 成分Aの濃度を横軸とするグラフを描いて考えると, 直線の勾配は $-1/\tau_i$ であり, この直線は横軸上で入口濃度 C_{Ai-1} に相当する点を通る。この直線の勾配は反応器体積が一定でも, 操作変数である体積流量により変化するので, 一種の操作線である。

反応速度が成分Aの濃度の関数として与えられる場合には, この速度曲線と直線式(2・87)との交点が, 未知数である反応槽出口濃度 C_{Ai} を与えることになる。

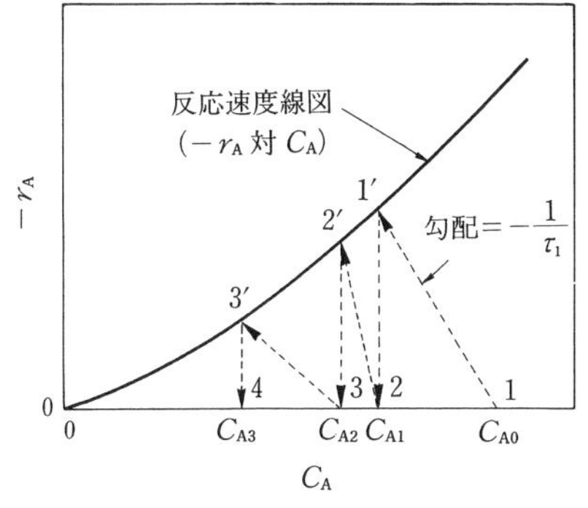

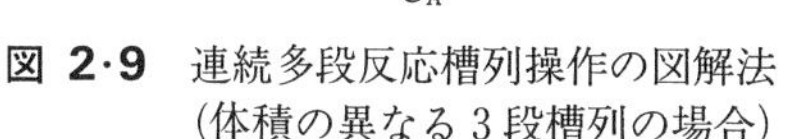
図 2·9 連続多段反応槽列操作の図解法(体積の異なる3段槽列の場合)

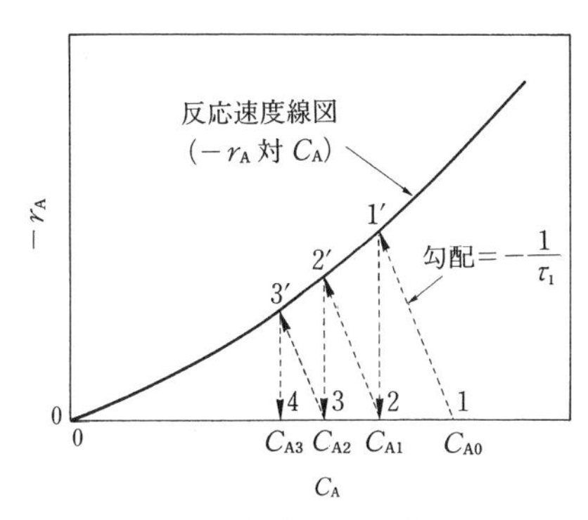

図 2·10 連続多段反応槽列操作の図解法(等体積3段槽列の場合)

連続 N 段反応槽列操作の設計例で，入口濃度 C_{A0} と反応流体の体積流量 v_0 が既知であり，各槽の反応温度が同じである場合，最終の第 N 槽出口濃度 C_{AN} を決定するには次の一連の手順をとる。

(1) 反応速度$(-r_{Ai})$対濃度 C_A の関係曲線(反応速度曲線)をグラフに描く。

(2) グラフ横軸上に入口濃度 C_{A0} の点を決める。

(3) 第1反応槽体積 V_1 より，空間速度 $\tau_1=v_0/V_1$ を算出する。

(4) 横軸上の C_{A0} の点を通り，勾配$-1/\tau_1$ の直線を引く。

(5) 反応速度曲線と直線の交点(図2·9の点1′)から，第1反応槽出口濃度 C_{A1} を決定する。

(6) グラフ横軸上に C_{A1} の点をとり，(2)～(5)を繰り返すと，第2反応槽出口濃度 C_{A2} が決定される。

(7) 最終の第 N 槽まで同じ操作を繰り返すと C_{AN} が求まり，最終反応率 $x_A(=1-C_{AN}/C_{A0})$ が計算できる。

すべての反応槽体積が等しい等体積 N 槽多段反応操作では，直線(操作線)の勾配は各槽で等しくなるから，図2·10の場合のように，直線は平行になる。したがって，直列多段反応槽の入口と出口の濃度が与えられている(既知である)ときには，空間時間 τ を変化させて，図式解析を試行錯誤で繰り返すことにより，必要な反応槽体積あるいは反応槽数を決定することができる。

このような操作解析は反応操作設計ともよばれる。

[例題 2·7] 量論式 A+B ⟶ C で表される液相1次反応を，反応槽全体積 $5\,\mathrm{m^3}$

の連続槽型反応器を用いて行う。それぞれ下記の三つの場合について，原料成分 A の総括反応率を求めよ。ただし反応速度は，$-r_{Ai}=kC_A$，$k=0.0002\,\mathrm{s}^{-1}$ で与えられ，また反応液の体積流量は $5\,\mathrm{m}^3\cdot\mathrm{h}^{-1}$ であるとせよ。

（1）　体積 $5\,\mathrm{m}^3$ の反応槽 1 個で反応させる場合。

（2）　体積 $2\,\mathrm{m}^3$ の反応槽と $3\,\mathrm{m}^3$ の反応槽を直列につないで反応させる場合。

（3）　反応槽の並べ方を，(2)の場合とは前後を逆にした場合。

解　題意より，体積流量 $v_0=5\,\mathrm{m}^3\cdot\mathrm{h}^{-1}=5/3600=0.00139\,\mathrm{m}^3\cdot\mathrm{s}^{-1}$

（1）　反応槽は 1 個であるから，式(2·86)において $N=1$ とおき，書き換えると式(a)を得る。

$$x_A=1-[1/(1+k\tau)]=k\tau/(1+k\tau) \tag{a}$$

反応槽全体積 $V_T=5\,\mathrm{m}^3$ より，

$$\tau=V_T/v_0=3600\,\mathrm{s}$$

よって，

$$k\tau=(0.0002\,\mathrm{s}^{-1})(3600\,\mathrm{s})=0.72$$

を，式(a)に代入すると

$$x_A=(0.72)/(1+0.72)=0.419$$

したがって，反応率は，41.9% となる。

（2）　第 1 槽(体積 $V_1=2\,\mathrm{m}^3$)での空間時間

$$\tau_1=V_1/v_0=2/0.00139=1440\,\mathrm{s}$$

よって，

$$k\tau_1=(0.0002\,\mathrm{s}^{-1})(1440\,\mathrm{s})=0.288$$

第 2 槽(体積 $V_2=3\,\mathrm{m}^3$)での空間時間

$$\tau_2=V_2/v_0=3/0.00139=2160\,\mathrm{s}$$

よって，

$$k\tau_2=(0.0002\,\mathrm{s}^{-1})(2160\,\mathrm{s})=0.432$$

体積の異なる反応槽を組み合わせた系であるから，式(2·85)を書き換えると式(b)が得られる。

$$x_A=1-\frac{1}{(1+k\tau_1)(1+k\tau_2)} \tag{b}$$

式(b)の右辺に題意の数値を代入して計算を進めると，

$$x_A=1-1/[(1+0.288)(1+0.432)]=0.458$$

したがって，2 槽を用いた場合の総括反応率は，45.8% となる。

（3）　直列多段連続反応操作では，反応槽数と全反応槽体積が同じであれば，それを構成する反応槽の配列順序は，総括の反応率に影響しないことは，式(b)の洞察から自明である。したがって，反応槽の順序を変えただけで，反応槽全体積が同じである本設問の場合，先の設問(2)の結果と同じく，総括反応率は 45.8% になる。

2·4·3　管型反応器による反応操作

反応物質が気体や液体である反応系では，管型反応器による連続操作が多く行われている。反応器中に固体触媒粒子などが充塡され，反応管の半径方向の

温度分布や濃度分布が無視できる場合には，流れの状態が理想的な押出し流れに近くなる。そして反応器の流れ方向に温度変化がなく等温とみなせる場合には，設計基礎式は先に述べた式(2·66)，あるいは式(2·67)で与えられる。

$$\tau=\frac{V}{v_0}=C_{A0}\int_0^{x_A}\frac{\mathrm{d}x_A}{-r_A(x_A)} \tag{2·67}$$

ただし，$F_{A0}=v_0C_{A0}$ である。

この式は，管型反応器操作における空間時間 τ を与えており，回分反応操作に対する式(2·71)に対応するものである。管型反応操作における体積流量 v_0 は，反応管断面積と通過流体の線速度の積であるから，観点を変えれば，連続管型反応器操作における反応管長さは，回分反応操作における反応経過時間に対応する(図2·7)。

2·4·4　循環式管型反応器操作

管型反応器は比較的塔径の大きい1本の反応器(単管あるいは単塔式)で用いられる場合と，管径の小さい反応管を複数個用いて，並列配置した多管式反応器で用いられる場合がある。また，管型反応器による操作では図2·11のように反応器の出口側において反応混合物を分流し，一部を反応器の入口側に戻す場合がある。系の密度変化が無視できる定容系で考えると，定常状態で操作されている場合には，この循環量には無関係に，反応系に供給されている原料の体積流量 v_0 は，反応系を去る混合物の体積流量に等しい。

反応器入口側への循環量に相当する体積流量 v_R と反応系出口側で系を去る体積流量 v_0 の比を循環比 $R(=v_R/v_0)$ と定義する。体積 V の反応器に供給される反応流体の体積流量 v_t は v_0 と v_R の和であるから

$$v_t=v_0+v_R=v_0(1+R) \tag{2·88}$$

図2·11に記したように，反応成分Aの濃度 C_{A0}, C_{At}, C_A のように定めると，反応器入口側の合流点での成分Aの物質収支より，

$$C_{At}v_t=C_{At}v_0(1+R)=v_0C_{A0}+v_RC_A \tag{2·89}$$

反応器入口での濃度 C_{At} と反応器を去る混合物の濃度 C_A の関係は，

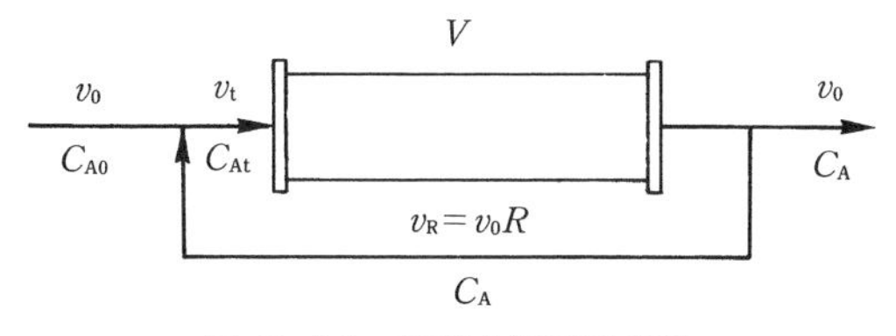

図 2·11　循環式管型反応器

$$C_{\mathrm{At}}=\frac{C_{\mathrm{A0}}+RC_{\mathrm{A}}}{1+R} \tag{2·90}$$

また，反応器入口での仮想的な反応率 x_{At} は，

$$x_{\mathrm{At}}=1-\frac{C_{\mathrm{At}}}{C_{\mathrm{A0}}}=\frac{Rx_{\mathrm{A}}}{1+R} \quad \left(\text{ただし，}\ x_{\mathrm{A}}=1-\frac{C_{\mathrm{A}}}{C_{\mathrm{A0}}}\right) \tag{2·91}$$

これを設計基礎式(2·67)に代入すると，次の二式が得られる。

$$\tau=\frac{V}{v_{\mathrm{t}}}=C_{\mathrm{A0}}\int_{x_{\mathrm{At}}}^{x_{\mathrm{A}}}\frac{\mathrm{d}x_{\mathrm{A}}}{-r_{\mathrm{A}}(x_{\mathrm{A}})} \tag{2·92}$$

$$\tau_0=\frac{V}{v_0}=(1+R)\,\tau=C_{\mathrm{A0}}(1+R)\int_{x_{\mathrm{At}}}^{x_{\mathrm{A}}}\frac{\mathrm{d}x_{\mathrm{A}}}{-r_{\mathrm{A}}(x_{\mathrm{A}})} \tag{2·93}$$

1次反応の場合には，$-r_{\mathrm{A}}=kC_{\mathrm{A0}}(1-x_{\mathrm{A}})$ を式(2·93)に代入して積分すると，式(2·94 a)，(2·94 b)が得られる。

$$k\tau_0=(1+R)\ln\frac{C_{\mathrm{A0}}+RC_{\mathrm{A}}}{(1+R)\,C_{\mathrm{A}}} \tag{2·94 a}$$

$$=(1+R)\ln\frac{1+R(1-x_{\mathrm{A}})}{(1+R)(1-x_{\mathrm{A}})} \tag{2·94 b}$$

式(2·94)は循環比 $R=0$ のときには，

$$k\tau_0=\ln\frac{1}{1-x_{\mathrm{A}}}=\ln\frac{C_{\mathrm{A0}}}{C_{\mathrm{A}}}$$

となって，単純な押出し流れの管型反応器と同じ性能を与える。逆に，循環比 R を大きくすると，連続槽型反応器と同じ性能に近づき反応率は低くなる。

2·5　化学反応速度解析法

化学反応の速度を解析することとは，化学的には反応の機構を解明することである。工学的には反応に関与する物質の量論関係と濃度，温度や圧力など反応条件を確立し，反応成分の混合状態を含めた反応器の設計が目的である。

本節ではこれまで述べてきた反応速度が，各反応成分の濃度や温度によって，具体的にどのように変化するかを定式化する方法について述べる。

2·5·1　反応速度の解析法

液相や気相の均一相系の解析には，通常回分反応器が用いられる。固体触媒を用いるような固体-流体系反応の速度解析には，多くの場合，管型反応器による微分反応操作が用いられる。

微分反応操作あるいは微分反応器とは，管型反応器における入口と出口間での反応率が比較的小さく(通常5%以下)，近似的に層内濃度を一定とみなして速度解析できる場合である。逆に反応器出口での反応率が十分に大きい場合

は，積分反応操作や積分反応器とよぶ。

2・5・2　回分反応器による反応速度解析法

一定量の反応物をはじめに仕込む回分反応器は，通常の液相反応の速度解析に幅広く適用され，着目成分の反応器内濃度の変化を反応時間の関数として追跡し，反応次数や速度定数を決定する。

反応の量論関係が明らかで，反応により物質量が変化する気相反応では，体積の変化しない回分反応器での全圧の時間変化を追跡することにより反応速度を解析できる。

また，限定成分の濃度が半減するのに要する反応時間（半減期 $t_{1/2}$ とよぶ）を，初濃度をいろいろと変えて測定することによっても，反応速度を解析できる。

（a）微 分 法

成分 j の変化速度 $-r_j$ は，定容回分反応器操作では式（2・95）で与えられ，濃度の時間変化に等しい。

$$-r_j = \frac{\mathrm{d}C_j}{\mathrm{d}t} \fallingdotseq \frac{\Delta C_j}{\Delta t} \tag{2・95}$$

したがって，実験的に得られる着目成分 j の濃度 C_j 対反応経過時間 t のデータについて，図微分や数値微分を行えば，その瞬間における反応速度 $-r_j$ が求まる。化学量論関係が式（2・1）のように既知の場合，反応に関与する成分A, B, C, D のいずれか1成分に着目して，その濃度変化すなわち着目成分の反応速度を追跡すれば，他成分の反応速度は算出できる。

成分 A の消失速度 $-r_A$ が，式（2・96）のようにベキ乗型で，成分 A の濃度の n 次に比例すると仮定すると，

$$-r_A = \frac{\mathrm{d}C_A}{\mathrm{d}t} = kC_A{}^n \tag{2・96}$$

両辺の対数をとれば，

$$\ln(-r_A) = \ln k + n \ln C_A \tag{2・97}$$

したがって，各時間における実測の反応速度 $-r_A$ と濃度 C_A の対数値の関係が直線になれば，式（2・96）の仮定は満たされたことになり，その直線の勾配と切片より，次数 n と速度定数 k が求められる（図2・12）。

式（2・96）に代わって，反応速度が式（2・98）のように成分 A に関して n 次，成分 B に関して m 次に比例するとおける場合には，

$$-r_A = kC_A{}^n C_B{}^m \tag{2・98}$$

まず，成分 B が大過剰の条件下で実験すれば，成分 B の濃度変化は，成分 A

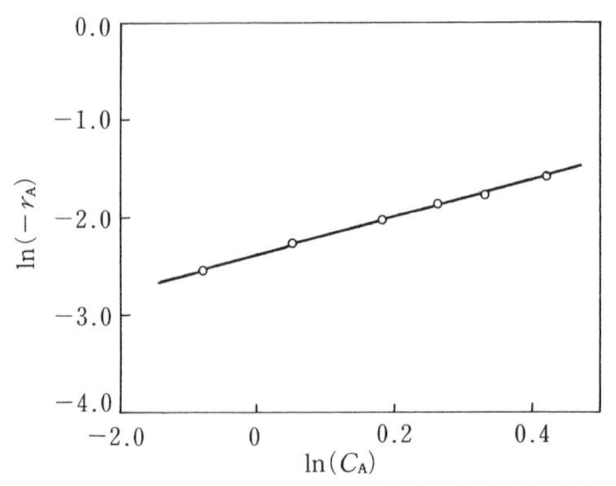

図 2·12　ベキ乗型反応速度式の解析法の例

の濃度変化に比べて小さく，無視できるので，下記の式(2·99)のように成分Aに関して擬 n 次の反応であるとして，次数 n を決める。

$$-r_A = k' C_A{}^n, \qquad \text{ただし } k' = kC_{B0}{}^m \qquad (2\cdot99)$$

次に成分Aの濃度が過剰な条件下で実験を行って，成分Bに関する次数 m を決定する。

(b) 積分法

成分Aの反応速度が式(2·96)の n 次式で表されるとき，その積分形は，式(2·100)，(2·101)で与えられる(表2·2)。

$$kt = -\ln\frac{C_A}{C_{A0}}, \qquad \text{ただし } n=1 \qquad (2\cdot100)$$

$$kt = \frac{C_A{}^{1-n} - C_{A0}{}^{1-n}}{n-1}, \qquad \text{ただし } n\neq1 \qquad (2\cdot101)$$

積分法では，まず反応次数 n を仮定して積分を行い，得られた濃度 C_A と時間 t の関係式が直線となるように変形する。このようにして得られた関係式に従い，濃度 C_A と反応時間 t の実測データをプロットし，その直線性より仮定した次数 n の妥当性を検証する。

たとえば，式(2·100)に注目すると，$-\ln(C_A/C_{A0})$ 対 t のデータプロットが原点を通る直線になれば，1次反応であり，その勾配が速度定数 k に相当する。また式(2·101)は，$n=2\,(-r_A = kC_A{}^2)$ の場合には式(2·102)に還元される。

$$kt = \frac{1}{C_A} - \frac{1}{C_{A0}} \qquad (2\cdot102)$$

したがって，$1/C_A$ 対 t のデータのプロットが直線関係を示せば，その反応次数は2と考えられ，直線の勾配から速度定数 k が求まる。

(c) 半減期法

限定反応成分の濃度が初期濃度の 1/2 にまで減少するのに必要な時間を半減期 $t_{1/2}$ というが，初濃度 C_{A0} の種々異なる条件下で反応を行い $t_{1/2}$ を測定することにより，反応次数や速度定数を算出できる。

n 次反応の積分式(2·101)に，$C_A = C_{A0}/2$ を代入すると，半減期 $t_{1/2}$ は式(2·103)で表される。

$$t_{1/2} = \frac{2^{n-1}-1}{k(n-1)} C_{A0}{}^{1-n}, \qquad ただし\ n \neq 1 \tag{2·103}$$

上式の両辺の対数をとれば，

$$\ln t_{1/2} = \ln \frac{2^{n-1}-1}{k(n-1)} + (1-n)\ln C_{A0} \tag{2·104}$$

よって，$\ln t_{1/2}$ 対 $\ln C_{A0}$ の実測データのプロットが直線になれば，ベキ乗型の n 次反応速度式が成立し，直線の勾配が $1-n$ であることから次数 n を求めることができる。

1 次反応では，式(2·100)から $t_{1/2} = \ln 2/k$ の関係が得られ，半減期が初濃度には無関係であることがわかる。この関係より 1 次反応の判定が可能である。また式(2·100)から，反応の進行は濃度比(C_A/C_{A0})により追跡できることがわかる。したがって，物質の濃度でなくとも濃度に比例する屈折率などの物理量の時間変化の追跡によっても反応速度を解析できる。

[**例題 2·8**]　水溶液系で，臭化 *tert*-ブチルが *tert*-ブチルアルコールに変化する式(a)の反応を，一定温度で回分操作により行った。

$$(CH_3)_3CBr + H_2O \longrightarrow (CH_3)_3COH + HBr \tag{a}$$

反応時間 t と臭化 *tert*-ブチル濃度(C_A と表記する)の表 2·4 の実測データを用いて，この反応が 1 次反応であることを示せ。また速度定数 k を求めよ。

表 2·4

t/h	0	6.2	13.5	30.8	43.8
C_A/kmol·m^{-3}	10.4	7.76	5.29	2.07	1.01

解　この実測データは，大量の水溶媒中での臭化 *tert*-ブチル濃度の変化を追測したものと考え，擬 1 次反応として扱うことにする。積分法を適用する。すなわち，すべての実測データが式(2·100)にあてはまることを示し，速度定数 k を算出する。

表 2·4 より初濃度 $C_{A0} = 10.4 \times 10^3$ mol·m^{-3} である。積分反応速度式(2·100)は次のように二通りの書き換えができる。

$$\ln \frac{10.4 \times 10^3}{C_A} = kt \tag{b}$$

$$\ln C_A = -kt + \ln(10.4 \times 10^3) \tag{c}$$

与えられた実測データより各反応時間に対して，$\ln(C_{A0}/C_A)$ と $\ln C_A$ を計算すると表2・5のようになる。

これらの結果を用いて，$\ln(C_{A0}/C_A)$ 対時間 t，および $\ln C_A$ 対時間 t をプロットすると，それぞれ，図2・13(解法 I)と図2・14(解法II)のように，すべてのデータはほぼ直線上に並ぶことがわかる。したがって実測データは式(b)や式(c)に従っており，本反応が1次反応であることが確認される。

反応速度定数 k は，これらの直線の勾配に相当するから，グラフから直線の勾配を求めるか，あるいは，データに対して最小二乗法のような統計処理計算を施して求めると，$k=0.053\,\mathrm{h}^{-1}$ が得られる。

表 2・5

t/h	0	6.2	13.5	30.8	43.8
$\ln(C_{A0}/C_A)$	0	0.29	0.68	1.61	2.33
$\ln(C_A/\mathrm{mol\cdot m^{-3}})$	9.25	8.96	8.57	7.64	6.92

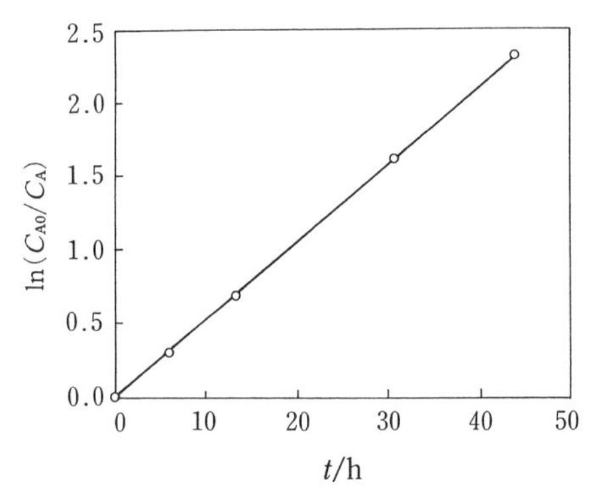

図 2・13　式(b)による実測データのプロット：解法 I

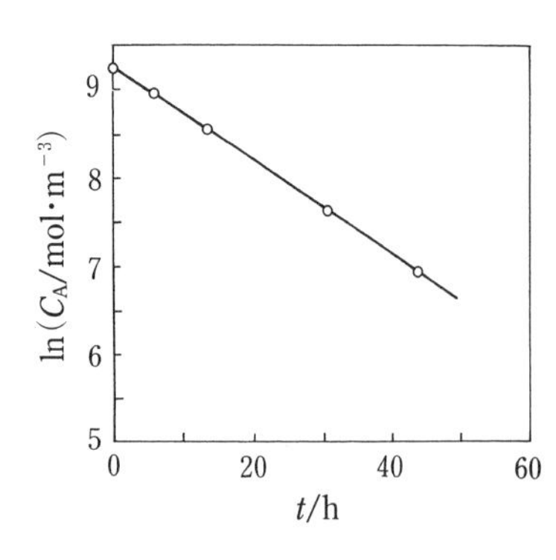

図 2・14　式(c)による実測データのプロット：解法II

2・6　気固触媒反応

前節までは，気相系あるいは液相系のような均一相系における反応操作を扱ってきた。しかし，化学工業で重要な反応の多くは，気体と液体，気体と固体，液体と固体が関与する不均一反応，あるいは異相系反応とよばれるものである。石油化学をはじめとする化学工業においては固体触媒を用いる不均一反応が非常に多く，重要な位置を占めている。本節では固体触媒反応の工学的解析法の基礎的な事項について述べる。

2·6·1　触媒粒子内の物質移動と化学反応

固体触媒は，径が0.3nmから50nm程度の細孔がよく発達した多孔質物質であり，工業触媒の多くは，2mmから5mmの球形や円柱状に成型されている。反応流体と接触させた場合，反応成分Aが固体触媒内部に拡散して反応活性点に到達して化学反応が起こり，そこから生成成分が逆に固体粒子外部表面へと出てくる。図2·15は，このような物質移動に伴う粒子内外での定常濃度分布を示している。

固体触媒反応系では，基本的には次のような物質移動と化学反応が直列に起こっていると考えられる。

（1）　反応成分の外部境膜内移動：外部流体中の反応成分が，触媒粒子外部表面近傍の流体境膜を分子拡散により触媒外部表面に到達する過程。

（2）　反応成分の触媒細孔内拡散：反応成分が，外部表面から内部に向かって触媒細孔内を拡散移動する過程。

（3）　反応成分の細孔内表面への吸着：反応成分が，細孔内空間から細孔表面へ吸着する過程。

（4）　表面化学反応：吸着成分が細孔表面の活性点で化学反応する過程。

（5）　反応生成物の脱着：触媒表面の反応生成物が細孔空間へ脱離する過程。

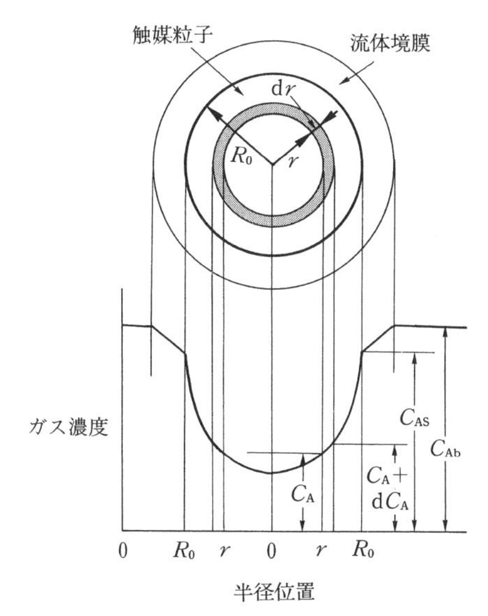

図 2·15　球形触媒粒子内外の成分Aの濃度分布

（6）　反応生成物の細孔内拡散：触媒粒子外部表面に向かって，反応生成物が細孔内を拡散移動する過程。

（7）　反応生成物の粒子外部境膜内移動：反応生成物が，触媒粒子外部表面から流体本体に向かって外部境膜内を分子拡散により移動する過程。

このような固体触媒反応系では，個々の触媒粒子そのものが微小な反応器のようにふるまうとみなすことができる。

2・6・2　拡散移動速度

いま希薄成分 A を含む混合流体を考え，濃度を C_A[mol・m^{-3}]，拡散係数を D_A[m^2・s^{-1}]，拡散移動距離を z[m]とすると，成分 A の移動流束(mole flux)あるいは単位面積あたりの移動速度 J_A[mol・m^{-2}・s^{-1}]は，Fick の法則により式(2・105)で表される。

$$J_A = -D_A \frac{dC_A}{dz} \tag{2・105}$$

(a)　粒子外部境膜内物質移動

流体境膜(boundary fluid film)の厚さ δ[m]，流体本体と固体粒子外部表面における成分 A の濃度をそれぞれ C_{Ab}, C_{As}[mol・m^{-3}]，また成分 A の分子拡散係数を D_{MA} とすると，外部境膜内物質移動速度 J_A[mol・m^{-2}・s^{-1}]は，式(2・106)で表される。

$$J_A = \frac{D_{MA}}{\delta}(C_{Ab} - C_{As}) = k_{fA}(C_{Ab} - C_{As}) \tag{2・106}$$

$k_{fA}(=D_{MA}/\delta)$は，粒子外部境膜物質移動係数[m・s^{-1}]といい，触媒粒子の直径 d_p や粒子充塡層空隙率と，粒子空隙を通過する流体の平均速度，粘度，密度などの関数として，実験的に定式化されている。温度が一定のもとでは流体の線速度を大きくすれば，図 2・15 に示す境膜の厚み δ は薄くなり，したがって物質移動係数 k_{fA} は大きくなって，粒子外部境膜内物質移動((1)と(7)の移動過程)に対する抵抗を小さくすることができる。

(b)　細孔内拡散移動

簡単のために，1 本の円柱状細孔内の拡散移動を考える。(1)の過程を経て粒子外部表面に到達した反応成分 A が，次に粒子内細孔を拡散移動するとき，次の三つの場合が考えられる。

（1）　細孔径 d が，拡散分子の平均自由行程 λ よりもはるかに大きい細孔内では，境膜内と同様に分子拡散が支配的になる。

（2）　逆に細孔径 d が，分子平均自由行程 λ よりも小さい比較的径の小さい細孔空間内では，分子と細孔内壁間の衝突が支配的になり，Knudsen拡散が起こる。

気体分子運動論によれば，気相の自己分子拡散係数 D_{MA} は式(2・107)で，また Knudsen 拡散係数 D_{KA} は式(2・108)で表される。

$$D_{MA}=\frac{1}{3}v\lambda \propto M_A{}^{-0.5}T^{1.5}p^{-1} \tag{2・107}$$

$$D_{KA}=\frac{1}{3}vd=\frac{1}{3}\left(\frac{8RT}{\pi M_A}\right)^{1/2}d \tag{2・108}$$

ここで v は分子平均速度，M_A は成分 A の分子量，T は温度，p は圧力である。式(2・108)から，Knudsen 拡散係数は全圧，すなわち濃度に無関係であることがわかる。

（3）　細孔径 d が平均自由行程 λ と同程度の場合($d \fallingdotseq \lambda$)や，触媒の細孔径が一様ではなく，大きい細孔($d>\lambda$)と小さい細孔($d<\lambda$)をもつ場合には，分子拡散と Knudsen 拡散の両機構による拡散が触媒内で同時に起こる。この場合の拡散係数 D_{NA} は式(2・109)で表される。

$$\frac{1}{D_{NA}}=\frac{1}{D_{MA}}+\frac{1}{D_{KA}} \tag{2・109}$$

2・6・3　触媒粒子細孔構造と有効拡散係数

さて実際の触媒粒子では細孔は屈曲しており，形状や孔径の異なる多数の細孔が混在し，しかも拡散距離 L_e は細孔の幾何学的な長さ L よりも長くなる。

この細孔構造を，均一な半径 r_e で長さ L_e の多数の細孔が並列に配列していると考える並行多管細孔モデル(straw bundle model)では，$(L_e/L)^2$ を τ とおき，これを細孔屈曲係数(tortuosity factor)という。多くの実用固体触媒では，τ 値は 3～6，L_e/L 値では 1.7～2.4 程度である。r_e や L_e ならびに細孔本数は，触媒の細孔空隙率 ε_p に関係づけられる。

このように粒子内での拡散移動速度は，触媒固有の細孔構造の影響を受けており，式(2・105)を適用するにあたって，拡散係数 D_A として式(2・110)で定義される有効拡散係数 D_{eA} を用いる。

$$D_{eA}=\frac{\varepsilon_p}{\tau}D_{NA} \tag{2・110}$$

2・6・4　固体表面での反応速度の表現法

図 2・15 に示した粒子内部における反応成分 A の濃度低下は，触媒粒子内部の細孔表面上の活性点(active site)と称される特定の場所で起こる化学反応に起因するものであることは明らかである。この固体表面上での化学反応(4)の

前後に，触媒表面への吸着(3)と触媒表面から細孔空間への脱離(5)という物理的な移動現象を伴っているが，これらの速度を分離するのは一般に困難である。そのため本章の2・1節から2・5節で述べた均一相系の場合とは違った速度の取り扱いが必要となる。すなわち，固体触媒反応では(3)，(4)および(5)の過程を一つにまとめた反応速度式が導かれる。その基礎となるのは，3章で述べるLangmuir吸着モデルで，吸着した分子の間で表面化学反応が起こる場合(Langmuir-Hinshellwood機構)と，吸着した反応分子と非吸着反応分子との間で表面化学反応が起こる場合(Rideal-Eley機構)がある。一般に反応速度式は，式(2・111)のようにベキ乗吸着項を含む複雑な分数式となる。

$$\text{反応速度}=\frac{(\text{動力学項})}{(\text{吸着項})^{n}}(\text{反応推進力}) \qquad (2\cdot111)$$

吸着項の指数 n は，反応に関与する吸着活性座の数を示す。動力学項には，速度定数や吸着活性座全濃度，吸着平衡定数などが含まれ，吸着，反応，脱離などのいずれの過程が律速であるかにより式の表現が種々異なる。

以後は基本的な概念の理解を容易にするためと，数学的展開の簡便さの点から固体触媒反応速度についても，先に均一相系で述べたのと同じく簡単な反応成分濃度のベキ乗式を用いる。1次反応速度式により，実用の面で十分な精度を与える場合も多い。

2・6・5　触媒粒子内濃度分布

2・6・1項で述べたように，固体触媒反応では，粒子外部表面の流体境膜から外部表面細孔入口へ，次いで粒子内細孔部へと，直列あるいは並列に物理的移動現象過程と化学反応過程とが粒子全体にわたって進行する。そして定常状態では触媒粒子内外に一定の濃度分布が形成される。このことは触媒細孔内の位置により，異なった速度で反応が進んでいることを示している。すなわち，実測される見かけの反応速度 r_{a} は，局所的な速度を触媒粒子全体にわたって積分したものである。

もし触媒活性が乏しくてほとんど粒子内で化学反応が起こらないならば，図2・15で反応成分Aの濃度は粒子内部でも C_{Ab} に等しい一様な分布を示す。逆にきわめて高活性ならば，反応成分は境膜内を移動して触媒粒子外部表面に到達すると，直ちに化学反応で消費し尽されて，粒子内部へ拡散移動することはないと予想できる。前者は化学反応律速，後者は反応物の供給速度が見かけの反応速度 r_{a} を決定している外部拡散支配の場合に相当する。図2・16は球形触媒粒子の等温不可逆1次反応の場合の粒子内濃度分布を示したものである。図

中のパラメーター ϕ は Thiele 数とよばれる無次元数であり，式(2·112)で定義される。

$$\phi=\frac{R_0}{3}\sqrt{\frac{k_{\mathrm{tA}}a_i}{D_{\mathrm{eA}}}} \qquad (2\cdot112)$$

ただし，R_0 は球形粒子の半径，k_{tA} は単位表面積あたりの化学反応速度定数[$\mathrm{m\cdot s^{-1}}$]，a_i は触媒見かけ体積 V_{p} あたりの内部表面積[$\mathrm{m^2\cdot m^{-3}}$]，D_{eA} は式(2·110)から求められる粒子の細孔構造特性を考慮した有効拡散係数である。式(2·112)において，$k_{\mathrm{tA}}a_i/D_{\mathrm{eA}}$ の分子分母に C_{As} を掛けると，1次反応であるからこの項は最大反応速度と最大拡散速度の比であると理解できる。したがって反応速度が拡散速度に比べて大きいときには ϕ は大きくなり，反応成分の濃度は粒子外部表面近傍で急激に低下する。逆に反応速度が拡散速度に比べて小さいときには ϕ は小さくなり，反応成分の濃度分布は粒子内部までほぼ一様になる。

2·6·6　触媒有効係数

(a)　触媒有効係数の定義

図2·16に示されるような粒子内での濃度分布は実測不可能であり，実験的に得られる見かけの反応速度 r_{a} の解析には，反応成分や生成成分の流体本体濃度などの実測できる濃度を基準とするのが一般的である。ここでは簡単のため，触媒粒子外部境膜内の物質移動抵抗が無視できる場合，すなわち図2·15において，$C_{\mathrm{As}}=C_{\mathrm{Ab}}$ とみなせる場合について考える。粒子内で極端な発熱が

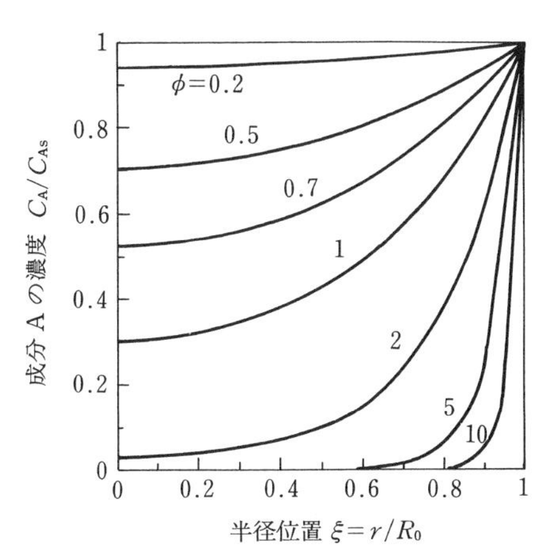

図 2·16　球形触媒粒子内部の成分 A の濃度分布と Thiele 数 ϕ の関係

なく，粒子温度が一様に保たれている等温系では，見かけの反応速度 r_a は，粒子内の拡散移動抵抗が無視できる場合の最大反応速度 r_t，すなわち ϕ が無視小とみなせる場合の反応速度よりも必ず小さくなる。これら速度の比 r_a/r_t は，触媒有効係数 η (effectiveness factor of catalyst) とよばれ，粒子内の拡散移動抵抗が反応速度に及ぼす影響を定量的に表現する指標である。

見かけ体積 V_p と見かけ粒子外部表面積 S_0 をもつ任意の形状と寸法の触媒粒子について，等温系で，粒子外部表面上での反応を無視できる場合，触媒有効係数 η は，式(2·113)のように表される。

$$\eta=\frac{r_a}{r_t}=\frac{S_0 D_{eA}(\mathrm{d}C_A/\mathrm{d}r)_{r=R_0}}{V_p a_i(-r_A)_{C_A=C_{Ab}}} \tag{2·113}$$

$$r_a=\eta r_t \tag{2·114}$$

実験的に求まるものは見かけの反応速度 $r_a[\mathrm{mol \cdot m^{-2} \cdot s^{-1}}]$ であり，最大反応速度 r_t あるいは純化学反応速度 $-r_A[\mathrm{mol \cdot m^{-2} \cdot s^{-1}}]$ を実測することは困難であるが，新しく触媒を開発する場合などには，物質移動抵抗を除いた真の触媒活性 r_t を比較する必要がある。このような場合，式(2·114)から明らかなように，触媒有効係数 η が求まればよい。

(b)　球形触媒の有効係数の導出

球形多孔質触媒粒子を用いて，等温・不可逆1次反応 $(-r_A=k_{tA}C_A)$ を行わせる場合について，触媒有効係数 η を表現する式を導く。

成分Aの有効拡散係数を D_{eA} とすれば，面積あたりの移動速度 J_A は，式(2·105)より，$J_A=-D_{eA}(\mathrm{d}C_A/\mathrm{d}r)$ で表される。図2·15に示す半径 R_0 の球形触媒内で，半径 r と半径 $r+\mathrm{d}r$ で囲まれる微小球殻への拡散移動入量 $(4\pi r^2 J_A)_{r=r}$ は，この微小球殻内での反応による消失量 $4\pi r^2 \mathrm{d}r(-r_A)a_i$ と，拡散移動出量 $(4\pi r^2 J_A)_{r=r+\mathrm{d}r}$ の和に等しいとおくと，定常状態での物質収支式が次のように得られる。

$$D_{eA}\left(\frac{\mathrm{d}^2 C_A}{\mathrm{d}r^2}+\frac{2}{r}\frac{\mathrm{d}C_A}{\mathrm{d}r}\right)=k_{tA}a_i C_A \tag{2·115}$$

この常微分方程式に対して，境界条件は次の二式で与えられる。

$$r=R_0\ (\text{外部表面})：C_A=C_{As}=C_{Ab} \tag{2·116}$$

$$r=0\ (\text{球の中心})：D_{eA}\frac{\mathrm{d}C_A}{\mathrm{d}r}=0 \tag{2·117}$$

2点境界値を持つ微分方程式を解くために，$\xi=r/R_0$，$\Psi=C_A/C_{As}$ で表される無次元変数を用いて式(2·115)～(2·117)を書き換えると式(2·118)，(2·119)が得られる。

$$\frac{1}{\xi^2}\frac{\mathrm{d}}{\mathrm{d}\xi}\left(\xi^2\frac{\mathrm{d}\Psi}{\mathrm{d}\xi}\right)-(3\phi)^2\Psi=0 \qquad (2\cdot118)$$

$$\xi=1:\Psi=1 \quad \text{および} \quad \xi=0:\frac{\mathrm{d}\Psi}{\mathrm{d}\xi}=0 \qquad (2\cdot119)$$

式(2・118)を式(2・119)の条件で解くために，さらに，$y=\xi\Psi$ で定義される新しい従属変数を導入し，式(2・118)を書き換える。

$$\frac{\mathrm{d}^2y}{\mathrm{d}\xi^2}=(3\phi)^2y \qquad (2\cdot120)$$

式(2・120)の一般解 $y=K_1\exp(3\phi\xi)+K_2\exp(-3\phi\xi)$ の積分定数 K_1 と K_2 を，境界条件式(2・119)を用いて決定すると，次式の粒子内濃度分布の理論解が得られる。

$$\begin{cases}\Psi=\dfrac{C_{\mathrm{A}}}{C_{\mathrm{As}}}=\dfrac{\sinh(3\phi\xi)}{\xi\sinh(3\phi)}, & 0<\xi\leq1 \qquad (2\cdot121\,\mathrm{a})\\ \Psi=\dfrac{C_{\mathrm{A}}}{C_{\mathrm{As}}}=\dfrac{3\phi}{\sinh(3\phi)}, & \xi=0 \qquad (2\cdot121\,\mathrm{b})\end{cases}$$

$$\phi=\frac{V_{\mathrm{p}}}{S_0}\sqrt{\frac{k_{\mathrm{tA}}a_i}{D_{\mathrm{eA}}}}, \qquad \frac{V_{\mathrm{p}}}{S_0}=\frac{R_0}{3} \qquad (2\cdot122)$$

図2・16に示す粒子内濃度分布は，式(2・121)によって計算されたものである。

次に，有効係数 η の定義式(2・113)を無次元化すると，

$$\eta=\frac{(4\pi R_0^2)D_{\mathrm{eA}}(\mathrm{d}C_{\mathrm{A}}/\mathrm{d}r)_{r=R_0}}{(4/3)\pi R_0^3a_i(k_{\mathrm{tA}}C_{\mathrm{As}})}=\frac{1}{3\phi^2}\left(\frac{\mathrm{d}\Psi}{\mathrm{d}\xi}\right)_{\xi=1} \qquad (2\cdot123)$$

となる。この式に，式(2・121)を ξ で微分し，$\xi=1$ とおいたものを代入すれば，この場合の触媒有効係数 η が，式(2・124)のように，Thiele数 ϕ のみの関数として得られる。

$$\eta=\frac{1}{\phi}\left[\coth3\phi-\frac{1}{3\phi}\right] \qquad (2\cdot124)$$

図2・17は，式(2・124)により計算されたものである。

一般の固体触媒では，見かけ粒子外部表面積 S_0 に比べて粒子内部表面積が圧倒的に大きく，触媒粒子外部表面における反応量は無視できるため，境界条件式(2・116)が適用できる。しかし，近年著しい発達を見せている合成ゼオライトは結晶性均一細孔による優れた分子ふるい性を備えた固体酸触媒であるが，結晶粒子外部にも酸点が存在するために，粒子外部表面での反応を無視できない場合もあり，その重要な特性である分子ふるい性が損なわれる場合がある。また，プラチナ(Pt)など高活性であるが高価な貴金属触媒では，粒子外

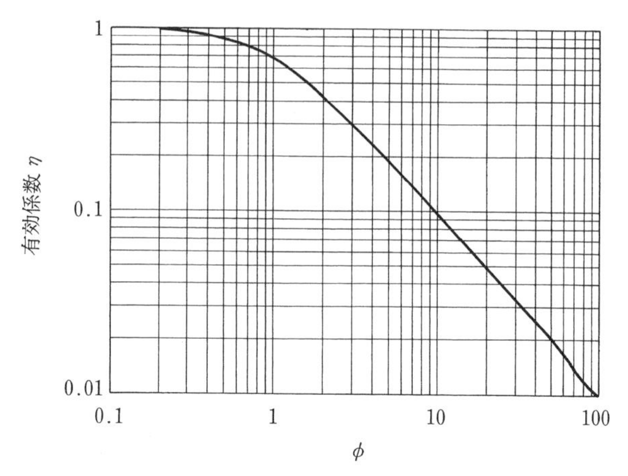

図 2·17　触媒有効係数（球形粒子の場合）

部表面近傍にのみ触媒活性成分を担持した触媒が用いられる。いずれも ϕ 値が大きな反応系に相当し，極端な場合には粒子外部表面における反応を考慮する必要性があることを示唆している。

したがって，式(2·124)で表される触媒有効係数 η は，外部表面反応と外部物質移動抵抗の無視できる場合のものである。

(c)　一般化された Thiele 数 ϕ_g

式(2·124)で定義される球形触媒の有効係数 η（図 2·17）と，ϕ のみの関数として表される反応成分の触媒粒子内濃度分布（図 2·16）の，両図を合わせ考えると，Thiele 数 ϕ の意味が容易に理解される。

ϕ の値が 0.3 以下の小さい領域では，粒子内外での反応成分の濃度差が小さく，粒子内での化学反応がきわめて遅く，η の値も 0.95 以上で近似的に 1 とみなせる化学反応支配（$\eta \fallingdotseq 1$）であることを示している。逆に ϕ の値が 5 以上に大きいと，反応成分が粒子外部表面近傍で急激に消失している。これは化学反応があまりにもすばやく起こるため，反応成分が外部表面から供給される速度によって化学反応速度が支配される状況（粒子内拡散支配）にあることを示している。ϕ 値が 5 以上の領域では，η は ϕ に反比例して減少している。

すなわち，式(2·114)から見かけ反応速度 r_a と最大化学反応速度 r_t（$=k_{tA}a_iC_{As}$）や ϕ との関係は，次のように表すことができる。

$$\phi<0.3 \text{ では，} \quad r_a=\eta r_t=k_{tA}a_iC_{As} \qquad (2\cdot125)$$

$$\phi > 5 \text{ では,} \qquad r_a = \frac{1}{\phi} k_{tA} a_i C_{As} \qquad (2\cdot126)$$

以上は球形の触媒粒子について述べてきたが，工業的に利用されている触媒の形状は，円柱状や円柱粒子の軸方向に穴をあけたリング状のものもある。寸法(大きさ)を規定するのに，球状粒子ではその径のみでよいが，円柱やリングでは径以外に径と高さの比率や，リングではさらに外径と内径の比率などの違いにより，個々に異なる粒子として有効係数を求める必要がある。円柱，リング，その他に外部表面付近にのみある厚みをもって触媒活性成分が担持された各種形状の触媒に対しても，有効係数 η の解析解が導出されている。しかし触媒粒子の形状や寸法が異なっても，粒子の見かけ体積と見かけ外部表面積の比，V_p/S_0 を代表寸法として採用することにより，η 対 ϕ の関係は，互いに良好に近似できて，球形触媒の有効係数の解析解，式(2・124)を代表式として用いることができる。

触媒粒子は，研究室的な実験や実用反応器においては，形状や寸法の異なる複数個の粒子が混在した状態で用いるのが一般的である。V_p/S_0 値に大きな差異のない実用触媒粒子群に対しては，Thiele 数，式(2・122)において，代表寸法として，V_p/S_0 に代わって $\sum V_p/\sum S_0$ を採用することができる。

以上のモデルにおいては，不可逆 1 次反応速度式に基づき有効係数式の導出がなされたが，一般化して不可逆 n 次反応として扱える場合には，Thiele 数 ϕ は，式(2・127)のように近似できる。

$$\phi_g = \left(\frac{\sum V_p}{\sum S_0}\right)\sqrt{\left(\frac{n+1}{2}\right)\left(\frac{k_{tA} a_i C_{As}{}^{n-1}}{D_{eA}}\right)} \qquad (2\cdot127)$$

式(2・122)で定義される Thiele 数 ϕ の代わりに，式(2・127)で定義される一般化 Thiele 数 ϕ_g を用いると，球形以外の触媒や種々の形状の触媒が混在する場合，あるいは不可逆 1 次反応とは異なる反応の場合の触媒有効係数 η が式(2・124)および図 2・17 により近似的に与えられる。

触媒粒子そのものが反応器に相当するとの見方からすると，大きな $k_{tA} a_i$ 値をもつ高活性な触媒の有効係数を増大させて，触媒反応の操作成績を改良するためには，代表寸法($\sum V_p/\sum S_0$)を小さくなるように成型・造粒すること，触媒の製造・成型に際して触媒有効拡散係数 D_{eA} を大きくする細孔構造設計を考慮すべきことがわかる。

2・7　新規な分野への反応器の適用と展開

多種多様な反応器が，化学工業だけでなく医薬品工業などさまざまな分野で用いられている。たとえば，バイオインダストリーでは，生物化学反応器(バイオリアクター)が用いられている。これは，酵素，微生物，動・植物細胞のいわゆる生体触媒を用いて種々の有用物質の生産を行う反応器であり，ニューバイオテクノロジーのキーテクノロジーの一つとして重要視されている。生体触媒は，きわめて高い基質特異性(酵素)を有する，簡単な構造の化合物から複雑な構造をもつ化合物を合成できる(微生物，動・植物細胞)，温和な条件下で使用できる，などの特長を有する反面，一般に熱安定性が低い，せん断応力に対して弱い，などの欠点を有する。バイオリアクターには，このような生体触媒の欠点を補い，特長をいかして目的物質を効率よく生産できるように種々の工夫がなされている。

われわれの日常生活に身近な反応器の例として，自動車の排気ガス浄化用装置として用いられている触媒反応器がある。自動車のエンジンから出る排気ガスには一酸化炭素(CO)が0.3～1%，窒素酸化物(NO_x)が0.05～0.15%，未燃焼の炭化水素(C_nH_mと表す)が0.03～0.08%含まれている。NO_x, COおよびC_nH_mはそれ自身有毒であるが，NO_xは太陽光線の作用により大気中の各種成分と反応してオゾンやオキシダントを生成し，それらがさらにC_nH_mと反応してアルデヒドやケトン等の有害物質を生成する。これが光化学スモッグを引き起こす原因の一つになっている。そこで日本やアメリカ，EUなどでは，光化学スモッグの原因となる物質を大気に放出しないよう，自動車の排気ガス規制を行っている。

自動車に取り付けられている排気ガス浄化装置は，式(2・128)～(2・131)に示す酸化反応および酸化・還元反応によりNO_x, COおよびC_nH_mを無害化する。

$$CO+\frac{1}{2}O_2 \longrightarrow CO_2 \qquad \text{(酸化反応)} \qquad (2\cdot128)$$

$$C_nH_m+\left(\frac{m+4n}{4}\right)O_2 \longrightarrow nCO_2+\frac{m}{2}H_2O \qquad \text{(酸化反応)} \qquad (2\cdot129)$$

$$NO+CO \longrightarrow CO_2+\frac{1}{2}N_2 \qquad \text{(酸化・還元反応)} \qquad (2\cdot130)$$

$$\left(\frac{m+4n}{2}\right)NO+C_nH_m \longrightarrow nCO_2+\frac{m}{2}H_2O+\left(\frac{m+4n}{4}\right)N_2 \qquad \text{(酸化・還元反応)} \qquad (2\cdot131)$$

式(2・128)と(2・129)の酸化反応にはPtとパラジウム(Pd)が，また式(2・130)と(2・131)の酸化・還元反応にはロジウム(Rh)が，それぞれ触媒として適している。また，式(2・128)と(2・129)の反応は酸素による酸化であるから，酸素濃度が高い(空気量が多い)ほど反応速度が速く CO と C_nH_m の除去率が高い。反対に NO_x は酸素量の少ないほうが除去率が高い。したがって空気と燃料の比，すなわち空燃比を常に最適値(14.5～14.6)に制御することにより NO_x, CO および C_nH_m の排出量を大幅に(約80%)減らすことが可能である。

浄化装置は，ハニカム構造を有するセラミックスを触媒の担体として用いた触媒反応器である。セラミックスハニカムは，1平方センチあたり数十本もの細い直管が貫通し，断面があたかも蜂の巣のような形状になっている。その一本一本の細管の内表面に触媒であるPt, PdおよびRhが担持されているので，細管の内表面が触媒作用を有するきわめて多数の管型反応器が並列に並んでいるとみなすことができる。したがって，触媒粒子を充填した固定層式の触媒反応装置に比べて，エンジンからの排気ガスは細管内を目詰まりを起こすことなくスムーズに流れ，短い通過時間(滞留時間)内に NO_x 等は無害化される。

新しい化学反応システムとして，近年著しい発展を見せている領域にマイクロリアクターがある。これは内径1～3mmほどの細管などを流路にして反応流体を加圧供給して反応させる反応器である。たとえば2種の反応溶液を，体積が数十～数百 cm^3 の通常のビーカーを用いて混合し反応させた場合と，細管内に2液を圧入して高速混合させた場合とで，反応温度が同じでも生成物の性状などが異なることがある。このことに注目し，溶液の攪拌・混合・反応，分離などの一連の操作を比較的小規模の装置で実現しようとするものである[1)]。

問　題

2・1　量論式が，式(a)

$$H_2 + Br_2 \longrightarrow 2\,HBr \tag{a}$$

で表される臭化水素の生成反応は，次に示す一連の素反応から構成される連鎖反応である。定常状態近似を用いて反応速度式を導出せよ。

$$Br_2 \xrightarrow{k_1} 2\,Br\cdot \qquad \text{(開始反応)} \tag{b}$$

$$Br\cdot + H_2 \xrightarrow{k_2} HBr + H\cdot \qquad \text{(成長反応)} \tag{c}$$

$$H\cdot + Br_2 \xrightarrow{k_3} HBr + Br\cdot \qquad \text{(成長反応)} \tag{d}$$

$$H\cdot + HBr \xrightarrow{k_4} H_2 + Br\cdot \qquad (\text{成長反応}) \tag{e}$$

$$2\,Br\cdot \xrightarrow{k_5} Br_2 \qquad (\text{停止反応}) \tag{f}$$

2·2　酵素イソメラーゼによる異性化反応は，1基質-1生成物系の可逆反応(uni uni可逆反応)であり，反応機構は式(a)のように表される。

$$E + S \underset{k_2}{\overset{k_1}{\rightleftharpoons}} ES \underset{k_4}{\overset{k_3}{\rightleftharpoons}} EP \underset{k_6}{\overset{k_5}{\rightleftharpoons}} E + P \tag{a}$$

定常状態近似法を適用すると，反応速度式は式(b)のようになることを示せ。

$$r_P = \frac{(V^f/K_m{}^f)[S] - (V^r/K_m{}^r)[P]}{1 + [S]/K_m{}^f + [P]/K_m{}^r} \tag{b}$$

ただし，

$$V^f = \frac{k_3 k_5 [E]_0}{k_3 + k_4 + k_5}, \qquad K_m{}^f = \frac{k_2 k_4 + k_2 k_5 + k_3 k_5}{k_1 (k_3 + k_4 + k_5)} \qquad (c), (d)$$

$$V^r = \frac{k_2 k_4 [E]_0}{k_2 + k_3 + k_4}, \qquad K_m{}^r = \frac{k_2 k_4 + k_2 k_5 + k_3 k_5}{k_6 (k_2 + k_3 + k_4)} \qquad (e), (f)$$

2·3　水溶液中でのCO_2とNaOHの反応の速度定数k[$m^3 \cdot mol^{-1} \cdot s^{-1}$]を種々の温度条件下で測定し，次表の結果を得た。反応速度定数の温度依存性はArrheniusの式で表せるとして，活性化エネルギーを求めよ。

T/K	288.2	293.2	298.2	303.2
k/$m^3 \cdot mol^{-1} \cdot s^{-1}$	3.89	5.89	8.28	12.2

2·4　$1/(-r_A)$対C_Aのグラフを描いて，式(2·71)における化学反応操作時間t_rに相当する部分を斜線で示せ。

2·5　例題2·6における式(d)を積分して式(e)を導出せよ。

2·6　式(2·81)を用いて，C_A/C_{A0}対$\tau k C_{A0}$の関係を両対数グラフで示せ。また，x_Aを空間時間τの関数として表し，x_A対$\tau k C_{A0}$の関係を両対数グラフで示し，考察を加えよ。

2·7　0次反応に対して，式(2·86)に相当する式が次式のようになることを示せ。

$$\frac{C_{AN}}{C_{A0}} = 1 - x_A = 1 - \frac{Nk\tau}{C_{A0}}$$

2·8　反応物質がN個の反応槽に直接供給される並列多段反応槽列操作の場合について，式(2·82)～(2·86)と同様の式の導出を試みよ。

2·9　固定層触媒反応装置(管型反応器)を用いて，$2A + B \longrightarrow 4C$で表される気相反応を等温・等圧下で行う。原料ガスは，成分Aが20%，成分Bが16.8%，残りは不活性成分からなる。温度553.2K，圧力2000kPaで反応操作されているとき，各成分濃度を限定反応成分の反応率を用いて表せ。

参考文献

1)　草壁克己，外輪健一郎共著：「マイクロリアクタ入門」，米田出版(2008).

3 物質の分離

3・1 物質の分離の原理と方法

3・1・1 分離操作とは

目的の物質をその混合物から分離する操作は，化学工業プロセスの中枢をなす重要な操作である。また分離操作は，化学工業のみならず，バイオインダストリー，食品，金属精錬，電子材料を含む多くの製造業や，大気汚染，水質汚濁防止などの環境保全においても不可欠である。分離対象となる物質は，原子，分子，イオン，高分子，粒子など多様であり，したがって分離の原理，分離装置も多岐にわたっており，最適な分離手法は分離対象の物理化学的性質，濃度，処理量，分離の程度，製品の価格などに応じて選択される。以下に分離の原理について説明する。

3・1・2 相平衡を利用する分離

(a) 分離剤を用いる異相接触による分離

原料混合物に，原料とは互いにほとんど溶け合わない分離剤を加えて新たな相を形成させ両相を接触させると，分離剤へ溶解しやすい，あるいは吸着されやすい成分が分離剤へ移動する。たとえば，図3・1(a)に示すように，水相中に存在する成分A(○)とB(●)を分離したい場合，●よりも○をよく溶かす油相(分離剤)と水相を接触させると，○と●はともに分離剤へと移動していくが，○の方が溶解量が多いので○は●から分離される。この操作を液液抽出という。両相間で成分がそれ以上移動しなくなって平衡に達したときの両相の組成の関係を相平衡(phase equilibrium)という。最終的な分離の程度は相平衡によって決まるので，このような分離は平衡分離とよばれている。相平衡を利用する分離には，表3・1(a)に示すように，ガス吸収，吸着などがある。

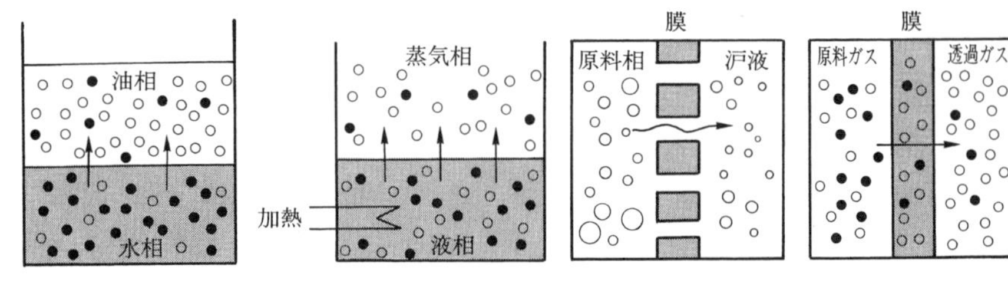

（a） 分離剤を利用する異相接触分離，液液抽出　（b） 相変化による異相形成を利用する分離，蒸留　（c） さえぎりを利用する分離，多孔質膜による沪過　（d） 障壁を利用する分離，膜によるガス分離

図 3·1 代表的な分離の原理

分離剤への溶質の溶解，吸着などの物理的な因子のみでは分離が不十分である場合は，溶質と分離剤との化学反応，あるいは生物学的な親和力を利用して分離性能を大幅に向上させることができる。たとえば，H_2S の吸収においては，種々のアミン(RNH_2)水溶液が吸収液として用いられる。この場合，液相で反応 $H_2S+RNH_2 \rightleftharpoons HS^-+RNH_3^+$ が起こり，H_2S は主として HS^- として吸収液中に溶解するので，水を吸収剤とする場合よりも見かけの溶解度が増加し，吸収速度も大きくなる。液液抽出でも，このような反応を利用する分離が多用されている。

表 3·1 相平衡を利用する分離法

(a) 異相間の接触による分離操作

原料相	接触相	分離操作の名称
気体	液体	ガス吸収，吸湿
気体	固体	吸着，クロマトグラフィー
液体	気体	放散
液体	液体	液液抽出
液体	固体	イオン交換，吸着，クロマトグラフィー
液体，固体	超臨界流体	超臨界流体抽出
固体	気体	乾燥
固体	液体	浸出(溶出)，溶解

(b) 異相の形成による分離操作

原料相	生成相	操作	分離操作の名称
気体	液体	冷却，加圧	凝縮，分縮，液化，蒸留
液体	気体	加熱，減圧	蒸発，蒸留，放散
液体	固体	冷却，加圧	晶析，結晶化，ゾーンメルティング
固体	気体	減圧	昇華，凍結乾燥

(b) 相変化による異相形成を利用する分離

原料混合物に加熱，冷却，加圧，減圧などの操作を行うことによって新たに生じる相の組成が，原料の組成と異なることを利用する分離法である。たとえば，蒸留では，原料である液体混合物を沸騰・蒸発させると，原料とは異なった組成の蒸気が得られる(図3·1(b)参照)。原料の組成と新たに生じた相の組成との関係は，熱力学的な平衡関係で規定される。表3·1(b)に示すように，蒸発，凝縮，融解，凝固，晶析などの分離法がこれに該当する。

相平衡を利用する分離では，相間で成分の移動が起こり系は平衡状態へと接近していく。たとえばガス吸収では，被吸収成分は，まずガス本体から気液界面へと移動して吸収液に溶解し，液相を界面から液本体へと移動していく。このような現象を物質移動(mass transfer)という。表3·1の操作はすべて物質移動操作(mass transfer operation)である。物質移動は有限の速度で進行するので，実際の操作では必ずしも相平衡が成立しているとは限らない。よって，相平衡を利用する分離操作においても移動速度を考慮する必要がある。物質が濃度の高い所から低い所へ移動する現象を拡散(diffusion)というが，ガス吸収での物質移動は拡散現象に基づいている。これに対して，たとえば液体中の固体粒子を沪布のような沪材を用いて沪過する操作では，沪材の孔により粒子が阻止されるかどうかで分離性が決まり，上述の物質移動操作のように相変化や異相間での溶質の移動，溶解は起こらない。このような分離を一般に機械的分離(mechanical separation)とよんでいる。

3·1·3 さえぎり，速度差を利用する分離

(a) さえぎりを利用する分離

さえぎり，速度差を利用する分離法を表3·2にまとめた。たとえば膜分離では，原料相と，もう一つの相の間を膜で仕切ると，膜は透過物質の移動に対する障壁，抵抗となり，その度合いの低い成分ほど速く透過する。多孔質膜による分離では，膜の孔より小さい粒子は膜を透過するが，大きい粒子は膜に入り

表 3·2 さえぎり，速度差を利用する分離

さえぎりを利用する分離	膜分離(ガス分離，逆浸透，限外沪過，精密沪過，浸透気化，透析，電気透析) 吸着(分子ふるい，ゲルクロマトグラフィー) 沪過
電気力を利用する分離	電気泳動，電気透析，レーザー法同位体分離 電気集塵
遠心力を利用する分離	遠心分離，サイクロン

込めないので透過しない(図 3·1(c))。透過の容易さは，溶質が膜内にどの程度入り込めるか，溶解するか，すなわち分配の度合いや，膜内で溶質がどれほど速く移動できるかによって決まる。ガス分離膜，逆浸透膜，浸透気化膜，透析膜などによる分離や沪過がこれに該当し，いずれも，溶質が障壁場を移動する速度差を利用する分離(速度差分離)である。図 3·1(d)に示すガス分離膜を例にとると，膜系が平衡に達して透過が停止したときは，原料側と透過側の組成が同じになる点で先に述べた平衡分離とは異なる。なお，このような分離においても，溶質の膜への分配，すなわち相平衡が透過速度に影響を及ぼしていることに注意されたい。

(b)　外部力を利用する分離

たとえば，重力場で液体中を粒子が沈降していくとき，密度が高く大きな粒子は密度が低く小さな粒子よりも速く沈降するので両者は分離される。重力，遠心力，電気力のような外部力を用いる分離法の大部分は，比較的大きな粒子を対象とする機械的分離(重力沈降分離，遠心分離，電気集塵など)に属するが，分子やタンパク質の分離にも適用できる。たとえば，タンパク質のような電荷を帯びた物質を含む溶液に電場をかけると，電気力により物質が移動する。この現象を電気泳動という。電気泳動の方向は電荷の符号により決まり，電気泳動速度は電荷の多少，物質の大小や形状によって決まる。また，電気集塵では，電界中で空気中の微細な粒子を帯電させ，電気力を利用して効率よく粒子を除去する。ウランの同位体分離では，気体である $^{235}UF_6$ と $^{238}UF_6$ が分子量のわずかな差を利用して遠心分離機で分離される(遠心分離法)。これは，異相を共存させない均相系での分離例である。

3·1·4　Fick の拡散の法則

拡散は濃度差を推進力として高濃度域から低濃度域へ溶質が移動する現象である。静止媒体中で溶質 A の濃度 C_A[mol·m^{-3}]が x 軸方向に変化するとき，A の拡散流束(diffusion flux) J_A[mol·m^{-2}·s^{-1}]，すなわち x 軸に垂直な面積 1 m^2 の面を横切って x 方向に 1 秒間に拡散する A のモル数は，濃度勾配 $\mathrm{d}C_A/\mathrm{d}x$ に比例し，式(3·1)で表される。なお，単位面積を単位時間に移動する熱，物質などの量を一般に流束(flux)という。

$$J_A = -D_A \frac{\mathrm{d}C_A}{\mathrm{d}x} \tag{3·1}$$

比例定数 D_A[m^2·s^{-1}]を分子拡散係数，または，単に拡散係数(diffusion coefficient)という。液相の拡散係数は 10^{-9} m^2·S^{-1} のオーダー，気相の拡散係

数は $10^{-5}\,\mathrm{m^2 \cdot s^{-1}}$ のオーダーである。$\mathrm{d}C_\mathrm{A}/\mathrm{d}x$ が負のとき，A は x 軸の正の方向に拡散する($J_\mathrm{A}>0$)ので，右辺に－をつけて左辺と符合が一致するようにしている。式(3・1)は Fick の拡散の法則(第一法則)とよばれ，拡散現象を取り扱う場合の基礎となる。$x=0, L$ での濃度をそれぞれ $C_{\mathrm{A}0}, C_{\mathrm{A}L}$ とすると，拡散流束は式(3・2)で表される。

$$J_\mathrm{A}=\frac{D_\mathrm{A}(C_{\mathrm{A}0}-C_{\mathrm{A}L})}{L} \tag{3・2}$$

電荷を有する溶質では，濃度勾配以外に電位 ϕ[V]の勾配 $\mathrm{d}\phi/\mathrm{d}x$ によっても物質移動が起こり，これらを考慮すると流束は式(3・3)で表される。

$$J_\mathrm{A}=-D_\mathrm{A}\left(\frac{\mathrm{d}C_\mathrm{A}}{\mathrm{d}x}+\frac{zF}{RT}C_\mathrm{A}\frac{\mathrm{d}\phi}{\mathrm{d}x}\right) \tag{3・3}$$

ここで，F[C・mol⁻¹]は Faraday 定数，R[J・mol⁻¹・K⁻¹]は気体定数，z は A の荷数(たとえば，$\mathrm{Na^+}$ の場合＋1)である。上式を Nernst-Planck の式という。その他，物質移動を駆動する力として，圧力，重力，遠心力，磁力などがある。

拡散と類似の現象は，温度差を推進力とする熱伝導(6 章参照)，流体の速度差を推進力とする運動量移動(5 章参照)にも見られる。たとえば，x 方向に温度勾配があるとき，x 方向の熱流束 q[J・m⁻²・s⁻¹]は温度勾配 $\mathrm{d}T/\mathrm{d}x$ に比例し，q は式(3・4)で表される(Fourier の熱伝導の法則)。

$$q=-\lambda\frac{\mathrm{d}T}{\mathrm{d}x} \tag{3・4}$$

3・2　ガス吸収

3・2・1　ガス吸収とは

ガス吸収(gas absorption)は，混合ガスを吸収液と接触させて液への溶解度の大きい成分を吸収・除去する分離操作であり，混合ガス中の特定の有用成分の回収や不要成分，有害成分を除去してガスを精製する目的に用いられる。

ガス吸収には，アセトンを水に吸収させる場合のように，溶質ガスが液中に物理的に溶解する物理吸収(physical absorption)と，アミン水溶液中への CO_2 や H_2S の吸収のように，溶質ガスが吸収液中の反応物質と反応しその生成物として溶解する反応吸収(chemical absorption)がある。なお，反応吸収はガスの回収・除去以外に，炭化水素の塩素化や空気酸化のように有用な物質を合成するためにも用いられる。吸収とは逆に，吸収液を溶質ガスを含まないガスと接触させたり加熱，減圧することにより，液中に溶存している成分を気相に

表 3·3 代表的なガス吸収例

被吸収ガス	吸収剤
CO_2	K_2CO_3，アルカノールアミン(ジエタノールアミンなど)，NaOH，メタノール
H_2S	K_2CO_3，アルカノールアミン，鉄キレート化合物
SO_2	$Ca(OH)_2$，$Mg(OH)_2$，$CaCO_3$，Na_2SO_3
HCl，HF	水
アセトン，メタノール，エタノール	水
NH_3	水，H_2SO_4
炭化水素ガス	炭化水素油

放出する操作を放散(stripping)というが，吸収液中に吸収された溶質ガスを回収して吸収液を再生・循環再使用する場合は放散操作が不可欠である。工業的に重要なガス吸収例を表 3·3 に示した。

3·2·2 ガスの溶解度

(a) Henry の法則

温度一定のもとでガスを液体に溶解させていくと，最終的に到達する液相中の溶存ガスの濃度 C と気相中のガスの分圧 p との間にその気液系固有の関係があり，この関係を溶解平衡という。溶存ガス濃度が低く圧力が比較的低く，かつガスが吸収剤と反応しない場合は，p と C の間に比例関係が成立する。これを Henry の法則という。

$$p = HC \tag{3·5}$$

溶解平衡にある液相と気相中のガスのモル分率をそれぞれ x, y とすると，Henry の法則を式(3·5)以外に次のようにも表すことができる。

$$p = H'x \tag{3·6 a}$$

$$y = mx \tag{3·6 b}$$

$H\,[\mathrm{Pa \cdot m^3 \cdot mol^{-1}}]$, $H'\,[\mathrm{Pa}]$, $m\,[-]$ ($[-]$は無次元を表す)を Henry 定数という。この値が小さいほどガスの溶解度は大きい。これらの Henry 定数の間には次の関係が成立する。

$$H = \frac{H'}{C_T} = \frac{mP_T}{C_T} \tag{3·7}$$

C_T は液のモル密度(全モル濃度)$[\mathrm{mol \cdot m^{-3}}]$，$P_T$ は全圧[Pa]であり，

$$C = C_T x, \qquad p = P_T y \tag{3·8}$$

の関係がある。種々のガス-水系の Henry 定数 H' を表 3·4 に示した。

表 3·4 種々のガス-水系の Henry 定数 H'/kPa

気体	温度/°C			
	20	30	40	
CH_3OH	1.92×10^1	3.33×10^1	5.53×10^1	(1)
C_2H_5OH	2.68×10^1	4.99×10^1	8.91×10^1	(2)
NH_3	7.70×10^1	1.23×10^2	1.92×10^2	(1)
CH_3COCH_3	1.61×10^2	2.74×10^2	4.50×10^2	(1)
H_2S	4.89×10^4	6.17×10^4	7.55×10^4	
CO_2	1.44×10^5	1.88×10^5	2.36×10^5	
O_2	4.06×10^6	4.81×10^6	5.42×10^6	
H_2	6.92×10^6	7.38×10^6	7.60×10^6	
N_2	8.14×10^6	9.36×10^6	1.05×10^7	

H' は式(3·6)で定義される。(1) $x<0.01$, (2) $x<0.1$

[**例題 3·1**]　20℃において，CO_2 の分圧が 1 atm (101.3 kPa) の気相と水とが溶解平衡に達しているとき，水中の CO_2 のモル濃度を求めよ。

解　表 3·4 より $H'=1.44\times10^5$ kPa，水中の CO_2 のモル分率 x は式(3·6 a)より $x=101.3/(1.44\times10^5)=7.03\times10^{-4}$ となる。$x\ll1$ であるので，水相の全モル濃度 C_T は純水のモル密度 ($1000/18=55.6\,\mathrm{mol\cdot dm^{-3}}$) とみなすと，液相中の CO_2 の濃度は

$$C_{CO_2}=C_T x=(55.6)(7.03\times10^{-4})=0.0391\,\mathrm{mol\cdot dm^{-3}}$$

(b) 液相で溶解ガスが反応する場合の溶解平衡

液相で溶解ガスが反応する場合のガスの溶解度は，化学平衡に依存する。たとえば，SO_2 は水中で次のように反応する。

$$SO_2 + H_2O \rightleftharpoons HSO_3^- + H^+$$

$$\text{平衡定数}\quad K=\frac{[HSO_3^-][H^+]}{[SO_2]} \tag{3·9}$$

$[SO_2]$ は物理的に溶解しているイオン化していない SO_2 の濃度であり，濃度が低いときは Henry の法則 $[SO_2]=p/H$ が成立する。電気的中性の条件，$[HSO_3^-]=[H^+]$ を考慮すると，$[HSO_3^-]=\sqrt{K[SO_2]}$ であり，水中での SO_2 の全濃度 $[SO_2]_T$ は

$$[SO_2]_T=[SO_2]+[HSO_3^-]=\frac{p}{H}+\sqrt{K/H}\,p^{1/2} \tag{3·10}$$

となり，$[SO_2]_T$ と p の間に Henry の法則は成立しない。

3·2·3 物理吸収速度と物質移動係数

ガス吸収や液液抽出などの分離操作は，気体-液体や液体-液体など互いに混じり合わない 2 相間の物質移動を利用する分離操作である。ここでは気液系の物質移動を例にとり，2 相間の物質移動速度について説明する。

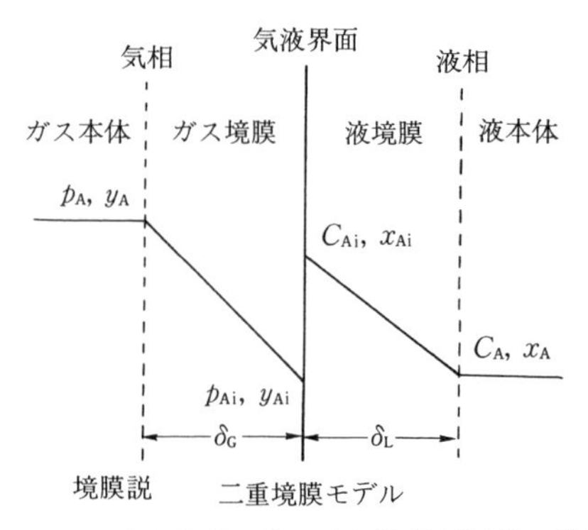

図 3·2　二重境膜説に基づく気液界面近傍の濃度分布

(a)　二重境膜説

ガス吸収操作では，被吸収ガス A は気相本体から気液界面へと移動して液相に溶解し，溶解したガスは界面から液本体へと移動する。その機構は非常に複雑であるが，ここでは気液界面近傍の気液両相にそれぞれガス境膜，液境膜の存在を想定した二重境膜説(double film theory)について説明する。気液界面近傍の濃度分布図を図 3·2 に示した。流体本体には十分乱れがあるので渦拡散によりガスの濃度は均一になっている。他方，界面近傍では乱れ(渦)が抑制されているので両境膜内では分子拡散により物質移動が起こると考え，境膜内での拡散過程がガス吸収の律速段階であるとみなす。さらに，気液界面ではガスの溶解は速やかに起こり界面では常に溶解平衡が成立しているとして，両相間の物質移動を取り扱う。

(b)　境膜物質移動係数

気相では，分圧差 $\Delta p_A = p_A - p_{Ai}$，またはモル分率差 $\Delta y_A = y_A - y_{Ai}$ を推進力として物質移動が起こる。気液単位界面積あたりのガス吸収速度 N_A[mol·m^{-2}·s^{-1}]は推進力に比例するとして，気相物質移動係数(gas-phase mass transfer coefficient) k_G[mol·m^{-2}·s^{-1}·Pa^{-1}]および k_y[mol·m^{-2}·s^{-1}]を式(3·11)で定義する。

$$N_A = k_G(p_A - p_{Ai}) = k_y(y_A - y_{Ai}) \qquad (3\cdot11)$$

同様に，液相での物質移動に対して，液相物質移動係数(liquid-phase mass transfer coefficient) k_L[m·s^{-1}]および k_x[mol·m^{-2}·s^{-1}]を式(3·12)で定義する。

$$N_A = k_L(C_{Ai} - C_A) = k_x(x_{Ai} - x_A) \qquad (3\cdot12)$$

Fick の法則を境膜内の拡散に適用すると，各境膜物質移動係数は

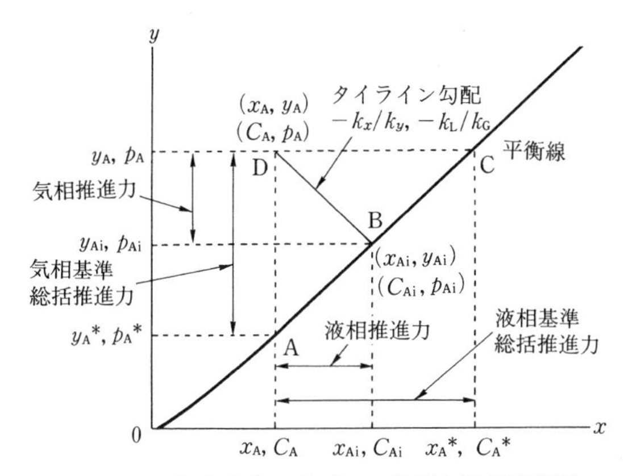

図 3·3 気液本体，界面での濃度と溶解平衡線

$$k_G=\frac{D_{AG}}{RT\delta_G}, \quad k_y=\frac{D_{AG}P_T}{RT\delta_G}, \quad k_L=\frac{D_{AL}}{\delta_L}, \quad k_x=\frac{D_{AL}C_T}{\delta_L} \quad (3\cdot13)$$

で表され，δ_G, δ_L はガス境膜，液境膜の厚み[m]，D_{AG}, D_{AL} は気相および液相中の A の拡散係数[$m^2 \cdot s^{-1}$]である。式(3·13)より，流体の乱れを大きくして膜厚みを薄くするほど，また A の拡散係数が大きいほど物質移動係数が大きくなり，物質移動が促進されることがわかる。なお，気液界面での実際の物質移動機構は二重境膜説のように単純ではなく，物質移動係数は拡散係数の 1 乗よりも小さい依存性を示すことが多い。たとえば，気泡が液中を上昇するときの液相物質移動では，k_L は D_{AL} の 1/2～2/3 乗に比例する。

式(3·11), (3·12)を用いて N_A を求めるには気液界面での濃度が必要である。流体本体，界面での濃度，溶解平衡線を図 3·3 に示すが，界面濃度を表す点 B (x_{Ai}, y_{Ai}) または (C_{Ai}, p_{Ai}) は平衡線上にある。また，式(3·11), (3·12)から得られる式(3·14)によれば，点 B は点 D を通る勾配が $-k_L/k_G$ または $-k_x/k_y$ の直線上にあるので，界面濃度はこの直線と平衡線との交点として求められる(図 3·3 参照)。

$$y_{Ai}-y_A=-\frac{k_x}{k_y}(x_{Ai}-x_A), \qquad p_{Ai}-p_A=-\frac{k_L}{k_G}(C_{Ai}-C_A) \quad (3\cdot14)$$

(c) 総括物質移動係数

物質移動速度 N_A を，実測が可能な気液両相本体の濃度，分圧，モル分率と総括物質移動係数(overall mass transfer coefficient)を用いて次のように表す方が便利なことが多い。

$$N_A=K_G(p_A-p_A^*)=K_y(y_A-y_A^*)=K_L(C_A^*-C_A)=K_x(x_A^*-x_A) \quad (3\cdot15)$$

ここで，p_A^*, y_A^* はそれぞれ，濃度 C_A，モル分率 x_A の液と平衡にあるガス中のAの分圧とモル分率，C_A^*, x_A^* はそれぞれ，分圧 p_A，モル分率 y_A のガスと平衡にある液中のAの濃度とモル分率であり，これらは図3･3の点C, Aのように平衡関係から求められる。また，$p_A - p_A^*$ および $y_A - y_A^*$ は気相基準の総括推進力，$C_A^* - C_A$ および $x_A^* - x_A$ は液相基準の総括推進力であり，K_y は気相モル分率差基準総括物質移動係数，K_G は気相分圧差基準総括物質移動係数，K_L は液相濃度差基準総括物質移動係数，K_x は液相モル分率差基準総括物質移動係数とよばれる。なお，図3･3に示すように，点Dが平衡線より上にある場合は，ガス吸収の推進力は正であり吸収が起こるが，Dが平衡線より下に位置する場合は推進力は負となり，放散，すなわち液相から気相への溶質ガスの移動が起こる。

図3･3のABCを直線で近似し，その勾配を H または m とすると，総括物質移動係数は境膜物質移動係数を用いて式(3･16)で表される†。

$$\frac{1}{K_G} = \frac{1}{k_G} + \frac{H}{k_L} \tag{3･16 a}$$

$$\frac{1}{K_y} = \frac{1}{k_y} + \frac{m}{k_x} \tag{3･16 b}$$

$$\frac{1}{K_L} = \frac{1}{Hk_G} + \frac{1}{k_L} \tag{3･16 c}$$

$$\frac{1}{K_x} = \frac{1}{mk_y} + \frac{1}{k_x} \tag{3･16 d}$$

上式の各項は物質移動係数の逆数，すなわち物質移動抵抗を表し，右辺の第1項は気相抵抗，第2項は液相抵抗を，左辺はそれらの和すなわち全抵抗を表す。式(3･16 a)の場合，k_G, k_L の大小関係および H の大小により気相抵抗と液相抵抗の比率が決まり，$1/k_G \gg H/k_L$ のときはガス側抵抗支配(ガス本体から界面への物質移動が律速段階)となり $K_G \fallingdotseq k_G$，$p_A - p_{Ai} \gg p_{Ai} - p_A^*$ が成立し，逆に $1/k_G \ll H/k_L$ のときは液側抵抗支配となり $K_L \fallingdotseq k_L$，$p_A - p_{Ai} \ll p_{Ai} - p_A^*$ が成立する。H が大きい，すなわち溶解度が小さいガスの吸収では液相抵抗が支配的になるので，総括物質移動係数を大きくするには k_L が大きい吸収装置

---

† 式(3･16)の証明　たとえば，式(3･16 b)は以下のように導出される。平衡線を $y_A = mx_A + n$ で表すと，$y_A^* = mx_A + n$，$y_{Ai} = mx_{Ai} + n$ であるから，式(3･11)，(3･12)より

$$N_A = \frac{y_A - y_{Ai}}{1/k_y} = \frac{m(x_{Ai} - x_A)}{m/k_x}$$
$$= \frac{y_A - (mx_A + n) - [y_{Ai} - (mx_{Ai} + n)]}{1/k_y + m/k_x} = \frac{y_A - y_A^*}{1/k_y + m/k_x}$$

上式と $N_A = K_y(y_A - y_A^*)$ より式(3･16 b)が導かれる。

を用いることが望ましい。なお，物質移動係数間には次の関係がある。

$$k_y = k_G P_T,\quad k_x = k_L C_T,\quad K_y = K_G P_T,\quad K_x = K_L C_T \qquad (3\cdot17)$$

［**例題 3·2**］ NH_3 と空気の混合ガスがアンモニア水溶液と全圧 101.3 kPa，25℃で接触している。気相中の NH_3 の分圧は 1.2 kPa，水中の NH_3 濃度は 0.5 kmol·m^{-3} である。気相物質移動係数 k_G が 6.00×10^{-6} kmol·m^{-2}·s^{-1}·kPa^{-1}，液相物質移動係数 k_L が 5.00×10^{-5} m·s^{-1}，Henry 定数 H が 1.76 kPa·m^3·kmol^{-1} であるとき，次の問いに答えよ。

（1） NH_3 は吸収されるか，それとも放散されるか。

（2） 総括物質移動係数 K_G を求めよ。気相抵抗，液相抵抗いずれが大きいか。

（3） NH_3 の吸収速度，界面における NH_3 の分圧を求めよ。

（4） Henry 定数 m を求めよ。

（5） 物質移動係数 k_x, k_y, K_x, K_y を求めよ。ただし，アンモニア水溶液の全モル濃度 C_T=55.6 kmol·m^{-3} とする。

解 （1） 液本体の NH_3 濃度と平衡にある気相中の NH_3 の分圧 $p_A{}^*$ は，式(3·5)より

$$p_A{}^* = HC_A = (1.76)(0.5) = 0.88\ \text{kPa}$$

$p_A{}^*$ はガス本体での NH_3 の分圧 p_A=1.2 kPa より小さいので，NH_3 は吸収される。

（2） 式(3·16 a)より

$$1/K_G = 1/k_G + H/k_L = 1/(6.00\times10^{-6}) + (1.76)/(5.00\times10^{-5})$$
$$= 1.67\times10^5 + 3.52\times10^4$$
$$= 2.02\times10^5\ \text{m}^2\cdot\text{s}\cdot\text{kPa}\cdot\text{kmol}^{-1}$$

よって

$$K_G = 4.95\times10^{-6}\ \text{kmol}\cdot\text{m}^{-2}\cdot\text{s}^{-1}\cdot\text{kPa}^{-1}$$

$1/k_G > H/k_L$ であるので，気相抵抗の方が大きい(全抵抗の 83%)。

（3） 式(3·15)より

$$N_A = K_G(p_A - p_A{}^*) = (4.95\times10^{-6})(1.2-0.88) = 1.58\times10^{-6}\ \text{kmol}\cdot\text{m}^{-2}\cdot\text{s}^{-1}$$

式(3·11)より

$$p_{Ai} = p_A - N_A/k_G = 1.2 - (1.58\times10^{-6})/(6.00\times10^{-6}) = 0.937\ \text{kPa}$$

（4） 式(3·7)より，$m = HC_T/P_T = (1.76)(55.6)/(101.3) = 0.966$

（5） 式(3·17)より

$$k_y = k_G P_T = (6.00\times10^{-6})(101.3) = 6.08\times10^{-4}\ \text{kmol}\cdot\text{m}^{-2}\cdot\text{s}^{-1}$$
$$K_y = K_G P_T = (4.95\times10^{-6})(101.3) = 5.01\times10^{-4}\ \text{kmol}\cdot\text{m}^{-2}\cdot\text{s}^{-1}$$
$$k_x = k_L C_T = (5.00\times10^{-5})(55.6) = 2.78\times10^{-3}\ \text{kmol}\cdot\text{m}^{-2}\cdot\text{s}^{-1}$$

式(3·16 a), (3·16 c)より，$K_L = HK_G = (1.76)(4.95\times10^{-6}) = 8.71\times10^{-6}$ m·s^{-1}

式(3·17)より，$K_x = K_L C_T = (8.17\times10^{-6})(55.6) = 4.84\times10^{-4}$ kmol·m^{-2}·s^{-1}

3·2·4 反応吸収速度——反応を伴う物質移動

高圧下でのガス吸収では，物理吸収法でも高い溶解度が得られて効果的な吸収が可能であるが，溶解度の小さいガスを比較的低圧下で物理吸収する場合，多量の吸収液を必要とし，液相中の物質移動の推進力が小さいので吸収速度も

小さく装置が大型になる。このような場合，吸収液に溶質ガスと反応する成分を加えると，ガス吸収容量，吸収速度とも著しく増加する。

石油精製プロセスで発生する H_2S の回収は，大規模なガス吸収プロセスであるが，これには反応吸収法が用いられている。たとえば，H_2S をジエタノールアミン(R_2NH，R:-CH_2CH_2OH)水溶液に吸収させると，液相で迅速に可逆反応 $H_2S+R_2NH \rightleftharpoons HS^-+R_2NH_2^+$ が起こり，H_2S は物理的に H_2S として吸収されると同時に HS^- としても溶解するので全溶解度が増加し，物理吸収と比較して所要吸収液量が減少する。また，H_2S は HS^- としても液相内を拡散するので，H_2S としてのみ拡散する物理吸収と比較して吸収速度が増大し吸収装置が小型になる。H_2S を吸収したアミン水溶液を吸収塔から放散塔に送って加熱すると，上記の反応は逆方向に進行して H_2S が気体として回収される。同時に $R_2NH_2^+$ が RNH_2 に再生されるので，溶液は冷却後吸収塔へと送り，繰り返し使用される。

一般に，反応吸収での反応による吸収速度の促進効果を表すのに，反応吸収の場合の液相物質移動係数 k_L' と物理吸収の場合の物質移動係数 k_L との比 β が用いられ，β を反応係数とよぶ。β を用いると，液本体の A の濃度 C_{AL} が 0 の場合の反応吸収速度 N_A は式(3･18)で表される。

$$N_A = k_L' C_{Ai} = \beta k_L C_{Ai} = \beta\left(\frac{D_{AL}}{\delta_L}\right) C_{Ai} \tag{3･18}$$

反応吸収における総括物質移動抵抗を求めるには，式(3･16 a)，(3･16 c)中の k_L を βk_L に置き換えればよい。

ここでは，A(ガス)＋bB(液相反応成分)⟶P(液相生成物)で表される2次反応が液相で起こる場合のガス吸収速度を境膜モデルに基づいて解析する。液本体での B の濃度 C_{BL} が A の界面濃度 C_{Ai} より十分高い場合は，液境膜内の B の濃度は C_{BL} に等しく一様であるとみなされ，反応速度は $-r_A = kC_{BL}C_A$ のように擬1次反応速度式で表される。A が液境膜内を反応しながら拡散するときの拡散方程式および境界条件 B.C. は

$$D_{AL}\frac{d^2 C_A}{dz^2} - kC_{BL}C_A = 0 \tag{3･19}$$

B.C.：$z=0$(気液界面)において $C_A = C_{Ai}$，$z=\delta_L$ において $C_A=0$ (3･20)

これを解いて C_A を気液界面からの距離 z の関数として表すと

$$C_A = C_{Ai}\frac{\sinh[\gamma\{1-(z/\delta_L)\}]}{\sinh\gamma} \tag{3･21}$$

吸収速度 N_A は，界面において A が液境膜内に拡散する速度であるから，

$$N_A = -D_{AL}\left(\frac{dC_A}{dz}\right)_{z=0} = \left(\frac{\gamma}{\tanh\gamma}\right)k_L C_{Ai} = \beta k_L C_{Ai} \qquad (3・22)$$

$$\beta = \frac{\gamma}{\tanh\gamma} \qquad (3・23)$$

$$\gamma = \frac{\sqrt{kC_{BL}D_{AL}}}{k_L} = \delta_L\sqrt{\frac{kC_{BL}}{D_{AL}}} \qquad (3・24)$$

γは反応速度と拡散速度の比を表すパラメーターであり，この値が小さいとき($\gamma<0.1$)は，反応による吸収速度の促進効果は無視できて$\beta=1$となり，吸収速度は物理吸収速度と等しい。逆にγが大きいときは，反応による吸収速度の促進効果が大きくなり，$\gamma>3$では$\beta \fallingdotseq \gamma$とみなせて

$$N_A = C_{Ai}\sqrt{kC_{BL}D_{AL}} \qquad (3・25)$$

が成立する。この場合，Aは液境膜内の界面近傍で反応により消費されてしまい，N_Aは境膜厚さδ_L，換言すればk_Lに無関係に決まることになる。

3・2・5 ガス吸収装置

ガス吸収装置が備えるべき条件としては，

(1) 物質移動速度が大きい。すなわち，気液接触面積が大きく，物質移動係数が大きく，物質移動の推進力が大きく維持されるように気液が接触する。

(2) 動力費が小さい。すなわち吸収装置内をガスや液が通過するときの圧力損失が小さい。

(3) 液やガスの流量変動による吸収性能の変化が小さく，また，閉塞などが起こりにくい。

(4) 構造が簡単で，建設費が安く，メンテナンスが容易である。

などが挙げられる。

代表的なガス吸収装置として，図3・22に示した段塔(plate column)と図3・4に示す充塡塔(packed column)とがある(ただし，図3・22は蒸留用の段塔である)。充塡塔は，塔内部に充塡物を充塡し，塔頂部に液分散器を設けた装置で，充塡物の表面を液膜状に流下する吸収液と充塡物の隙間を流れるガスが接触する。偏流により吸収効率が低下しないように，適当な間隔で液再分散器が取りつけられる。代表的な充塡物を図3・4に示すが，表面積が大きく，液によく濡れて大きな気液界面積が得られ，空隙率が大きくガスの圧力損失が小さいものが用いられる。操作方式としては，ガスを吸収液と反対方向に流す向流操作(countercurrent operation)と，同じ方向に流す並流操作(cocurrent operation)があるが，通常，塔内での平均推進力が大きくとれる向流操作が用いら

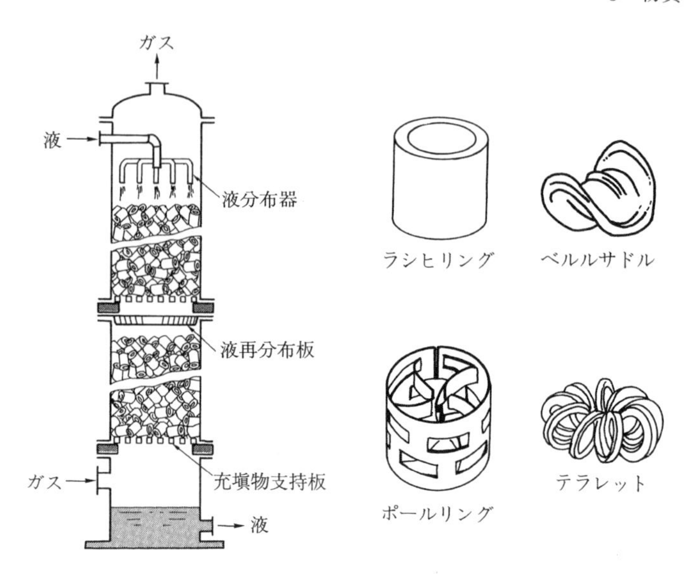

図 3·4　充塡塔と充塡物

れる。段塔(棚段塔ともいう)は段上を流れる液中にガスを微細な気泡として分散させるガス分散型吸収装置であり，充塡塔よりも大型の吸収装置に適している。なお，充塡塔や段塔において，ガス流量が過大になると液が円滑に流下しなくなって操作不能となる。この現象をフラッディング(溢汪，flooding)とよび，これが起こらない条件で操作する必要がある。その他のガス分散型の装置として，撹拌槽内の液にガスを吹き込んで気泡を分散させる気泡撹拌槽や，円筒容器内の液中にガスを吹き込む気泡塔があるが，これらは圧力損失が大きいので少量のガス処理や気液反応装置として使用される。

液を微細な滴としてガス中に噴霧・分散させるスプレー塔は液分散型吸収装置であり，ガス吸収と同時にガス中の粉塵を液滴に付着させて除去することができ，排煙中の SO_x の除去(排煙脱硫)などに使用されている。

3·2·6　充塡塔の所要高さの計算

ガス吸収装置には，段塔のように塔内で気液の組成が階段状に不連続的に変化する装置と，充塡塔のように連続的に変化する装置がある。ここでは，充塡塔を用いて物理吸収を行う場合の塔高の計算法について述べる。

(a)　物 質 収 支

充塡塔では気液が連続的に接触するので，濃度も塔高方向に連続的に変化する。図 3·5 に向流式充塡塔の物質収支を示すが，ガスは塔底へ送入されて塔頂

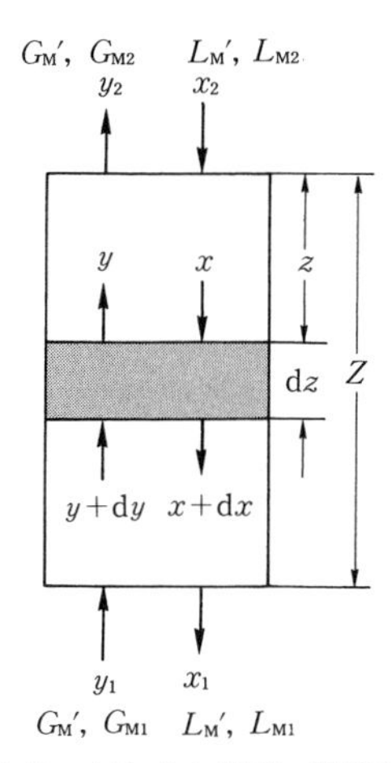

図 3・5　向流式充塡塔の物質収支

から排出され，吸収液はガスとは反対に塔頂から塔底へと向流で流れる。塔底，塔頂における値にそれぞれ添字 1, 2 をつける。塔の単位断面積について，塔底から塔頂までの溶質成分の物質収支式は，

$$N' = G_M'\left(\frac{y_1}{1-y_1} - \frac{y_2}{1-y_2}\right) = L_M'\left(\frac{x_1}{1-x_1} - \frac{x_2}{1-x_2}\right) \qquad (3\cdot26)$$

N' は塔単位断面積あたりの吸収速度[kmol・m^{-2}・s^{-1}]，G_M', L_M' はそれぞれ同伴ガス(吸収されないガス，たとえば空気)，吸収液溶媒(たとえば水)の空塔モル速度[kmol・m^{-2}・s^{-1}]であり，これらはいずれも溶質を含まないモル速度であるので塔内で変化しない。他方，全ガスモル速度 G_M は $G_M'/(1-y)$，全液モル速度 L_M は $L_M'/(1-x)$ で表され，これらは塔内で変化するが，溶質濃度が希薄な場合一定とみなされ，式(3・26)は式(3・27)で近似できる。

$$G_M(y_1 - y_2) = L_M(x_1 - x_2) \qquad (3\cdot27)$$

次に，塔頂($z=0$)から $z=z$ の部分の溶質成分の物質収支をとると

$$G_M'\left(\frac{y}{1-y} - \frac{y_2}{1-y_2}\right) = L_M'\left(\frac{x}{1-x} - \frac{x_2}{1-x_2}\right) \qquad (3\cdot28)$$

この式は装置内の任意の位置での液組成(モル分率) x とガス組成 y の関係を表す式であり，操作線(operating line)とよばれる。図 3・6 に平衡線とともに操作線を示した。なお溶質濃度が希薄で $x, y \ll 1$ が成立するときは，$G_M' \fallingdotseq G_M$，$L_M' \fallingdotseq L_M$ となり，式(3・28)は次のように簡単化される。

$$G_M(y - y_2) = L_M(x - x_2) \qquad (3\cdot29)$$

式(3・29)は，点(x_2, y_2)を通る勾配 L_M/G_M の直線を表す。図中の点 B(x_1, y_1)

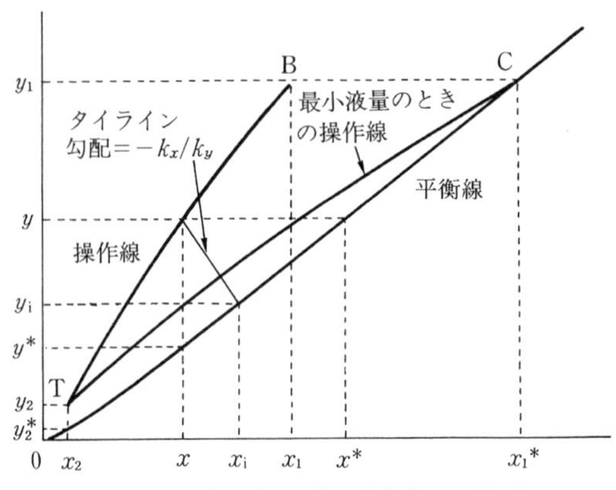

図 3·6　向流充塡塔の操作線と平衡線

は塔底の組成，点 $\mathrm{T}(x_2, y_2)$ は塔頂の組成を表す。

気液が微小高さ $\mathrm{d}z$ の部分を通過する間に組成が $\mathrm{d}x, \mathrm{d}y$ 変化するとし，この部分に含まれる気相中の溶質の収支を考える。流れによる入量速度は流れによる流出速度と気相から液相へのガス吸収速度の和に等しいから，希薄系では

$$SG_\mathrm{M}(y+\mathrm{d}y)=SG_\mathrm{M}y+N_\mathrm{A}aS\mathrm{d}z, \qquad \therefore \quad G_\mathrm{M}\mathrm{d}y=N_\mathrm{A}a\mathrm{d}z \tag{3·30}$$

ここで，S は塔断面積[m^2]，a は充塡層単位体積あたりの気液界面積[m^2-界面積·(m^3-層体積)$^{-1}$]であり，$aS\mathrm{d}z$ は高さ $\mathrm{d}z$ の部分の気液界面積を表す。N_A はガス吸収速度[mol·(m^2-気液界面積)$^{-1}$·s^{-1}]であり，式(3·11)，(3·12)，(3·15)で表される。

同様に液相部分での溶質の収支式は

$$SL_\mathrm{M}x+N_\mathrm{A}aS\mathrm{d}z=SL_\mathrm{M}(x+\mathrm{d}x), \qquad \therefore \quad L_\mathrm{M}\mathrm{d}x=N_\mathrm{A}a\mathrm{d}z \tag{3·31}$$

(b)　塔高，移動単位数(NTU)，1移動単位高さ(HTU)

式(3·30)に式(3·15)中の $N_\mathrm{A}=K_y(y-y^*)$ を代入すると

$$G_\mathrm{M}\mathrm{d}y=K_ya(y-y^*)\mathrm{d}z \tag{3·32}$$

式(3·32)を $z=0$(塔頂)〜Z(塔底)，$y=y_2$〜y_1 の範囲で積分すると，充塡層高さ Z を表す式が得られる。

$$Z=\underbrace{\frac{G_\mathrm{M}}{K_ya}}_{H_\mathrm{OG}}\underbrace{\int_{y_2}^{y_1}\frac{\mathrm{d}y}{y-y^*}}_{N_\mathrm{OG}} \tag{3·33}$$

同様にして，式(3·30)，(3·31)，(3·11)，(3·12)，(3·15)より塔高 Z を表す式が導かれる。

$$Z=\underset{H_G}{\frac{G_M}{k_ya}}\underset{N_G}{\int_{y_2}^{y_1}\frac{dy}{y-y_i}}=\underset{H_L}{\frac{L_M}{k_xa}}\underset{N_L}{\int_{x_2}^{x_1}\frac{dx}{x_i-x}}=\underset{H_{OL}}{\frac{L_M}{K_xa}}\underset{N_{OL}}{\int_{x_2}^{x_1}\frac{dx}{x^*-x}} \qquad (3･34)$$

式(3･34)中の k_ya, K_ya などは物質移動係数と a の積であり，物質移動容量係数とよぶ。容量係数は装置単位体積あたりの物質移動性能を表す特性値である。式(3･33), (3･34)中の積分値は移動単位数(number of transfer unit ; NTU)とよばれる無次元量であり，分母の推進力に対応して N_G を気相移動単位数，N_L を液相移動単位数，N_{OG} を気相基準総括移動単位数，N_{OL} を液相基準総括移動単位数とよぶ。NTU は塔内での物質移動の推進力が小さいほど，塔内の濃度変化(積分範囲)が大きいほど大きくなるから，吸収の困難さを表す量である。

次に，式(3･33), (3･34)中の G_M/k_ya などは，移動単位数が 1 であるときの塔高であり，1 移動単位高さ(height per transfer unit ; HTU)とよばれる。$H_G=G_M/k_ya$ を気相 HTU，$H_L=L_M/k_xa$ を液相 HTU，$H_{OG}=G_M/K_ya$ を気相基準総括 HTU，$H_{OL}=L_M/K_xa$ を液相基準総括 HTU という。HTU は長さの次元をもち，HTU が小さいほど塔の吸収性能がよい。HTU は気液の流量，物性(拡散係数，密度，粘度など)，充塡物の種類や大きさなどに依存する。

式(3･16 b), (3･16 d)を考慮すると，総括 HTU と各相の HTU は式(3･35)で関係づけられる。

$$H_{OG}=H_G+\left(\frac{mG_M}{L_M}\right)H_L \qquad (3･35\,a)$$

$$H_{OL}=H_L+\left(\frac{L_M}{mG_M}\right)H_G \qquad (3･35\,b)$$

NTU と HTU が求められれば，式(3･33), (3･34)より塔高 Z はそれらの積として計算できる。

(c)　最小液ガス比

吸収操作では，通常 y_1, y_2, x_2 が与えられる。図 3･6 に示すように操作線は点 T(x_2, y_2)を通るが，液とガスの流量比 L_M'/G_M'(液ガス比という)を減らしていくと，ある液ガス比において操作線は平衡線と直線 $y=y_1$ の交点 C(x_1^*, y_1)を通るようになる。点 C ではガス吸収の推進力は 0 になるので操作不能となるが，このときの液ガス比を最小液ガス比とよび，$(L_M'/G_M')_{min}$ で表す。最小液ガス比は，式(3･26)より導かれる式(3･36)を用いて計算できる。

$$\left(\frac{L_M'}{G_M'}\right)_{min}=\frac{y_1/(1-y_1)-y_2/(1-y_2)}{x_1^*/(1-x_1^*)-x_2/(1-x_2)} \qquad (3･36)$$

実際の操作では，液ガス比は最小液ガス比より大きくとる必要がある。液ガス比が大きいほど操作線と平衡線のへだたり，つまり推進力が増し，NTU は小さくなって塔高が減少するが，ガス流の圧力損失や吸収液の再生コストが増加する。逆に液ガス比を小さくすると塔高が増す(建設コストが増す)が，吸収液が少量ですむ。通常，これらのかね合いから，最小液ガス比の1.25～2.0倍の液ガス比が用いられる。

(d)　移動単位数の計算法

N_{OG} は次のように求められる。図3･6の点線で示すように，操作線上の点 (x, y) を通る y 軸に平行な直線と平衡線との交点の y 座標は y^* である。図3･7に示すように，y に対して $1/(y-y^*)$ をプロットし y_2 から y_1 まで積分すれば N_{OG} が得られる。N_G を求めるには，操作線上の点 (x, y) を通る勾配 $(-k_x/k_y)$ の直線と平衡線の交点より界面濃度 (x_i, y_i) を求め，y に対して $1/(y-y_i)$ をプロットし，y_2 から y_1 まで積分すればよい。N_{OL}, N_L についても同様である。なお，式(3･34)に示した H_G, H_L の定義より式(3･37)が導かれる。

$$\frac{k_x}{k_y}=\left(\frac{H_G}{H_L}\right)\left(\frac{L_M}{G_M}\right) \tag{3･37}$$

操作線と平衡線がともに直線とみなせる場合は，上述の図積分によらずに式(3･38)により NTU が解析的に計算できる。たとえば，

$$N_G=\frac{y_1-y_2}{(y-y_i)_{lm}} \tag{3･38 a}$$

$$N_{OG}=\frac{y_1-y_2}{(y-y^*)_{lm}} \tag{3･38 b}$$

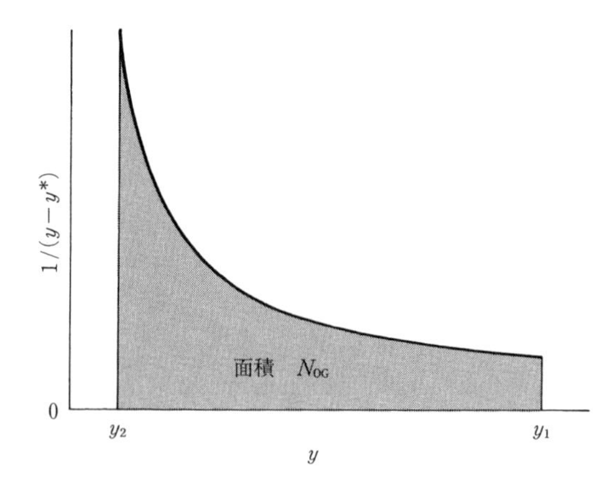

図 3･7　N_{OG} の求め方

ただし，添字 lm は塔底と塔頂の値の対数平均を表し，たとえば，$(y-y^*)_{\mathrm{lm}}$ は $y_1-y_1^*$ と $y_2-y_2^*$ の対数平均である。

$$(y-y^*)_{\mathrm{lm}}=\frac{(y_1-y_1^*)-(y_2-y_2^*)}{\ln[(y_1-y_1^*)/(y_2-y_2^*)]} \tag{3·39}$$

[**例題 3·3**]　1インチラシヒリングを充塡した塔に2 mol% のアセトンを含む空気を供給して水で洗浄し，アセトンの95% を吸収したい。洗浄水の流量は最小理論量の2倍で操作する。温度は20℃，圧力は101.3 kPa であり，溶解平衡関係は $y^*=1.6x$ で表される。なお，$H_G=0.7$ m，$H_L=0.1$ m である。(1) 最小液ガス比，(2) 操作線，(3) N_{OG}，(4) H_{OG}，(5) 所要塔高を求めよ。

解　(1)　$y_1=0.02$，$x_2=0$，また，アセトンのモル分率は低いのでガスのモル速度は塔内で変化しないとすると，回収率が95% であるから，

$$y_2=y_1(1-0.95)=(0.02)(1-0.95)=0.001$$

希薄系$(x, y\ll 1)$では $G_M'\fallingdotseq G_M$，$L_M'\fallingdotseq L_M$ と近似できるので式(3·36)は

$$(L_M/G_M)_{\min}=(y_1-y_2)/(x_1^*-x_2)$$

$x_1^*=y_1/1.6=(0.02)/(1.6)=0.0125$，よって

$$(L_M/G_M)_{\min}=(0.02-0.001)/(0.0125-0)=1.52$$

(2)　$L_M/G_M=(2.0)(1.52)=3.04$ となる。式(3·29)より操作線は

$$y-0.001=3.04(x-0)\text{，すなわち } y=3.04x+0.001 \tag{a}$$

上式より，$y=y_1=0.02$ のとき $x=x_1=(0.02-0.001)/3.04=0.00625$ となる。操作線と平衡線を図3·8に示した。

(3)　平衡線，操作線ともに直線とみなし，まず式(3·38 b)を用いて N_{OG} を求める。

$$y_1-y_1^*=0.02-(1.6)(0.00625)=0.01,\qquad y_2-y_2^*=0.001-0=0.001$$

式(3·39)より

$$(y-y^*)_{\mathrm{lm}}=(0.01-0.001)/\ln(0.01/0.001)=0.00391$$

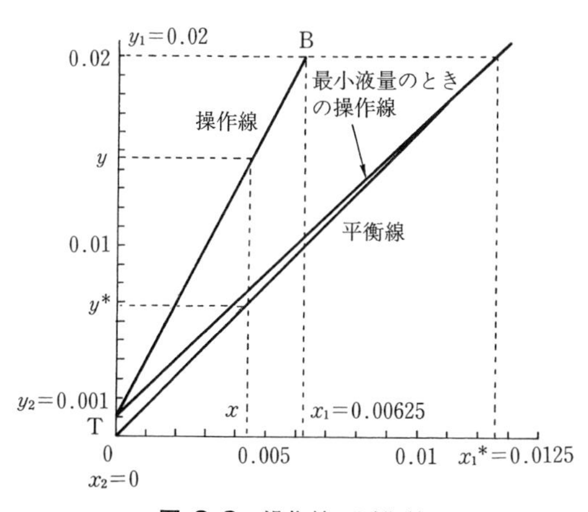

図 3·8　操作線と平衡線

式(3·38 b)より $N_{OG}=(0.02-0.001)/0.00391=4.86$ となる。

参考のために流量が塔内で変化し操作線が曲線であるとして N_{OG} を求める。アセトンの吸収率は95%であるので，

$$G_M'\left(\frac{y_1}{1-y_1}-\frac{y_2}{1-y_2}\right)=0.95G_M'\frac{y_1}{1-y_1}$$

$y_1=0.02$ であるから上式より $y_2=0.00102$。式(3·36)に $y_2=0.00102$，$x_1^*=y_1/m=0.02/1.6=0.0125$，$x_2=0$ を代入すると

$$(L_M'/G_M')_{min}=[0.02/(1-0.02)-0.00102/(1-0.00102)]/[0.0125/(1-0.0125)-0]$$
$$=1.53$$

最小液ガス比の2倍で操作するので，$L_M'/G_M'=(2)(1.53)=3.06$。よって，操作線の方程式は

$$y/(1-y)-y_2/(1-y_2)=(3.06)[x/(1-x)-x_2/(1-x_2)]$$

$y=y_2\sim y_1$ の間を6等分し，それぞれの y について操作線の方程式より x を，$1.6x$ より y^* を，さらに $1/(y-y^*)$ を求めると表3·5が得られる。y に対する $1/(y-y^*)$ のプロットを図3·9に示す。Simpsonの公式により灰色の部分の面積を求めると N_{OG} が得られる。

$$N_{OG}=\int_{y_2}^{y_1}\frac{1}{y-y^*}\,dy$$
$$=\frac{(0.02-0.00102)/3}{6}[980+(4)(397)+(2)(249)+(4)(182)+(2)(141)$$
$$+(4)(119)+101]=4.91$$

表 3·5　N_{OG} の計算

y	0.00102	0.00418	0.00735	0.0105	0.0137	0.0168	0.02
x	0	0.00104	0.00209	0.00313	0.00421	0.00525	0.00634
y^*	0	0.00166	0.00334	0.00501	0.00674	0.00840	0.0101
$1/(y-y^*)$	980	397	249	182	144	119	101

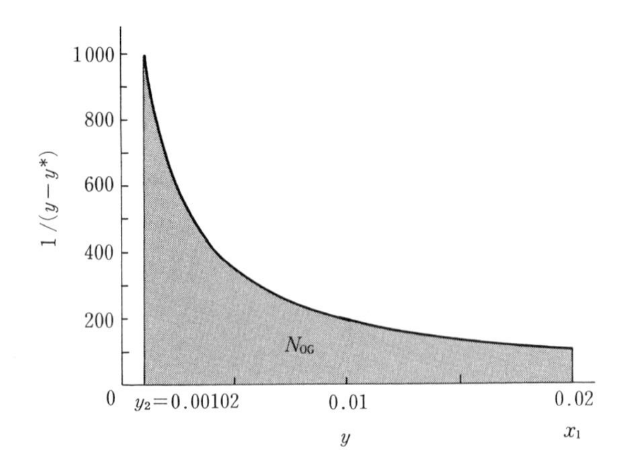

図 3·9　図積分法による N_{OG} の計算

分割数を多くするほど積分の精度が高くなるが，20分割以上では $N_{OG}=4.82$ となる。この値は塔内でモル流量が変化しないと近似して求めた値4.86とほぼ一致する。しかし，溶質濃度が高い場合は，塔内での流量変化を考慮する必要がある。

（4） 式(3·35 a)より

$$H_{OG}=H_G+m(G_M/L_M)H_L=0.7+[(1.6)/(3.04)](0.1)=0.753\ \mathrm{m}$$

（5） 塔高：$Z=H_{OG}N_{OG}=(0.753)(4.86)=3.66\ \mathrm{m}$

3·2·7 段塔の所要理論段数の計算

段塔(棚段塔)では，塔内に複数の段(棚段，トレー)を一定の間隔で設け，段上で気液を接触させる。トレーとしては図3·22に示した泡鐘トレーの他，多孔板トレーが用いられている。

塔頂から吸収液を，塔底からガスを供給して向流で接触させる。塔頂から数えて n 段目から上昇するガスの組成(溶質のモル分率)を y_n，n 段目から下降する液の組成を x_n とする。また，溶質濃度は低く，塔内でガス流量 G_M，液流量 L_M は変化しないとする。

n 段目と$(n+1)$段目の間から塔頂までの領域での溶質の流入速度は $G_My_{n+1}+L_Mx_0$，流出速度は $G_My_1+L_Mx_n$ で表される。x_0 は塔頂に供給される吸収液の組成，y_1 は第1段から上昇して塔頂から流出するガスの組成である。定常状態では流入速度＝流出速度であるので，これより y_{n+1} と x_n の関係を表す操作線の式が得られる。

$$y_{n+1}=(L_M/G_M)(x_n-x_0)+y_1 \qquad (3\cdot40)$$

段上で気液が効率よく接触し，その段から上昇するガスと下降する液が溶解平

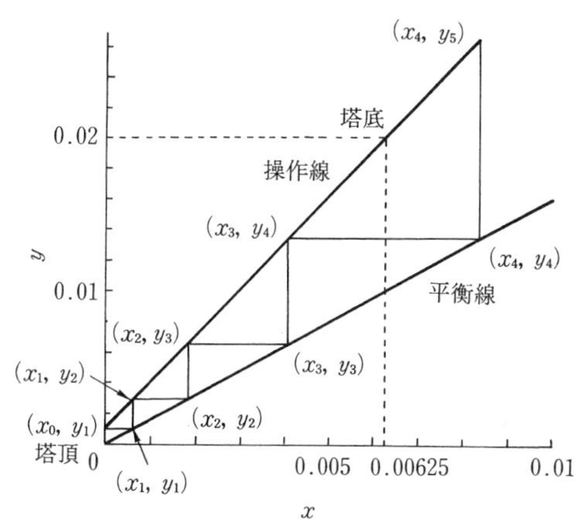

図 3·10 段塔の理論段数の計算

衡にあるような段を理想段または理論段という。各段が理想段であるとき，所定の吸収を行うのに必要な段数を理論段数というが，理論段数は操作線と平衡線の間で階段作図をすることによって求められる。

[**例題 3·4**] 例題3·3のガス吸収を段塔を用いて行うとき，理論段数を求めよ。

解 図3·10に操作線と平衡線を示すが，これは図3·8と同じである。塔頂の液，ガスの組成を表す点(x_0, y_1)，すなわち点(0, 0.001)から階段作図を開始する。理想段を仮定すると第1段から下降する液はその段から上昇するガスと溶解平衡にあるので，x_1は平衡線上の$y=y_1$のx座標として求められる。次に，点(x_1, y_2)は操作線上にあるので，y_2は操作線上の$x=x_1$のy座標である。このように操作線と平衡線の間で階段作図を行うと，(x_4, y_5)が塔底組成を超える。内挿により理論段数は3.5段となる。実際は，気液は平衡に達する前に段を離れるので，理論段数よりも多くの段が必要になる。

3·2·8 地球環境保全に対するガス吸収法の貢献

わが国は，四日市喘息にみられるように，SO_2などによる深刻な大気汚染にみまわれたが，これが契機となって世界に誇る排煙脱硫技術が開発された。これについては，1·4·1項を参照されたい。

地球温暖化抑制の観点からCCS(Carbon dioxide Capture and Storage)，すなわち発電所や製鉄所などから排出されるCO_2を分離・回収して地中に隔離する大規模実証試験が行われている。CO_2分離法としてはアミン水溶液による化学吸収法が用いられているが，CO_2を吸収した液の加熱・再生に多大のエネルギーを要すること，回収すべきCO_2の量が膨大であり吸収装置が大規模になることなどの課題があり，解決に向けて研究開発が続けられている。また最近では，回収したCO_2の貯留に加え，たとえばH_2との反応によるCH_4合成のように，CO_2を有効利用するCCUS(Carbon dioxide Capture, Utilization and Storage)も検討されている。

[この節に関する演習問題は184ページに記載してある。]

3·3 蒸　　留

蒸留(distillation)とは，揮発性成分よりなる液体混合物を各成分の蒸気圧の差を利用してそれぞれの成分に分離する単位操作であり，石油化学工業をはじめとする化学工業で広く利用されている。液体混合物を加熱沸騰させると，発生する蒸気の組成と液相中の組成の間にその系に固有の関係があり，これを気液平衡というが，蒸留は気液の組成の差を利用する分離法である。ここでは最も簡単な2成分系混合物の分離を取り上げ，気液平衡関係，蒸留の原理，蒸留による分離操作について述べる。

3・3・1 気液平衡

まず，溶液とその蒸気の平衡について考える。Gibbsの相律によれば，相の数 p，成分の数 c と自由度 f との間に次の関係が成立する。

$$f = c - p + 2 \tag{3・41}$$

自由度とは，系の状態を規定するのに自由を定めることのできる示強性変数(温度，圧力，組成など)の数である。2成分の蒸留の場合は $c = p = 2$ であり，$f = 2$ となる。したがって温度，圧力，組成のうちの二つを決めると，残りの一つの変数も決まる。蒸留操作では装置内の圧力が一定に保たれることが多いので，定圧下での気液平衡が重要となる。すなわち，圧力を決めると気相組成，液相組成および温度のうち，どれか一つを決めると残りは定まることになる。

それでは，溶液の組成が変化したとき，沸点はどのように変化するだろうか。図3・11にベンゼン-トルエン溶液の全圧101.3kPa(1atm)における沸点とベンゼンモル分率との関係を示した。この図は沸点-組成曲線とよばれる。図3・11において，ベンゼンモル分率 x_W の溶液を加熱していくと温度 t_W で沸騰し，このとき発生する蒸気のモル分率は y_W である。図3・11の下部の曲線は $x \sim T$ の関係を示し，液相線とよばれる。他方，上部の曲線は $y \sim T$ の関係を示し，気相線とよばれる。この図からわかるように，蒸気のモル分率 y_W

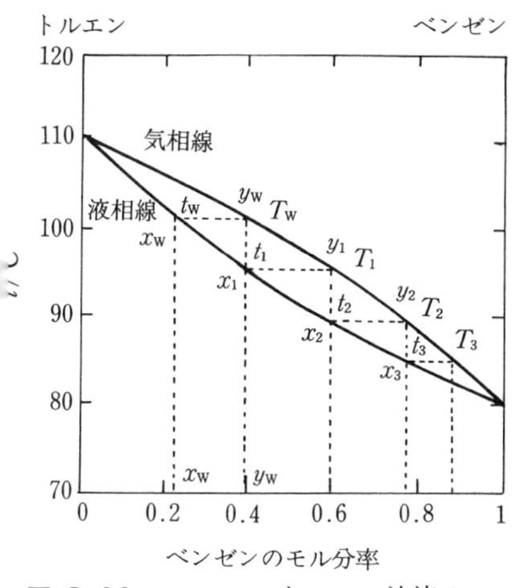

図 3・11 ベンゼン-トルエン溶液の沸点-組成曲線(101.3kPa)

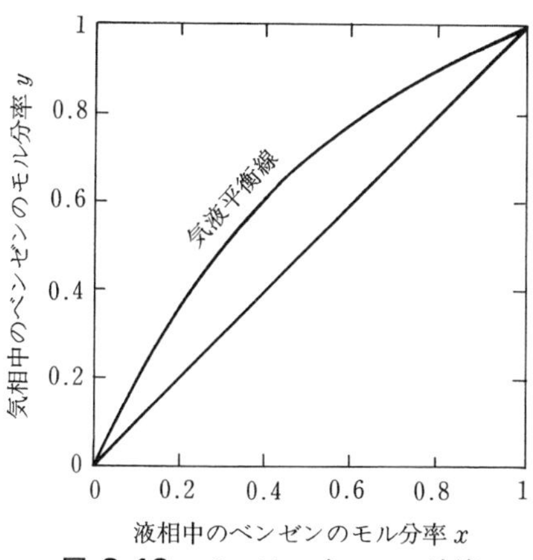

図 3・12 ベンゼン-トルエン溶液の気液平衡関係(101.3kPa)

は x_W より大きいので，この蒸気を凝縮させて加熱・凝縮を繰り返すことにより，ベンゼン溶液の濃度は x_1, x_2, x_3 のように次第に高くしていくことができる。図3・12にベンゼン-トルエン溶液の全圧101.3kPaにおける $x \sim y$ の関係(x-y 線図)，すなわち気液平衡関係を示した。

気液が平衡状態にあるとき，成分 i の気相のモル分率 y_i と液相のモル分率 x_i との比を平衡比(equilibrium ratio)といい，K_i で表す。

$$K_i = \frac{y_i}{x_i} \qquad (3\cdot42)$$

成分1,2からなる2成分系で，モル分率がそれぞれ x_1, x_2 の液から生じる蒸気のモル分率が y_1, y_2 であるとき，成分1および2の各平衡比の比を相対揮発度(relative volatility)といい，α_{12} で表す。

$$\alpha_{12} = \frac{K_1}{K_2} = \frac{y_1/x_1}{y_2/x_2} \qquad (3\cdot43)$$

このとき，低沸点成分の気相分率 y と液相分率 x の関係は式(3・44)で表される。

$$y = \frac{\alpha_{12}x}{(\alpha_{12}-1)x+1} \qquad (3\cdot44)$$

さて平衡蒸気圧に関する経験則にRaoultの法則があり，Raoultの法則が成立する溶液を理想溶液(ideal solution)という。たとえば，ベンゼンとトルエン，あるいは n-ヘキサンと n-ヘプタンのように，互いに化学構造が似ていて分子間相互作用の小さい2成分系溶液は理想溶液を形成する。2成分系の理想溶液では純物質の飽和蒸気圧を P_i° とすると，各成分の分圧 p_i は次のように表される。

$$p_1 = P_1^\circ x_1, \qquad p_2 = P_2^\circ x_2 \qquad (3\cdot45)$$

したがって，全圧を P とすると

$$P = p_1 + p_2 = (P_1^\circ - P_2^\circ)x_1 + P_2^\circ \qquad (3\cdot46)$$

の関係が得られる。式(3・46)は全圧 P が溶質(solute)のモル分率 x_1 に対して直線的に変化することを示している。図3・13に25℃におけるベンゼン-トルエン溶液の蒸気圧-組成曲線を示している。先に述べたように，この系は理想溶液を形成し，式(3・45)および式(3・46)が成立していることがわかる。

一方，全圧は全蒸気圧に等しいので，気相のモル分率 y は式(3・47)で与えられる。

$$y_i = \frac{p_i}{P} = \frac{P_i^\circ x_i}{p_1 + p_2} = \frac{P_i^\circ x_i}{P_1^\circ x_1 + P_2^\circ(1-x_1)} \qquad (i=1, 2) \qquad (3\cdot47)$$

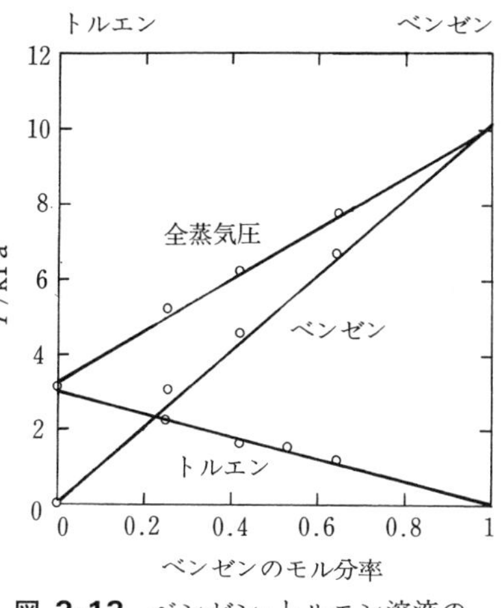

図 3·13　ベンゼン-トルエン溶液の蒸気圧-組成曲線(25°C)

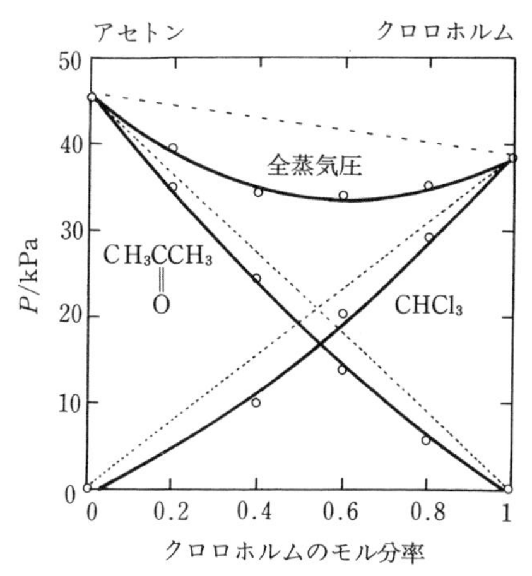

図 3·14　アセトン-クロロホルム溶液の蒸気圧-組成曲線(35°C)

図 3·12 は式(3·47)の関係を表していることになる。

ところで多くの純物質の蒸気圧 P は，温度 t の関数として次の Antoine の式で近似されることが知られている。

$$\log(P/\mathrm{kPa}) = A - \frac{B}{t/^\circ\mathrm{C} + C} \qquad (3\cdot48)$$

A, B, C は定数であり，いろいろな物質について表 3·6 にこれらの値を示した。なお，log は常用対数である。

［**例題 3·5**］　上述したようにベンゼン-トルエン系の 101.3 kPa(1 atm)における気液平衡関係は Raoult の法則に従うことが知られている。沸点が 103°C の液相成とそれに平衡な蒸気組成を求めよ。

解　表 3·6 の Antoine の定数を用いてベンゼン(成分 1)およびトルエン(成分 2)の 103°C での蒸気圧を求めると，次のようになる。

表 3·6　Antoine の式(式 (3·48))の中の定数

物質名	A	B	C
ベンゼン	6.03055	1211.033	220.790
トルエン	6.07954	1344.800	219.482
ニトロベンゼン	6.6699	2064	230
n-ヘキサン	6.00266	1171.530	224.366
n-ヘプタン	6.02167	1264.90	216.544
メタノール	7.19736	1574.99	238.86
水	7.07406	1657.46	227.02

$$P_1^\circ = 194.7\,\mathrm{kPa}, \qquad P_2^\circ = 81.1\,\mathrm{kPa}$$

式(3·46)より

$$101.3 = 194.7x_1 + 81.1(1 - x_1)$$

したがって $x_1 = 1 - x_2 = 0.178$ となり，式(3·47)より $y_1 = 0.342$ を得る。103℃における実測値は $x_1 = 0.183$，$y_1 = 0.334$ であるので，計算値とほぼ一致していることがわかる。

ところで，すべての溶液が理想溶液を形成するとは限らない。Raoult の法則が成立しない溶液を非理想溶液という。図 3·14 にアセトン-クロロホルム溶液の 35℃ における蒸気圧-組成曲線を示した。この系は蒸気圧と組成の関係が Raoult の法則に従う線(図中の破線)より下側にずれる(負のずれ)場合であるが，これとは逆に上側にずれる(正のずれ)場合もある。非理想溶液ではモル分率の代わりに式(3·49)で定義される活量 a(activity)を用いる。

$$p_1 = a_1 P_1^\circ = \gamma_1 x_1 P_1^\circ, \qquad p_2 = a_2 P_2^\circ = \gamma_2 x_2 P_2^\circ \tag{3·49}$$

活量は非理想溶液の実効的なモル分率を示す。a_i/x_i の比を成分 i の活量係数(activity coefficient)といい，これを γ_i で表す。理想溶液では $\gamma_i = 1$ であり，1 からの偏りは理想溶液からのずれの程度を表す目安となる。

アセトン-クロロホルム系の 101.3 kPa(1 atm)における沸点-組成曲線を図

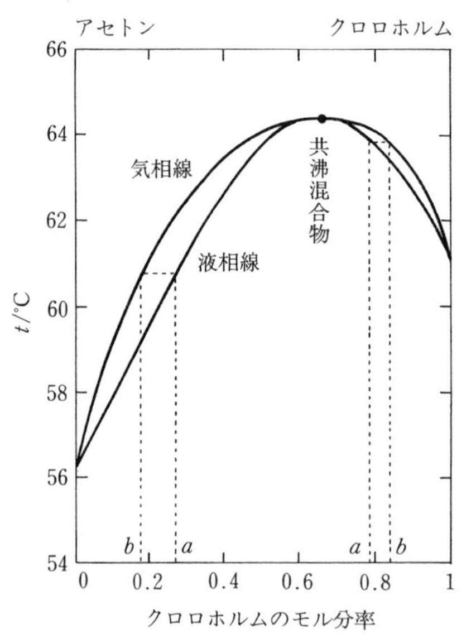

図 3·15 アセトン-クロロホルム溶液の沸点-組成曲線(101.3 kPa)

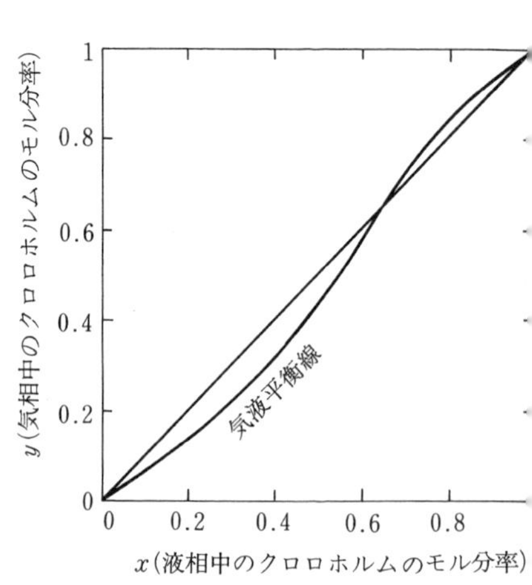

図 3·16 アセトン-クロロホルム溶液の気液平衡関係(101.3 kPa)

3・15に，気液平衡関係を図3・16にそれぞれ示した。沸点-組成曲線に極大があり，また気相線と液相線が交わり，この点では気相と液相の組成は同じになる。このような組成をもつ溶液を共沸混合物(azeotrope)という。この性質を利用した蒸留法が後述する共沸蒸留である。

3・3・2 単 蒸 留

単蒸留(simple distillation)はよく使われる最も簡単な蒸留法で，比較的少量の原料を処理する場合や，原料中の低沸点成分の組成を多少高めればよいときに用いられる。装置は図3・17に示すように加熱缶と冷却器および留出液(distillate)の受器からなる。

いま，2成分系の単蒸留を考える。最初の仕込み缶液量を L_1[mol]，液中の低沸点成分のモル分率を x_1 とする。2成分系混合物を加熱沸騰させ，発生する蒸気を冷却して留出液を受器に受ける。蒸留が進むにつれて缶液量が減少し，これに伴って低沸点成分の組成も減少していく。蒸留が終了したときの缶液量を L_2[mol]，低沸点成分のモル分率を x_2 とする。このとき得られた留出液量が D[mol]，留出液の低沸点成分の平均モル分率が $\bar{x}_D$ であったとすると，物質収支は次のようになる。

全物質収支　$$L_1 - L_2 = D \tag{3・50}$$

低沸点成分収支　$$L_1 x_1 - L_2 x_2 = D\bar{x}_D \tag{3・51}$$

式(3・50)と式(3・51)より式(3・52)が得られる。

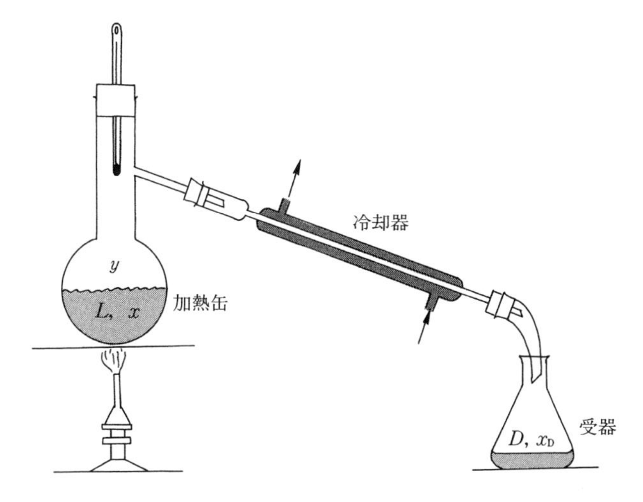

図 3・17　単蒸留装置

$$\bar{x}_D = \frac{L_1 x_1 - L_2 x_2}{L_1 - L_2} \tag{3・52}$$

缶液量とその組成がわかれば，式(3・52)から留出液の平均組成が求められる。

次に図3・17を参照して缶液量と缶液組成の関係を考える。缶液量がL，低沸点成分のモル分率がxであるとき缶内で発生する蒸気のモル分率をyとすると，yとxは気液平衡関係にある。この状態からさらに蒸留が進行し，缶液が$\mathrm{d}L$減少し，これにともなって液および蒸気のモル分率がそれぞれ，$\mathrm{d}x$および$\mathrm{d}y$だけ減少したとする。このとき低沸点成分についての物質収支は次のようになる。

$$\begin{aligned} Lx &= (L - \mathrm{d}L)(x - \mathrm{d}x) + (y - \mathrm{d}y)\mathrm{d}L \\ &\fallingdotseq Lx - L\mathrm{d}x + (y - x)\mathrm{d}L \end{aligned} \tag{3・53}$$

これを整理すると式(3・54)となる。

$$\frac{\mathrm{d}L}{L} = \frac{\mathrm{d}x}{y - x} \tag{3・54}$$

初期条件として$L = L_1$，$x = x_1$を用いて式(3・54)を積分すると

$$\ln\left(\frac{L_1}{L}\right) = \int_x^{x_1} \frac{\mathrm{d}x}{y - x} \tag{3・55}$$

式(3・55)はRayleighの式とよばれ，この式の右辺は気液平衡のデータより図積分にて求めることができる。L, xのどちらかを与えれば残りの一つを求めることができる。

［例題 3・6］　全圧101.3 kPaでベンゼン40 mol%-トルエン60 mol%の混合液300 gを単蒸留した。蒸留を停止し，残液のベンゼンの濃度を求めたところ20 mol%であった。留出量と留出液組成を求めよ。なお，ベンゼン-トルエン系の気液平衡関係(ベンゼンのモル分率)は表3・7に示す通りである。

表 3・7　ベンゼン-トルエン系の気液平衡関係（全圧101.3 kPa）

x(液)	0.1	0.2	0.3	0.4	0.5	0.6	0.7	0.8	0.9
y(気)	0.217	0.384	0.517	0.625	0.714	0.789	0.855	0.910	0.957
$1/(y-x)$	8.55	5.43	4.61	4.44	4.67	5.29	6.45	9.09	17.5

解　図3・18でxに対して$1/(y-x)$をプロットした。最初のベンゼンのモル分率$x=0.4$の縦線の左側から$x=0.2$の縦線の右側と曲線の下側に囲まれた図形の面積が式(3・55)の右辺の積分値となる。図積分より

$$\int_{0.2}^{0.4} \frac{\mathrm{d}x}{y - x} = 0.944$$

したがって，式(3・55)より$\ln(L_1/L) = 0.944$，すなわち$L_1/L = 2.57$となる。ベンゼンの分子量は78，トルエンのそれは92であるから

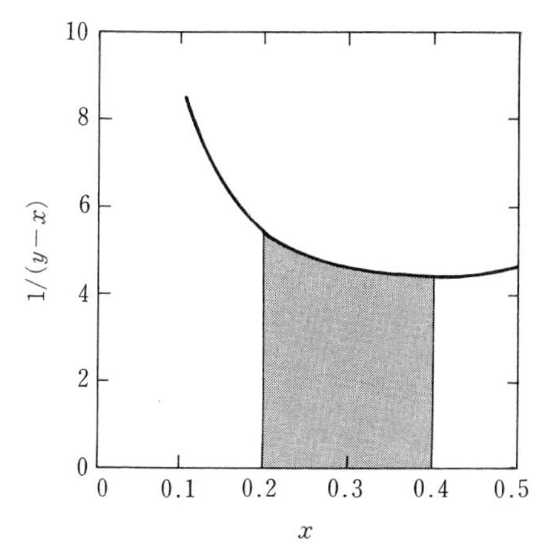

図 3·18 Rayleigh の式の図積分

$$L_1 = 300\,\text{g} = \frac{300}{0.4\times78+0.6\times92}\,\text{mol} = 3.47\,\text{mol}$$

$$L = 3.47/2.57 = 1.35\,\text{mol} = 1.35(0.2\times78+0.8\times92) = 120\,\text{g}$$

したがって留出量は $L_1 - L = 2.12\,\text{mol} = 180\,\text{g}$ となる。また留出液組成を x_D とすると，式(3·52)より

$$x_D = \frac{L_1x_1 - Lx}{L_1 - L} = \frac{3.47\times0.4 - 1.35\times0.2}{2.12} = 0.527$$

したがって，留出液のベンゼン濃度は 52.7 mol% となる。

3·3·3 フラッシュ蒸留

フラッシュ蒸留(flash distillation)は最も簡単な連続単蒸留であり，原液よりも低沸点成分に富んだ溶液を得ることができる。図 3·19 に示す装置に原料を連続的に供給し加熱ののち減圧すると，混合液の一部は蒸発して気液平衡状態になる。分離器で気液を分けると上部より蒸気留分，下部より残液が得られる。フラッシュ蒸留における気液組成関係を図 3·20 に示した。

まず，物質収支を考えよう。原料供給速度を $F\,[\text{mol}\cdot\text{h}^{-1}]$，その低沸点成分のモル分率を x_F，蒸気留分の量とそのモル分率をそれぞれ D, y_D，および残液量とそのモル分率を W, x_W とすると，次の物質収支を得る。

全物質収支　$$F = D + W \qquad (3\cdot56)$$

低沸点成分収支　$$Fx_F = Dy_D + Wx_W \qquad (3\cdot57)$$

両式より次の関係を得る。

$$-\frac{W}{D} = \frac{y_D - x_F}{x_W - x_F} \qquad (3\cdot58)$$

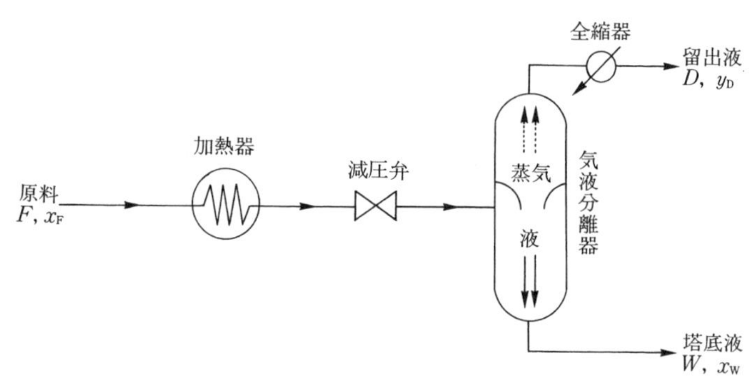

図 3·19　フラッシュ蒸留

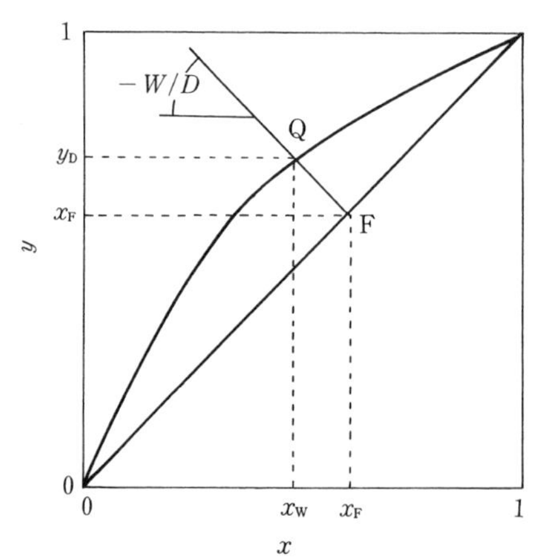

図 3·20　フラッシュ蒸留の気液組成関係

式(3·58)からわかるように，図3·20において座標(x_W, y_D)の点Qは $x=y$ を示す対角線上の点F(x_F, x_F)を通る。勾配が $-W/D$ の直線上にある。また，気液は平衡にあるので，Q(x_W, y_D)は平衡曲線上にある。よって，x_W, y_D はこれらの線の交点の座標として求められる。

3·3·4　連 続 蒸 留

(a)　連続蒸留の原理

単蒸留あるいはフラッシュ蒸留のように，蒸発・凝縮をそれぞれ一回行う蒸留では分離濃縮が十分でなく，より効率よく分離を行うには装置に工夫を加える必要がある。このような工夫がなされた蒸留の一つに連続蒸留がある。いま，ベンゼン-トルエンの混合溶液があり，これを濃縮して高濃度のベンゼン溶液を得ることを考える。たとえば，図 3·11 において液相ベンゼンのモル分率 x_W の混合溶液を加熱すると温度 t_W で沸騰し，この温度の気相線からわかるようにベンゼンのモル分率が y_W の蒸気が発生する。この蒸気を凝縮液化すると蒸気と同じ組成，すなわちベンゼンのモル分率が y_W のベンゼン-トルエン混合溶液を得る。このとき，y_W と x_W の差だけベンゼンが濃縮されたことになる。さらにこの溶液を加熱，凝縮することによりベンゼンは逐次濃縮され，より高濃度のベンゼン溶液を得ることができる。この操作を一つの塔内で行わせるのが連続蒸留操作である。

(b) 蒸留装置

蒸留の原理を図 3·21 に示した。同図に記載された温度 T_W, T_1，モル分率 x_W, x_1, y_W, y_1 などは図 3·11 と対応しており，たとえば x_1 は組成 y_W の蒸気を凝縮して得られる液の組成である。(a)は 3 個の加熱缶と 3 個の冷却器を用いて，液の加熱沸騰と蒸気の冷却液化を 3 回行う例である。(b)は 1 個の加熱缶と冷却器を用いて，液の加熱沸騰と蒸気の液化を繰り返し行う場合である。下の缶液の沸点の方が上の缶液より高いので，下の缶から発生する温度の高い蒸気を直接上の缶液中に吹き込むことにより，蒸気の凝縮と液の加熱蒸騰を同時に行うことができ，蒸気の凝縮熱が液の気化に有効に用いられている点で(a)

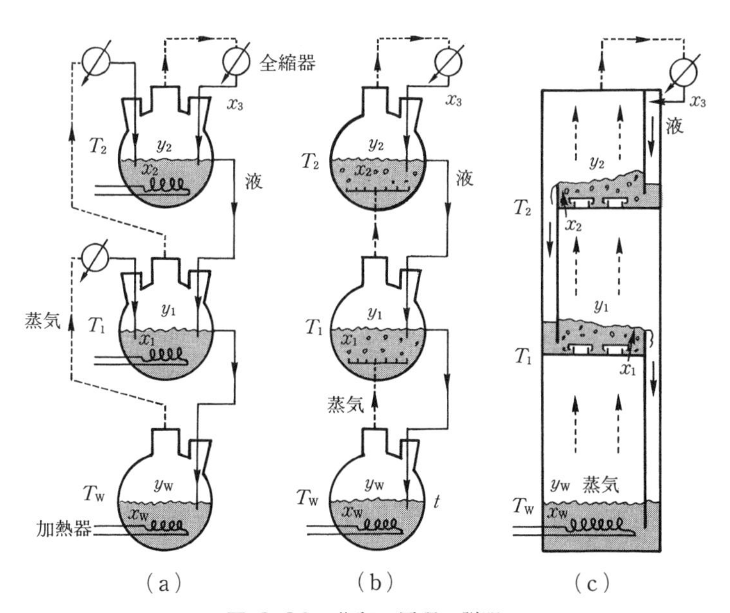

図 3·21　蒸留の原理の説明

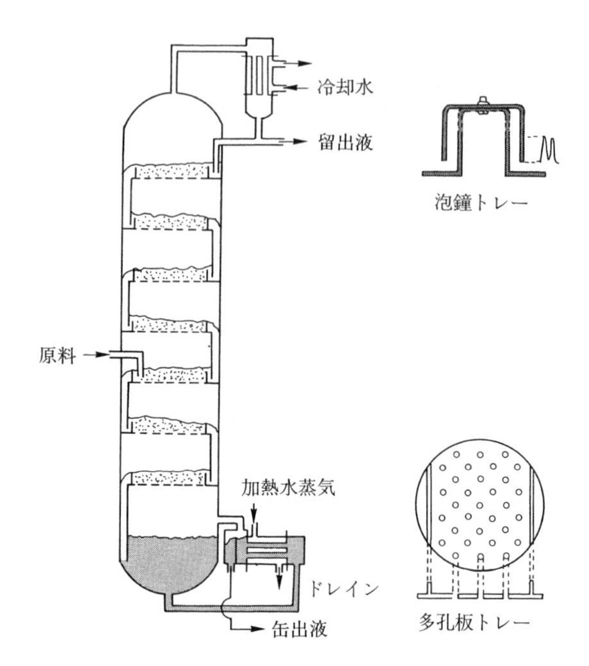

図 3·22　棚段塔とトレーの構造

より優れている。(c)は(b)をさらに改良し塔内に段を設けて気液が効率よく接触して物質移動(低沸成分が液相から気相へ，高沸成分が気相から液相へ移動する)が起こるようにした装置で，このような塔を段塔または棚段塔という。図 3·22 に示すように棚段(トレー)の構造によって泡鐘塔と多孔板塔がある。蒸留塔としては，段塔のほかに充塡塔がある(図 3·4 参照)。充塡塔は蒸留塔内に充塡物を一定の高さに詰めたもので，液が充塡物の表面を流下する間に蒸気と接触し，凝縮および蒸発を繰り返す間に物質の移動が起こる。

(c)　物質収支と操作線

図 3·23 に示した段塔による連続蒸留操作を考えよう。原料は蒸留塔の中間部に連続的に供給される。原料供給部から上の部分を濃縮部，下の部分を回収部という。加熱缶(リボイラー)で発生した蒸気は塔内を上昇し，塔頂を通過した蒸気は全縮器で液化させ，その一部を低沸点成分に富んだ留出液として取り出す。残りは還流(reflux)液として塔頂に戻す。このとき全縮器で液化させたすべての液を塔頂に戻す場合を全還流という。還流液量 $L[\mathrm{mol \cdot h^{-1}}]$ を留出液量 $D[\mathrm{mol \cdot h^{-1}}]$ で割った値を還流比 R と定義する。

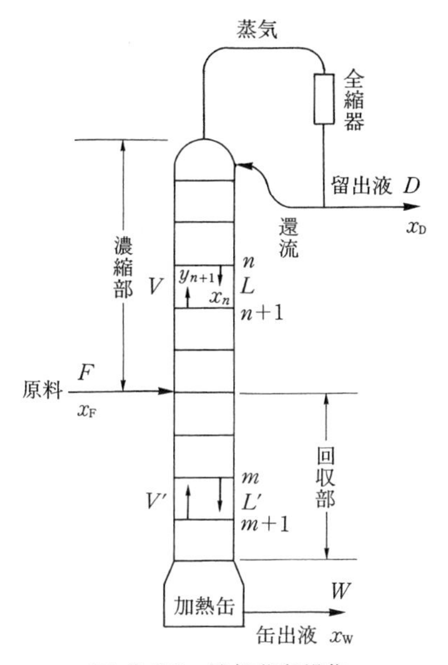

図 3·23　連続蒸留操作

さて，図 3·23 を参照にして蒸留塔内の物質収支を考えよう。原料供給量を $F[\mathrm{mol \cdot h^{-1}}]$，その低沸点成分の組成を x_F とする。連続蒸留によって塔頂から留出液量 $D[\mathrm{mol \cdot h^{-1}}]$，組成 x_D，また塔底から缶出液量 $W[\mathrm{mol \cdot h^{-1}}]$，組成 x_W の液を取り出すものとする。まず塔全体の物質収支から次の関係が得られる。

$$F = D + W \tag{3·59}$$

$$Fx_F = Dx_D + Wx_W \tag{3·60}$$

ここで F, x_F は操作条件として与えられ，また x_D, x_W は設定値として与えられるから，式(3·59), (3·60)より，D, W は式(3·61), (3·62)で表される。

$$D = \frac{F(x_F - x_W)}{x_D - x_W} \tag{3·61}$$

$$W = \frac{F(x_D - x_F)}{x_D - x_W} \tag{3·62}$$

次に濃縮部および回収部の蒸気量をそれぞれ V, $V'[\mathrm{mol \cdot h^{-1}}]$，ならびに液量をそれぞれ L, $L'[\mathrm{mol \cdot h^{-1}}]$とすると，濃縮部および回収部での物質収支はそれぞれ次のようになる。

濃縮部　全物質収支　$V=L+D$　(3･63)

　　　　低沸点成分収支　$Vy_{n+1}=Lx_n+Dx_D$　(3･64)

回収部　全物質収支　$V'=L'-W$　(3･65)

　　　　低沸点成分収支　$V'y_{m+1}=L'x_m-Wx_W$　(3･66)

ここで y_{n+1} および x_n は $(n+1)$ 段目からの蒸気組成と n 段目からの液組成を表す。なお，段数は塔頂から数えるものとする。蒸気量 V と V'，および液量 L と L' の関係は原料供給状態に依存する。原料が沸騰状態の液と蒸気の混合物として供給され，液の割合が q，蒸気の割合が $(1-q)$ とすると回収部の液量および蒸気量はそれぞれ次のようになる。

$$L'=L+qF \tag{3･67}$$

$$V'=V-(1-q)F \tag{3･68}$$

以上が蒸留塔の設計に必要な基礎式となる。まず式(3･64)を書き直すと式(3･69)になる。

$$y_{n+1}=\frac{L}{V}x_n+\frac{D}{V}x_D \tag{3･69}$$

還流比 $R(=L/D)$ と式(3･63)を用いると，式(3･69)は次のようになる。

$$y_{n+1}=\frac{R}{R+1}x_n+\frac{1}{R+1}x_D \tag{3･70}$$

式(3･69)および式(3･70)は，n 段目から下降する液組成 x_n とその1段下の $(n+1)$ 段目から上昇する蒸気組成 y_{n+1} との関係を表しており，これを濃縮部の操作線という。x_n, y_{n+1} のどちらかが与えられると他の一つが求められる。図3･24に濃縮部の操作線を示している。同様にして，回収部の操作線は式(3･66)より次のようになる。

$$y_{m+1}=\frac{L'}{V'}x_m-\frac{W}{V'}x_W \tag{3･71}$$

この式より x_m, y_{m+1} のどちらかが与えられると他方が求められる。図3･24に併せて回収部の操作線も示した。

さて，原料供給段においては濃縮部と回収部の操作線が交わる。その交点の座標を (x, y) とすると，式(3･64)および式(3･66)より次の関係が得られる。

$$y(V-V')=(L-L')x+Dx_D+Wx_W \tag{3･72}$$

この式をさらに式(3･60)，式(3･67)，式(3･68)を用いて整理すると

$$y=-\left(\frac{q}{1-q}\right)x+\frac{x_F}{1-q} \tag{3･73}$$

式(3･73)は両操作線の交点の軌跡を表す式で q 線という。これは対角線上の

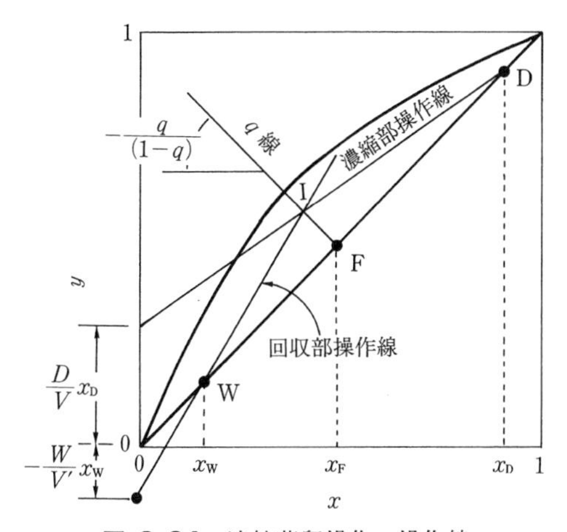

図 3·24　連続蒸留操作の操作線

点 F(x_F, x_F)を起点とする勾配が$-q/(1-q)$の直線を表す。先に述べたように q 値は原料供給状態に依存し，次の場合がある。

(1)	沸騰状態の液	$q=1$ で q 線は上向き垂直線
(2)	沸騰状態の液と蒸気の混合相	$0<q<1$ で q 線は上向き垂直線と左向き水平線の中間
(3)	沸騰状態の蒸気	$q=0$ で q 線は左向き水平線

(d)　所要理論段数の計算

蒸留塔内で気液の組成がどのように変化するのかを考えよう。段から上昇する蒸気とその段から下降する液とが気液平衡にあるような段を理想段または理論段というが，ここでは各段は理想段であるとして，所定の分離を行うに要する段数，すなわち理論段数を次の手順で求める。

(1)　図 3·25 に示すように気液平衡データから x-y 線図(平衡曲線)を描き，対角線上に x_W, x_F および x_D に相当する点 W, F および D をとる。

(2)　式(3·73)に基づき，点 F より勾配が$-q/(1-q)$の直線，q 線を引く。

(3)　式(3·70)に基づき，点 D より勾配が $R/(R+1)$の直線を引き，q 線との交点を I とすると，直線 DI が濃縮部の操作線となる。次に，W と I を結ぶとこれが回収部の操作線となる。

(4)　留出液組成 x_D から出発して，各段での気液組成を求める。図 3·25 に示すように留出液組成 x_D は第 1 段からの組成 y_1 の蒸気をすべて凝縮液化したものであるから $y_1=x_D$ である。理想段の仮定から，第 1 段から

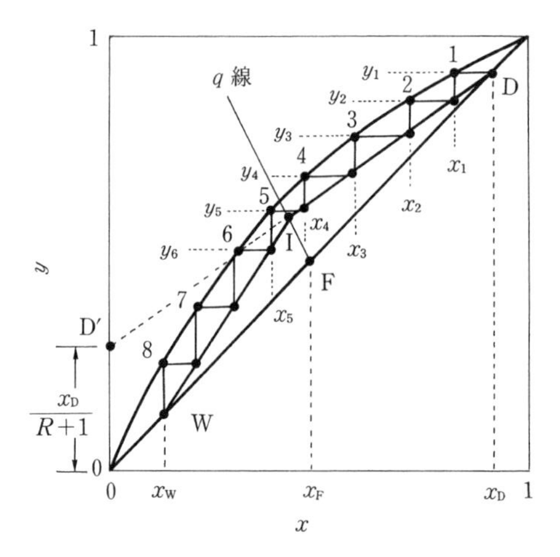

図 3･25　McCabe-Thiele 法による理論段数の求め方

の液相成 x_1 は気液平衡曲線から求められる。次に液組成 x_1 に対して第2段からの蒸気組成 y_2 は，濃縮部の操作線である式(3･70)において $x_n=x_1$ として与えられる。y_2 が求められると x_2 は同じように気液平衡曲線から求められる。このように平衡曲線と濃縮部操作線の間で階段作図を順次行うと，x_5 が点 I より左にくるので 5 段目が原料供給段となり，塔のこれより下部は回収部になる。よって x_5 から y_6 を求めるには回収部の操作線を用い，以後は平衡曲線と回収部の操作線の間で階段作図を行い液組成が x_W に達するまでの段階の数(ステップ数 s)を求める(図では約 8 段)，加熱缶は 1 段の分離に寄与しているが段ではないので，理論段数 n は $n=s-1$ となる。

このように蒸留塔の理論段数を求める方法を McCabe-Thiele 法という。

(e)　最小理論段数と最小還流比

次に還流比と理論段数の関係を考えよう。還流比 $R(=L/D)$ を大きくしていくと濃縮部の操作線の勾配($=R/(R+1)$)は大きくなり 1 に近づき，R が無限大のときは，両操作線は対角線に一致する。すなわち理論段数は最小の値を示すことになる。これを最小理論段数 $N_{\min}$ といい，図 3･26 に示すように平衡曲線と対角線の間を階段作図して求められる。またこのような操作を全還流操作という。なお，最小理論段数は，Fenske の式を用いて計算することができる。

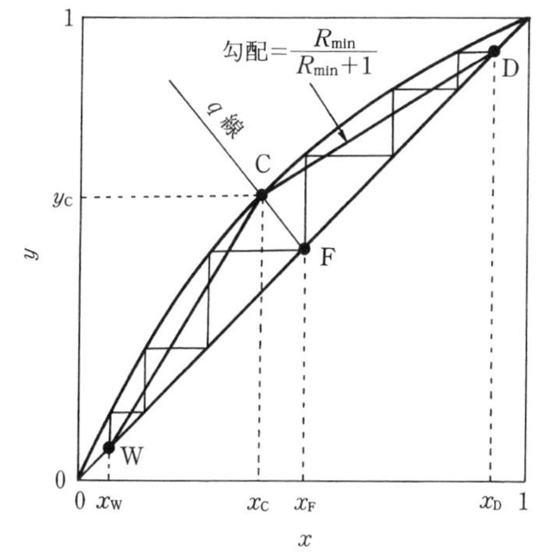

図 3･26　最小理論段数と最小還流比の求め方

$$N_{min}+1=\frac{\ln\left[\left(\frac{x_D}{1-x_D}\right)\left(\frac{1-x_W}{x_W}\right)\right]}{\ln\alpha_{av}} \tag{3･74}$$

ここで，α_{av} は平均の相対揮発度である。

逆に還流比を小さくすると濃縮部の操作線の勾配は小さくなり，図 3･26 に示すように，ついには平衡曲線と q 線の交点 C(x_C, y_C)を通るようになる。このときの還流比を最小還流比 R_{min} という。この場合，理論上は理論段数は無限大となる。このときの濃縮部の操作線(直線 CD)の傾きは $R_{min}/(R_{min}+1)$ だから

$$\frac{R_{min}}{R_{min}+1}=\frac{x_D-y_C}{x_D-x_C} \tag{3･75}$$

これより

$$R_{min}=\frac{x_D-y_C}{y_C-x_C} \tag{3･76}$$

ところで，分離に必要な理論段数は，蒸気と液が各段において気液平衡を満足するものと仮定して求められたものである。実際の蒸留操作では気液の接触は必ずしも理想的ではなく，蒸気の一部は気液平衡状態に達しないまま段を離れていく場合もある。したがって実際には理論段数よりも多い段数が必要になり，これを実際段数という。実際段数と理論段数との比を段効率という。

[**例題 3･7**]　　ベンゼン 60 mol%，トルエン 40 mol% の混合液を連続多段蒸留塔に 1000 mol･h^{-1} で供給し，塔頂より 95 mol% のベンゼンを，塔底より 95 mol% のトル

エンを得たい。

（1） 最小還流比を求めよ。

（2） 還流比を最小還流比の 2.4 倍としたときの所要理論段数，原料供給段の位置を求めよ。

（3） 段効率を 0.65 としたとき，実際段数はいくらになるか。

ただし，原料は沸点の液で供給するものとし，101.3 kPa における気液平衡関係は例題 3･6 に示した通りである。

解 （1） 原料は沸点の液で供給するから $q=1$ で q 線は上向き垂直線となるので，図 3･27 に示すように $x_F=x_C=0.6$，またこれと平衡な蒸気組成は例題 3･6 より $y_C=0.789$ である。$x_D=0.95$ であるからこれらの値を式(3･76)に代入すると

$$R_{min}=(0.95-0.789)/(0.789-0.60)=0.85$$

したがって，最小還流比は 0.85 となる。

（2） 還流比は最小還流比の 2.4 倍だから，$R=0.85\times2.4=2.0$ となる。式(3･59)および式(3･60)より

$$1000=D+W$$

$$1000\times0.6=D\times0.95+W\times0.05$$

これらを解くと $D=611\,\mathrm{mol\cdot h^{-1}}$，$W=389\,\mathrm{mol\cdot h^{-1}}$ を得る。まず濃縮部の操作線は式(3･70)より

$$y=(2/3)x+(1/3)\times0.95=0.667x+0.317$$

原料は沸点の液で供給するから $q=1$，したがって式(3･67)および式(3･68)より

$$L'=L+F, \qquad V'=V$$

となる。これらを式(3･71)に代入し，かつ還流比 $R=L/D$ を用いて整理すると

$$y_{m+1}=(RD+F)/[(R+1)D]\times x_m-W/[(R+1)D]\times x_W$$

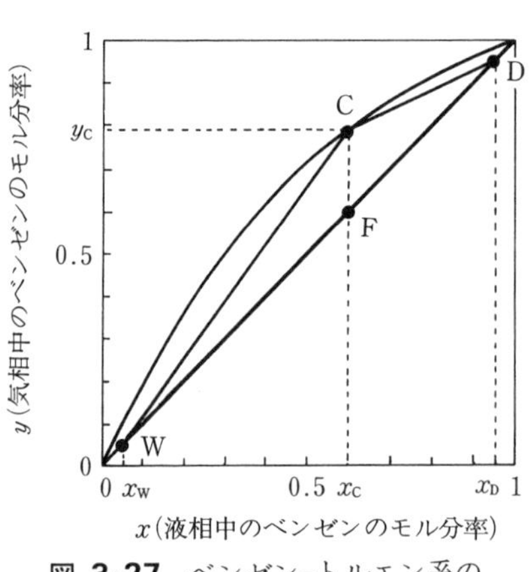

図 3･27 ベンゼン-トルエン系の最小還流比

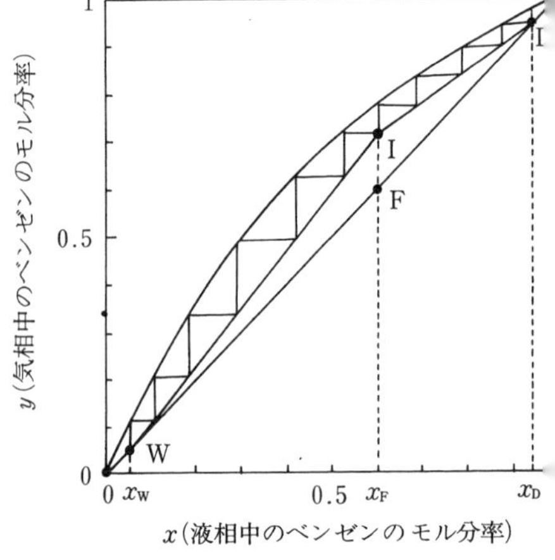

図 3･28 McCabe-Thiele 法によるベンゼン-トルエン系の理論段数

が得られる。したがって，回収部の操作線は

$$y=(2.0\times611+1000)/(3.0\times611)\times x-389/(3.0\times611)\times0.05$$
$$=1.21x-0.011$$

これらをもとに McCabe-Thiele 法による作図を図 3・28 に示した。これより階段の数を数えると 10 段になる。したがって，理論段数として $n=10-1=9$ を得る。また原料供給段は第 4 段と第 5 段の間に位置していることがわかる。

（3）　段効率が 0.65 であるから，実際段数は 9/0.65＝14 段となる。

3・3・5　その他の蒸留

(a)　共 沸 蒸 留

ベンゼン（沸点 80.2℃）とシクロヘキサン（沸点 80.8℃）は，共沸混合物を形成するので，通常の蒸留では純粋なベンゼンを得ることができない。そこで，これに第三成分としてアセトンを加えると，アセトンはシクロヘキサンと 53.0℃ の共沸混合物を形成する。そこで，ベンゼン-シクロヘキサン系にアセトンを添加して蒸留すると，アセトンはシクロヘキサンとの共沸混合物として塔頂より留出し，塔底からは純粋なベンゼンが得られる。このように，できるだけ沸点の低い共沸混合物をつくるように第三の成分を加えて目的成分を分離する蒸留法を共沸蒸留（azeotropic distillation）という。なお，アセトンとシクロヘキサンは蒸留により分離し，アセトンは循環使用する。

(b)　抽 出 蒸 留

第三成分を加える点では共沸蒸留と同じであるが，抽出蒸留（extractive distillation）においては加える第三成分は沸点が高い物質を選び，これを添加することによってもとの 2 成分系の蒸気圧の比を変化させて分離しやすくする。たとえば，アセトン-メタノール共沸混合物に，高沸点成分であるメタノールと親和性の高い水を加えてメタノールの蒸気圧を低下させると，塔頂よりアセトン，塔底よりメタノール-水混合物が得られる。後者は通常の蒸留により各成分に容易に分離される。

(c)　水蒸気蒸留

沸点が高く蒸気圧の低い物質を，この物質よりさらに蒸気圧が低く不揮発性とみなせる物質から低温で分離するときに，水蒸気蒸留（steam distillation）が用いられる。たとえば，水に不溶な揮発性液体に水蒸気を吹き込むと，水蒸気の分圧とその物質の蒸気圧の和が全圧に等しくなったところで沸騰しはじめる。液体単独の場合に比べて低い温度で蒸発させることができる。このとき発生した蒸気を冷却し，水を除去すると目的物質が分離できる。高温では分解しやすい物質の分離精製に用いられる。

3・3・6　新しい蒸留技術

蒸留操作は揮発性成分よりなる液体混合物を分離する操作として工業的に広く用いられていることはすでに述べた。この蒸留操作を他の分離操作あるいは反応操作と組み合わせることにより，全体の操作を高効率化かつ省エネルギー化にする試みがなされている。

たとえば，酸(A)とアルコール(B)からエステル(C)を作る反応は一般的に $A+B \rightleftharpoons C+D$ で表される可逆反応である。ここで，Dは水である。平衡反応であるからエステルを反応系外から連続的に取り出すことができれば平衡を右に偏らせることができる。連続的にエステルを系外に取り出す操作を蒸留を用いて行うとき，これを反応蒸留という。

反応蒸留自体は新しいものではないが，この操作を触媒を充塡した塔内で目的物質を生成させながら行う場合，触媒蒸留といい，反応蒸留の一つと考えられる。工業的には酸性イオン交換樹脂を触媒として，イソブテンとメタノールからメチル-*t*-ブチルエーテルを製造するプロセスがこの方法に基づいて行われている。この方法では生成したエーテルが蒸留により回収されるが，この際反応により発生した熱(エーテルの生成反応は発熱反応)が精留効果をもたらすので反応熱の除去も必要がなくなる。したがって省エネルギーの目的も同時に達成できることになる。

[この節に関する演習問題は185ページに掲載してある。]

3・4　抽　　出

3・4・1　抽 出 と は

抽出は，液体または固体原料を液体溶剤で処理して，原料中に含まれる溶剤に可溶な成分を，溶剤に不溶または難溶性の成分から分離する操作である。液体原料から抽出する場合を液液抽出(liquid-liquid extraction)，固体原料から抽出する場合を固液抽出(solid-liquid extraction)とよぶ。本書では液液抽出のみを扱う。酢酸水溶液からニトロメタンを用いて酢酸を抽出する場合，酢酸を抽質(または溶質)，水を希釈剤(または原溶媒)，ニトロメタンを抽剤(または抽出剤，溶剤)とよぶ。原料液と抽剤液を混合し，抽質が抽剤に移動した液を抽出液，抽質が移動した後の原料液を抽残液とよぶ。液液抽出プロセスの構成を図3・29に示す。抽出後に，最終的には抽質と抽剤を，蒸留，晶析，逆抽出などの操作によって分離し，抽質の回収と抽剤の循環利用を行う。

工業的に処理量として最大の抽出操作は石油留分からの芳香族の分離であ

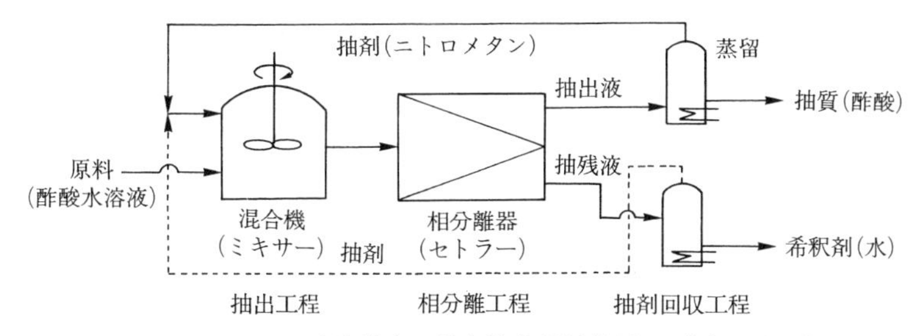

図 3·29　液液抽出の基本構成(抽剤回収は蒸留による)

る。原油は常圧蒸留装置(原油トッピング装置)を用いて，沸点範囲によって，軽質ガソリン，ナフサ，灯油，軽油などに分割される。ガソリンや灯軽油留分より燃焼特性(スモークポイント)の改善のために，また潤滑油留分より粘度-温度特性の改善のために，芳香族成分を除去する。また，合成繊維やプラスチックの出発原料となる高純度 BTX(ベンゼン，トルエン，キシレン)を得るために，接触改質油より，芳香族成分を分離・回収する。類似の沸点範囲にある芳香族と鎖状成分の分離は液液抽出による。

抽剤としてはテトラエチレングリコールの水溶液やスルホラン($C_4H_8SO_2$)等の極性溶媒を用いる。これらの極性溶媒はベンゼン環をもつ化合物に対する親和力が強く，オレフィンやパラフィンには弱いという性質をもつ。抽剤の特性は抽質に対する抽出容量と分離係数(選択度)で表現される。ガソリンの場合はベンゼンおよびヘプタンを芳香族および鎖状成分のモデル物質とし，抽出容量はベンゼンの分配係数(ベンゼンの抽出液中濃度/抽残液中濃度)によって，分離係数(選択度)はベンゼンの分配係数とヘプタンの分配係数の比で表される。これらの抽剤の特性は，水やエチレングリコールの添加および抽出温度によって調整できる。したがって，原料(抽料)の組成に応じて，現場で調製できる。

3·4·2 液 液 平 衡

液液抽出では，抽質とそれを含んでいる希釈剤および抽剤の少なくとも 3 成分から成り立つ。平衡関係は一般に三角座標を用いて表示される。直角三角形座標が便利である。図の一部を拡大することができるためである。図 3·30 に示すように，直角の頂点に希釈剤 A，他の二つの頂点に抽剤 B，抽質 C をとる。三角形内部の点は 3 成分混合物の状態を表す。点 P の組成は，B：X_{BP}，C：X_{CP}，A：$1-X_{BP}-X_{CP}$ で表される。X は質量分率である。

(a) てこの原理

図 3·30 の点 P の組成(X_{AP}, X_{BP}, X_{CP})の液 W_P[kg]に点 Q の組成(X_{AQ}, X_{BQ},

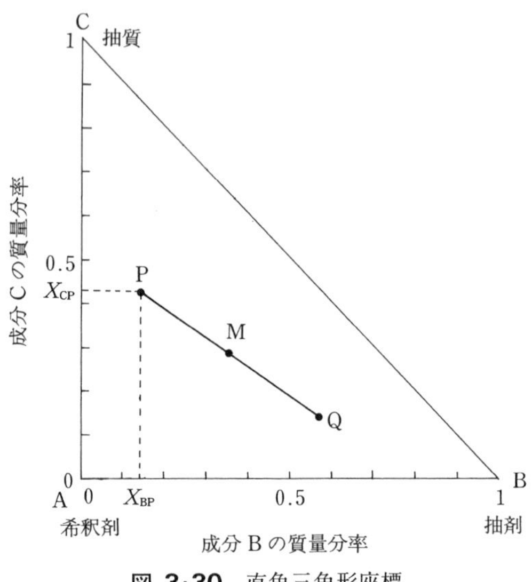

図 3·30　直角三角形座標

X_{CQ})の液 W_Q[kg]を加えて得られた混合液 M の組成(X_{AM}, X_{BM}, X_{CM})と質量 W_M[kg]の間には次の収支関係が得られる。

全量収支　　$W_P + W_Q = W_M$　　(3·77)

成分収支　　$W_P X_{BP} + W_Q X_{BQ} = W_M X_{BM}$

$W_P X_{CP} + W_Q X_{CQ} = W_M X_{CM}$　　(3·78)

これらより

$$\frac{W_P}{W_Q} = \frac{X_{BQ} - X_{BM}}{X_{BM} - X_{BP}} = \frac{X_{CQ} - X_{CM}}{X_{CM} - X_{CP}} \qquad (3\cdot79)$$

この式は混合物の組成(X_{BM}, X_{CM})は P, Q の組成を示す 2 点(X_{BP}, X_{CP}), (X_{BQ}, X_{CQ})を結ぶ直線上にあって，その位置は次式に示すように線分 PQ を質量比 W_P：W_Q に内分する点であることを示している。これを「てこの原理」とよぶ。

$$\frac{W_P}{W_Q} = \frac{\overline{MQ}}{\overline{MP}}$$

この関係は混合する前後の液が均一相液でも不均一相液でも，液全体の組成を示すかぎり成立する。

(b)　溶解度曲線

表 3·8 はピリジン-クロロホルム-水 3 成分系の平衡関係であり，これを直角

三角形座標で表したのが図 3·31 の溶解度曲線である。溶解度曲線(飽和線)に囲まれた部分は 2 相が共存する領域を示し，点 P より右側の曲線の部分は抽出液を，左側の部分は抽残液の組成を示している。点 P はこれが重なって等しくなる点で，これをプレートポイント(plait point)とよぶ。抽出液 E と，それと平衡にある抽残液 R を結ぶ直線をタイラインという。タイラインは溶解度曲線と同様に，実験によって求められる。図に示すように数本のタイラインより一点鎖線で示す補助線(共役線)を用いて，任意のタイラインを引くことができる。平衡にある 2 液相中の抽質組成を X_c, Y_c として表すと，三角座標のタイラインとは図 3·32 の関係にある。

表 3·8　ピリジン-クロロベンゼン-水系平衡関係（組成：wt%）

抽出相			抽残相		
ピリジン	クロロベンゼン	水	ピリジン	クロロベンゼン	水
0	99.95	0.05	0	0.08	99.92
11.05	88.28	0.67	5.02	0.16	94.82
18.95	79.90	1.15	11.05	0.24	88.71
24.10	74.28	1.62	18.90	0.38	80.72
28.60	69.15	2.25	25.50	0.58	73.92
31.55	65.58	2.87	36.10	1.85	62.05
35.05	61.00	3.95	44.95	4.18	50.87
40.60	53.00	6.40	53.20	8.90	37.90
49.0	37.8	13.2	49.0	37.8	13.2

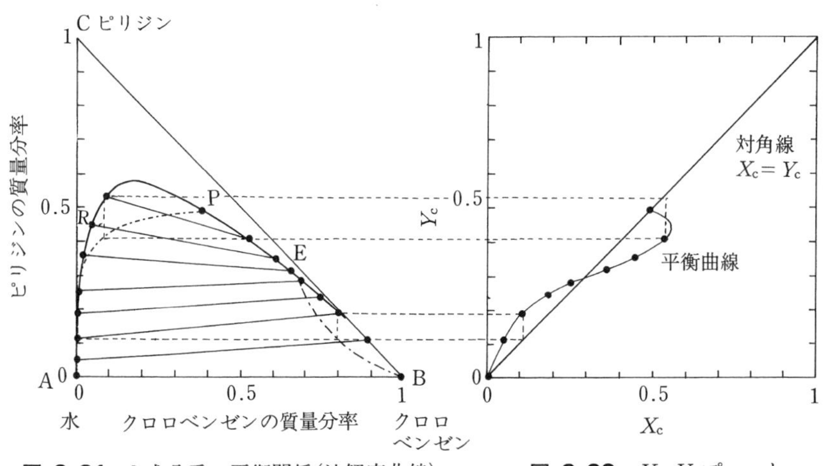

図 3·31　3 成分系の平衡関係(溶解度曲線)

図 3·32　X_c-Y_c プロット

(c)　分配係数と分離係数

抽出液，抽残液中の抽質の組成(質量分率)を Y_C, X_C で表すと，抽質の分配係数は $K_C = Y_C/X_C$ で表される。これは気液平衡における Henry 定数に相当するものである。この値は図 3·32 に示すように組成の関数であるが，抽質濃度の小さい範囲では Y_C と X_C の関係は原点を通る直線で近似でき，この範囲で K_C は一定となり，この関係を Nernst の分配法則という。

抽剤としては抽質をできるだけ多く，希釈剤(原溶媒)をできるだけ少なく溶かす物質が望ましい。抽質 C の分配係数 K_C と希釈剤 A の分配係数 $K_A = Y_A/X_A$ との比を分離係数(選択度) β と定義する。

$$\beta = \frac{K_C}{K_A} = \frac{Y_C/X_C}{Y_A/X_A}$$

これは蒸留における比揮発度 α に相当し，β は必ず 1 より大きくなくてはならない。

操作範囲において，希釈剤と抽剤が全く不溶解，あるいは少なくとも溶解度変化が無視できるとき，両相間を移動する物質は抽質成分のみとなる。したがって抽質の分配係数 K_C で表した 2 液平衡組成を知れば十分である。段数の計算法は 3·2 節のガス吸収の場合と同一の扱いができる。

3·4·3　抽 出 装 置

液液抽出装置は気液系および固液系の接触装置と本質的には異ならない。液液間の接触面積を大きくし，移動を促進するために，一方の液相を液滴として他相中に分散させる。その後，2 液相(抽出相と抽残相)に相分離する。液液系によっては，2 液相間の密度差が小さいことと，容易に乳化して，あとの 2 液相の相分離が難しくなるなどの問題がある。セトラー部における相分離に重点をおいた装置設計がなされると考えてよい。

(a)　ミキサーセトラー型

撹拌槽(ミキサー)に原料液と抽剤を供給し，抽質の移動を完了させ(平衡とし)，これを相分離器(セトラー)で 2 液相に相分離する。回分操作も連続操作

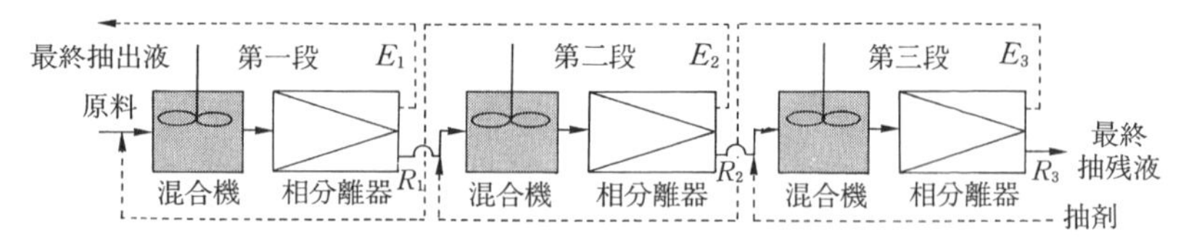

図 3·33　多段式抽出槽(向流三段式)

も可能であり，図 3·33 は多段操作(向流操作)である。この設計は次項に記載する平衡関係に基づいて行われることが多い。数分の槽内滞留時間で段効率(平衡組成への到達度)を 95% 以上にできる。

(b) 塔型装置

塔の上部から重液を，下部より軽液を供給し，2 液相の密度差によって向流に接触させる。スプレー塔や充塡塔のような重力沈降型に比べて，図 3·34 に示す回転円板塔やパルス塔のように液に撹拌や振動を与えて液液分散を行う装置では抽出性能は大きく向上する。多孔板や固定板は，液滴の分散を促進するためと，逆混合を軽減するために設置してある。多孔板間や固定板間を 1 段のミキサーとみなすと，段効率は工業用装置では 10% をこえない。したがって，塔型装置の設計は，ミキサーセトラーの向流多段操作と異なり，平衡よりも速度，すなわち HTU の概念を用いる必要があり，充塡塔によるガス吸収と同じ扱いとなる。この装置では，1 液相の流速が限界値をこえると，他液相が円滑

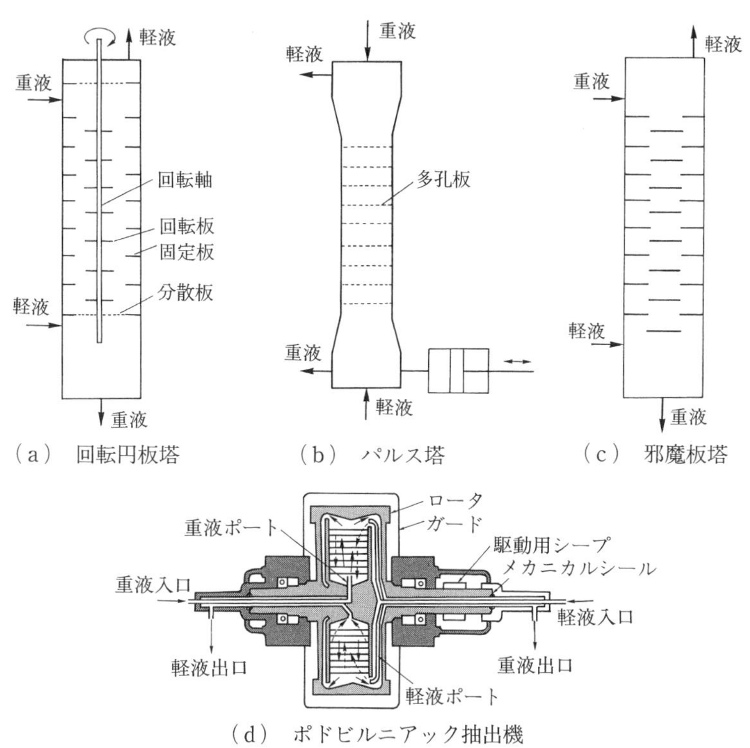

図 3·34 各種抽出装置

に流れなくなり，操作が不能になることがある。これをフラッディング現象とよぶ。各装置の限界(許容)流速範囲内で操作する必要がある。過剰や撹拌等の外部入力によって分散相を小さくしすぎると，連続相との相対速度が小さくなり，フラッディング現象を生じやすくなり，また塔出口部での相分離が不十分となる。

(c)　遠心力型装置

遠心力によって液を微細化し，接触効率を高くし，併せて2液相の相分離を促進した装置であり，古くはポドビルニアックの装置が有名である。原料液と抽剤の供給から抽出液と抽残液の相分離までを1～2分で完了できる。したがって，ペニシリン等の医薬品や，放射性物質の抽出分離に適している。

3·4·4　抽出装置の設計

(a)　単抽出と多回抽出

(1)　単　抽　出

原料に抽剤を加えて撹拌し，平衡に達したところで静置して2液相(抽出液と抽残液)に分離する操作である。原料を F[kg]，その中の抽質Cの質量分率を X_{CF} とし，加える抽剤の量を S[kg]，得られた混合液量を M[kg]，その中の抽質の組成を X_{CM} とすると，

$$\text{全物質収支}\qquad F+S=M \tag{3·80}$$

$$\text{抽質成分収支}\qquad FX_{CF}=MX_{CM} \tag{3·81}$$

$$\therefore\quad X_{CM}=\frac{FX_{CF}}{M}=\frac{FX_{CF}}{F+S} \tag{3·82}$$

この混合液を表す点Mは図3·35において直線BF上にあり，$F/S=\overline{\mathrm{BM}}/\overline{\mathrm{FM}}$で表される。点Mを通るタイラインを求めると抽出液Eと抽残液Rの組成が求められる。EとRの量と組成の関係は次のように表される。

$$E=\frac{M(X_{CM}-X_{CR})}{X_{CE}-X_{CR}} \tag{3·83}$$

$$R=\frac{M(X_{CE}-X_{CM})}{X_{CE}-X_{CR}} \tag{3·84}$$

$$E+R=M$$

したがって，抽質の回収率 η は式(3·85)で与えられる。

$$\eta=\frac{EX_{CE}}{FX_{CF}} \tag{3·85}$$

抽出液Eおよび抽残液Rより抽剤を除いたものが，図3·35のE′およびR′であり，抽出によって点Fの組成のものがE′とR′のものに分離される。

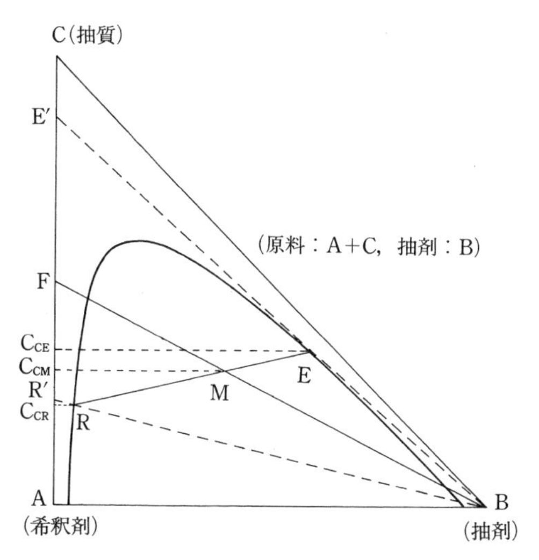

図 3·35　単抽出の図計算

[**例題 3·8**]　アセトアルデヒド(C)-水(W)溶液から抽剤(S)を用いてアセトアルデヒドを抽出したい。平衡関係を表3·9に示す。

(1)　45 wt% のアセトアルデヒド水溶液を等質量の抽剤で抽出したときの抽出液，抽残液の組成を求めよ。

(2)　(1)で得られた抽出液から抽剤を除いた溶液の組成を求めよ。

解　45 wt% アセトアルデヒド水溶液100 kgを基準とする。溶解度曲線およびタイラインを図3·36に示す。

(1)　原料対抽剤の質量比は1であるから，混合点Mは$\overline{BM}/\overline{FM}=1$によって求まる。この点Mは2相共存域内にあり，ここを通るタイラインで示される抽出液E

表 3·9　平衡関係（組成：wt%）

水相			抽剤相		
水	アセトアルデヒド	抽剤	水	アセトアルデヒド	抽剤
98.4	0	1.6	0.9	0	99.1
92.0	6.1	1.9	1.3	4.6	94.1
80.6	16.9	2.5	1.4	14.2	84.4
75.3	21.9	2.8	1.6	21.9	76.5
70.7	26.3	3.0	1.9	27.9	70.2
65.4	31.1	3.5	3.0	36.2	60.8
55.9	39.4	4.7	6.4	49.5	44.1
47.7	45.7	6.6	11.1	56.4	32.5

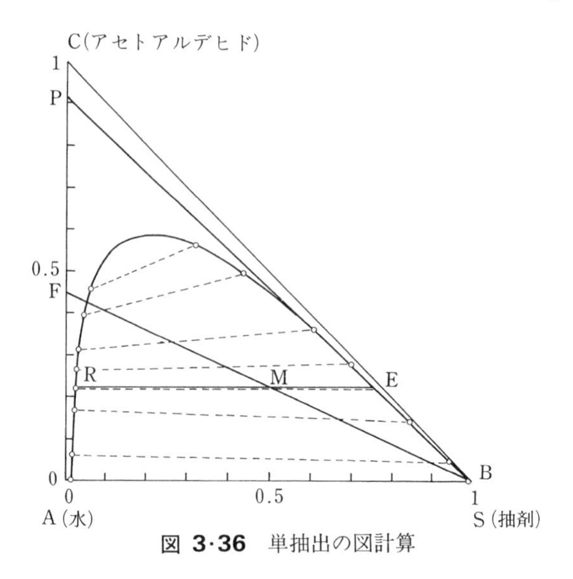

図 3·36　単抽出の図計算

(A：22.6 wt%，W：2.0 wt%，S：75.4 wt%) と抽残液 R(A：22.4 wt%，W：74.6 wt%，S：3.0 wt%) とに分かれる。E および R の量は

全物質収支　$R+E=M=200\,\mathrm{kg}$

抽剤収支　$0.754E+0.030R=100\,\mathrm{kg}$

$\therefore\quad R=70.2\,\mathrm{kg},\qquad E=129.8\,\mathrm{kg}$

これはタイラインの長さから $E=200(\overline{\mathrm{RM}}/\overline{\mathrm{RE}})$，$R=200(\overline{\mathrm{EM}}/\overline{\mathrm{ER}})$ として求めることもできる。

(2)　図 3·36 において直線 BE を延長して点 P をとれば，抽剤を除いた抽出液の組成はこの点で示され，アセトアルデヒド (A) 91.9 wt%，水 (W) 8.1 wt% である。

(2)　多回抽出

1 回だけの抽出では分離が不十分なときには，抽残液に抽剤を加えて抽出を行ったあと抽出液と抽残液とに分ける。この操作を逐次繰り返すのが多回抽出であって，抽残液中の抽質濃度が希望する値以下になるまで繰り返される。図 3·37 を参照して第 n 回目の操作について物質収支をとると，抽質 C の添字を省略して

全物質収支　$$R_{n-1}+S_n=M_n=E_n+R_n \tag{3·86}$$

抽質成分収支　$$R_{n-1}X_{\mathrm{R}n-1}=M_nX_{\mathrm{M}n}=E_nX_{\mathrm{E}n}+R_nX_{\mathrm{R}n} \tag{3·87}$$

$$\therefore\quad E_n=\frac{M_n(X_{\mathrm{M}n}-X_{\mathrm{R}n})}{X_{\mathrm{E}n}-X_{\mathrm{R}n}} \tag{3·88}$$

$$R_n=\frac{M_n(X_{\mathrm{E}n}-X_{\mathrm{M}n})}{X_{\mathrm{E}n}-X_{\mathrm{R}n}} \tag{3·89}$$

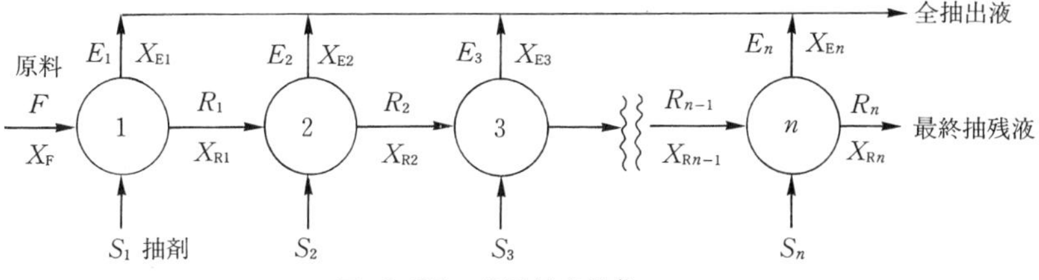

図 3·37　多回抽出操作

全体の抽質の回収率 η は次のようになる。

$$\eta=\frac{E_1X_{E1}+E_2X_{E2}+\cdots+E_nX_{En}}{FX_F} \tag{3·90}$$

なお最終回の抽残液中の抽質濃度 X_{Rn} が指定されると，操作回数を増すほど抽剤の総量$(S_1+S_2+\cdots+S_n)$は少なくてすむ。逆に一定量の抽剤で抽出する場合には，抽出回数を増すほど最終抽残液中の抽質濃度を低くできる。

(b)　向流多段抽出

一般的な連続操作は図 3·38 に示したような向流多段抽出である。一方の端から原料 F，他端から抽剤 S が入り，多段で抽出が行われ，抽出液 E と抽残液 R とに分かれて両端からでていく。

(1)　装置全体の収支

全物質および抽質の収支から

$$F+S=E_1+R_N=M \tag{3·91}$$

$$FX_F+SX_S=E_1X_{E1}+R_NX_{RN}=MX_M \tag{3·92}$$

$$\therefore\quad X_M=\frac{FX_F+SX_S}{M}=\frac{E_1X_{E1}+R_NX_{RN}}{E_1+R_N} \tag{3·93}$$

ここで原料，抽剤の量，F, S およびその組成 X_F と X_S が与えられると，F, S を結ぶ直線を $F/S=\overline{\mathrm{MS}}/\overline{\mathrm{MF}}$ に内分して点 M が決まる。ただし純抽剤を用いると $X_S=0$ となって S は B に一致する。ついで最終抽残液 R_N の組成 X_{RN} が与えられると，$\mathrm{R}_N\mathrm{M}$ を延長して溶解度曲線との交点から E_1, X_{E1} が決まる。いずれにしても直線 FS と直線 $\mathrm{R}_N\mathrm{E}_1$ の交点が M である。

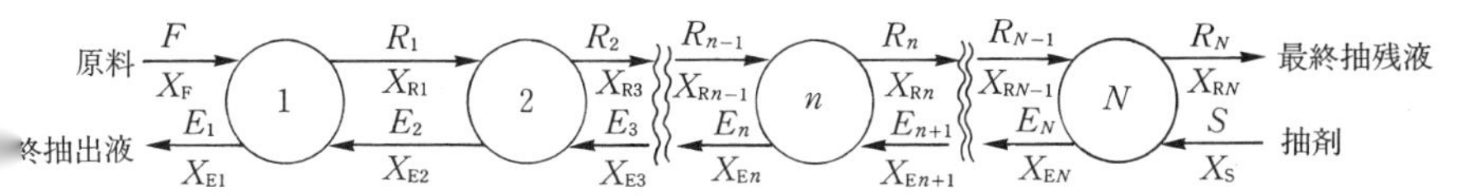

図 3·38　向流多段抽出操作

（2） 各段の収支

各段ごとに全物質および抽質の収支をとって，

$$F-E_1=R_n-E_{n+1}=R_N-S=D \tag{3・94}$$

$$FX_{\mathrm{F}}-E_1X_{\mathrm{E1}}=R_nX_{\mathrm{R}n}-E_{n+1}X_{\mathrm{E}n+1}$$
$$=R_NX_{\mathrm{R}N}-SX_{\mathrm{S}}=DX_{\mathrm{D}} \tag{3・95}$$

この式は隣り合った各段間の2相の流量の差が一定値 D に等しいことを示している。このことは図3・39に示すように R_n と E_{n+1} $(n=1\sim N-1)$ を通る直線はすべて点Dで交わることを示しており，これを逆に考えると，点Dを通る直線と溶解度曲線との交点の縦座標は $X_{\mathrm{R}n}$ と $X_{\mathrm{E}n+1}$ とを示すことになる。このため点Dを操作点とよんでいる。

一方，各段では平衡が成立し，$X_{\mathrm{R}N}$ と $X_{\mathrm{E}N}$ とは溶解度曲線上にタイラインで結ばれている。したがって，X_{E1} から X_{R1} が求まり，X_{R1} に対応する R_1 と点Dを結ぶ直線 $\mathrm{R}_1\mathrm{D}$ によって E_2 すなわち X_{E2} が決まる。X_{E2} に対応する X_{R2} はタイラインから求まる。このように最終抽残液 R_N を越すまで，あらかじめ図示されたタイラインと操作点を通る操作線を交互に使って所要段数が求まることになる。

（3） 最小抽剤量

抽剤量を減少させると，図3・39の混合点Mは点Fに近づき，操作点Dは点Aに近づいてきて，一定の分離に必要な段数は増加してくる。もし操作点を通る直線がタイラインの一つと重なり合うような状態になると，タイラインから操作線への踏み換えができなくなり，所要段数は無限大となる。このとき

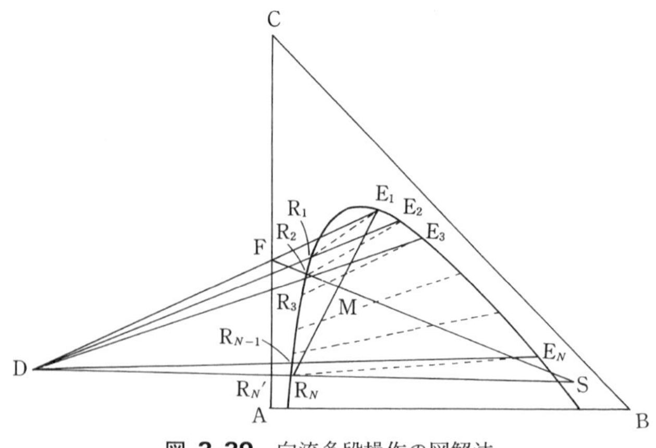

図 3・39 向流多段操作の図解法

の抽剤量を最小抽剤量という。一般には点Fを通るタイラインの延長と SR_N の延長の交点が最小抽剤量とその操作点を与える。

［**例題 3·9**］　45 wt% アセトアルデヒド水溶液を抽剤Sを用いて向流連続抽出し，抽剤を除いた抽残液中のアセトアルデヒドを 20 wt% まで下げたい。原料は 1500 kg·h^{-1} である。

（1）　抽剤 480 kg·h^{-1} を用いる場合の理論段数を求めよ。

（2）　最小抽剤量はいくらか。

解　溶解度曲線は図 3·36 に示したものと同一であり，図 3·40 に再掲した。

（1）　$F=1500$ kg·h^{-1}，$X_F=0.45$ であり，原料は図 3·40 中の点Fで示される。縦軸上に 20% のアセトアルデヒドの位置に R_N' をとり，直線 BR_N' と溶解度曲線との交点が R_N である。

混合物の組成は，

$$X_M=FX_F/(F+S)=1500(0.45)/(1500+480)=0.341$$

この点Mを直線 FB 上にとる。ここで直線 R_NM を延長して溶解度曲線との交点 E_1 から $X_{E1}=0.487$ と求まる。直線 FE_1 と直線 R_NB との交点が操作点Dである。この点Dを通る操作線とタイラインを交互に用いて図計算ができるがここでは X_R-X_E 座標による解を示そう。

いま点Dを通る任意の直線を引き，溶解度曲線との交点を K, L とすると，これが X_{En+1} と X_{Rn} に相当する。このようにして求めたデータを表 3·10 に示す。平衡線はタイラインの両端 X_R-X_E に相当し，これらのデータを図 3·41 に X_R, X_E を両軸とし

表 3·10　X_{En+1} と X_{Rn} の関係

X_{En+1}	0	0.195	0.300	0.389	$0.487=X_{E1}$
X_{Rn}	0.196	0.272	0.329	0.385	$0.45=X_F$

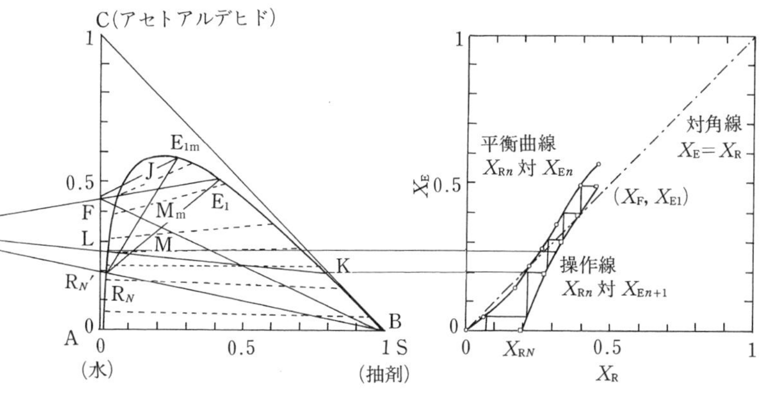

図 3·40　向流多段抽出操作

図 3·41　X_R-X_E 座標による平衡関係の図示と図解法

て示した。したがって，この両曲線の間で $X_R=0.45$ から出発し，階段作図によって4.2段と求まる。

抽出液量はアセトアルデヒドの収支から

$$E_1=\frac{M(X_M-X_{RN})}{X_{E1}-X_{RN}}=\frac{1980(0.341-0.196)}{0.487-0.196}=987\,\mathrm{kg\cdot h^{-1}}$$

抽残液量は，$R_N=M-E_1=1980-987=993\,\mathrm{kg\cdot h^{-1}}$

（2）この場合，点Fを通るタイラインが最小抽剤量の条件を満している。したがって点Fを通るタイラインJによって図のように E_{1m}, $X_{E1m}=0.581$ が決まる。E_{1m} R_N とFBとの交点 M_m から $X_{Mm}=0.375$ が決まる。純抽剤を用いるので $X_S=0$, $S=B$，したがって，最小抽剤量 S_m は

$$S_m=\frac{FX_F}{X_{Mm}}-F=\frac{1500(0.45)}{0.375}-1500=300\,\mathrm{kg\cdot h^{-1}}$$

分別抽出

図3·38に示した抽出操作では目的物質(抽質)とともに不純物も抽出される。不純物を選択的に除去する操作を洗浄(scrubbing)とよぶ。下図に示すように，槽列の中間部に原料液を供給し，左端より洗浄液を供給する。洗浄液は抽残液には可溶で抽出液に不溶であり，不純物を優先的に抽出するものが選ばれる。この方式によって最終抽出液中の抽質の純度が高くなる。精留塔においては，塔底から塔頂にかけて低沸点成分が濃縮されていく。分別抽出においては，洗浄段の設置によって抽質の一部も移動するため回収率は低下する。

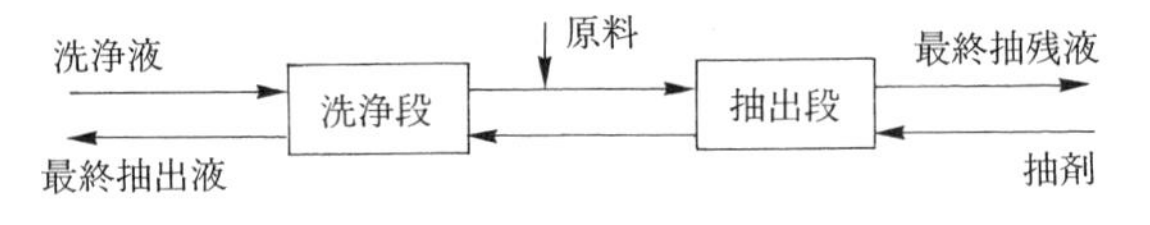

3·4·5　抽出の新しい展開

（a）超臨界抽出

抽剤として超臨界流体を用いる場合をいう。超臨界状態では温度と圧力のわずかな変化によって抽剤の密度が変化し，抽質に対する溶解性が2〜7桁も変化することを利用している。超臨界二酸化炭素は毒性や危険性がないので食品や医薬品工業で用いることができる。コーヒー豆からのカフェイン除去や，天然物より風味成分，香気成分の抽出に用いられている。

（b）化学反応を利用した抽出

抽出は抽剤という分離剤を必要とし，しかも最終的に分離剤との分離が必要となる。新しい分離技術の特色は，分子間の物理的な相互作用だけでなく化学反応を積極的に利用していることである。抽剤を，目的成分(抽質)を分離しやすい形に変換するための，あるいは平衡を大幅に改善するための反応剤とすれば，抽剤の添加と分離(除去)という二重手間ともいえる欠点を逆に利点とする

ことができる。ここで用いる反応は可逆的に進行させうるものでなければならない。金属イオン類の分離・精製はこの典型例であり，使用済み核燃料の再処理から，希土類元素の相互分離まで広く使われている。

［この節に関する演習問題は185〜186ページに掲載してある。］

3·5 吸　着

3·5·1 はじめに

吸着(adsorption)とは，固相-液相，固相-気相，液相-液相および気相-液相などの相と相の界面において，流体中に存在する成分の濃度が流体本体のそれよりも大きくなる現象をいう。また吸着質が界面から離れ吸着量が減少する現象を脱着(desorption)という。吸着される物質を吸着質(adsorbate)，吸着する方を吸着剤，吸着材あるいは吸着媒(adsorbent)という。吸着剤は一般に多孔質の内部表面積が大きい固体(粒子，粉末，繊維など)で，これらを用いて気

表 3·11 代表的な吸着剤の特性と用途

名　称	粒径 d_p/mm	比表面積 a_p/m^2·g^{-1}	平均孔径 r_a/nm	用　途
活性炭				
成型	2.4〜4.8	900〜1500	1.5〜2.5	溶剤回収，触媒担体，ガス精製，空気浄化
破砕状	0.42〜4.8	900〜1500	1.5〜3.0	ガス精製，浄水，触媒担体，溶剤回収，空気浄化，液相脱色
粉末	0.15以下	2500〜3500	1.0〜1.4	天然ガス吸蔵剤，電極材，キャニスター用
繊維	0.006〜0.017	500〜2500	0.35〜4.5	オゾン除去，溶剤回収，浄水，脱臭，化学防護衣，ガス防護服，SO_x，NO_xの除去，除湿器用電極材
シリカゲル	2〜4.8	550〜700	2.0〜3.0	ガスの脱湿，溶剤，冷媒の脱水，炭化水素の脱水
活性アルミナ	2〜4.8	150〜330	4.0〜12.0	ガスの脱湿，液体の脱水
合成ゼオライト5A	1.6，3.2		0.5	0.5 nm以下の分子の吸着，炭化水素系の分離精製
活性白土	1.2〜2.4	120	8.0〜18.0	石油製品，油脂の脱色，ガスの乾燥

体あるいは液体混合物の分離，精製，不要成分の除去，有用成分の回収などが行われる。表3·11に代表的な吸着剤の特性と用途を示す。

以上のような吸着現象を利用した分離操作を一般に吸着操作とよんでいる。吸着操作は，気相吸着と液相吸着に分けられる。気相吸着には，空気またはガスの脱湿，有害成分の分離・除去，排ガスからの希薄な溶剤の回収操作などがある。また，空気中の酸素と窒素の分離などにも広く用いられている。液相吸着には，ショ糖やアミノ酸発酵液の脱色，石油製品の脱色や微量成分の除去，上下水や工業廃水の2次および3次処理，あるいは芳香族と脂肪族炭化水素混合体の成分分離などが挙げられる。

なお，イオン交換操作も吸着操作の一分野として取り扱われている。イオン交換とは，固相と液相の間で可逆的にイオンの交換が起こる現象をいい，吸着とは異質の現象を利用した分離操作であるが，操作論的には同様に取り扱うことができる。

3·5·2　吸 着 平 衡

界面で吸着質の分子やイオンは吸着と脱着を動的に繰り返している。吸着平衡とは，吸着する量と脱着する量が動的に等しい状態をいう。吸着平衡の状態での吸着量と気相の圧力あるいは液相の溶質濃度の関係を吸着平衡関係という。吸着平衡関係は温度と圧力あるいは濃度に依存する。温度一定の条件下で求めた吸着平衡関係を特に吸着等温線(adsorption isotherm)といい，平衡関係を示す方法として一般的に用いられている。吸着等温線は，吸着質と吸着剤の組み合わせからさまざまな曲線となる。その形は固体表面の物理的および化学的状態，細孔(ポア)の大きさと吸着分子の大きさに強く依存する。van der Waals力のような物理的な力で吸着する物理吸着と分子が吸着サイトの官能基と化学結合によって吸着する化学吸着とを比較すると，後者の方が前者に比べ吸着力は強い。一般に，分離操作に用いられるのは物理吸着であるが，最近では，化学吸着も用いられるようになっている。可逆的な化学吸着(弱い化学吸着)の一例として，固体アミンによる空気中からの炭酸ガスの吸着(宇宙ステーションや潜水艦キャビン内の生命維持装置)，また，不可逆的な化学吸着の例として，猛毒ガス除去用吸着剤などが挙げられる。

以下に代表的な吸着等温式を示す。

・Henryの吸着式

吸着量 q と平衡圧 p あるいは液相濃度 C が原点を通る直線関係にあるとき，吸着式はHenry式(3·96)で表される。

$$q = Hp\text{(気相吸着)} \quad \text{あるいは} \quad q = HC\text{(液相吸着)} \qquad (3\cdot96)$$

ここで H は定数である。通常用いられる q の単位は[mol・(m^3-吸着剤)$^{-1}$]，[kg・(kg-吸着剤)$^{-1}$]，[mol・(kg-吸着剤)$^{-1}$]，p の単位は[Pa]，C の単位は[mol・m^{-3}]，[kg・m^{-3}]である。Henry 式は最も簡単な等温式であり，低濃度域では気相，液相を問わず多くの系で近似的に成立する。

・Freundlich の吸着式

Freundlich の吸着式は式(3・97)で表される。

$$q = kp^{1/n}\text{(気相吸着)} \quad \text{あるいは} \quad q = kC^{1/n}\text{(液相吸着)} \qquad (3\cdot97)$$

Freundlich 式は実測値をうまく相関できる場合が多く，よく用いられる。なお，この式は本来経験式であるが，固体表面上で吸着が起こる場合，吸着熱が固体表面の場所によって異なるとする，いわゆる不均一表面で吸着が起こるとして理論的に導出することもできる。

・Langmuir の理論

Langmuir の理論は，単一成分系の気相吸着に対する最も簡単な単分子層吸着モデルである。基本的な仮定は ① 分子は固体表面上の固定サイトに吸着する。② 各サイトは分子 1 個を吸着できる。③ すべてのサイトの吸着の強さは同じである。④ 隣接するサイトに吸着している分子間の相互作用はない。以上の仮定のもとでは，吸着は式(3・98)の反応式で表される。

$$\mathrm{M} + \mathrm{S} \underset{k_\mathrm{d}}{\overset{k_\mathrm{a}}{\rightleftharpoons}} \mathrm{MS} \qquad (3\cdot98)$$

M は分子，S は吸着サイトである。吸着速度と脱着速度は式(3・99)，(3・100)で表される。

$$\text{吸着速度} \qquad k_\mathrm{a}p(1-\theta) \qquad (3\cdot99)$$

$$\text{脱着速度} \qquad k_\mathrm{d}\theta \qquad (3\cdot100)$$

$\theta = q/q_\mathrm{S}$ は分子が吸着サイトに吸着されている割合，q[kg・(kg-吸着剤)$^{-1}$]は吸着量，q_S[kg・(kg-吸着剤)$^{-1}$]は飽和吸着量(全吸着サイトに吸着された場合の吸着質の質量)である。平衡時においては吸着速度と脱着速度は等しくなるため，式(3・99)および(3・100)から Langmuir 式(3・101)が得られる。

$$q = q_\mathrm{S}\theta = \frac{q_\mathrm{S}bp}{1+bp} \qquad (3\cdot101)$$

$b = k_\mathrm{a}/k_\mathrm{d}$ は平衡定数である。式(3・101)は，$p \to \infty$ のとき，$q \to q_\mathrm{S}$ ($\theta \to 1$) という単分子層吸着の挙動を示す。一方，低濃度域では Henry の法則に漸近する。

$$\lim_{p \to 0}\left(\frac{q}{p}\right) = bq_{S} = k \qquad (3\cdot102)$$

Langmuir 式は化学吸着を仮定して導出されたものであるが，物理吸着の場合でも $D/d<3$(D：細孔の直径，d：吸着分子の直径)のウルトラミクロ孔では単分子層吸着となり Langmuir 式に従う。なお，液相吸着の場合は式(3･101)の圧力 p の代わりに液相濃度 C を用いればよい。

・イオン交換平衡

固相と液相の 2 相間で可逆的にイオンの交換が起こる現象をイオン交換という。イオン交換樹脂で直接イオン交換に関与する部分は，固相に固定されたイオン交換基で交換するイオン種と逆の符号の電荷をもつ。たとえば，H 型強酸性陽イオン交換樹脂と NaCl 水溶液とを接触させると，式(3･103)のイオン交換反応により，H^+ は液相に，またそれと等当量の Na^+ は固相にそれぞれ移動する。

$$R\text{-}SO_3^-H^+ + Na^+ \rightleftharpoons R\text{-}SO_3^-Na^+ + H^+ \qquad (3\cdot103)$$

ここで，$-SO_3^-$ はイオン交換樹脂の 3 次元編み目構造(R)に固定されたイオン交換基であり，R を含む項が固相を，また R を含まない項が液相を表す。H^+ および Na^+ は対イオン，交換に関与しない Cl^- は非対イオンとよばれる。

イオン交換樹脂は対イオンの電荷の正負により陽イオン交換樹脂と陰イオン交換樹脂に大別される。また，イオン交換基の種類により，強酸性，強塩基性，弱酸性，弱塩基性，キレート樹脂等に分類される。

式(3･103)に質量作用の法則を適用すると，イオン交換平衡式として式(3･104)が成立する。

$$K_{H}^{Na} = \frac{q_{Na} C_{H}}{q_{H} C_{Na}} \qquad (3\cdot104)$$

K_{H}^{Na} は Na^+ の H^+ に対する選択係数である。C は液相イオン濃度で単位は[$mol\cdot m^{-3}$]，q は固相のイオン濃度で単位は[mol･(m^3-樹脂)$^{-1}$]，[mol･(kg-樹脂)$^{-1}$]である。

イオン交換法は，超純水の製造，有害重金属イオンの除去や希少金属イオンの分離回収，希土類元素の分離，ウランの同位体分離，アミノ酸やタンパク質などのバイオセパレーション，糖類の分離，脱色などに幅広く用いられている。

[**例題 3･10**]　表 3･12 に示した吸着平衡データが，Henry 式，Freundlich 式あるいは Langmuir 式のいずれの式で相関できるかを見つける方法を示し，最適な平衡式の平衡定数を求めよ。

解　吸着量を平衡圧に対して普通グラフにプロットし，原点を通る直線になれば

表 3·12 モレキュラーシーブ 13 X におけるエタンの吸着平衡データ (298 K)

p/kPa	149	121	88.6	69.6	46.4	29.4	17
q/mol·(kg-吸着剤)$^{-1}$	2.27	2.23	2.10	2.03	1.75	1.39	0.971

Henry 式に従う。直線の勾配が Henry 定数を与える。吸着量と平衡圧を両対数グラフにプロットし，直線関係を示せば Freundlich 式で相関できる。直線の勾配が $1/n$ を，$p=1$ における q の値が k を与える。Langmuir 式に従うかどうかは，式(3·101)を変形した式(a)あるいは(b)に基づいてプロットするとよい。

$$\frac{p}{q}=\frac{1}{bq_s}+\frac{p}{q_s} \tag{a}$$

$$\frac{1}{q}=\frac{1}{q_s}+\frac{1}{bq_s}\frac{1}{p} \tag{b}$$

これらのプロットを Langmuir プロットという。図 3·42 に，式(a)に基づくプロット例を示した。直線関係が得られていることから，平衡データは Langmuir 式で相関できる。直線の傾きから $1/q_s=0.366$，切片から $1/bq_s=10.1$ が得られ，これらの値から平衡定数 $b=3.62\times10^{-2}\,\mathrm{kPa^{-1}}$ と飽和吸着量 $q_s=2.73\,\mathrm{mol\cdot kg^{-1}}$ が求まる。

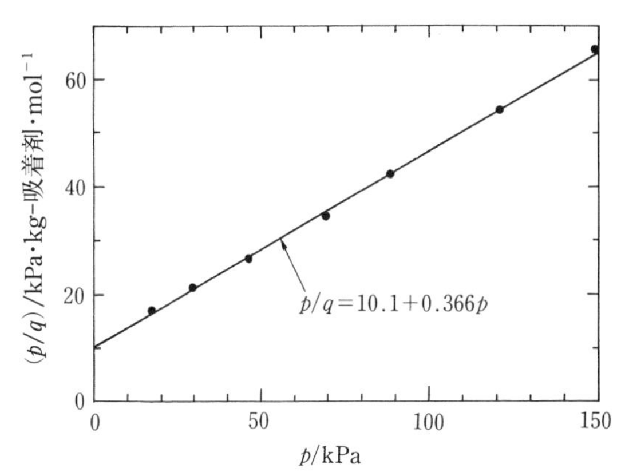

図 3·42 モレキュラーシーブ 13X におけるエタンの吸着平衡データの Langmuir プロット

3·5·3 吸 着 速 度

図 3·43 に典型的な 2 種類の吸着剤の粒子内の構造を示した。(a)はシリカやアルミナなどに代表されるもので広範な細孔径分布をもつ。(b)はゼオライトや MR 型イオン交換樹脂などに代表される。工業的に用いられるゼオライトは，ゼオライト結晶(ミクロ粒子)を粘土などの結着剤と混ぜ，加熱して球形あるいは円柱状に成形したもので，細孔径分布は，ミクロ粒子のもつ均一なミ

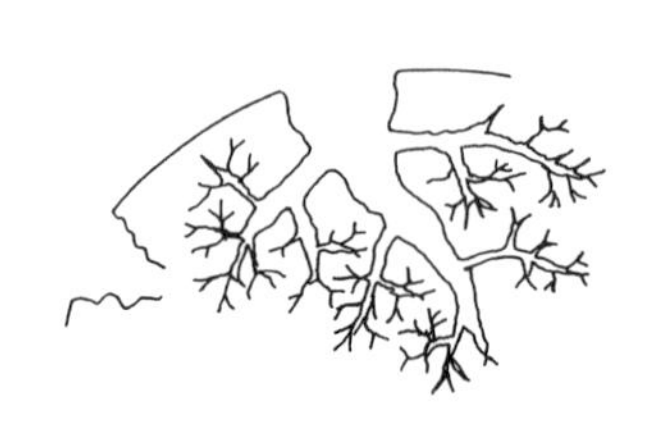

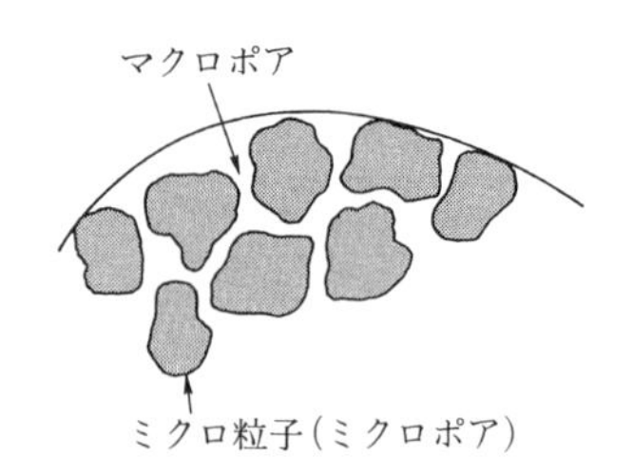

（a）　広範囲の細孔分布を有する吸着剤　　（b）　二元細孔構造をもつ吸着剤

図 3·43　曲型的な2種類の多孔性吸着剤の内部構造

クロ孔とミクロ粒子間の大きな細孔からなり，2元細孔構造をもつ吸着剤とよばれる。なお，活性炭は，製法によって(a)に属するものや(b)に属するものがある。

図3·44に，このような多孔性吸着剤粒子への吸着拡散過程を，また，図3·45に着目成分の濃度分布を示した。吸着拡散過程は一般に，

（ｉ）　粒子外表面をとりまく流体境膜内での流体本体から粒子表面への拡散

（ii）　粒子内の細孔拡散

（iii）　細孔壁面の吸着サイトへの吸着

（iv）　吸着状態のまま細孔壁の表面を拡散する表面拡散

からなる。（ｉ）と（ii）および（ｉ）と（iv）はそれぞれ直列的に，（ii）と（iv）は並

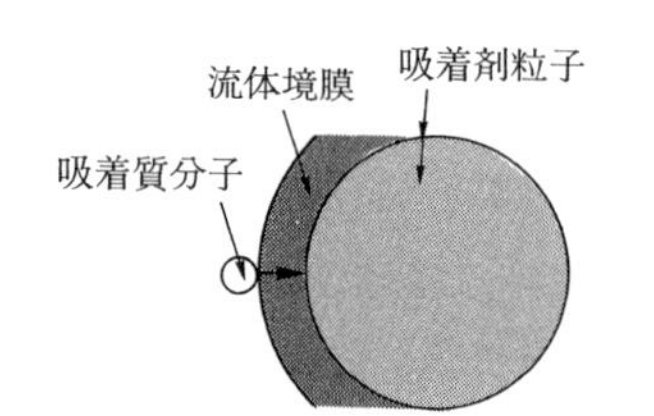

（a）　粒子表面における流体境膜内拡散

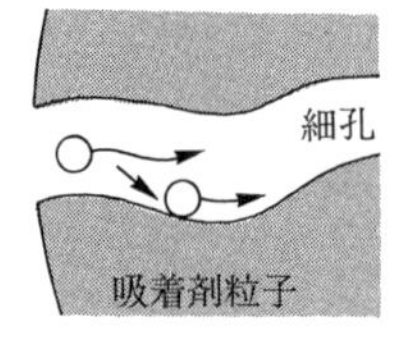

（b）　粒子内における吸着と拡散

図 3·44　多孔性吸着剤への拡散

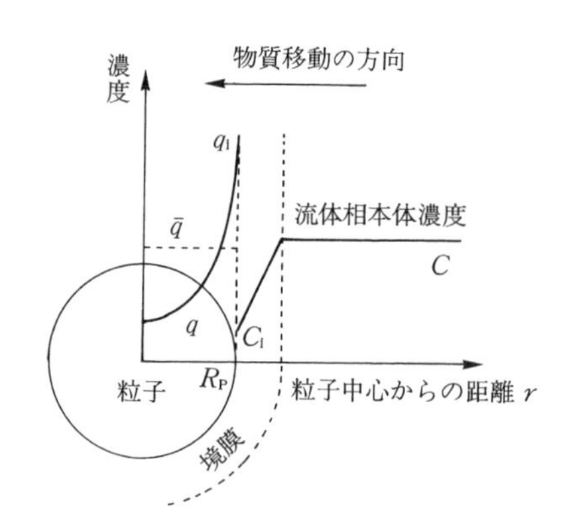

図 3·45　吸着における濃度分布と物質移動

列的(競争的)に進行する。(iii)の吸着(反応)速度は迅速で，通常，吸着質の細孔内濃度と細孔壁面での吸着量との間に局所平衡が成立する。

(a) 流体境膜における物質移動

吸着が進行しているとき，吸着剤粒子表面近傍で流体相の吸着質の濃度が減少する(図3･45)。粒子をとりまくこの領域を境膜とよぶ。境膜における吸着分子の移動速度(流束，flux) J は式(3･105)で示される。

$$J=k_\mathrm{f}(C-C_\mathrm{i}) \tag{3･105}$$

ここで，J の単位は[mol･m^{-2}･s^{-1}], [kg･m^{-2}･s^{-1}]，k_f は流体相物質移動係数，単位は[m･s^{-1}]，C は流体本体における吸着質の濃度，C_i は粒子表面における吸着質の流体相濃度である。C および C_i の単位は[mol･m^{-3}], [kg･m^{-3}]である。

(b) 粒子内拡散

粒子内の拡散は非定常的に起こるので，濃度分布は時間の経過とともに変化する。ある時間における粒子内の濃度分布はたとえば図3･45のようになる。一般に，粒子表面で，瞬時に液相濃度(C_i)と固相濃度(q_i)は平衡になると考えてよい。粒子表面で濃度が最も高く，中心に向かうほど濃度は低くなる。時間の経過に伴い，濃度は高くなり，最終的に粒子内のすべての位置の濃度が表面濃度に等しくなる。

多孔性吸着剤内の拡散現象は非常に複雑である。均質媒体中のFickの拡散の法則と類似の式が適用できるとすると，球形吸着剤中の拡散方程式は式(3･106)で示される。

$$\frac{\partial q}{\partial t}=\frac{D_\mathrm{e}}{r^2}\frac{\partial}{\partial r}\left(r^2\frac{\partial q}{\partial r}\right) \tag{3･106}$$

ここで D_e[m^2･s^{-1}]は粒子内有効拡散係数で，多孔性粒子を均質体とみなしたことによる影響がすべてこの中に含まれている。q は細孔壁面に吸着した吸着質の濃度で単位は[mol･(kg-吸着剤)$^{-1}$]，[kg･(kg-吸着剤)$^{-1}$]，r[m]は粒子半径方向距離，t[s]は時間である。

粒子内拡散に対し式(3･106)を用いると，後述する固定層などの各種吸着操作の解析はかなり複雑となる。そこで粒子内の拡散速度を固相界面濃度 q_i と粒子内平均濃度 $\bar{q}$ との差を推進力とした，式(3･107)の線形推進力近似がよく用いられている。

$$J=k_\mathrm{p}\rho_\mathrm{p}(q_\mathrm{i}-\bar{q}) \tag{3･107}$$

この近似により，式(3･106)は

$$\frac{\mathrm{d}\bar{q}}{\mathrm{d}t}=k_{\mathrm{p}}a(q_{\mathrm{i}}-\bar{q}) \qquad (3\cdot108)$$

のように簡単化される。k_{p}[m・s^{-1}]は粒子内物質移動係数，ρ_{p}[kg・(m^3-吸着剤)$^{-1}$]は吸着剤密度，$k_{\mathrm{p}}a$[s^{-1}]は粒子内物質移動容量係数である。a[m^2・(m^3-吸着剤)$^{-1}$]は粒子単位体積あたりの表面積で，球形粒子の場合，粒子半径をR_{p}[m]とすると，$a=3/R_{\mathrm{p}}$となる。粒子内濃度分布を2次曲線で近似すると，$k_{\mathrm{p}}a$と粒子内有効拡散係数D_{e}の間に次の関係が成立する。

$$k_{\mathrm{p}}a=\frac{15D_{\mathrm{e}}}{R_{\mathrm{p}}^{2}}=\frac{60D_{\mathrm{e}}}{d_{\mathrm{p}}^{2}} \qquad (3\cdot109)$$

3・5・4　回分吸着(バッチ吸着)

ガス吸着や液相吸着において，吸着質を含む流体と吸着剤が接触を始め，時間的に吸着が進行していくような場合を回分吸着という。特に液相の分離に工業的にも簡便な方法としてよく用いられ，通常，撹拌槽中で溶液と吸着剤を接触させ平衡に達した後，吸着剤と溶液を分離する。吸着は非定常で進行するが，最終的に平衡に達することから，吸着等温線の決定や，平衡に到達するまでの吸着量の経時変化などから吸着速度を決定するための実験的手法としても多用されている。

初濃度C_{A0}[mol・m^{-3}]の成分Aを含む体積V[m^3]の溶液中に，Aを吸着していない吸着剤m_1[kg]を投入し撹拌して平衡に達したとき，物質収支から式(3・110)の関係が得られる。

$$m_1q_{\mathrm{A}}=V(C_{\mathrm{A0}}-C_{\mathrm{A}}) \qquad (3\cdot110)$$

q_{A}は液相平衡濃度C_{A}に対応する固相平衡濃度である。q_{A}の単位は[mol・(kg-吸着剤)$^{-1}$], [kg・(kg-吸着剤)$^{-1}$]，C_{A}の単位は[mol・m^{-3}], [kg・m^{-3}]である。図3・46の吸着等温線を用いると，C_{A0}から勾配$-V/m_1$の直線を引くことによって平衡到達時の両相の濃度を求めることができる。この操作を1回のみ行う操作を1回吸着という。1回では不十分な場合，吸着平衡後，溶液から吸着剤を分離し，さらに新たな吸着剤を加えて撹拌し平衡にするという操作を繰り返す(多回吸着)。j回目の物質収支は

$$m_jq_{\mathrm{A},j}=V(C_{\mathrm{A},j-1}-C_{\mathrm{A},j}) \qquad (3\cdot111)$$

で示されるため，1回吸着と同様の作図を図3・46のように繰り返せば，各回の濃度が求められ，最終回の成分Aの濃度や必要回数を決めることができる。

平衡に到達するまでの溶液濃度や吸着量の経時変化は，式(3・110)あるいは式(3・111)と吸着速度の基礎式(たとえば式(3・105), (3・106), (3・108)等)を適切

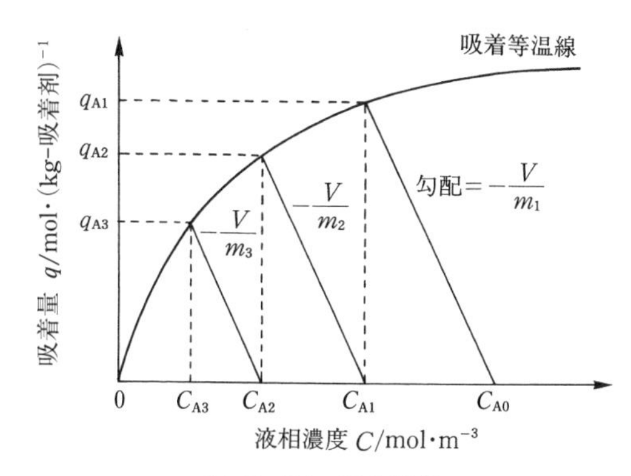

図 3·46　回分吸着

な初期および境界条件のもとで解くことにより求めることができる。

3·5·5　固定層吸着

粒状や繊維状の吸着剤をカラムに充塡し，気体または液体を連続的に供給して特定成分を吸着させる操作を固定層吸着とよぶ。また，吸着剤が充塡されている部分を充塡層とよぶ。一般に工業的な吸着分離操作は固定層吸着による場合が多い。濃度 C_0 の溶液が塔に流入しているとすると，ある瞬間における固定層内の流体相濃度分布を模式的に示すと図 3·47 のようになる。固定相内は，すでに吸着量が入口濃度 C_0 に対する平衡吸着量 q_0 に達した部分($\bar{q}=q_0$, $C=C_0$)，吸着が起こっている部分($0<\bar{q}<q_0$, $0<C<C_0$)，まだ吸着が起こっていない部分($\bar{q}=0$, $C=0$)に分かれる。ここで $\bar{q}$ は吸着剤粒子内平均濃度である。C および C_0 の単位は[mol·m^{-3}], [kg·m^{-3}], $\bar{q}$ および q_0 の単位

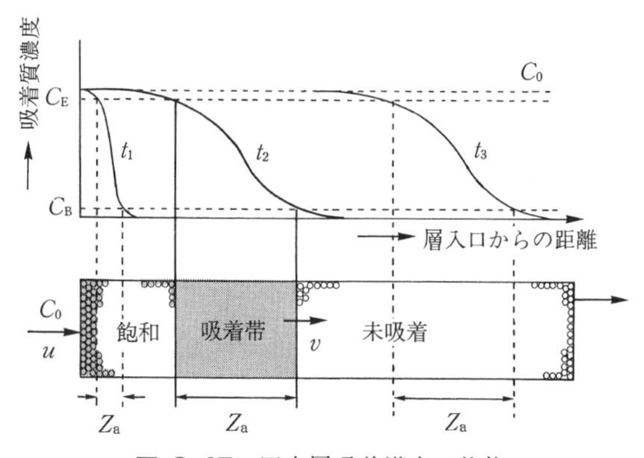

図 3·47　固定層吸着塔内の状態

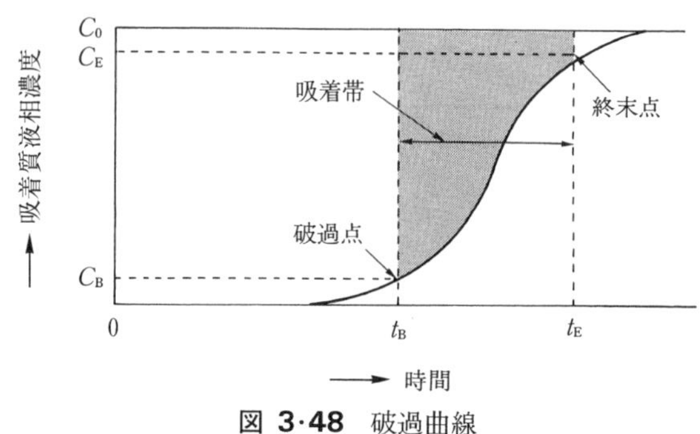

図 3·48　破過曲線

は[mol·(kg-吸着剤)$^{-1}$], [kg·(kg-吸着剤)$^{-1}$]である。濃度 C_B(通常 $0.05C_0$)から C_E(通常 $0.95C_0$)の部分で主に吸着(イオン交換)が進行しており，この部分を吸着帯(イオン交換帯)とよぶ。流体の送入を続けると，吸着剤は入口のほうから逐次飽和されていき，層入口における吸着質濃度に平衡な吸着量に達し，吸着帯は流体の線速度に比べはるかに遅い速度で層出口に向かって図 3·47 の時間 $t_1 \to t_2 \to t_3$ のように移動する。吸着帯の先端が層出口に到達すると，図 3·48 に示すように層出口より流出する流体中に吸着質が現れ，その濃度は上昇して最終的に入口濃度に等しくなる。流出液内の吸着質濃度を縦軸にとり，流出流体量あるいは流出時間を横軸にとった濃度変化曲線を破過曲線(breakthrough curve)とよぶ。破過曲線の形は図 3·48 に示すようにS字形曲線になるが，平衡関係，粒子内拡散速度，流体境膜における移動速度および操作条件によって変化する。

出口濃度がある許容された濃度(破過濃度) C_B に達した点を破過点，破過点に達するまでの時間を破過時間 t_B とよぶ。$C_E = C_0 - C_B$ で与えられる終末濃度に達する点を終末点，それまでの時間を終末時間 t_E という。吸着操作の目的によっても異なるが，一般に，$C_B = 0.05C_0 \sim 0.1C_0$ にとられる。通常，破過点で吸着操作を終了し，吸着剤の再生操作に移る。

(a)　基礎式と定形濃度分布

図 3·47 に示したように，層内濃度分布は入口から下流に進むにつれて広がっていくが，吸着等温線が吸着量 q の軸に対して凸状(好ましい平衡関係)で表される場合，ある距離以上になると一定の形状(定形濃度分布)を示すようになる。平衡関係が直角平衡に近いほどより短い距離で定形濃度分布に到達する。定形濃度分布が形成されると，吸着帯の長さ Z_a も一定となる。

吸着質濃度が希薄で，吸着に伴う体積変化が無視できるとき，吸着帯全体およびその濃度 C_0 の位置から任意の位置 z（濃度 C，吸着量 $\bar{q}$）までの物質収支をとると

$$u(C_0-0)=v\rho_b(q_0-0) \tag{3·112}$$

$$u(C_0-C)=v\rho_b(q_0-\bar{q}) \tag{3·113}$$

u[m·s^{-1}]は空塔速度，v[m·s^{-1}]は吸着帯の移動速度，ρ_b[kg·(m^3-層)$^{-1}$]は吸着剤充填密度である。両式より，式(3·114)が得られる。

$$\frac{C}{C_0}=\frac{\bar{q}}{q_0}\quad \text{あるいは} \quad \bar{q}=\frac{q_0}{C_0}C \tag{3·114}$$

この式は，固定層内部における任意の一点における吸着質濃度 C と $\bar{q}$ の関係を表しており，操作線とよばれる。吸着帯の移動速度 v は式(3·112)より

$$v=\frac{uC_0}{\rho_b q_0} \tag{3·115}$$

(b) 線形推進力近似と総括物質移動係数

線形推進力に基づく吸着速度 $\mathrm{d}\bar{q}/\mathrm{d}t$ の近似式(3·108)を固定層に適用すると式(3·116)となる。

$$\rho_b\frac{\mathrm{d}\bar{q}}{\mathrm{d}t}=k_p a\rho_b(q_i-\bar{q})=k_p a_v\rho_p(q_i-\bar{q}) \tag{3·116}$$

a_v[m^2·(m^3-層)$^{-1}$]は層単位体積あたりの粒子外表面積である。$k_p a_v$ は式(3·109),(3·116)より

$$k_p a_v=\frac{15D_e(1-\varepsilon_b)}{R_p{}^2} \tag{3·117}$$

ε_b は固定層内空隙率である。流体境膜および粒子内の物質移動は直列に起こりそれらは総括の物質移動速度に等しいから，式(3·118)の関係が成立する。

$$\rho_b\frac{\mathrm{d}\bar{q}}{\mathrm{d}t}=k_f a_v(C-C_i)=k_p a_v\rho_p(q_i-\bar{q}) \tag{3·118}$$

粒子表面における C_i と q_i を求めることは困難であるので，$\bar{q}$ に平衡な吸着質濃度 C^* を導入し，$(C-C^*)$ を推進力にとり吸着速度を表すと

$$\rho_b\frac{\mathrm{d}\bar{q}}{\mathrm{d}t}=K_{fm}a_v(C-C^*) \tag{3·119}$$

ここで，K_{fm} は総括物質移動係数とよばれる。式(3·118)と式(3·119)から

$$\frac{1}{K_{fm}a_v}=\frac{1}{k_f a_v}+\frac{1}{k_p a_v}\cdot\frac{1}{(\rho_p q_0/C_0)} \tag{3·120}$$

上式右辺第2項の q_0/C_0 は，平均的な平衡定数に対応する項であり，線形平衡

の場合 Henry 定数 H となる。

図 3･49 に平衡曲線，操作線および濃度と吸着量の関係を示す。操作線上の一点 P$(C, \bar{q})$ に対応する粒子表面濃度を表す点 Q(C_i, q_i) は平衡曲線上にあり，式(3･118)から求められる。また，平衡曲線上の R から $\bar{q}$ に平衡な C^* が求まる。

(c)　吸着帯の長さと破過時間の近似計算法

式(3･119)に式(3･114)を代入して積分すると

$$t_E - t_B = \frac{\rho_b q_0}{K_{fm} a_v C_0} \int_{C_B}^{C_E} \frac{dC}{C - C^*} \qquad (3\cdot121)$$

を得る。吸着帯の長さ Z_a は式(3･115)と式(3･121)より

$$Z_a = v(t_E - t_B) = \frac{u}{K_{fm} a_v} \int_{C_B}^{C_E} \frac{dC}{C - C^*} = \frac{u}{K_{fm} a_v} \cdot N_{0f} = [\mathrm{HTU}]_0 N_{0f} \qquad (3\cdot122)$$

ここで，$[\mathrm{HTU}]_0$ は移動単位高さ[m]である。N_{0f} は移動単位数とよばれ，その値は図 3･49 に示すように吸着等温線と操作線を用いて数値積分法あるいは図積分法により計算できる。なお，吸着等温線が Freundlich 式および Langmuir 式で表される場合，N_{0f} の解析解はそれぞれ式(3･123 a)および(3･123 b)によって与えられる。

$$N_{0f} = \ln\frac{C_E}{C_B} + \frac{1}{n-1} \ln\frac{1-(C_B/C_0)^{n-1}}{1-(C_E/C_0)^{n-1}} \qquad (3\cdot123\,a)$$

$$N_{0f} = \frac{2 + bC_0}{bC_0} \ln\frac{C_E}{C_B} \qquad (3\cdot123\,b)$$

図 3･47 に示したように，固定層に流体を流し始めた初期の段階では，固定層入口付近では定形濃度分布が形成されていない。図 3･50 に示すように，流

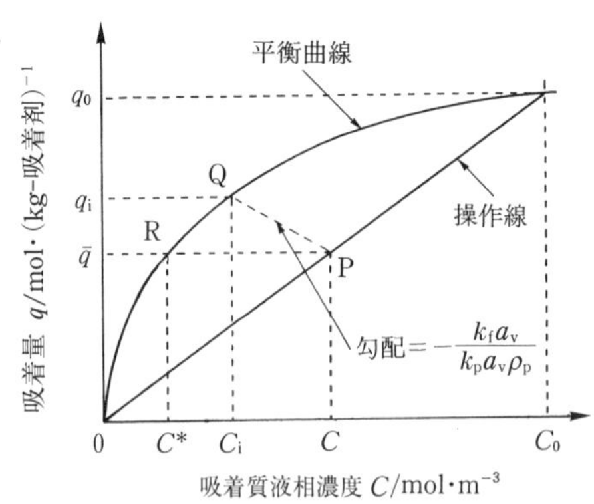

図 3･49　平衡濃度 C^* と界面濃度(C_i, q_i)の求め方

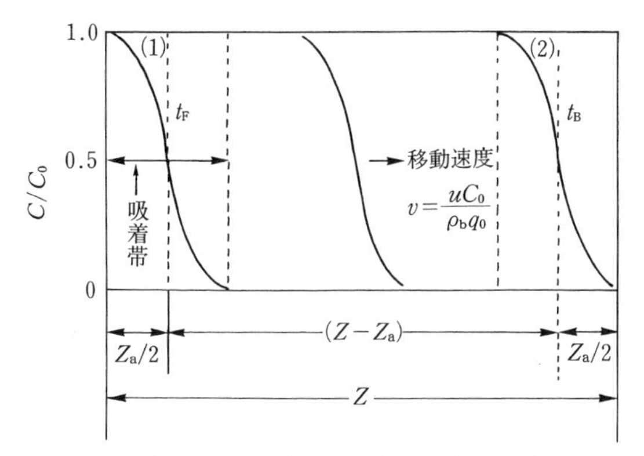

図 3·50　固定層吸着装置内の吸着帯の移動

体を流し始めてから t_F 後に固定層入口部に曲線(1)で示される定形濃度分布が形成される。層出口の流出流体の濃度が破過濃度 C_B に達した時点における吸着層内の分布は曲線(2)で示される位置に達する。したがって$(Z-Z_a)$の距離を v の速度で(t_B-t_F)時間をかけて移動したことになり

$$t_B-t_F=\frac{Z-Z_a}{v} \tag{3·124}$$

の関係が成立する。多くの場合，破過曲線は点対称となり，t_F は式(3·125)で与えられる。

$$t_F=0.5(t_E-t_B)=0.5\frac{Z_a}{v} \tag{3·125}$$

式(3·115)と式(3·125)を式(3·124)に代入すると，

$$t_B=\frac{\rho_b q_0}{uC_0}(Z-0.5Z_a) \tag{3·126 a}$$

Z_a に式(3·122)を代入すると

$$t_B=\frac{\rho_b q_0}{uC_0}\left(Z-\frac{0.5u}{K_{fm}a_v}N_{0f}\right)=\frac{\rho_b q_0}{uC_0}(Z-0.5[\mathrm{HTU}]_0 N_{0f}) \tag{3·126 b}$$

とも書き表せる。式(3·126 a)あるいは式(3·126 b)が破過時間を計算する最も簡単な式である。

[**例題 3·11**]　活性炭を充塡したカラムを用いてフェノールを 200 g·m^{-3} 含む排水を処理したい。排水の空塔速度は 3×10^{-4} m^3·s^{-1}·m^{-2} である。破過時間を 500 h とした場合の充塡高さを求めよ。ただし，破過濃度は 10，終末濃度は 190 g·m^{-3} とする。活性炭の充塡密度は 480 kg·(m^3-層)$^{-1}$ で，この充塡塔の$[\mathrm{HTU}]_0=0.03$ m とし，吸着は 20°C 一定のもとで行われるものとする。吸着平衡関係は次式の Freundlich 式で与えられる。ただし，q, C の単位は[g·(kg-吸着剤)$^{-1}$], [g·m^{-3}] である。

$$q=130C^{0.17}$$

解　式(3·123 a)に $C_0=200\,\mathrm{g\cdot m^{-3}}$，$C_E=190\,\mathrm{g\cdot m^{-3}}$，$C_B=10\,\mathrm{g\cdot m^{-3}}$，$n=1/0.17=5.88$ を代入すると $N_{of}=3.25$ が得られる。
式(3·122)より

$$Z_a=[\mathrm{HTU}]_o N_{of}=0.03\times3.25=0.0975\,\mathrm{m}$$

また，平衡式より C_0 に平衡な吸着量は，$q_0=320\,\mathrm{g}\cdot(\mathrm{kg}$-吸着剤$)^{-1}$ となる。式(3·126 a)を変形すると

$$Z=\frac{uC_0t_B}{\rho_b q_0}+0.5Z_a=\frac{(3\times10^{-4})(200)(500\times3600)}{(480)(320)}+0.5\times0.0975=0.75\,\mathrm{m}$$

3·5·6　新規な分野への適用と展開

吸着・イオン交換の歴史は古く，旧約聖書の出エジプト記の中で，飲み水に困った民を救うため，モーゼが苦くて飲めない水に木を投げ込み飲み水に変えたという記述がある。現在では，水道原水の浄化，排水の2次および3次処理，超純水の製造など水に関係した分野で広く用いられている。また，有害ガスの除去(排ガス処理)，PSA(pressure swing adsorption)法† による空気からの高純度窒素と酸素の製造，有用ガスの高純度分離などガスに関係した分野，同位体や異性体の分離，低濃度希少物質の回収などの精密分離の分野，アミノ酸，糖，タンパク質，薬品の分離など医薬品・食品分野，大きな細孔径を有する吸着剤により難治性の高脂血症患者の血液中からの悪玉コレステロールの除去などの医療分野，宇宙ステーションのキャビン内の炭酸ガスの吸着分離と酸素の製造にみられる生命維持装置など，吸着の新しい分野への利用は多岐にわたっている。

今後，地球環境との調和をはかる新たなシステムやプロセスを構築していく上で，吸着・イオン交換の果たすべき役割はますます大きなものとなっていくであろう。たとえば，きわめて低濃度の有害あるいは有用物質の濃縮回収や除去，炭酸ガスや NO_x などのような高濃度ガスの分離，無価値なものとして捨てられている大量の産業廃棄物やごみからの有用物質の回収と資源化，さらに，食品，医薬品や医療分野への適用など，幅広い展開が求められている。そ

---

† PSA(pressure swing adsorption)法　吸着平衡で述べたように，気体の圧力が高くなるほど吸着量は大きく，低圧になるほど吸着量が小さくなる。PSA法はこれをうまく利用した吸着操作で，吸着を高圧で，再生(脱着)を低圧で行いこれを繰り返して，目的成分の濃縮分離を連続的に行うものである。通常2塔以上を用いる。酸素PSAの場合，吸着剤としては，窒素を選択的に吸着し，しかも吸脱着速度の速いゼオライト13Xが用いられる場合が多い。吸着剤は窒素を吸着し，塔出口からは最高95vol％の酸素が得られる。2塔式では，窒素が破過した時点で吸着過程は終了する。もう一方の吸着塔では，常圧の空気により吸着剤に吸着した窒素の脱着が行われている。

の際，目的に応じた吸着剤の開発も一つの大きなファクターになるであろう。
［この節に関する演習問題は 186～187 ページに掲載してある。］

3·6　晶　　析

3·6·1　晶析とは

晶析操作は液相または気相より結晶を析出させる操作であるが，化学工業においては液相からの析出が主な操作対象となる。組成や純度などの化学的特性および形状・粒径や粒度分布などの物理的特性が均一な固体製品を生産することを目的としている。また，溶解度の差を利用した分離・精製操作としても利用される。食塩やショ糖，肥料の生産のように古い歴史をもつものから，最近では，多くの無機薬品，有機薬品などの製造プロセスや，機能性材料の調製プロセス，さらに廃水処理などの環境保全プロセスなどでも利用されている。また，常温付近での操作が可能である利点を生かし，食品・医薬品などの製造工程においても利用されている。

3·6·2　晶析の原理

晶析は，安定な微結晶（核）の発生とその成長によって起こる。核発生および成長が起こるためには，溶液は飽和濃度以上の濃度（過飽和）である必要がある。そのため，溶液を冷却する，蒸発により溶媒を除去する，反応により溶質濃度を高める，あるいは加圧するなどの操作により，溶液を過飽和状態にする。いま，図 3·51 の点 a に相当する溶液を冷却する場合を考える。点 b を横切ると過飽和に達するが，この状態で結晶がただちに発生するわけではなく，さらに溶液を冷却し，点 c に達した時点ではじめて核発生が起こる。種々の溶質濃度で求めた点 c を結んだ曲線は過溶解度曲線とよばれる。溶解度曲線との間の過飽和域は準安定域とよばれ，ここでは核発生は起こらないが，溶液中に結晶が存在すれば，その結晶の成長が起こる。なお，過溶解度は溶解度と異なり熱力学的な平衡値ではなく，溶液の状態や冷却速度などによっても変化する。このため，過溶解度曲線は明確な線として定まるものではなく，その測定条件下における核発生の起こりにくさの指標と考えるべきである。

3·6·3　核発生機構

(a)　一次核発生

核発生は，一次核発生（primary nucleation）と二次核発生（secondary nucleation）に大別される[1]。過飽和溶液内における溶質の化学ポテンシャルは結晶のそれより大きいため，結晶の生成により系が熱力学的に安定になる。一次

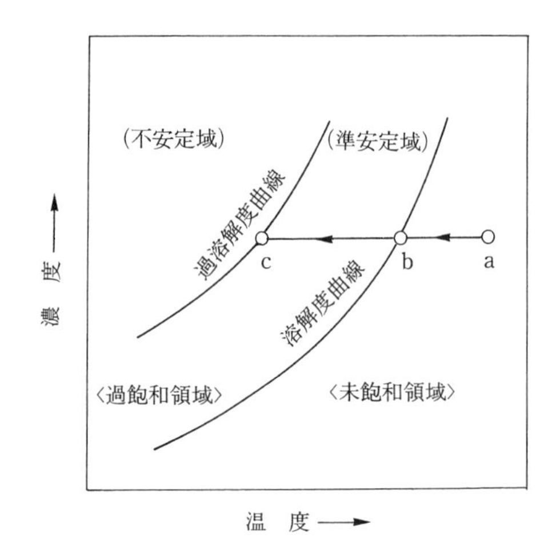

図 3・51 溶解度曲線と過溶解度曲線
(化学工学会編,「化学工学便覧 改訂5版」, p. 434, 丸善(1988))

核発生は，主として図3・51中の不安定域に相当する条件下で，この化学ポテンシャルの差を推進力とし，結晶を全く含まない溶液中で新たに自発的に結晶核が生成する現象をいう。溶液中に混入した異物(固体)あるいは容器の壁などの活性点によって誘発される場合を不均質核発生(heterogeneous nucleation)とよび，それらとは全く無関係に起こる場合を均質核発生(homogeneous nucleation)とよぶ。

いま，過飽和溶液中の半径r[m]の結晶粒子のもつ全自由エネルギーが，溶液に比べてΔG[J]だけ大きいとする。単位結晶体積あたりの結晶と溶液の自由エネルギー差をΔG_v，結晶の生成により生じる粒子-溶液間の単位面積あたりの界面エネルギーをσ[J・m^{-2}]とすると，ΔGは式(3・127)で表される。

$$\Delta G=\frac{4}{3}\pi r^3\Delta G_v+4\pi r^2\sigma \qquad (3\cdot127)$$

過飽和条件下では上述のようにΔG_vが負となるため，ΔGとrの関係は図3・52のように極大値を示す。溶質分子の離合集散によって微小な粒子(胚珠：embryo)が溶液中に存在するが，その半径が臨界半径r_c以下の場合には，粒径が減少するほうがΔGが減少しエネルギー的に安定であるため，粒子は溶解する。一方，r_c以上の半径となった粒子は，粒径が増大するほうがエネルギー的に安定になるため，安定な核として存在できる確率が大きくなる。これが一次核発生である。$r=r_c$のとき$\mathrm{d}\Delta G/\mathrm{d}r=0$であることから，式(3・127)

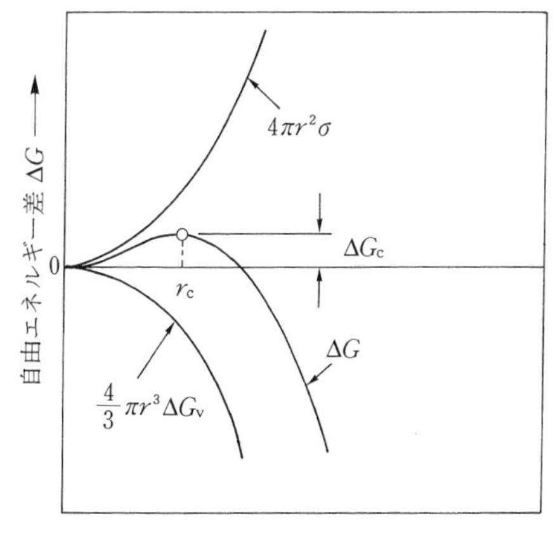

図 3·52　自由エネルギー差 ΔG と粒子半径 r の関係
（化学工学会編，「化学工学便覧 改訂 5 版」，P. 435，丸善(1988)）

より r_c および ΔG_c はそれぞれ式(3·128)および式(3·129)で与えられる。

$$r_c = \frac{-2\sigma}{\Delta G_v} \qquad (3\cdot128)$$

$$\Delta G_c = \frac{16\pi\sigma^3}{3(\Delta G_v)^2} = \frac{4\pi\sigma r_c^2}{3} \qquad (3\cdot129)$$

溶液の過飽和度は，溶質濃度を c，飽和濃度を c^* としたとき，濃度比 $S(=c/c^*)$ あるいは濃度差 $\Delta c(=c-c^*)$ で定義される。粒径と溶解度の関係を与える Gibbs-Thomson の式は，非電解質の場合，$v[\mathrm{m^3 \cdot mol^{-1}}]$ を結晶のモル体積として式(3·130)で表される。

$$\ln\frac{c}{c^*} = \ln S = \frac{2\sigma v}{rRT} \qquad (3\cdot130)$$

式(3·128)，(3·130)より，

$$\Delta G_v = \frac{-2\sigma}{r_c} = -\frac{RT\ln S}{v} \qquad (3\cdot131)$$

したがって，式(3·129)より，

$$\Delta G_c = \frac{16\pi\sigma^3 v^2}{3(RT\ln S)^2} \qquad (3\cdot132)$$

これより，溶液の過飽和度 S が減少すると ΔG_c と r_c が増大するため，一次核発生は起こりにくくなる。また，飽和溶解度 $(S=1)$ のもとでは ΔG_c と r_c は無限大となり，一次核発生は起こらない。不均質核発生は器壁などの固体上で起こるため，σが小さくなり，均質核発生に比較して核発生が容易になる。

核発生速度Jは，自由エネルギーの山ΔG_cを超えて核発生が起こると考え，Arrheniusタイプの式(3・133)で表される。

$$J \propto \exp\left(-\frac{\Delta G_c}{RT}\right) \propto \exp\left(-\frac{16\pi\sigma^3 v^2}{3(RT)^3(\ln S)^2}\right) \qquad (3\cdot133)$$

これより，一次核発生速度が過飽和度Sと界面エネルギーσに大きく依存することがわかる。

(b) 二次核発生

結晶がいったん析出すると，結晶表面に付着した微結晶の離脱，結晶どうしや結晶と撹拌翼の衝突により表面の微結晶がはがれる，などの現象が原因となって二次核発生が起こる。工業的な晶析装置内では数多くの結晶が懸濁している場合が多く，二次核発生が支配的となり，一次核発生はほとんど起こっていない。これらの微結晶が粒子に成長するかどうかは臨界半径r_cに依存するため，二次核発生速度は一次核発生速度と同様に過飽和度の増大につれて大きくなる。図3・53に示すように，準安定域においても二次核発生は起こり得るが，相対的に結晶成長速度が大きく，したがって比較的少数の結晶がより大きく成長することになる。

単位時間あたりの二次核発生個数密度(核発生速度)B^0[$m^{-3}\cdot s^{-1}$]に関する理論は不完全であるが，実験的にはΔcを過飽和度，k_aとaを過飽和度以外の

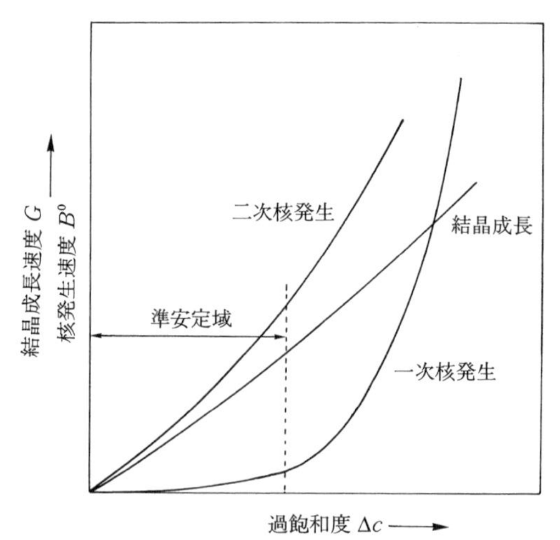

図 3・53 結晶核発生速度の過飽和度依存性の概念図
(日本化学会編，「分離精製技術ハンドブック」，p. 213，丸善(1993))

操作条件(液の撹拌速度，結晶の懸濁密度や装置形状)で決まる定数として式(3・134)で表される。

$$B^0 = k_a (\Delta c)^a \quad (3\cdot 134)$$

B^0の値は以下のように求めることができる。いま，容積V[m^3]の完全混合槽を連続晶析器として用いたMSMPR (mixed suspension mixed product removal)晶析器を用い，流量Q[m^3・s^{-1}]で過飽和溶液が供給され，核発生と成長を経て結晶を含む溶液が同じ流量で排出されているとする。粒径がL～$L+\Delta L$[m]の範囲にある粒子の個数密度を粒径範囲の幅ΔL[m]で割った値を，個数密度関数(ポピュレーションデンシティ)$n(L)$[m^{-1}・m^{-3}]と定義する。ΔLを微小な値dLとしたとき，粒径がLに近い結晶の個数密度は$n(L)\mathrm{d}L$[m^{-3}]で表される。ここで，供給溶液中には結晶が含まれず，結晶核の大きさは0であり，結晶の破損や合体(凝集)が起こらず，さらに結晶の線成長速度G[m・s^{-1}]が結晶粒径によらず一定である(McCabeのΔL則)と仮定する。晶析器内における粒径L[m]の結晶粒子の微小時間Δt[s]内での増加数は，Lよりわずかに小さな結晶(粒径を$L-\mathrm{d}L$とする)が装置内で成長してLとなった結晶の数に等しく，減少数は溶液とともに排出される結晶の数と，成長してL以上の大きさになった結晶の数の和に等しい。したがって，定常状態では，個数収支(ポピュレーションバランス)は式(3・135)で示される。

$$Vn(L-\mathrm{d}L)\mathrm{d}L = Qn(L)\mathrm{d}L\Delta t + Vn(L)\mathrm{d}L \quad (3\cdot 135)$$

ここで$G=\mathrm{d}L/\mathrm{d}t$，$[n(L)-n(L-\mathrm{d}L)]/\mathrm{d}L=\mathrm{d}n(L)/\mathrm{d}L$であり，また$V/Q=\tau$[s]（滞留時間)であるから，式(3・136)が得られる。

$$G\tau = \frac{\mathrm{d}n(L)}{\mathrm{d}L} + n(L) = 0 \quad (3\cdot 136)$$

$L\to 0$のとき$n\to n^0$，すなわちn^0を結晶核($L=0$)の個数密度関数とすると，式(3・137)が得られる[2)]。

$$n = n^0 \exp\left(\frac{-L}{G\tau}\right) \quad (3\cdot 137)$$

実測したデータnをLに対して片対数プロットし図3・54のように直線が得られれば，切片がn^0，勾配が$-1/G\tau$となる。一方，$N(L)$[m^{-3}]を粒径0～Lまでの結晶の個数濃度とすると$n(L)=\mathrm{d}N(L)/\mathrm{d}L$であるから，$L\to 0$のとき$n^0=\lim(\mathrm{d}N/\mathrm{d}t)\cdot(\mathrm{d}L/\mathrm{d}t)^{-1}=B^0/G$より核発生速度$B^0$は$n^0G$で与えられる。

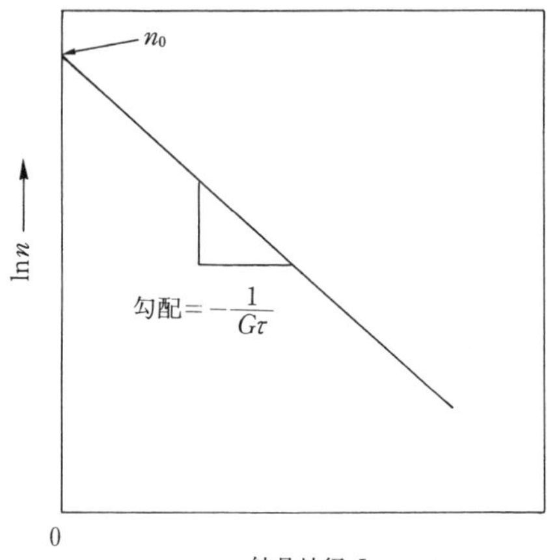

図 3·54　個数密度関数(ポピュレーションデンシティ)プロット
(日本化学会編,「分離精製技術ハンドブック」, p. 213, 丸善(1993))

［**例題 3·12**］　容積 $5.0\times10^{-4}\,\mathrm{m^3}$ の MSMPR 晶析器を用い，液供給速度 $8.2\times10^{-7}\,\mathrm{m^3\cdot s^{-1}}$ で得られた $\ln n$ のデータを L に対してプロットしたところ，切片 37，勾配 -2.6×10^5 の直線で相関することができた。これより核発生速度 B^0 および線成長速度 G を求めよ。

解　滞留時間 τ は $(5.0\times10^{-4})/(8.2\times10^{-7})$ より 610 s であるから，$1/G\tau=2.6\times10^5$ より G は $6.3\times10^{-9}\,\mathrm{m\cdot s^{-1}}$ となる。一方，切片の値より $n^0=\exp(37)=1.2\times10^{16}\,\mathrm{m^{-1}\cdot m^{-3}}$ であるから，B^0 は $7.6\times10^7\,\mathrm{m^{-3}\cdot s^{-1}}$ と見積られる。

3·6·4　結晶成長機構

溶液内における核や粒子は，溶質が結晶表面へ移動し(拡散過程)，続いて結晶格子に溶質が組み込まれる(表面集積過程)ことにより成長する。この二つの過程に分けて考える結晶成長のモデルを 2 ステップモデルとよぶ。結晶近傍の溶質濃度分布を図 3·55 に示す。質量成長速度を $R_G[\mathrm{kg\cdot m^{-2}\cdot s^{-1}}]$ とすると，拡散過程は溶液本体と結晶表面の間の濃度差 $c-c_i$ を推進力とし，物質移動係数 k_d を用いて式(3·138)で表される。

$$R_G=k_d(c-c_i) \tag{3·138}$$

一方，表面集積過程は濃度差 c_i-c^* (c^* は飽和濃度)を推進力とし，k_r および r を表面集積過程の速度定数および次数として式(3·139)で表される。

$$R_G=k_r(c_i-c^*)^r \tag{3·139}$$

また，R_G は，総括結晶成分速度係数 K_G および結晶成長次数 g を用い，過飽和度 $\Delta c\,(=c-c^*)$ の関数として式(3·140)で表される。

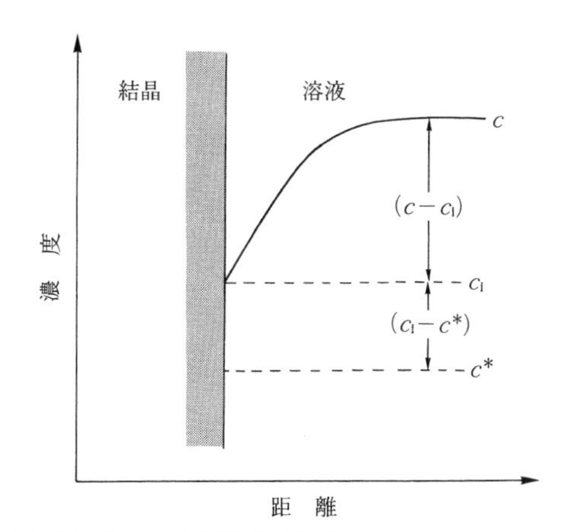

図 3·55　成長中の結晶近傍の溶質濃度分布
(日本化学会編，「分離精製技術ハンドブック」，p. 214，丸善(1993))

$$R_G = K_G(c-c^*)^g \tag{3·140}$$

式(3·139)で $r=1$ とおき，これと式(3·138)から c_i を消去すると式(3·141)が得られる。

$$R_G = \left(\frac{1}{k_d}+\frac{1}{k_r}\right)^{-1}(c-c^*) \tag{3·141}$$

式(3·140)で $g=1$ とおき，式(3·141)と比較すると，これらの速度定数の間には式(3·142)で示される関係があり，右辺の二つの項の大小によって拡散および表面集積の抵抗の大小が示される。

$$\frac{1}{K_G} = \frac{1}{k_d}+\frac{1}{k_r} \tag{3·142}$$

しかし，実際には $r=1$，$g=1$ のケースはまれであり，g は1～2の値をとることが多い。実験的に結晶成長速度を求める方法として，3·6·3項で述べたように，MSMPR晶析器を用いて得られた結晶の個数収支を解析する方法がある。この場合，粒子どうしの凝集や結晶の磨耗の影響などもデータ中に含まれ，より実際の工業晶析に近い条件下でのデータが得られる。

上記の取り扱いでは結晶成長速度は粒径に依存しない(McCabe の ΔL 則)としているが，工業装置内の懸濁結晶の成長速度は粒径の減少とともに低下することがある。これは溶解度が粒径の減少とともに増加する Gibbs-Thomson 効果や，表面集積過程の速度の変化が原因と考えられており，いくつかの経験式が提案されている。また，一般的には結晶の高指数面のほうが低指数面よりも速く成長するが，各結晶面の成長速度は溶媒や不純物により大きな影響を受ける。工業操作においては，過飽和度や温度，pH の制御や溶媒の選択，不純物(晶癖改良剤)の添加により製品結晶の晶癖(結晶構造や形態)の改良が行われる。

オストワルド・ライプニング

Gibbs-Thomson の式(式(3·130))より，結晶粒径が小さくなると溶解度が大きくなる。この現象が現れる粒径は物質によって異なるが，通常サブミクロン(0.1μm)以下の領域で起こる。この効果により，粒径に分布をもつ結晶粒子群が比較的過飽和度の小さい溶液中に懸濁している場合，微小な粒子が溶解して大きな粒子が成長することがある。この現象はオストワルド・ライプニング(熟成)とよばれ，難溶性の塩であるほど顕著に現れ，平均径を大きくするなどの粒度分布の改善に用いられる。

3·6·5 晶析操作における収支関係

晶析操作の場合，物質収支，熱収支の他に，結晶の個数収支を考慮する必要がある。熱収支は，結晶化熱や反応熱，溶液の比熱，蒸発熱などが関与しており，その関係は大変複雑である。物質収支においては，図 3·56 に示すような連続晶析操作を考える場合，溶媒の供給速度を F_s[kg·s^{-1}]，溶媒に対する溶質量の質量比(初期濃度)を c_f，操作中に蒸発させる溶媒の蒸発率を R_{se}，溶液の排出速度を E[kg·s^{-1}]，結晶生産の速度を P[kg·s^{-1}]とすると，全物質収支は式(3·143)で与えられる[3]。

$$F_s + F_s c_f = F_s R_{se} + E + P \tag{3·143}$$

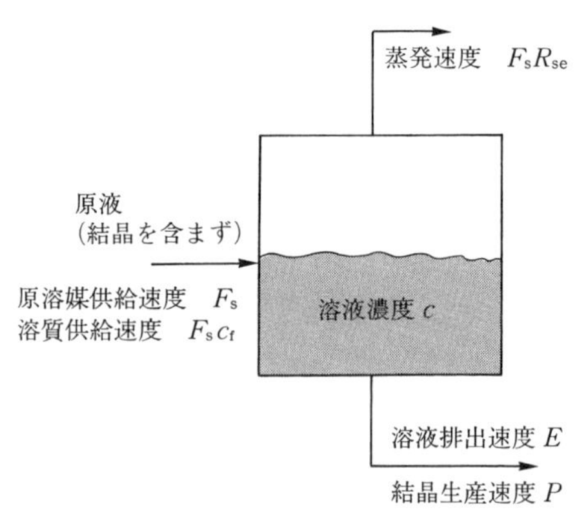

図 3·56 連続晶析における物質収支
(長浜邦雄監修，「高純度化技術大系 第2巻 分離技術」，p. 581，フジ・テクノシステム(1997))

E は単位時間あたりに排出させる溶液中の溶媒量と残留溶質量の和であり，排出溶液中の残留溶質量の溶媒に対する質量比(溶液濃度)を c とすると，

$$E = F_s(1 - R_{se}) + F_s(1 - R_{se})c \tag{3·144}$$

式(3·143)と式(3·144)より，

$$P = F_s c_f - F_s(1 - R_{se})c \tag{3·145}$$

これより，結晶の収率 $Y(= P/F_s c_f)$は，

$$Y = \frac{c_f - (1 - R_{es})c}{c_f} \tag{3·146}$$

質量基準の結晶懸濁密度 TS[kg-結晶·(kg-溶液)$^{-1}$]は，

$$TS = \frac{P}{F_s(1 + c_f - R_{se})} = \frac{c_f - (1 - R_{es})c}{1 + c_f - R_{se}} \tag{3·147}$$

となる。以上の取り扱いは連続操作の場合であるが，F_s を初期溶媒量[kg]，E を最終溶液量[kg]，P を結晶析出量[kg]に置き換えれば，式(3·143)から式(3·147)はそのまま回分操作にも適用できる。また，上記は無水塩が析出する場合であり，含水塩の場合は修正が必要となる(問題 3·17 参照)。

個数収支は，定常運転されている MSMPR 晶析器を想定し，粒度分布を与える式(3·137)を積分する。単位体積あたりの懸濁結晶の総数 N_T[m^{-3}]が得られる。

$$N_T = \int_0^\infty n\mathrm{d}L = n^0 G\tau = B^0\tau \tag{3·148}$$

個数に基づいた結晶の平均粒径 $\bar{L}_N$ はすべての結晶の長さの合計を N_T で割ったものに等しいと考えれば，式(3·149)で与えられる。

$$\bar{L}_N = \frac{1}{N_T}\int_0^\infty Ln\mathrm{d}L = G\tau \tag{3·149}$$

式(3·149)は，線成長速度 G で時間 τ だけ装置内に滞留すると，結晶の平均粒径が $\bar{L}_N$ になることを示している。晶析装置の容積 V[m^3]は，製品結晶の平均粒径 $\bar{L}_N$，つまり滞留時間 τ が与えられた場合，ρ[kg·m^{-3}]を溶液密度として式(3·150)で計算できる。

$$V = \frac{P\tau}{(TS)\rho} \tag{3·150}$$

ただし，MSMPR 晶析器は結晶・溶液とも完全混合であるのに対し，工業的な晶析装置ではピストン流である場合も多く，適用には注意を要する。

回分操作の場合，種晶(核となる結晶)を外部より添加して成長させる操作においては結晶個数は不変とみなせる。核発生が起こる場合は，核発生速度・成

長速度とも時間とともに変化する非定常過程であるため，取り扱いは非常に複雑となる。

3･6･6 晶析装置の分類と特徴

工業的な晶析装置においては，過飽和溶液内で発生させた核あるいは外部より添加した種晶を懸濁状態で所定の粒径まで成長させるのが普通であり，装置形式や流動形式，過飽和の生成法などの異なる多くの装置が開発されている。回分装置は，冷却，蒸発，反応，加圧などにより安定核を発生させたのち，核発生を抑制するために過飽和状態を制御することが比較的容易であり，均一な粒子を得る操作に適している。半回分装置を用いる場合は，一般には溶液は連続式，結晶は回分式の操作となる。連続装置は過飽和の生成法のほか，装置内における結晶と溶液の分布の状態が均一(完全混合)状態であるか，分級状態(大きさによる分布や濃度分布が存在する状態)であるかによって分類できる。

冷却は通常，伝熱管または反応器周囲のジャケットを通して行われるが，比較的スケーリング(装置壁への結晶の析出)が起こりやすい。真空蒸発式では真空装置を用いて溶媒を蒸発させることにより，溶液の濃縮と同時に溶媒の蒸発潜熱による冷却が行われるため，高過飽和度が期待できる。真空蒸発式の代表的な晶析装置を以下に示す。

DTB(draft tube baffle)型晶析装置(図3･57)はドラフトチューブとバッフルをもち，溶液と結晶がともに内部循環する。原料は撹拌翼の下に供給・混合されたのちドラフトチューブ内を上昇して上部で高過飽和となり，下降しながら結晶が成長する。所定の大きさに成長した結晶は循環流からはずれ，装置底部の分級脚より取り出される。DTB型装置は冷却晶析や反応晶析にも適用できる。またドラフトチューブの外側にも撹拌翼を備えたDP(double propeller)型晶析装置も開発されている。これらの装置では，結晶の分級は行われない。

クリスタル-オスロ型晶析装置(図3･58)では，高過飽和度で結晶を発生させる蒸発部と低過飽和度の結晶成長部が機械的に分離され，下降管でつながれている。また，装置内の結晶は成長と同時に分級され，大きな結晶は下部に，小さな結晶は上部に集まる。そのため，均一で大きな結晶を製造するのに適している。

逆円錐型晶析装置(図3･59)はクリスタル-オスロ型の改良型であり，装置内における空間率の分布をなくし装置内結晶の平均懸濁密度を大きくするため，装置形状を逆円錐型にしている。装置容積あたりの生産量が大きく，より均一な結晶が得られる。

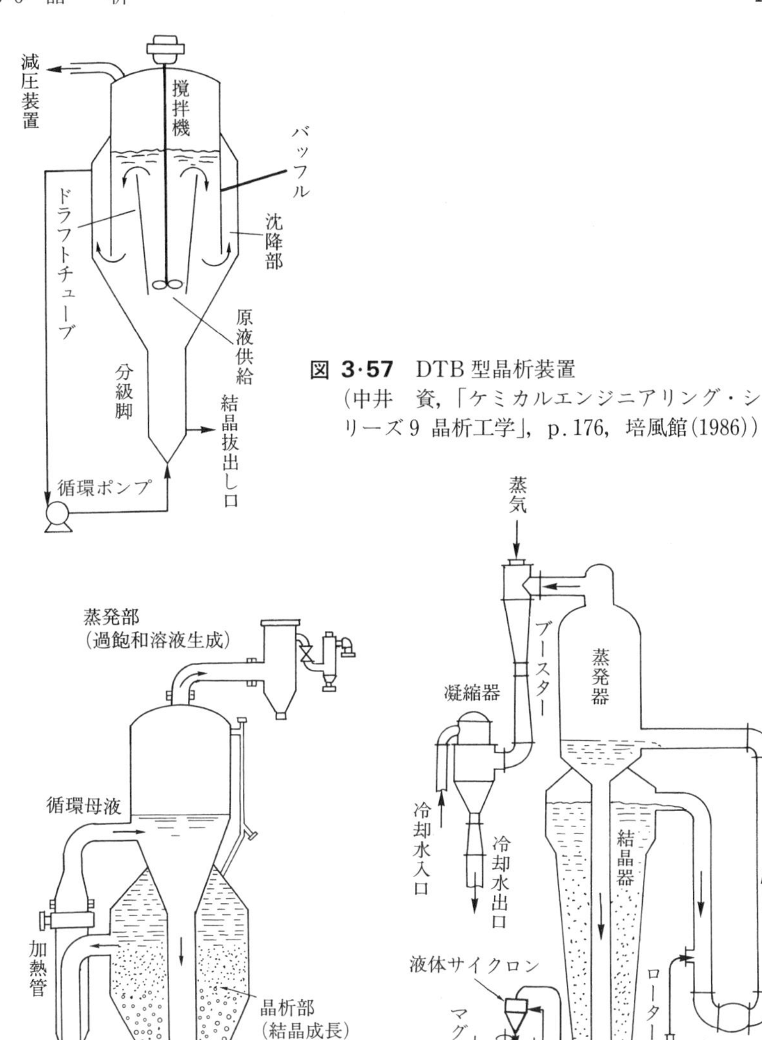

図 3·57　DTB 型晶析装置
(中井　資,「ケミカルエンジニアリング・シリーズ9 晶析工学」, p. 176, 培風館(1986))

図 3·58　クリスタル-オスロ型晶析装置
(工業操作シリーズ No. 14 改訂増補 晶析」, p. 63, 化学工業社(1974))

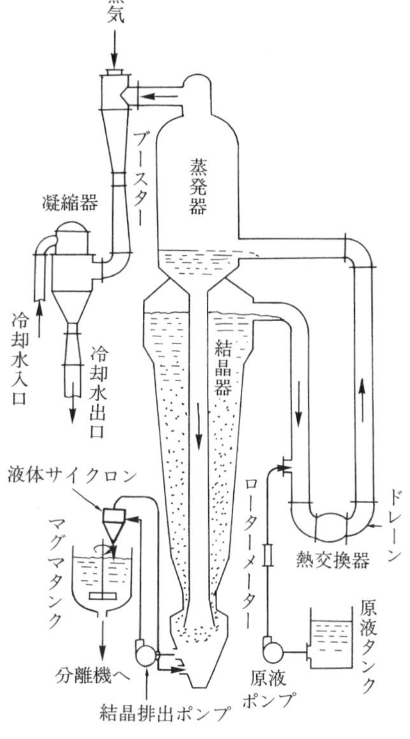

図 3·59　逆円錐型晶析装置
(中井　資,「ケミカルエンジニアリングシリーズ9 晶析工学」, p. 176, 培風館(1986))

3·6·7　晶析に関する最近の展開

Czochralski 法は半導体産業で不可欠な単結晶シリコンウェハーの作成に用いられている。化学プロセスで高純度化されたシリコン粉体を，高温のルツボ中で溶融し，液面に種晶となる単結晶片を接触させる。これを回転させながらゆっくりと引き上げることにより，シリコンは高純度の単結晶として柱状に成長する。これをスライスしたものがシリコンウェハーである。

化学反応によって過飽和状態にする(不溶性の物質を生成する)ことにより晶析を行う方法を反応晶析という。気相中での化学反応による固体の析出はCVD(chemical vapor deposition)法とよばれ，薄膜や微粒子の製造，なかでもLSI(集積回路)の微細な素子回路の形成に用いられている。

[この節に関する演習問題は187ページに掲載してある。]

参考文献

1)　J. W. Mullin: "Crystallization, 3rd Ed", p. 172, Butterworth-Heinemann, Oxford (1993).
2)　A. D. Randolf and M. A. Larson: "Theory of Particulate Processes, 2nd Ed", Academic Press, New York (1988).
3)　C. E. Moyer, Jr. and R. W. Rousseau: "Crystallization Operation" in "Handbook of Separation Process Technology", edited by R. W. Rosseau, p. 607, John Wiley & Sons, New York (1987).

3·7　膜分離

近年，省資源および省エネルギーの観点から，膜を用いて混合物から特定成分を選択的に分離する技術が急速に発展してきた。現在では膜は沪過操作から医療分野まで多くの分野で広く利用されている。ここでは，膜分離の基礎と種々の膜を用いた分離操作について述べる。

3·7·1　種々の膜分離法と分離膜

表3·13に種々の膜分離法と対応する分離対象物質の大きさ，分離機構，応用例などを示した。膜透過に用いられる推進力としては，圧力差，濃度差(化学ポテンシャル差)，電位差などがあり，これらを表3·13に併せて示した。

限外沪過(ultrafiltration)による分離の原理は主にその粒子の大きさに基づくものであり，分子量が約千から百万までの物質を分離できる。すなわち，細菌，コロイド物質や粒状物質は膜により阻止され透過しないが，膜の細孔径より小さい溶質や溶媒ならびに粒子は膜を透過するので，高分子量物質の分離濃

表 3·13 いろいろな膜分離法

分離法	分離対象物質の大きさ	分離の推進力	分離機構	透過物質／残留物質	応用例
精密沪過	30～10^4 nm	圧力差（10～100 kPa）	ふるい効果	水および溶解物質／懸濁粒子（シリカ・細菌など）	工業用超純水の製造，ワイン・ビールなどの無菌沪過
限外沪過	2～10^4 nm	圧力差（50～1000 kPa）	ふるい効果	水と塩／細菌，コロイド高分子	工業用超純水の製造，ウィルスの分離，血液タンパク質の単離，酵素・ホルモンの濃縮・精製
透析	0.4～100 nm	濃度勾配	溶解拡散機構（拡散係数の差）	イオンおよび低分子量有機物／分子量1000以上の分子懸濁物質	人工腎臓などの医療分野，化学工業・薬品工業・食品工業における高分子物質と低分子物質の分別
電気透析	0.4～100 nm	電位勾配	Donnan 排除効果（イオンの電荷・符号による選択的膜透過）	イオン／高分子物質および非イオン性物質	海水の濃縮，塩水の脱塩，メッキ工業の重金属イオンの回収，ワインからの酒石酸回収
逆浸透	0.4～60 nm	圧力差（0.5～6 MPa）	塩などの溶質の物理化学的排除	水／懸濁物質および溶解物質	海水・塩水の脱塩，インスタントコーヒーの製造，工業用脱イオン水の製造
気体分離	0.23～1 nm	濃度勾配 分圧差	溶解拡散機構 Kundsen 拡散機構	気体および蒸気／膜を透過しにくい気体，蒸気	酸素富化，窒素富化，メタン-二酸化炭素の分離，天然ガスからのヘリウム回収
浸透気化	0.23～1 nm	濃度勾配 蒸気圧差	溶解拡散機構（分配係数の差）	膜に溶解しやすい物質／膜に溶解しにくい物質	共沸混合物の分離，純水製造，工業排水の有価成分回収

縮ができる。このような効果をふるい効果といい，精密沪過(microfiltration)による分離もこの機構に基づいている。また，逆浸透法(reverse osmosis method)は溶媒と約60nm以下の溶質の分離に用いられる。このように一般的な膜分離は主として溶液中から粒子を分離する場合が多い。精密沪過膜，限外沪過膜および逆浸透膜はいずれもこの目的を達成できる膜である。

孔径が数nm～10μm程度の貫通孔を多数有する膜を多孔性膜といい，一方，明確な孔を有しない膜を非多孔性膜という。非多孔性膜においては，溶質は膜を形成する分子の間隙に溶解し，つづいて膜内を拡散しながら透過する。このような機構を溶解拡散機構(solution-diffusion mechanism)という。膜に対する溶質の親和性，すなわち分配係数の差および膜内での拡散性の差によって分離がおこる。透析膜，ガス分離膜による分離はこの機構に基づいている。電気透析(electrodialysis)ではイオン交換膜(ion exchange membrane)を用いる。イオン交換膜は膜の固定電荷と反対符号の電荷をもつ溶質を選択的に取り込み，これとは逆に同符号の電荷の溶質を静電的反発により排除する。この効果をDonnan排除という。なお，溶質が膜を透過する場合を透析(dialysis)，溶媒が透過する場合を浸透(osmosis)とよぶ。

以下に限外沪過膜，逆浸透膜，透析膜およびガス分離膜による分離について具体的に述べる。

3･7･2　限外沪過膜

(a)　阻止率と分画分子量

限外沪過に用いられる膜として酢酸セルロースなどのセルロース系のもの，ポリスルホン，ポリアクリロニトリルなどの合成高分子系のもの，およびセラミックスなどの無機系の膜がある。膜の性能評価の目安としては，どの程度の大きさの溶質が膜を透過するかが判断基準となる。種々の分子量の溶質を選んで膜透過の測定を行う。透過しない最小の溶質の分子量を分画分子量というが，膜の阻止性能は分画分子で評価される。分画分子量は分子量既知の標準物質の膜透過実験を行って，式(3･151)で定義されるみかけの阻止率R_{obs}を求めることによって得られる。ここで，C_pおよびC_bはそれぞれ透過液中および原液中の透過物質濃度である。

$$R_{obs}=1-\frac{C_p}{C_b} \tag{3･151}$$

図3･60に限外沪過膜の分子量と阻止率の関係の例を示した。普通，阻止率が90％程度の溶質の分子量を分画分子量としている。

(b) 濃度分極と透過速度式

図3・61に膜内および膜近傍の輸送現象を示した。流れによって膜面に運ばれた溶質は，膜によって透過を阻止され膜近傍に蓄積するために，膜面での濃度がバルク濃度よりも大きくなる($C_m > C_b$)。この現象は濃度分極(concentration polarization)とよばれる。以下に限外沪過膜による輸送現象について説明する。

膜近傍の境膜内の透過物質の物質収支をとると式(3・152)となる。

$$J_s = CJ_v - D\frac{dC}{dz} \tag{3・152}$$

ここで，J_s[mol・m^{-2}・s^{-1}]は溶質のモル流束，J_v[m^3・m^{-2}・s^{-1}]は透過液の体積流束であり，zは境膜内の距離を表す。また，J_sは式(3・153)で表される。

$$J_s = C_p J_v \tag{3・153}$$

この関係を式(3・152)に代入して$z=0\sim l$，$C=C_b\sim C_m$の範囲で積分すると

$$\frac{C_m - C_p}{C_b - C_p} = \exp\left(\frac{lJ_v}{D}\right) = \exp\left(\frac{J_v}{k_L}\right) \tag{3・154}$$

ここで，lは境膜厚さ，$k_L = D/l$は物質移動係数，単位は[m・s^{-1}]である。k_Lが既知であると式(3・154)よりC_mが求められ，式(3・151)のC_bをこのC_mに置き換えると真の阻止率Rが求められる。

$$R = 1 - \frac{C_p}{C_m} \tag{3・155}$$

一般に高分子量物質を限外沪過すると濃度分極現象により膜面における濃度がしだいに大きくなり，この濃度がゲル化濃度に達すると，膜面にゲル層とよ

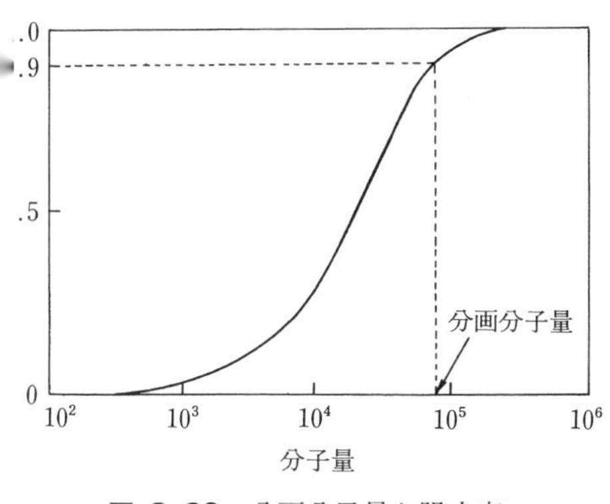

図 3・60 分画分子量と阻止率

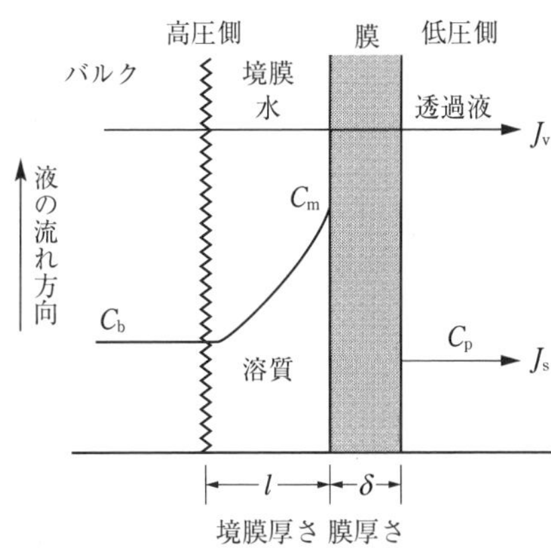

図 3・61 膜沪過法における輸送現象

ばれる非流動性の層が形成される。ゲル層は大きな透過抵抗をもつために透過流束は著しく減少する。ゲル層が形成されると，さらに圧力を増加させてもゲル層の厚みが増加するだけで，透過流束は増加しない。このときの流束を限界流束といい，式(3･154)において C_m をゲル濃度 C_g に置き換えることによって与えられる。

さて，膜透過の輸送方程式から透過液の体積流束 J_v と溶質のモル流束 J_s はそれぞれ式(3･156), (3･157)で表される。

$$J_v = L_p(\Delta P - \sigma\Delta\pi) \tag{3･156}$$

$$J_s = P(C_b - C_p) + (1-\sigma)\bar{C}_s J_v \tag{3･157}$$

ただし，$\bar{C}_s$ は膜内の平均溶質濃度である。上式中，L_p は純水の透過係数(permeability)，P は溶質の透過係数である。また σ は反射係数であり，溶質を通さず溶媒のみが透過する完全な半透膜では $\sigma=1$，溶質，溶媒とも非選択的に通す膜では $\sigma=0$ となる。以上三つの係数が膜性能を表す輸送係数である。なお，ΔP は操作圧力差，$\Delta\pi$ は浸透圧差であるが，圧力の増加により J_v が増加すると真の阻止率も増加し，その値は反射係数に収束してくる。このことを利用して σ を求めることができ，また L_p は純水の膜透過実験より式(3･156)で $\Delta\pi=0$ として求めることができる。

(c)　膜モジュール

実用に供される膜分離装置のユニットをモジュールという。現在，実用化されている限外沪過モジュールとして以下の 4 種類が知られている。

（1）　平膜モジュール：平膜を多数重ねた構造で，内部で薄層流となり，高いせん断力が得られる。

（2）　管型モジュール：内径約 5～20 mm，長さ約 2～3 m の管状の分離膜を 20 本程度円筒容器に装置したもの。

（3）　スパイラルモジュール：図 3･62 に代表的なスパイラルモジュールを示す。平膜をのり巻き状に巻いたもので，大きな膜面積が得られる。膜と膜の間にはスペーサーが挿入されており膜どうしの接触を防いでいる。

（4）　中空糸膜モジュールおよびキャピラリー膜モジュール：図 3･63 に代表的な中空糸膜モジュールを示した。内径が 0.5 mm 以下の毛管状の中空糸膜を束ねて用いており，きわめて大きな膜面積が得られる。キャピラリー膜モジュールには内径が 0.5～5 mm ほどの中空糸膜が用いられている。

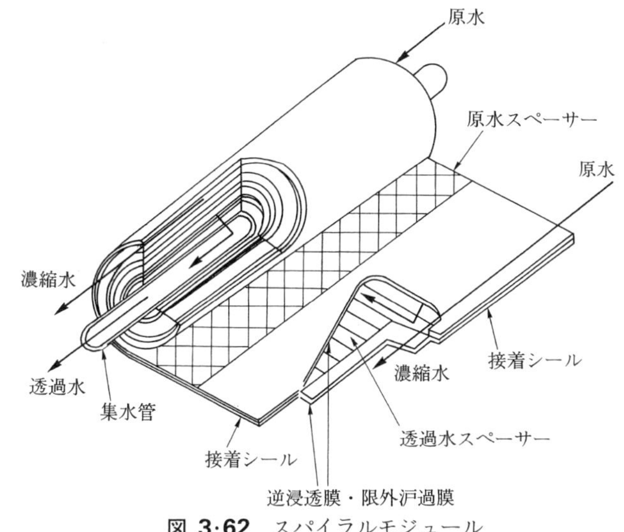

図 3·62 スパイラルモジュール

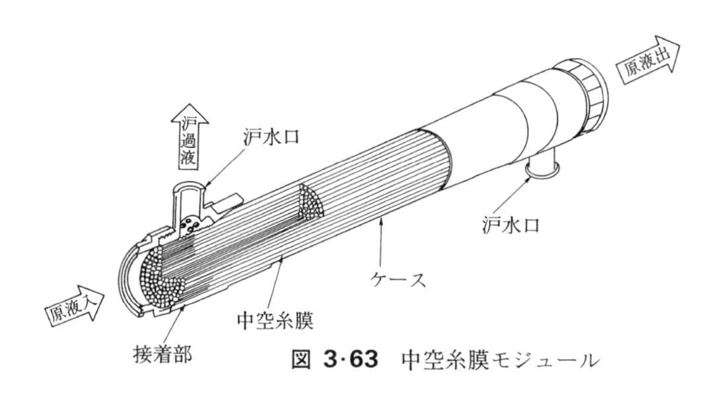

図 3·63 中空糸膜モジュール

沪過方法には，原液を膜面に沿って流すクロスフロー方式と原液を流さない沪過方式とがある。クロスフロー方式は流れに起因するせん断力により膜表面でのゲル層の形成を抑制できる点で優れており，連続式限外沪過プロセスはもとより回分式プロセスにおいても，ゲル層の付着を避けるためにモジュール内に原液を高流速，クロスフロー方式で循環する方法が採用されている。

3·7·3 逆浸透膜

図 3·64 に示したように，溶媒は透過するが溶質は透過させない膜(半透膜，反射係数 $\sigma=1$)では，純溶媒側から溶液側へ溶媒のみが移動する(正浸透)。その結果，溶液側の水位が上昇し，浸透平衡に達する。この水位上昇分に相当す

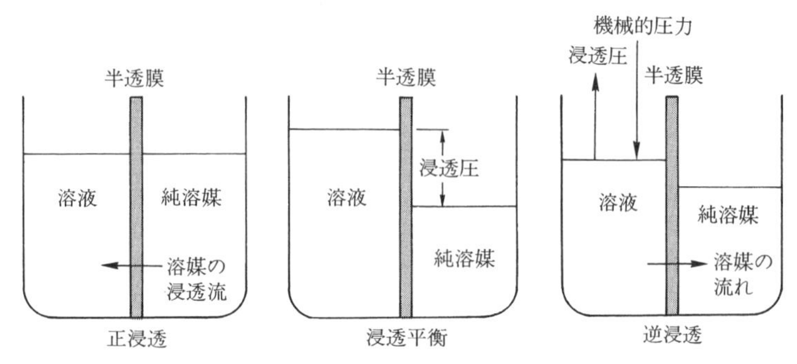

図 3·64　逆浸透法による分離の原理

る圧力を浸透圧($\Delta\pi$)という。そこで溶液側の圧力をこの浸透圧以上に上げると溶液中の溶媒が純溶媒側に移動する。この現象を逆浸透という。このときの溶媒の体積流束は式(3·156)で表される。

逆浸透膜は分離機能を発現する超薄膜層(緻密層)とこれを支持する機械的強度の大きい多孔性膜からなっているが，このような構造を有する膜を非対称膜という。図 3·65 に非対称膜の断面図を示したが，このような膜は相転換法により酢酸セルロースなどから製造されている。その他，多孔性膜の表面に別の材質の緻密層を被覆するなどして作製される複合膜も用いられている。

次に逆浸透膜内の輸送現象について簡単に述べる。水は機械的圧力差から浸透圧差を引いた有効圧力差を推進力として膜を透過し，溶質は膜への溶解拡散によって膜を透過すると考えると，輸送方程式は限外沪過膜の場合と同じ式(3·156)，(3·157)が用いられる。ただし，式(3·157)は式(3·158)で表されることが多い。

$$J_s = \omega\Delta\pi + (1-\sigma)\bar{C}J_v \tag{3·158}$$

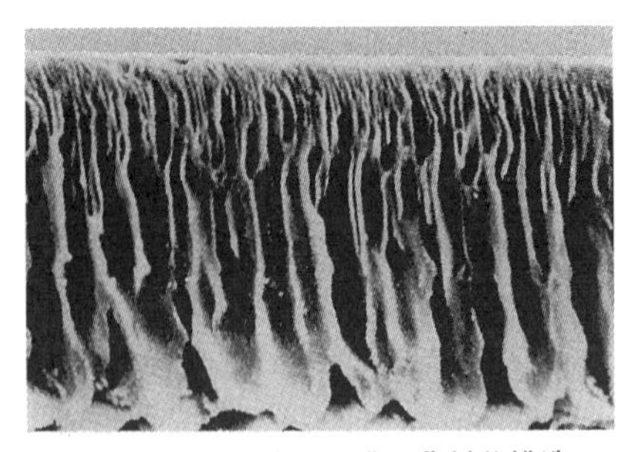

図 3·65　限外沪過膜の非対称構造

ここで，ω は溶質の透過係数であり，$\bar{C}$ は溶質の膜内平均濃度である。

溶液および溶質の透過係数 L_p および ω は条件により変化し，一般的に圧力の増加とともに L_p, ω はいずれも減少する。

逆浸透膜モジュールは，基本的には限外沪膜モジュールと同じであるが，主としてスパイラルモジュール，中空糸型モジュールが用いられている。後者は，外径 40～200 μm，厚さ 10～50 μm の中空糸(hollow fiber)状の逆浸透膜を数十万本束ねて圧力容器に収めたものである。原料は中空糸の外側に沿って流れていく間に，水だけが膜を透過して中空糸の内側に入り，その中を通ってモジュール外部に排出される。

[例題 3·13] 酢酸セルロース膜を用いて純水の透過実験を 25℃，操作圧力差 4.0 MPa で行ったところ，透過流束が $0.86\,\mathrm{m^3 \cdot m^{-2} \cdot d^{-1}}$ であった。同じ条件下で 0.36 wt% の食塩水を逆浸透処理したとき，透過流束が $0.80\,\mathrm{m^3 \cdot m^{-2} \cdot d^{-1}}$，阻止率が 97% であった。純水の透過係数 L_p および溶質の透過係数 ω を求めよ。なお，NaCl の分子量を 58.44 とする。

解 純水($\Delta\pi=0$)の透過実験の結果を式(3·156)に適用すると

$$L_p = 0.86/4.0 = 0.215\,\mathrm{m^3 \cdot m^{-2} \cdot d^{-1} \cdot MPa^{-1}}$$

を得る。次に式(3·153)および式(3·158)より，$\sigma=1.0$ を仮定すると

$$J_s = J_v C_p = \omega \Delta\pi$$

となる。次に $\Delta\pi$ を求める。日本化学会編：[化学便覧 基礎編 II 改訂 3 版]，p. 465 丸善(1989)より，0.36 wt% の食塩水溶液の浸透圧を求めると

$$\Delta\pi = 0.292\,\mathrm{MPa}$$

となる。したがって，

$$\begin{aligned}\omega &= (0.80 \times 0.36 \times 10^{-2} \times 0.03/58.44) \times 10^6/(0.292 \times 0.97)\\ &= 5.22\,\mathrm{mol \cdot m^{-2} \cdot d^{-1} \cdot MPa^{-1}}\end{aligned}$$

を得る。

3·7·4 透析膜

透析とは，膜両面の濃度差を推進力として溶質が移動する現象である。この物質移動と同時に，浸透圧差に基づく溶媒の移動が透析とは逆方向に生じる。透析法が工業的に初めて使われたのは，ビスコースレーヨン工業におけるアルカリ回収であった。その他，陰イオン交換膜を通して金属イオンを含んだ酸性水溶液から酸を回収するためにも透析が用いられている。医療用としても人工腎臓などへ透析は多方面で使用されており，現在では分離に用いられる膜の約 80% が血液透析膜である。

(a) 血液透析

血液透析膜の素材はセルロース系と合成高分子系に大別される。前者では酢

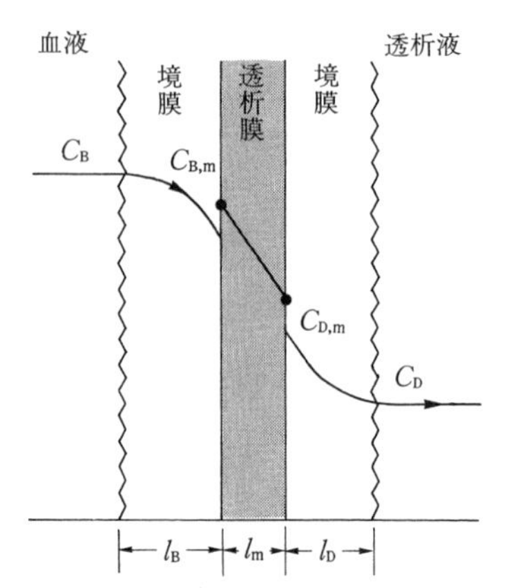

図 3·66　透析膜近傍の濃度分布

酸セルロースが，後者ではポリスルホン，ポリメチルメタクリレートなどが用いられているが，最近では後者の比率が高くなっている。

次に透析膜内の輸送現象について簡単に述べる。図 3·66 に透析膜近傍の濃度分布を示した。流束 $J\,[\mathrm{mol\cdot m^{-2}\cdot s^{-1}}]$ は式(3·159)で表される。

$$J = K\Delta C \tag{3·159}$$

ここで，$\Delta C\,(=C_B - C_D)$ は濃度差であり，$K\,[\mathrm{m\cdot s^{-1}}]$ は総括物質移動係数である。溶質分子量の大きい分子量ほど膜抵抗は大きくなり，すなわち K は小さくなり透過しにくくなる。透析の膜モジュールとしては主に中空糸膜モジュールが用いられており，モジュールで血液と透析液は向流方式で操作される。

(b) 電 気 透 析

膜透過の推進力として電位勾配を利用するのが電気透析である。図 3·67 に示したように，電気透析では陽イオン交換膜と陰イオン交換膜を一対として多数配置し，両端に電場をかけてイオン性物質の濃縮，除去あるいはイオン性物質と非イオン性物質の分離を行う。陽イオン交換膜は負の電荷を有するスルホン酸基が膜に結合している。したがって陽イオン交換膜内に入るのはほとんど陽イオンのみである。膜の両側に電場をかければ膜内の陽イオンは水和した水分子とともに陰極側に移動して陽イオンの選択的透過がおこる。陰イオン交換膜は 4 級アンモニウムイオン基のような正の固定電荷を有し，陰イオンを選択的に透過させるので，図 3·67 に示すように陽イオン交換膜と組み合わせて使用することにより，塩の濃縮や脱塩が可能となる。

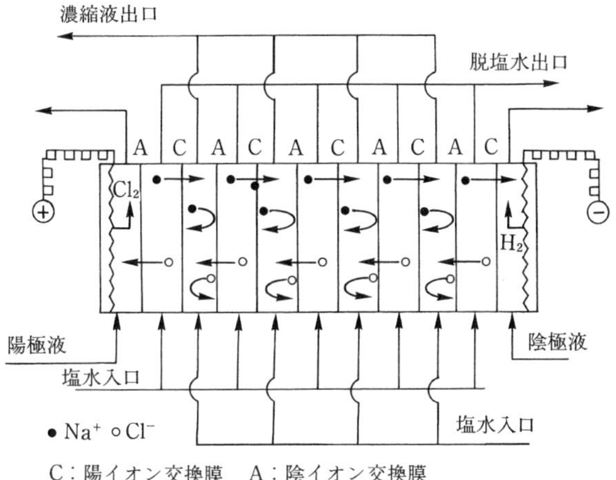

図 3·67 電気透析の原理

3·7·5 ガス分離膜

以前からゴム膜が各種の気体を透過させることは知られていたが，最近では合成高分子膜を用いたガス分離の研究が盛んに行われるようになっている。これまでに空気からの O_2, N_2 の分離濃縮，工場廃ガス中からの H_2 の回収，天然ガス中からの CO_2, He の分離などが試みられている。ガス分離に用いられる膜は，先に述べた多孔性膜と非多孔性膜に分けられる。

多孔性膜では，その細孔中を気体が Knudsen 拡散により透過するときの速度差によって分離できる。Knudsen 拡散とは気体分子がその平均自由行程より小さい径の細孔内を拡散する現象をいう。Knudsen 拡散係数は気体の分子量の平方根に反比例するので分子量の差により分離ができるが，選択性はあまり望めない。これに対して非多孔性高分子膜では，気体は高圧側で膜に溶解し，つづいて膜内を拡散し，最後に低圧側で放出されて透過するので，透過は気体分子と高分子膜との相互作用に依存し，透過ガスの分子の大きさのみに依存しない。適切な脱材質を選択してガスの溶解性，拡散性を抑制することにより，多孔性膜と比較して大きな選択性を得ることができるが，透過性は一般に小さい。したがって薄膜化することにより透過速度の促進がはかられている。

3·7·6 膜分離技術の医療への貢献

膜分離技術は，先に述べたように血液透析に関連して医療へ多大な貢献をしている。血液透析器には中空糸膜が用いられる。膜に要求される性能として

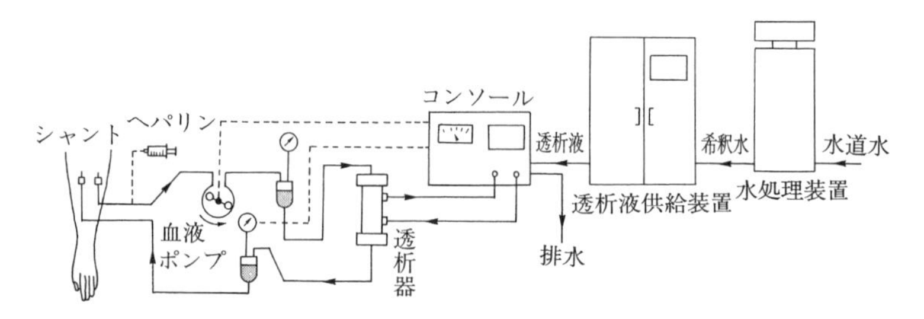

図 3･68　中空糸膜型血液透析器と血液の体外循環

は，優れた生体適合性ならびに滅菌しやすいこと，その他に物質透過性が大きいこと，水透過性が適度にあること，および機械的強度が十分あること，などが挙げられる。血液透析器に用いられる中空糸は，内径が 150～300μm で，4000～14000 本をプラスチック容器内に固定し，図 3･63 に示したような中空糸膜モジュール型にする。図 3･68 に中空糸膜型血液透析器による血液の体外循環の様子を示した。中空糸の内側に血液，外側に透析液を流して，血液中の尿素，クレアチニン，尿酸などの老廃物を除去することにより，人工腎臓の機能を果たす。わが国の人工透析患者数は年々増加し，2018 年では約 34 万人に達し，人口 100 万人あたりの患者数は約 2700 人である。

人工腎臓のように血液を体外に取り出して治療を行う方法を体外循環療法といい，この他にも人工肺，人工心臓などがある。

体外式膜型人工肺(ECMO)にも中空糸膜が使われている。人工肺用の中空糸膜には，通常内径が 0.2～0.3mm 程度のポリプロピレン素材のものが用いられている。体外循環装置により血液を中空糸の内側に流し，空気と酸素の混合ガスを外側に流すことにより膜を介して酸素と二酸化炭酸の交換を行うものである。人工肺は重症呼吸不全または重症心不全患者の治療に使用されている。2009 年の H1N1 インフルエンザ，2020 年の新型コロナウィルス(COVID-19)による重症呼吸不全患者への有用性が報告されており，治療への ECMO 施行数は年々増加傾向にある。

[この節に関する演習問題は 187 ページに掲載してある。]

3･8　調湿・冷水・乾燥

3･8･1　はじめに

調湿(air conditioning)とは空気の温度，湿度を調節する操作であり，化学工業をはじめとする多くの工業プロセスにおいて，作業室の空気の温度や湿度の調節，乾燥操作に適した空気の調製などに用いられている。調湿操作において，湿度を増加させる操作を増湿(humidification)，逆に湿度を低下させる操作を減湿(dehumidification)という。また，種々の工業プロセスにおいて冷却用に使用した水を冷却水として再利用するためには，冷水塔を用いて水温を下げる必要がある。この冷水操作(water-cooling operation)では，通常，水を空気中に蒸発させてその気化熱を水から奪って水温を下げる。

乾燥(drying)は，水分(有機溶剤の場合もある)を含む材料に熱を加えて水分を蒸発させる操作である。これら調湿，冷水，乾燥操作は，空気-水間で熱移動と物質移動が同時に起こる熱と物質の同時移動(simultaneous heat and mass transfer)として取り扱うことができるので，増湿や冷水操作は分離操作ではないが，ここで述べることにする。

3・8・2　湿り空気の物性

空気-水接触操作では空気の物性が重要な因子となるので，まず，空気の物性について述べる。水蒸気を含まない空気を乾燥空気，水蒸気を含む空気を湿り空気という。乾燥空気 1 kg あたりに含まれる水蒸気の質量を湿度(humidity)といい，H[kg-水蒸気・(kg-乾燥空気)$^{-1}$]で表す。全圧を P_T，水蒸気分圧を p とすると，H は式(3・160)で表される。

$$H=\frac{M_{H_2O}}{M_{air}}\frac{p}{P_T-p}=\frac{18}{29}\frac{p}{P_T-p}=0.621\frac{p}{P_T-p} \qquad (3\cdot160)$$

M_{H_2O}, M_{air} はそれぞれ，水，空気の分子量である。空気中の水蒸気分圧 p が空気の温度における飽和水蒸気圧 p_S に等しいとき，その空気を飽和空気という。飽和空気の湿度，すなわち飽和湿度 H_S は式(3・161)で表される。

$$H_S=0.621\frac{p_S}{P_T-p_S} \qquad (3\cdot161)$$

また，関係湿度(relative humidity) Ψ[%]は式(3・162)で定義される。気象情報で用いられる湿度は，関係湿度のことである。

$$\Psi=\frac{p}{p_S}\times100 \qquad (3\cdot162)$$

水蒸気分圧が p の不飽和空気を冷却していくと空気温度に対応する飽和蒸気圧 p_S が減少し，ある温度で p に等しくなる。この温度を露点(dew point)とよび t_d で表す。この温度以下では水蒸気は凝縮する。

なお，飽和水蒸気圧 p_S[kPa]と水温 t[°C]の関係は，式(3・163)で表される。

$$\log(p_s/\text{kPa}) = 7.2117 - \frac{1740.27}{t/^\circ\text{C} + 234.3291} \qquad (3\cdot163)$$

湿度 H の空気 $(1+H)$ kg を温度 1 K だけ上げるに要する熱量 C_H[kJ・(kg-乾燥空気)$^{-1}$・K^{-1}]を湿り比熱容量とよぶ。C_H は式(3・164)で表される。

$$C_H = C_{air} + C_{H_2O}H = 1.02 + 1.89H \qquad (3\cdot164)$$

C_{air}, C_{H_2O} はそれぞれ，乾燥空気，水蒸気の比熱容量[kJ・kg^{-1}・K^{-1}]であり，その概略値として式(3・164)では 0〜200℃の平均値を用いている。また，温度 t℃，湿度 H の空気 $(1+H)$ kg の体積 v_H[m^3・(kg-乾燥空気)$^{-1}$]を湿り比容という。

$$v_H = 22.4\left(\frac{1}{29} + \frac{H}{18}\right)\frac{273+t}{273} \qquad (3\cdot165)$$

温度 t℃，湿度 H の湿り空気のエンタルピー i[kJ・(kg-乾燥空気)$^{-1}$]は，0℃，大気圧の乾燥空気と 0℃の液状の水を基準とすると，式(3・166)で表される。r_0[kJ・kg^{-1}]は 0℃の水の蒸発潜熱である。

$$i = C_H t + r_0 H = C_H t + 2\,500H \qquad (3\cdot166)$$

3・8・3 熱と物質の同時移動

(a) 湿 球 温 度

図 3・69 に示すように，水滴が温度 t，湿度 H の大量の空気流中にあるとき，水滴の温度は，空気から水滴へ移動した熱量が水の蒸発に要する熱量とつり合う水温 t_W に達し一定になる。t_W をその空気に対する湿球温度(wet-bulb temperature)という。このとき，水滴単位表面積あたりの水の蒸発速度 N [kg・m^{-2}・s^{-1}]と空気から水滴への伝熱速度 q[kJ・m^{-2}・s^{-1}]の間に

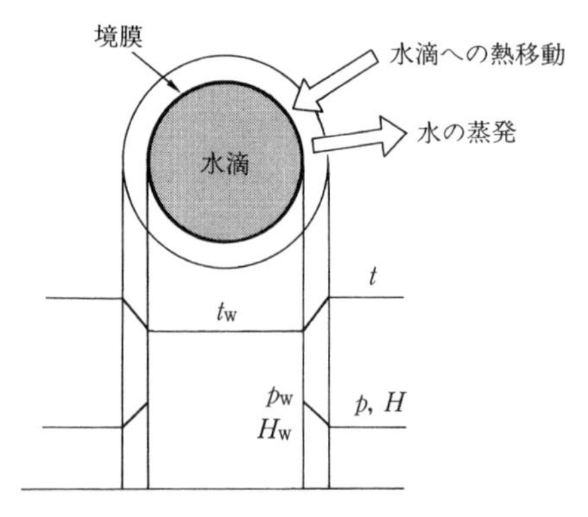

図 3・69 空気-水間の熱と物質の同時移動

$$N=\frac{q}{r_W}=\frac{h(t-t_W)}{r_W} \tag{3·167}$$

が成立する。なお h[kJ·m^{-2}·s^{-1}·K^{-1}]は空気-水間の熱伝達係数，r_W[kJ·kg^{-1}]は温度 t_W における水の蒸発潜熱である。湿度差を推進力とする物質移動係数を k_H[kg·m^{-2}·s^{-1}·(kg-水/kg-乾燥空気)$^{-1}$]とすると，式(3·167)より

$$N=k_H(H_W-H)=\frac{h(t-t_W)}{r_W} \tag{3·168}$$

ここで H_W は温度 t_W の空気の飽和湿度である。空気-水界面での空気の湿度 H は，界面温度における飽和湿度であることに注意されたい。空気-水系では

$$\frac{h}{k_H}=C_H \tag{3·169}$$

で表される Lewis の関係が近似的に成立するので，式(3·168)は次のようになる。

$$C_H(t-t_W)=r_W(H_W-H) \quad \text{または} \quad \frac{H_W-H}{t_W-t}=-\frac{C_H}{r_W} \tag{3·170}$$

なお，水の蒸発潜熱 r_W[kJ·kg^{-1}]と水温 t_W[°C]の関係は近似的に式(3·171)で表される。

$$r_W=2\,500-2.43t_W \tag{3·171}$$

(b)　断熱飽和温度

温度 t_S の多量の水と状態(t, H)の不飽和空気(ただし，$t>t_S$)を外部と完全に断熱された状態で接触させる場合，初期の水温 t_S を適当に設定すれば，空気から水に伝わる熱量が水の蒸発に要する熱量とつり合い，水温は変化せず，蒸発に要する熱量は空気自身の温度低下，すなわち顕熱の減少により補われる状態にすることができる。このときの t_S をその空気の状態に対応する断熱飽和温度(adiabatic saturation temperature)という。空気の状態変化は

$$\frac{\mathrm{d}H}{\mathrm{d}t}=-\frac{C_H}{r_S} \tag{3·172}$$

で表され，r_S は温度 t_S での蒸発潜熱である。この変化が繰り返されて気液が平衡に達すると空気温度は t_S まで低下し，湿度は温度 t_S の空気の飽和湿度 H_S まで増加する。状態(t, H)の空気をその断熱飽和温度にある水と接触させてから平衡状態に達するまでの熱収支は，近似的に次式で表される。

$$C_H(t-t_S)=r_S(H_S-H) \quad \text{または} \quad \frac{H_S-H}{t_S-t}=-\frac{C_H}{r_S} \tag{3·173}$$

(c)　湿度図表

図3·70に示すように，横軸に温度 t，右縦軸に湿度 H をとり，C_H, v_H など

の空気の物性を線図から読みとることができるようにした図を湿度図表(humidity chart)という。右上がりの曲線群は，関係湿度 Ψ をパラメーターとして t と H の関係を示している。状態(t, H)の不飽和空気の露点 t_d を求めるには，点(t, H)を通り横軸に平行な直線が $\Psi=100\%$ の飽和湿度曲線と交わる点の温度を読みとればよい。図中の右下がりの直線群(厳密には曲線群)は，式(3･173)を表し，起点が(t_S, H_S)で勾配が$-C_H/r_S$の直線である。この直線は同じ t_S を共有する点(t, H)を結んだ線であり，断熱冷却線(adiabatic cooling line)とよばれる。式(3･170)，(3･173)の比較からわかるように，Lewisの関係が成立する空気-水系では，断熱飽和温度 t_S は湿球温度 t_W と近似的に一致する。よって，断熱冷却線は，同じ湿球温度をもつ空気の状態を表す点(t, H)を結ぶ線，すなわち等湿球温度線ともみなせ，状態(t, H)の空気の湿球温度は，点(t, H)を通る断熱冷却線と飽和湿度曲線の交点より得られる。状態(t, H)の不飽和空気がその湿球温度 t_W にある水と接触すると，水温 t_W は一定に保たれるが，空気温度は低下して湿度が増加し，空気の状態は点(t, H)を通る断熱冷

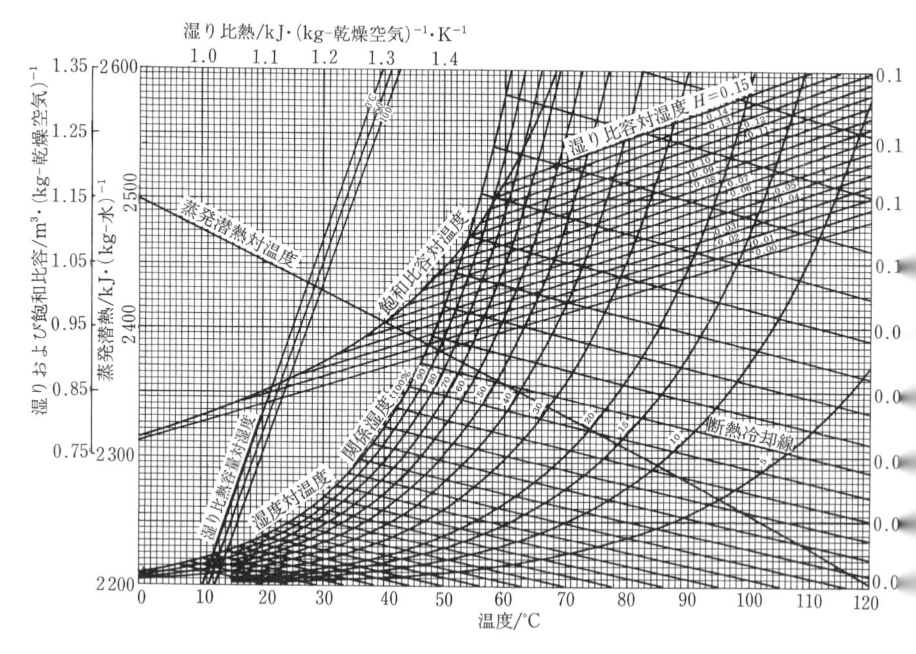

図 3･70　湿度図表
(化学工学会編，「化学工学便覧 改訂5版」，p.1362，丸善(1988))

却線上を左上方向に変化する。(b)で述べた断熱操作において，初期の水温が t_W と異なっている場合でも，水温は最終的に空気の湿球温度になり，その後の空気の温度，湿度は，それに対応する断熱冷却線上を変化していく。

[例題 3·14]　圧力 101.3 kPa，温度 75℃，湿度 0.038 kg－水蒸気·(kg－乾燥空気)$^{-1}$ の空気の (1) 関係湿度 Ψ，(2) 湿り比熱容量 C_H，(3) 湿り比容 v_H，(4) 露点 t_d，(5) 湿球温度 t_W，(6) t_W における水の蒸発潜熱 r_W を湿度図表を用いて求めよ。

解　(1)　湿度図表の点 $(t, H)=(75, 0.038)$ を通る関係湿度曲線の関係湿度 Ψ は内挿により 15.2%

(2)　$H=0.038$ の水平線(横軸と平行な線)と，湿り比熱容量対湿度の直線(50℃と 100℃に対する線を 75℃に内挿する)の交点の上横軸座標より $C_H=1.09$ kJ·(kg-乾燥空気)$^{-1}$·K^{-1}

(3)　湿り比容対温度の直線群のうち，$t=75$℃，$H=0.038$ に対応する点の座標の左縦軸(湿り比容の軸)の読みより，$v_H=1.05$ m^3·(kg-乾燥空気)$^{-1}$

(4)　$t=75$，$H=0.038$ の点を通る水平線と飽和湿度曲線($\Psi=100$% の曲線)の交点より $t_d=35.7$℃

(5)　$t=75$，$H=0.038$ の点を通る断熱冷却線(その点を通る線がなければ，その点に近い断熱冷却線と平行な線)と飽和湿度曲線との交点より $t_W=41.5$℃，$H_W=0.053$ kg-水蒸気·(kg-乾燥空気)$^{-1}$

(6)　蒸発潜熱対温度の線において $t=t_W=41.5$℃のときの蒸発潜熱の読み(左縦軸)より，$r_W=2400$ kJ·kg^{-1}

[参考]　多くの線が複雑に交差する湿度図表の線をたどって空気の特性値を正確に読み取ることが困難な場合は，Excel などの計算ツールを利用して，以下の手順で精度よく特性値を求めることができる。

(1)　式(3·160)において $H=0.038$ のとき $p=5.84$ kPa，75℃での飽和水蒸気圧は式(3·163)より $p_S=38.5$ kPa，よって関係湿度 $\Psi=(p/p_S)\times 100=15.2$%

(2)　式(3·164)より $C_H=1.09$ kJ·(kg-乾燥空気)$^{-1}$·K^{-1}

(3)　式(3·165)より $v_H=1.05$ m^3·(kg-乾燥空気)$^{-1}$

(4)　露点での飽和水蒸気圧は(1)で求めた $p=5.84$ kPa，式(3·163)を変形すると

$$t=[1740.27-(234.3291)(7.2117-\log p_S)]/(7.2117-\log p_S)$$

$p_S=p=5.84$ kPa を代入すると $t=t_d=35.7$℃

(5)，(6)　$t_W=t_S$，$H_W=H_S$ であることを考慮すると，式(3·164)，(3·170)より

$$H=[r_W H_W-1.02(t-t_W)]/[r_W+1.89(t-t_W)]$$

ここで，$t=75$℃，$H=0.038$ kg·(kg-乾燥空気)$^{-1}$ である。t_W を仮定すると式(3·163)より p_W，式(3·160)より H_W，式(3·171)より r_W が求められるので上式の右辺が計算できる。この値が左辺の $H=0.038$ kg·(kg-乾燥空気)$^{-1}$ に等しくなるように試行法で t_W を求めると $t_W=41.5$℃，$H_W=0.0532$ kg-水蒸気·(kg-乾燥空気)$^{-1}$，$r_W=2399$ kJ·kg^{-1} となる。Excel のゴールシークを用いると容易に t_W を求めることができる。

3·8·4 調湿操作

(a) 増湿操作

図3·71に示すように空気を状態A(t_1, H_1)からD(t_2, H_2)まで変化させて増湿するには，まず空気を状態A(t_1, H_1)からB(t_1', H_1)まで加熱し，次に温度がt_{W2}'(空気Bの湿球温度)の水を噴霧して水を蒸発させてC(t_2', H_2)まで断熱冷却線に沿って断熱増湿し，さらに所定温度t_2まで再加熱してD(t_2, H_2)の状態にする。$(H_2-H_1)/(H_{W1}'-H_1)$を増湿効率という。その他，増湿の方法として，空気中に直接水蒸気を吹き込む方法がある。

(b) 減湿操作

空気をその露点よりも低い温度の冷却面と接触させると，水蒸気は冷却面で凝縮するので湿度が低下する。これを冷却減湿法という。その他の減湿法としては，空気を圧縮してH_Sを減少させる(式(3·161)によれば全圧P_Tが増すとH_Sが低下する)ことにより空気を過飽和状態($H>H_S$の状態)にして水分を凝縮させる圧縮減湿法，吸湿性の強いエチレングリコールや塩化リチウムの水溶液中に空気中の水蒸気を吸収させる吸収減湿法，活性アルミナやシリカゲル等の吸着剤を用いる吸着減湿法がある。

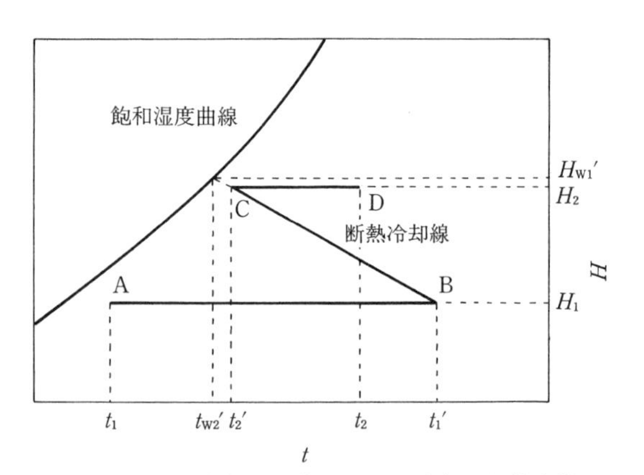

図 3·71 断熱増湿操作における空気の状態変化

3·8·5 冷水操作

水を水温と同じ湿球温度をもつ空気と接触させると，式(3·168)が成立し水温は変化しないが，その水温よりも低い湿球温度をもつ空気と接触させると，たとえ水温が空気温度よりも低くても，空気から水面への伝熱量よりも蒸発に

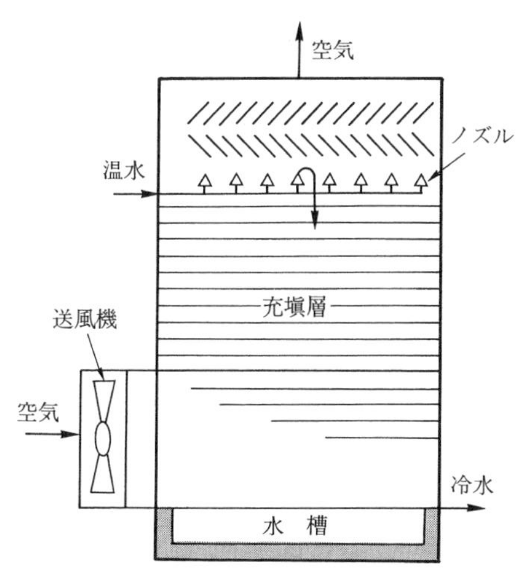

図 3·72　吸込み式強制通風冷水塔（向流型）の模式図

要する熱量が大きくなり，その差は水の内部から表面への伝熱量により補われるので水温は低下する。この原理に基づく冷水操作が冷水塔(cooling tower)を用いて大規模に行われている。冷水塔には自然通風型と強制通風型があるが，強制通風型がよく用いられている。図 3·72 に示す向流型では，塔頂から流下する水と塔底から強制的に供給される空気が向流接触する。

3·8·6　乾燥操作

(a)　乾燥特性曲線

無水材料 1 kg に対してこれに含まれる水分量[kg]を乾量基準の含水率(water content)といい，w[kg-水・(kg-無水材料)$^{-1}$]で表す。材料単位表面積あたりの水分蒸発速度 R[kg·m^{-2}·s^{-1}]，または無水材料単位質量あたりの水分蒸発速度 R'[kg·(kg-無水材料)$^{-1}$·s^{-1}]を乾燥速度という。これらの乾燥速度は式(3·174)で表される。なお，A[m^2]は乾燥面積，W_0 は無水材料質量[kg]，θ は時間[s]である。

$$R=-\frac{W_0}{A}\frac{\mathrm{d}w}{\mathrm{d}\theta} \qquad (3\cdot174\,\mathrm{a})$$

$$R'=-\frac{\mathrm{d}w}{\mathrm{d}\theta} \qquad (3\cdot174\,\mathrm{b})$$

十分に湿った多孔性材料を一定条件(t, H)の空気(熱風)中で乾燥させると，通常，含水率，材料温度の経時変化として図 3·73(a)に示すような結果が得られる。図からわかるように，乾燥過程には次の3期間がある。

材料予熱期間(期間 I)：乾燥初期では，材料が空気から得た熱は水分の蒸発よりは材料温度 t_m の上昇に費やされ含水率はあまり低下しない。t_m の上昇とともに蒸発速度が増し，蒸発に要する熱が材料の受熱量に等しくなると t_m は一定になる。この温度は，材料の蒸発面が熱風からの対流伝熱によってのみ受熱する場合は空気の湿球温度 t_W に等しい。

定率乾燥期間(期間 II)：材料表面が十分湿っている間は，材料温度は湿球温度に保たれ，空気からの伝熱量は水分の蒸発にのみ消費される。乾燥速度は一定であり，w は時間とともに直線的に減少する。この期間では水分は材料内部から表面に液状水として移動する。

減率乾燥期間(期間 III)：この期間では，材料内部から表面へ水分が十分に移動せず表面の含水率が低下し乾いた部分が生じ，材料温度が上昇する。よって受熱量が減少し，また熱の一部は材料の加熱に用いられるので乾燥速度が減少する。減少の挙動は材料の構造，材質によって異なる。この期間では液状水の移動が材料表面まで及ばず，材料内部の液面で蒸発した水が水蒸気として表面に移動する。最終的には平衡含水率(無限時間後に到達する含水率で，材料の吸湿性や熱風の状態などに依存する) w_e に達して乾燥速度は0になる。含水率 w から平衡含水率 w_e を差し引いた値 $w-w_e$ を自由含水率とよび F[kg・(kg-無水材料)$^{-1}$]で表す。定率乾燥期間から減率乾燥期間へ移行するときの含水率 w_c を限界含水率とよぶが，この値は材料の物性，内部構造，大きさ，乾燥条件に依存する。たとえば粉粒体材料の w_c は，材料を充塡して乾燥する場合よりも攪拌・分散状態で乾燥するときの方が著しく小さい。図3・73(a)のデ

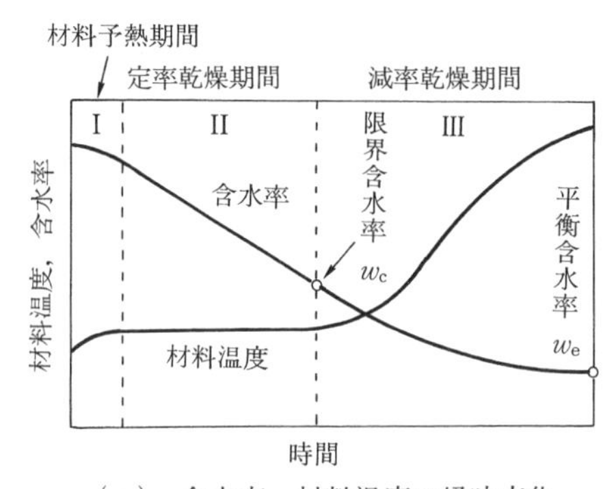

(a)　含水率，材料温度の経時変化

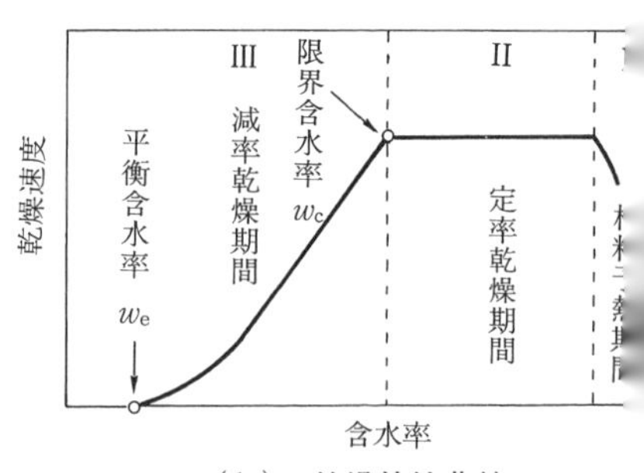

(b)　乾燥特性曲線

図 3・73　乾燥における含水率，材料温度の経時変化と乾燥特性曲線

ータから，同図(b)に示すような乾燥速度と含水率の関係が得られる。この図を乾燥特性曲線とよび，乾燥装置設計のための基礎データとして重要である。

(b)　乾燥速度

定率乾燥期間中は材料温度 t_m は一定であるので，乾燥速度 R_c[kg·m^{-2}·s^{-1}]は

$$R_c = -\frac{W_0}{A}\frac{dw}{d\theta} = \frac{h(t-t_m)}{r_m} = k_H(H_m - H) \qquad (3·175)$$

で表される。ここで，H_m は材料表面温度 t_m と同じ温度の空気の飽和湿度である。材料が熱風からの対流伝熱によってのみ受熱する場合は t_m は t_W に等しい。含水率を w_1 から w_c に低下させるに要する乾燥時間 θ_c は

$$\theta_c = \frac{W_0(w_1 - w_c)r_m}{hA(t-t_m)} = \frac{W_0(w_1 - w_c)}{k_H A(H_m - H)} \qquad (3·176)$$

減率乾燥期間の乾燥速度 R_d[kg·m^{-2}·s^{-1}]は，材料内部の水分が表面に移動する速度に依存するが，水分移動機構は非常に複雑で材料の内部構造や水の存在状態により異なるので乾燥速度の理論解析は一般に困難であり，実験により得られた乾燥特性に基づいて装置を設計する場合が多い。含水率を w_c から w_2（ただし，$w_c \geq w_2 \geq w_e$）まで低下させるに必要な時間は，式(3·174 a)より

$$\theta_d = \frac{W_0}{A}\int_{w_2}^{w_c}\frac{dw}{R_d} \qquad (3·177)$$

R_d が含水率の減少とともに直線的に減少する場合は，$R_d = R_c(w - w_e)/(w_c - w_e) = R_c(F/F_c)$ であるから，含水率を w_c から w_2 まで低下させるに必要な時間は

$$\theta_d = \frac{W_0}{AR_c}F_c \ln(F_c/F_2) \qquad (3·178)$$

ただし，$F_2 = w_2 - w_e$，$F_c = w_c - w_e$ である。よって，含水率を w_1 から w_2 まで乾燥させるに要する時間 θ_T は，$\theta_c + \theta_d$ となる。

[**例題 3·15**]　平板状の湿潤材料を金網にのせ，表面に平行に温度75℃，湿度0.038 kg-水蒸気·(kg-乾燥空気)$^{-1}$ の熱風を速度 u=3.5 m·s^{-1} で流して材料を乾燥させる。材料は十分湿っており，その表面温度は熱風の湿球温度に等しいとして乾燥速度を求めよ。ただし，空気-材料間の熱伝達係数 h[kJ·m^{-2}·h^{-1}·K^{-1}]は $h = 0.054G^{0.8}$ で表される。G[kg·m^{-2}·h^{-1}] は熱風の質量速度である。

解　熱風の温度，湿度は例題3·14と同じであるから，H=0.038 kg-水蒸気·(kg-乾燥空気)$^{-1}$，C_H=1.09 kJ·(kg-乾燥空気)$^{-1}$·K^{-1}，v_H=1.05 m^3·(kg-乾燥空気)$^{-1}$，t_W=41.5℃，r_W=2400 kJ·kg^{-1} である。空気の密度 $\rho = (1+H)/v_H$[kg-湿り空気·(m^3-湿り空気)$^{-1}$]であるから，$\rho = (1+0.038)/1.05 = 0.989$ kg·m^{-3} となる。よって

$$G = u\rho = (3.5)(3600)(0.989) = 1.25\times10^4\,\mathrm{kg\cdot m^{-2}\cdot h^{-1}}$$
$$h = (0.054)(1.25\times10^4)^{0.8} = 102\,\mathrm{kJ\cdot m^{-2}\cdot h^{-1}\cdot K^{-1}}$$

式(3･175)より，乾燥速度は

$$R_c = h(t - t_W)/r_W = (102)(75-41.5)/2\,400 = 1.43\,\mathrm{kg\cdot m^{-2}\cdot h^{-1}}$$

(c) 乾燥装置

材料の構造，形状，性質，処理量などに応じて多種多様な乾燥器が用いられている。代表的な乾燥器(dryer)を図 3･74 に示した。また，表 3･14 に乾燥器の種類，特徴，応用例を示した。

(d) 乾燥装置の設計

乾燥装置には，材料に関して回分式と連続式があるが，これらの乾燥器の設計の基礎事項について述べる。

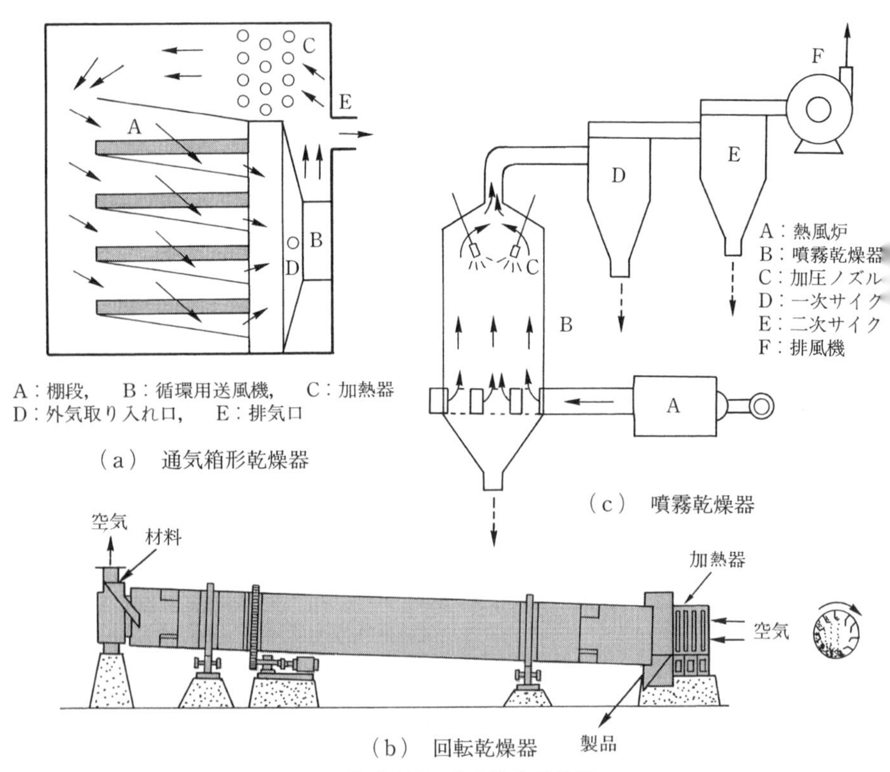

図 3･74 代表的な乾燥器

表 3･14　代表的な乾燥器(熱風受熱型，箱形乾燥器は回分式，その他は連続式)

乾燥器	材料の乾燥様式	適応材料
箱形乾燥器	棚の上の浅い箱に入れて乾燥 並行流および通気方式	粉粒体，短繊維，薄片 成形材料，ペースト
トンネル乾燥器	連続式，台車上の箱に入れて乾燥	粉粒体，成形材料 シート，ペースト
バンド乾燥器	エンドレスの金網などの上に積み， 移動させながら乾燥 並行流および通気方式	フレーク，短繊維 ペースト
回転乾燥器	回転する円筒内で分散状態で移送される	粉粒体，塊状材料，フレーク
流動層乾燥器	熱風気流中で流動化，分散，移送される	粉粒体
噴霧乾燥器	液体原料を熱風中に噴霧し，熱風気流により移送	粉ミルク，洗剤

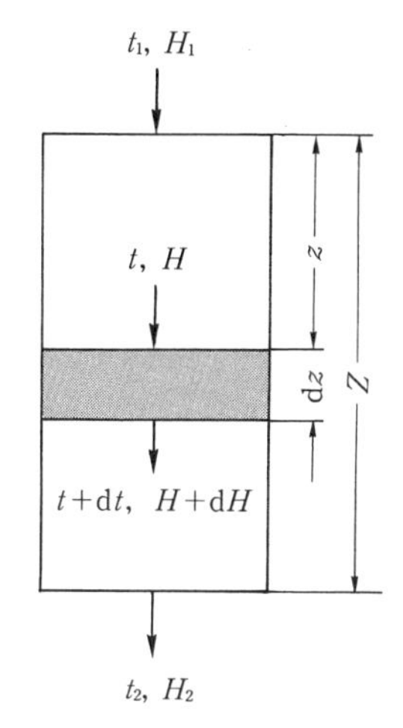

図 3･75　通気乾燥での物質収支と熱収支

(1)　通気乾燥器

図 3･75 に示すように，湿潤材料を厚さ Z[m]で層状に堆積し熱風を層内に通気して乾燥させると，材料温度は送入空気(温度 t_1，湿度 H_1)の湿球温度 t_W に達して一定になる。3･8･3 項(c)で述べたように，空気は層内を流れるにつれて温度が低下し湿度が増すが，その状態(t, H)は，湿度図表上の点(t_1, H_1)を通る断熱冷却線に沿って出口の状態(t_2, H_2)まで変化する。乾燥空気の質量

速度を G_0[kg-乾燥空気・(m^2-層断面積)$^{-1}$・s^{-1}]とすると，層の単位断面積あたりの定率乾燥速度 R_T[kg・(m^2-層断面積)$^{-1}$・s^{-1}]は

$$R_T = G_0(H_2 - H_1) = G_0 \frac{C_{H1}(t_1 - t_2)}{r_W} \tag{3・179}$$

材料層の上部から距離 z と $z+\mathrm{d}z$ の間の部分での熱収支式，物質収支式は

$$-G_0 C_H \mathrm{d}t = ha(t - t_W)\mathrm{d}z \tag{3・180}$$

$$G_0 \mathrm{d}H = k_H a(H_W - H)\mathrm{d}z = -\rho_B\left(\frac{\mathrm{d}w}{\mathrm{d}\theta}\right)\mathrm{d}z \tag{3・181}$$

なお，ha は熱伝達容量係数[kJ・m^{-3}・s^{-1}・K^{-1}]，$k_H a$ は物質移動容量係数[kg・m^{-3}・s^{-1}(kg-水/kg-乾燥空気)$^{-1}$]，a は層単位体積あたりの材料表面積[m^2・m^{-3}]，ρ_B は充塡密度[kg-無水材料・(m^3-層)$^{-1}$]，θ は時間[s]である。式(3・180)を $z=0$～Z，$t=t_1$～t_2 の範囲で積分し，また式(3・181)を同様に積分して，Lewisの関係 $C_H = h/k_H$(式(3・169))を考慮すると，

$$-\int_{t_1}^{t_2} \frac{\mathrm{d}t}{t - t_W} = \frac{haZ}{C_H G_0} = \int_{H_1}^{H_2} \frac{\mathrm{d}H}{H_W - H} = \frac{k_H aZ}{G_0} = N_t \tag{3・182}$$

N_t は移動単位数である。式(3・182)より

$$e^{N_t} = \frac{t_1 - t_W}{t_2 - t_W} = \frac{H_W - H_1}{H_W - H_2} \tag{3・183}$$

$$t_2 = t_W + (t_1 - t_W)e^{-N_t} \tag{3・184 a}$$

$$H_2 = H_W - (H_W - H_1)e^{-N_t} \tag{3・184 b}$$

これらを式(3・179)に代入すると

$$R_T = \frac{G_0 C_{H1}(t_1 - t_W)(1 - e^{-N_t})}{r_W} = G_0(H_W - H_1)(1 - e^{-N_t}) \tag{3・185}$$

[例題 3・16]　直径 d_P が 8 mm の湿潤球状粒子を層高さ $Z=5$ cm に積んで，これに 75℃，湿度 0.038 kg-水蒸気・(kg-乾燥空気)$^{-1}$ の熱風を空塔速度 $u_1=1.5$ m・s^{-1} で通気する。無水材料の密度 ρ_P は 1800 kg-無水材料・(m^3-粒子体積)$^{-1}$，層のみかけ密度 ρ_B は 750 kg-無水材料・(m^3-層体積)$^{-1}$ である。乾燥は定率乾燥期間で起こるとして，乾燥速度 R_T[kg・(m^2-層断面積)$^{-1}$・h^{-1}]，および含水率を $w_0=0.4$ から $w_F=0.1$ まで低下させるに要する時間を求めよ。ただし，空気-粒子間の熱伝達係数 h[kJ・m^{-2}・h^{-1}・K^{-1}]は次式で表され，G[kg・m^{-2}・h^{-1}]は熱風質量速度，$Re_P = Gd_P/\mu$ (Reynolds数)，μ は熱風の粘度である。

$$h/C_H G = 1.31 Re_P^{-0.41}$$

解　(1)　入口空気の特性：熱風の入口温度 t_1，湿度は例題3・15と同じであるから，$H_1=0.038$ kg-水蒸気・(kg-乾燥空気)$^{-1}$，$C_{H1}=1.09$ kJ・(kg-乾燥空気)$^{-1}$・K^{-1}，$v_H=1.05$ m^3・(kg-乾燥空気)$^{-1}$，$t_W=41.5$℃，$H_W=0.053$ kg・kg^{-1}，$r_W=2\,400$ kJ・kg^{-1}，空気の密度 $\rho_1=0.989$ kg・m^{-3} である。

（2）　ha の推算：$G_1 = u_1\rho_1 = (1.5)(3600)(0.989) = 5.34\times10^3\,\mathrm{kg\cdot m^{-2}\cdot h^{-1}}$
熱風の粘度として75℃の空気の値，$2.1\times10^{-5}\,\mathrm{Pa\cdot s} = 0.0756\,\mathrm{kg\cdot m^{-1}\cdot h^{-1}}$ を用いると

$$Re_P = (5.34\times10^3)(0.008)/(0.0756) = 565$$

よって，

$$h = (1.31)(565^{-0.41})(1.09)(5.34\times10^3) = 567\,\mathrm{kJ\cdot m^{-2}\cdot h^{-1}\cdot K^{-1}}$$

ρ_B/ρ_P の単位は[材料体積/層体積]であり，$6/d_P$ は[球状材料表面積/材料体積]であるから

$$a[\text{材料表面積/層体積}] = (6/d_P)(\rho_B/\rho_P) = (6/0.008)(750/1800) = 313\,\mathrm{m^2\cdot m^{-3}}$$

よって，$ha = (567)(313) = 1.77\times10^5\,\mathrm{kJ\cdot m^{-3}\cdot h^{-1}\cdot K^{-1}}$ となる。
（3）　乾燥速度：乾燥空気の質量速度は

$$G_0 = G_1/(1+H_1) = (5.34\times10^3)/(1+0.038) = 5.14\times10^3\,\text{kg-乾燥空気}\cdot\mathrm{m^{-2}\cdot h^{-1}}$$

式(3·182)，(3·185)より，

$$N_t = haZ/(C_H G_0) = (1.77\times10^5)(0.05)/[(1.09)(5.14\times10^3)] = 1.58$$

$$R_T = (5.14\times10^3)(1.09)(75-41.5)(1-e^{-1.58})/2400 = 62.1\,\mathrm{kg\cdot m^{-2}\cdot h^{-1}}$$

なお，出口空気の状態は，式(3·184)より $t_2 = 48.2$℃，$H_2 = 0.050\,\mathrm{kg\cdot kg^{-1}}$ となる。
（4）　乾燥時間：層 $1\,\mathrm{m^2}$ あたりの水分蒸発量は

$$W_T = \rho_B Z(w_F - w_0) = (750)(0.05)(0.4-0.1) = 11.25\,\mathrm{kg\cdot m^{-2}}$$

よって，所要乾燥時間 $= W_T/R_T = 11.25/62.1 = 0.181\,\mathrm{h}$ となる。

（2）　連続式熱風乾燥器

トンネル乾燥器や回転乾燥器のように，材料と熱風を連続的に乾燥器に供給する場合，両者が同方向に移動する並流方式と反対方向に移動する向流方式がある。各々の操作における乾燥器内の空気の温度 t，湿度 H，材料温度 t_m，含水率 w の変化の様子を図3·76に示した。向流の場合，装置内でかなり均一な乾燥速度が得られ，高温，低湿度の熱風が含水率の低下した材料と接触するので低含水率の製品を得ることができる。しかし，材料出口で材料温度が上昇

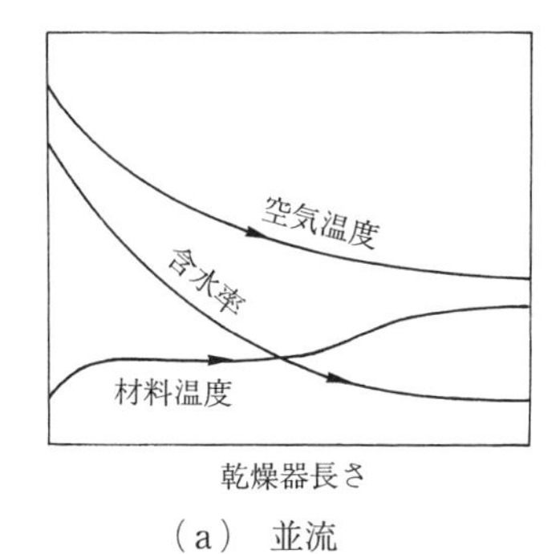

（a）　並流

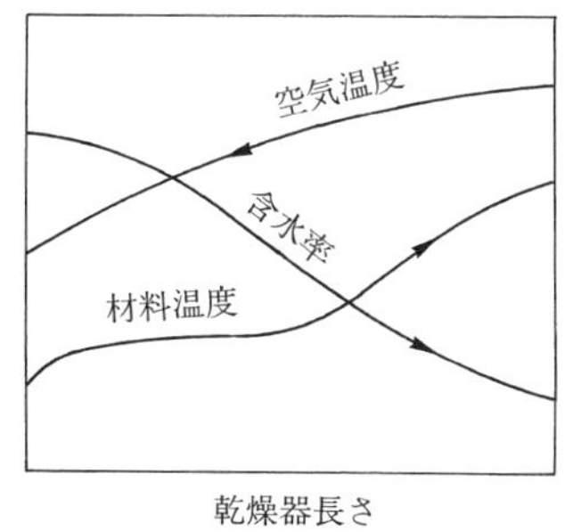

（b）　向流

図 3·76　連続式熱風乾燥器内の温度，湿度，含水率分布

しやすく，熱劣化が問題になるような材料では使用する熱風の温度に制約が生じる。他方，並流では，乾燥速度は入口では大きいが出口では著しく低下する。しかし出口付近の乾燥した材料が低温の空気と接触するので向流の場合よりも高温の熱風を用いることができる。

3·8·7　高品質製品の製造と乾燥操作

医薬品，食品，バイオプロダクトなど，付加価値の高い高機能製品の製造プロセスにおける乾燥操作では，これまで述べてきた乾燥法以外の方法がしばしば用いられる。たとえば，血漿，血清，ワクチン，抗生物質などは，高温かつ含水率が高いときは不安定であるので通常の乾燥法は適用できないことがある。そこで，これらを凍結して100 Pa程度の減圧下で氷点以下の温度で水分を昇華させて乾燥すると，もとの特性を保持した製品が得られる。この乾燥法を凍結乾燥法という。凍結乾燥法は，インスタントコーヒーなどの食品の製造においても，香気成分の保持，風味，水への再溶解性などに優れた品質が得られることから，装置のコストが高いにもかかわらず用いられている。

[この節に関する演習問題は187～188ページに掲載してある。]

問　　題

(ガス吸収)

3·1　エタノールと空気の混合ガスが，エタノール水溶液と全圧101.3kPa，25℃で接触している。気相中のエタノールの分圧は2kPa，水中のエタノール濃度は0.2 $\mathrm{kmol \cdot m^{-3}}$である。気相物質移動係数$k_y=0.4\,\mathrm{mol \cdot m^{-2} \cdot s^{-1}}$，液相物質移動係数$k_x=3.0\,\mathrm{mol \cdot m^{-2} \cdot s^{-1}}$，Henry定数$H'=37.5\,\mathrm{kPa}$であるとき，次の問いに答えよ。ただし，エタノール水溶液の全モル濃度C_Tは$55.6\,\mathrm{mol \cdot dm^{-3}}$とする。

（1）Henry定数H，物質移動係数$k_\mathrm{G}, k_\mathrm{L}, K_\mathrm{G}$を求めよ。気相抵抗，液相抵抗のどちらが自配的か。

（2）エタノールの吸収速度，界面での分圧p_Ai，濃度C_Aiを求めよ。

3·2（1）反応吸収速度が式(3·25)で表されるとき，気相物質移動抵抗も考慮した吸収速度は次式で表されることを示せ。

$$N_\mathrm{A}=p_\mathrm{A}/[(1/k_\mathrm{G})+(H/\sqrt{kC_\mathrm{BL}D_\mathrm{AL}})]$$

（2）$1\,\mathrm{kmol \cdot m^{-3}}$の NaOH 水溶液中への$CO_2$の吸収速度を求めよ。ただし，気相中の$CO_2$分圧は0.005atm，気相物質移動係数$k_\mathrm{G}=4.0\times10^{-6}\,\mathrm{mol \cdot m^{-2} \cdot s^{-1} \cdot Pa^{-1}}$，$H=4.05\times10^{3}\,\mathrm{Pa \cdot m^3 \cdot mol^{-1}}$，$CO_2$の拡散係数$D_\mathrm{AL}=1.7\times10^{-9}\,\mathrm{m^2 \cdot s^{-1}}$，反応速度定数$k=5.70\,\mathrm{m^3 \cdot mol^{-1} \cdot s^{-1}}$である。

3·3　向流式充塡塔に1mol％のメタノールを含む空気を供給して水で洗浄し，メタノールの98％を吸収したい。洗浄水の流量は最小理論量の1.6倍で操作する。温度は25℃，圧力は1atmであり，溶解平衡関係は$y^*=0.25x$で表される。(1) 最小液ガス比，(2) 操作線，(3) N_OG，(4) 所要塔高を求めよ。ただし，H_OGは0.65mとする。

（蒸　留）

3·4　トルエンと p-キシレンの蒸気圧 P_1°, P_2° と温度の関係を表に示す。

温度/°C	110.6	115	120	125	130	134	138.3
トルエン P_1°/kPa	101.3	115	131	150	170	188	209
p-キシレン P_2°/kPa	45.3	51.9	60.4	69.9	80.6	90.1	101.3

（1）　この混合液は Raoult の法則に従うものとして，101.3 kPa におけるこの系の気液平衡を計算し，t-x-y 線図，x-y 線図として示せ。

（2）　各温度での相対揮発度を計算し，その平均値を求めよ。

（3）　本系の x-y 関係(x, y)の実測値は，(0, 0), (0.1, 0.193), (0.2, 0.351), (0.4, 0.592), (0.6, 0.765), (0.8, 0.896), (1, 1) である。(2) で求めた平均相対揮発度を用いて x-y 関係を計算し，実測値と比較せよ。

3·5　ベンゼンのトルエンに対する相対揮発度 α は 2.47 である。理想溶液とみなしてベンゼン-トルエン系の気液平衡を計算し，x-y 線図としてプロットせよ。この線図を利用して，

（1）　65 mol% ベンゼン，35 mol% トルエン混合液を加熱したとき，最初に発生する蒸気の組成を求めよ。

（2）　フラッシュ蒸留によってこの混合液の 2/5 を蒸発させたとき，発生した蒸気と残留液の組成を求めよ。ただし，このとき気液は平衡関係にあるとする。

3·6　n-ヘプタン-n-オクタン系の 101.3 kPa の気液平衡関係を n-ヘプタンのモル分率で表に示している。

温度/°C	124.3	120.9	115.7	108.2	103.7	101	98.7
x	0	0.110	0.275	0.539	0.746	0.880	1.00
y	0	0.194	0.439	0.717	0.873	0.951	1.00

（1）　表のデータを用いて，最小二乗法により y を x の 3 次式で表せ。

（2）　n-ヘプタンと n-オクタンの等モル混合液を 101.3 kPa のもとで回分蒸留し，原液の 1/2 に留出させたときの缶液の組成および留出液の平均組成を求めよ。

3·7　n-ヘプタン 40 mol%，n-オクタン 60 mol% の混合液を連続多段蒸留塔に 1000 $\mathrm{mol \cdot h^{-1}}$ の速度で供給し，塔頂より n-ヘプタン 95 mol% の留出液，塔底より n-オクタン 95 mol% の缶出液を得たい。原液は沸点の液で供給する。

（1）　留出液量および缶出液量を求めよ。

（2）　前問で最小二乗法により求めた式を用いて x-y 線図を描き，最小還流比，最小理論段数を求めよ。

（3）　還流比を最小還流比の 2 倍にするときの理論段数を求めよ。

（抽　出）

3·8　水(A)，ギ酸エチル(B)，エチレングリコール(C)系の 30°C における溶解度とタイラインのデータを表に示した。組成は wt% である。

（1）　このデータを三角座標にプロットせよ。

（2）　補助線(共役線)を求めよ。

ギ酸エチル相			水　相		
水	エチレングリコール	ギ酸エチル	水	エチレングリコール	ギ酸エチル
3.65	0	96.35	91.04	0	8.96
2.65	1.35	96.00	73.30	17.80	8.90
2.10	2.50	95.40	62.00	28.57	9.43
1.60	4.80	93.60	49.60	40.90	9.50
1.20	7.40	91.40	38.60	51.30	10.10
0.60	11.20	88.20	20.60	66.50	12.90
0	13.14	86.86	0	75.44	24.56

3·9　平衡にある抽出相，抽残相中の特定成分の組成を y, x で示すと，この比が分配係数である。抽質(C)の分配係数と希釈剤(A)の分配係数の比を分離係数 $\beta=(y_C/x_C)/(y_A/x_A)$ といい，蒸留における比揮発度に相当する。

前問の各タイラインについて，抽質エチレングリコールに対する分離係数を計算し，抽残相中のエチレングリコール濃度に対して，プロットせよ。

3·10　フェノールの 8 wt% 水溶液をベンゼンで回分抽出し，水溶液中のフェノール濃度を 1 wt% に低下させたい。原液 100 kg に対し必要な抽剤の量を求めよ。また，このときの抽出液，抽残液の組成および質量はいくらか。タイラインのデータは以下の通りであり，組成は wt% で示されている。

ベンゼン相		水相	
ベンゼン	フェノール	ベンゼン	フェノール
97.8	2.0	0.2	0.7
96.3	3.5	0.2	1.1
82.5	16.5	0.1	2.8
57.6	38.8	0.1	4.0

3·11　フェノールの 8 wt% 水溶液 $3.0\,\mathrm{t{\cdot}h^{-1}}$ をベンゼン $1.0\,\mathrm{t{\cdot}h^{-1}}$ で向流多段抽出して，抽残液中のフェノールを 1 wt% 以下にしたい。理論段数はいくらか。タイラインのデータは，前問の表の通りである。

(吸　　着)

3·12　式(3·101)の Langmuir 式を変形し，分離係数 r を含む次式を導け。また，r と Langmuir 平衡定数 b との関係式も示せ。

$$y=\frac{x}{r+(1-r)x}$$

ここで，$x=C/C_0$，$y=q/q_0$，q_0 は C_0 に平衡な吸着量である。

3·13　イオン交換操作と吸着操作は類似しているが，大きな違いもある。たとえば，固定層で処理する場合，吸着では最大吸着量は原液濃度に平衡な量となるため，原液濃度が低いほど吸着剤の最大吸着量は小さくなる。一方，イオン交換の場合，最大交換量はイオン交換樹脂の全交換容量に等しくなり原液濃度には無関係であるから，低濃度の液ほど大量に処理できる。このような違いを，吸着およびイオン交換平衡式に基づいて説明せよ。

3·14　$400\,\mathrm{g\cdot m^{-3}}$ の濃度の o-クロロフェノール水溶液 $10^{-3}\,\mathrm{m^3}$ を $1.2\,\mathrm{g}$ の活性炭を用いて回分吸着で処理する。全量の活性炭を用いて1回吸着した場合と，活性炭を3等分して3回吸着した場合の，最終処理液濃度の比を求めよ。ただし，o-クロロフェノールの吸着平衡関係は Freundlich 式 $q=56C^{0.2}$ で表される。ここで，q[g·(kg-吸着剤)$^{-1}$]は平衡吸着量，C[g·m^{-3}]は液相平衡濃度である。

3·15　例題3·11で，粒子内有効拡散係数を求めよ。ただし，活性炭の粒子径 d_p を 1mm，固定層空隙率 $\varepsilon_b=0.4$ とし，液境膜における物質移動容量係数 $k_f a_v=0.16\,\mathrm{s^{-1}}$ として計算せよ。

3·16　例題3·11において，異なる活性炭を用いて吸着等温線を測定すると Langmuir 式 $q=11.4C/(1+0.051C)$ で相関できた。この活性炭を用いて例題と同じ排水を同一条件で処理した場合の充填高さを求めよ。

(晶　析)

3·17　冷却や蒸発による回分操作で結晶水を含んだ含水塩を析出する場合，溶液の量や溶質の溶解度から結晶収量 P_m[kg]が次式で与えられることを示せ。

$$P_m=\frac{F_s M[c_1-c_2(1-R_{se})]}{1-c_2(M-1)}$$

ただし，F_s は初期の溶媒量[kg]，M は水和塩と無水塩の分子量比，c_1, c_2 はそれぞれ初期および最終の溶液濃度[kg-溶解溶質·(kg-溶媒)$^{-1}$](ただし，最終の溶媒量は，全溶媒から結晶水を除いたものとする)，R_{se} は溶媒の蒸発率[kg·(kg-初期溶媒)$^{-1}$]である。

3·18　200kg の硫酸ナトリウム(分子量142)が1000kg の水に溶解している溶液を冷却し，280K で10水塩(分子量322)を析出させる場合，理論的に得られる結晶収量 P_m を計算せよ。ただし，280K における溶解度は 7.5kg-無水塩·(100kg-水)$^{-1}$ とし，操作中に初期量の1％の水が蒸発するとする。

(膜 分 離)

3·19　式(3·152)および式(3·153)より式(3·154)を導け。

3·20　逆浸透膜を用いて，純水の透過実験を25℃，操作圧力差 4.0MPa で行ったところ，透過流束が $0.84\,\mathrm{m^3\cdot m^{-2}\cdot d^{-1}}$ であった。同じ条件で 0.3mol％の食塩水を逆浸透処理したとき，透過流束が $0.78\,\mathrm{m^3\cdot m^{-2}\cdot d^{-1}}$ で透過液中の食塩濃度は 0.01mol％であった。みかけの阻止率および溶液と溶質の透過係数を求めよ。なお，食塩水の浸透圧 π[MPa]は $\pi=255x$(x は食塩のモル分率)で与えられるものとする。また $\sigma=1$ と仮定してよい。

(調理・冷水・乾燥)

3·21　全圧 101.3kPa，温度100℃，関係湿度5％の空気の湿度，露点，湿球温度，湿り比容，湿り比熱容量，湿球温度における蒸発潜熱を湿度図表を用いて求めよ。

3·22　例題3·15において，材料表面に平行に温度80℃，湿度 0.031kg-水蒸気·(kg-乾燥空気)$^{-1}$ の熱風を速度 $2.5\,\mathrm{m\cdot s^{-1}}$ で流して材料を乾燥させる場合の乾燥速度を求めよ。

3·23　厚さ L，熱伝導率 λ の金属板上に厚さ L_m，熱伝導率 λ_m の平板状湿潤材料をのせ，状態 (t, H) の熱風気流中で定率乾燥条件下で乾燥させる。この場合，水分の蒸発は材料上面のみで起こり，それに必要な熱は上下の熱風から伝わる。

（1）　このときの乾燥速度 R は次式で表されることを証明せよ。

$$R = k_H(H_m - H) = (h/C_H)(H_m - H)$$
$$= (t - t_m)[h + 1/\{(1/h) + (L_m/\lambda_m) + (L/\lambda)\}]/r_m$$

なお，t_m は材料表面温度，r_m, H_m はそれぞれ t_m における蒸発潜熱，飽和湿度である。

（2）　例題3·15において，材料を金網上に置かずに，厚さ3mm，熱伝導率が90 $kJ \cdot m^{-1} \cdot h^{-1} \cdot K^{-1}$ のステンレス板上においた場合の材料表面温度，乾燥速度を計算せよ。材料の厚さは2cm，熱伝導率は $12\,kJ \cdot m^{-1} \cdot h^{-1} \cdot K^{-1}$ である。

4 化学装置内の流れ

化学プロセスでは，反応物，生成物など物質を気体や液体の状態で操作することが多い。流動性のない固体を扱う場合にも，微粒化して気体中に浮遊あるいは液体中に懸濁させ混相流体として反応や晶析などの操作を行う。また，原料から製品に至るまで各種の流体物質の輸送は配管を通して行い，加熱や冷却に必要な熱エネルギーの輸送もたとえば水蒸気や工業用水などの流体を介して行う。このように，化学プロセスでは流体を扱うことが多い。一般に，混合速度，物質移動速度，伝熱速度は，装置内の流体速度や乱れの大小によって大きく異なる。したがって，プロセス装置内の現象の理解や装置の設計・操作の検討には流れに関する知識が必要となる。

4・1　流体の圧縮性と粘性

4・1・1　圧 縮 性

圧力が高くなると，流体の体積は減少し，密度は増加する。このような性質を圧縮性という。液体は，温度，圧力が変化しても体積変化がきわめて小さいので，非圧縮性流体とみなすことができる。気体は圧縮性があるが，流れ系内の圧力変化が小さい場合には非圧縮性流体として扱っても差し支えない。

4・1・2　粘　　性

水やガソリンに比べて，グリセリンやエンジンオイルは粘っこく流動しにくい。このような流体の粘っこさ，流動のしにくさを流体の粘性という。粘性の大きさを表す粘度は，以下のように定義される。

いま，図 4・1(a)に示したように間隙 h の平行平板の間に流体を満たし，下側の板を静止させたまま上側の板を一定速度 U で x 方向に動かす場合を考える。間隙 h に比べて分子の自由行程が非常に小さい場合には流体は連続体と

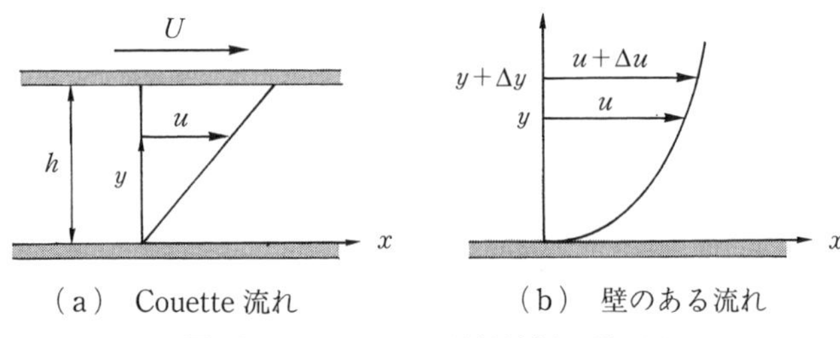

（a）　Couette 流れ　　（b）　壁のある流れ

図 4·1　Newton の粘性法則の説明図

して扱うことができ，固体壁に接した流体は固体壁と同一の速度で動く。すなわち，上板に接した流体の速度は U，下板に接した流体の速度はゼロとなり，その中間の流体の速度 u は図に示したように直線的に変化する。このような流れを Couette 流れという。

流体には粘性があるので，上板を一定の速度で動かしつづけるためには一定の力で上板を引っ張りつづけなければならない。上板の単位面積あたりの引っ張る力，すなわちせん断応力を τ_w とすると，これと同じ大きさのせん断応力 τ が流体にも作用し，さらに下板にも作用する。この力は，板の移動速度 U が大きいほど，また間隙 h が小さいほど大きくなる。せん断応力と速度勾配の間の関係は式(4·1)で表される。

$$\tau_\mathrm{w}=\tau=\mu\frac{U}{h} \tag{4·1}$$

式中の比例係数 μ を流体の粘度という。μ を粘性率，粘性係数とよぶこともある。

円管などの流路内では，図 4·1(b)に示すように流体の速度変化は，壁から離れるに従って緩やかになる。いま，壁からの距離が $y, y+\Delta y$ の位置での流体の速度を $u, u+\Delta u$ とする。Δy が十分に小さければ，その間の速度変化は直線的であると考えることができ，$y+\Delta y$ の位置の流体が y の位置にある流体を x 方向に引っ張る単位面積あたりの力，すなわちせん断応力 τ は式(4·2)で表される。

$$\tau=\mu\frac{\Delta u}{\Delta y} \tag{4·2}$$

$\Delta y, \Delta u \to 0$ の極限をとると

$$\tau=\mu\frac{\mathrm{d}u}{\mathrm{d}y} \tag{4·3}$$

が得られる。この関係式を Newton の粘性法則とよぶ。上式より粘度の SI 単位は$[\mathrm{kg\cdot m^{-1}\cdot s^{-1}}]=[\mathrm{Pa\cdot s}]$となる。また，動粘度 $\nu=\mu/\rho$ は拡散係数と同じ

単位[$m^2 \cdot s^{-1}$]をもつ。

気体や低分子の溶液は，一般に Newton の粘性法則に従う。このような流体を Newton 流体という。1 気圧における代表的な気体と液体の粘度の温度変化を図 4·2, 4·3 に示す。気体と液体の粘度の温度依存性は全く逆であり，温度の上昇とともに気体の粘度が増加するのに対して，液体の粘度は減少する。20℃ の空気の粘度は 1.809×10^{-5} Pa·s，水の粘度は 1.002×10^{-3} Pa·s であり，空気の粘度は水の粘度の約 1/50 である。また，気体，液体ともに粘度の圧力依存性は小さい。

高分子溶液やコロイド溶液などでは，せん断応力 τ と速度勾配 du/dy との間に比例関係が成立しない流体が多い。このような流体を非 Newton 流体といい，式(4·3)中の μ はせん断応力 τ や速度勾配 du/dy に依存して変化する。非 Newton 流体のせん断応力 τ と速度勾配 du/dy の関係を表す代表的なモデルとして，Bingham 流体モデルと指数法則(power law)流体モデルがある。このような物質の変形と流動に関する学問をレオロジーという。

4·2　円管内の流れ

化学プロセスでは円筒形の装置が多く，また装置間の流体輸送も管路を用いて行われる。したがって，円管内の流れは化学工学では基本的な流れと考えることができる。

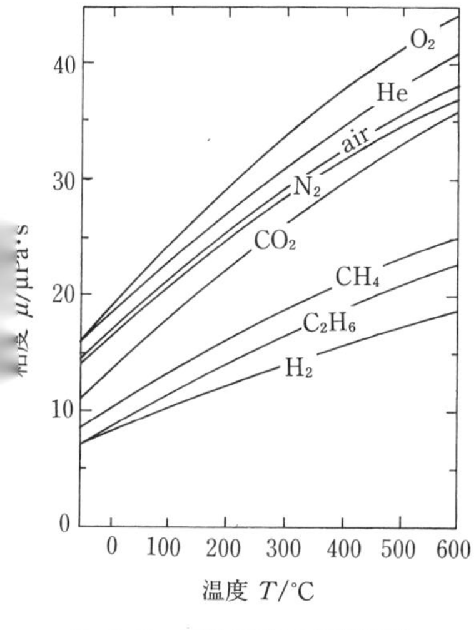

図 4·2　気体粘度の温度変化

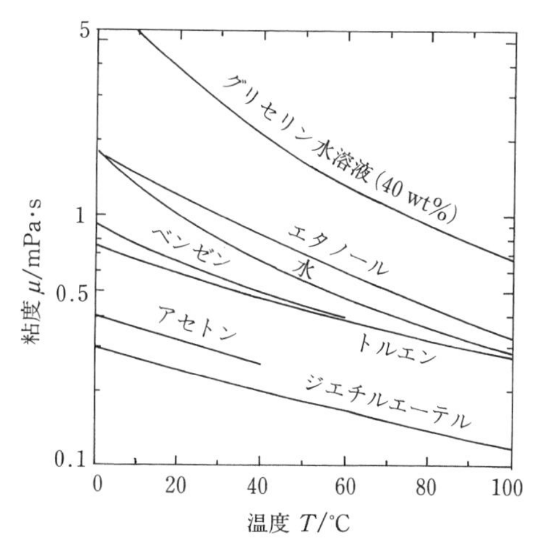

図 4·3　液体粘度の温度変化

4・2・1　Reynolds 数

まっすぐな円管内を流れる流体の挙動は，流体の速度すなわち流速の大小によって異なる。流速が遅い場合には，流体粒子(微小な体積の流体の塊)は流れの方向すなわち管軸に平行な方向に向かって整然と移動する。このような流れを層流といい，仮に流体中に微小な乱れがあってもそれは粘性の作用によって消散してしまう。流速が大きくなりある臨界値をこえると，流体の慣性力が粘性力に比べて大きくなり，流体中に潜在する微小な乱れが増幅されて乱れた流れが出現する。乱流はこのようにして発生する。乱流では，流体粒子は主流方向以外にも速度成分をもち，時間的，空間的にも絶えず変動しながら全体としては管軸方向に流れる。

次に，このような流れの状態がどのような物理量によって規定されるかを考えよう。流体の密度を ρ，粘度を μ，速度を u とし，流体の慣性力と粘性力の大きさを比較する。単位時間，単位面積あたりに流入する流体の質量は ρu であり，それが速度 u で移動するので運動量は ρu^2 となる。この単位時間あたりの運動量は，流体が現在の流れの慣性を維持しようとする力を表す。一方，流体の速度勾配を $\mathrm{d}u/\mathrm{d}y$ とすれば，単位面積あたり流体に働く粘性力は $\mu\mathrm{d}u/\mathrm{d}y$ となる。いま，流体がもっている慣性力に比べて流体に働く粘性力の方が大きい場合には，流体中に仮に乱れがあったとしてもそれは粘性によって減衰してしまう。ところが，慣性力が粘性力に比べて大きくなると，流体中の乱れは減衰せずに成長し乱流を作り出す。したがって，流れの状態は，流体のもつ慣性力と粘性力の大小関係によって規定されると考えることができる。

直径 D の円管内流れにおいて，代表速度として流量 q_{v} を断面積 $\pi D^2/4$ で割った断面平均速度 $\bar{u}$ を用いると，その慣性力は $\rho\bar{u}^2$ となる。一方，速度勾配は，速度/長さの次元をもつので，長さとして円管の直径 D を用いると，粘性力は $\mu\bar{u}/D$ で代表される。式(4・4)で定義される両者の比，すなわち慣性力と粘性力の比を Reynolds 数(Re 数)という。

$$Re=\frac{\rho\bar{u}^2}{\mu(\bar{u}/D)}=\frac{\rho\bar{u}D}{\mu} \tag{4・4}$$

円管内の流れは $Re<(2.1\sim2.3)\times10^3$ では層流，$4\times10^3<Re$ では乱流であり，その中間では層流から乱流への遷移流れとなる。

このように，Re 数は，流れの幾何学的条件に適切な代表速度や代表長さを用いて表される。密度 ρ，粘度 μ の静止流体中を直径 D の球が一定速度 u で運動しているときの Re 数としては $Re=\rho uD/\mu$ を用いる。球のまわりの流動状態は Re 数の大小によって異なり，たとえば $Re<25$ では球の背後に渦が発生しない層流となる。

4·2·2　層　　流

水平から角度 α だけ傾いた直円管内層流の流動特性を Newton の粘性法則を用いて解析する。座標系を図 4·4 に示す。円管半径を R，中心軸を x 軸とし，半径 r，長さ Δx の流体の微小円柱に働く力のつり合いを考える。x の位置の円柱断面(面積 πr^2)には，その位置での圧力 $p(x)$ が x の正方向に，一方，$x+\Delta x$ の位置の円柱断面には，$p(x+\Delta x)=p(x)+(\mathrm{d}p/\mathrm{d}x)\Delta x$ の圧力が x の負の方向に働く。また，この微小円柱の流体に働く重力の x 方向成分は，$-\rho\pi r^2\Delta xg\sin\alpha$ である。これらの合力が円柱側面(表面積 $2\pi r\Delta x$)に働くせん断力とつり合い，

$$\left[p-\left(p+\frac{\mathrm{d}p}{\mathrm{d}x}\Delta x\right)\right]\pi r^2-\rho\pi r^2\Delta xg\sin\alpha=(2\pi r\Delta x)\tau \tag{4·5}$$

整理すると式(4·6)が得られる。

$$\tau=-\frac{r}{2}\left(\frac{\mathrm{d}p}{\mathrm{d}x}+\rho g\sin\alpha\right)=\frac{r}{2}\left(-\frac{\mathrm{d}\phi}{\mathrm{d}x}\right) \tag{4·6}$$

ここで

$$\phi=p+\rho gx\sin\alpha \tag{4·7}$$

円管の壁面($r=R$)に働くせん断応力を τ_{w} とすると

$$\tau_{\mathrm{w}}=\frac{R}{2}\left(-\frac{\mathrm{d}\phi}{\mathrm{d}x}\right) \tag{4·8}$$

式(4·6)，(4·8)より

$$\tau=\tau_{\mathrm{w}}\frac{r}{R} \tag{4·9}$$

が得られ，せん断応力は半径 r に比例して変化する。

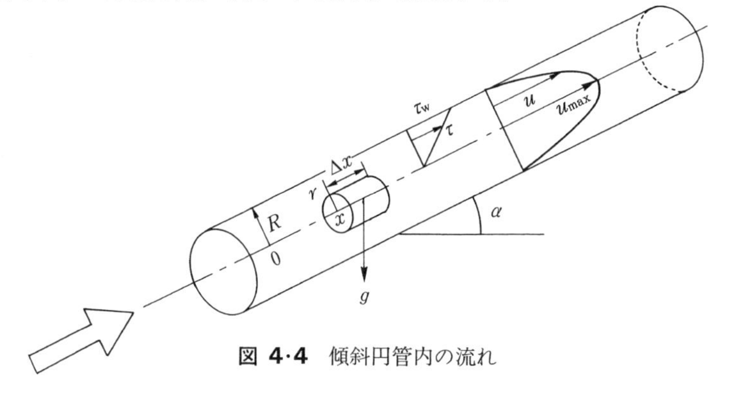

図 4·4　傾斜円管内の流れ

次に，Newtonの粘性法則式(4･3)を式(4･9)に代入する。壁からの距離 y と半径 r との間には $y=R-r$ の関係があるので，式(4･9)から式(4･10)が得られる。

$$\frac{\mathrm{d}u}{\mathrm{d}y}=-\frac{\mathrm{d}u}{\mathrm{d}r}=\frac{\tau_\mathrm{w}}{\mu}\frac{r}{R} \tag{4･10}$$

円管中心 $r=0$ で流速が最大 $u=u_\mathrm{max}$ となる境界条件を用いて，式(4･10)を積分すると式(4･11)が得られる。

$$u_\mathrm{max}-u=\frac{\tau_\mathrm{w}R}{2\mu}\left(\frac{r}{R}\right)^2 \tag{4･11}$$

管壁 $r=R$ での流体の粘着条件 $u=0$ より，最大速度 u_max は

$$u_\mathrm{max}=\frac{\tau_\mathrm{w}R}{2\mu}=\frac{R^2}{4\mu}\left(-\frac{\mathrm{d}\phi}{\mathrm{d}x}\right) \tag{4･12}$$

式(4･11)，(4･12)から式(4･13)が得られ，層流の速度分布形状は回転放物面となる。

$$u=\frac{\tau_\mathrm{w}R}{2\mu}\left[1-\left(\frac{r}{R}\right)^2\right]=u_\mathrm{max}\left[1-\left(\frac{r}{R}\right)^2\right] \tag{4･13}$$

また，式(4･13)は，壁面近くでは式(4･14)のように近似される。

$$\lim_{r\to R}u=\lim_{r\to R}\left(\frac{\tau_\mathrm{w}}{2\mu R}\right)(R-r)(R+r)=\frac{\tau_\mathrm{w}}{\mu}y \tag{4･14}$$

したがって，壁近くの速度は直線的に変化し，流体に働く局所のせん断応力 τ は壁面に働くせん断応力 τ_w に等しいと考えてよい。

次に，速度分布式(4･13)から流量を求める。半径 r と $r+\mathrm{d}r$ の環状部を流れる流量は $u2\pi r\mathrm{d}r$ であるので，円管内を流れる全流量 q_v は式(4･15)で表される。この式をHagen-Poiseuilleの式という。

$$q_\mathrm{v}=\int_0^R u2\pi r\mathrm{d}r=\frac{\pi R^2u_\mathrm{max}}{2}=\frac{\pi R^4}{8\mu}\left(-\frac{\mathrm{d}\phi}{\mathrm{d}x}\right) \tag{4･15}$$

また，断面平均速度 $\bar{u}$ の定義式

$$q_\mathrm{v}=\pi R^2\bar{u} \tag{4･16}$$

より

$$\bar{u}=\frac{u_\mathrm{max}}{2}=\frac{R^2}{8\mu}\left(-\frac{\mathrm{d}\phi}{\mathrm{d}x}\right) \tag{4･17}$$

が得られ，断面平均速度 $\bar{u}$ は中心速度 u_max の1/2になる。この関係を用いると式(4･13)は式(4･18)のように表すこともできる。

$$u=2\bar{u}\left[1-\left(\frac{r}{R}\right)^2\right] \tag{4･18}$$

上に導出した関係式は円管の傾斜角度に関わりなく成立する。水平円管では

$\phi=p+\rho gx\sin 0=p$ となり，長さ L の円管の入口から放物状の速度分布が形成されている場合には $-\mathrm{d}\phi/\mathrm{d}x=-\mathrm{d}p/\mathrm{d}x=-\Delta p/L=(p|_0-p|_L)/L$ が成立するので，式(4·15)から流量 q_V は管入口・出口の圧力差に比例することになる。

[例題 4·1]　静止流体中の圧力と深さの関係を求めよ。

解　流体は静止しているので，$u=\tau=0$ である。したがって式(4·6)より $\mathrm{d}\phi/\mathrm{d}x=0$，すなわち $\phi=p+\rho gx\sin\alpha=$一定となる。鉛直方向の距離は $z=x\sin\alpha$ であるので，$p+\rho gz=$一定が得られる。水面の位置を $z=0$，そこに働く圧力を p_0(大気圧)，水面下 $z=-h$ の位置での圧力 p とすれば，$\phi=$一定より $p=p_0+\rho gh$ が得られる。水深 $h=10\,\mathrm{m}$ あたり $\rho gh=(10^3)(9.81)(10)=9.81\times10^4\,\mathrm{Pa}=0.968\,\mathrm{atm}$ ずつ圧力が増加する。

[例題 4·2]　図 4·5(a)に示したように，水の入った A, B の容器が直径 1 mm，長さ $L=10\,\mathrm{cm}$ の傾斜毛細管で連結されている。容器 A, B の水面差が 30 cm であるとき，毛細管を流れる流量を求めよ。ただし，水温 20℃，密度 $1.0\times10^3\,\mathrm{kg\cdot m^{-3}}$，粘度 $1.0\,\mathrm{mPa\cdot s}$ であり，摩擦抵抗は毛細管だけに働くものとする。

解　容器 A の毛細管先端位置を基準面 $z=0$ とし，その位置の静圧を p_A とすると，例題 4·1 より $p_\mathrm{A}=p_0+\rho gh_\mathrm{A}$ となる。一方，容器 B の毛細管先端は基準面から鉛直 z 方向に $L\sin\alpha$ だけ上方に位置するので，そこでは $\phi_\mathrm{B}=p_\mathrm{B}+\rho gL\sin\alpha$ となるが，$\phi_\mathrm{B}=\phi_\mathrm{B0}=p_0+\rho gh_\mathrm{B}$ であるので，$-\mathrm{d}\phi/\mathrm{d}x=-(\phi_\mathrm{B}-\phi_\mathrm{A})/L=\rho g(h_\mathrm{A}-h_\mathrm{B})/L$ となる。平均流速と流量は，式(4·17)，(4·15)より

$$\bar{u}=\frac{(0.5\times10^{-3})^2}{(8)(1\times10^{-3})}\frac{(1\times10^3)(9.81)(0.3)}{0.1}=0.920\,\mathrm{m\cdot s^{-1}}$$

$$q_\mathrm{V}=\pi(0.5\times10^{-3})^2(0.920)=7.23\times10^{-7}\,\mathrm{m^3\cdot s^{-1}}=0.723\,\mathrm{cm^3\cdot s^{-1}}$$

毛細管内を流れる水の Re 数を求めると

$$Re=\frac{\rho\bar{u}D}{\mu}=\frac{(1\times10^3)(0.920)(1\times10^{-3})}{1\times10^{-3}}=9.20\times10^2<2.1\times10^3$$

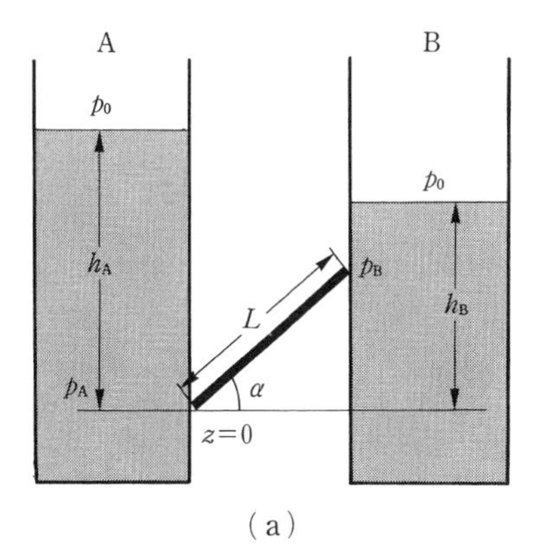

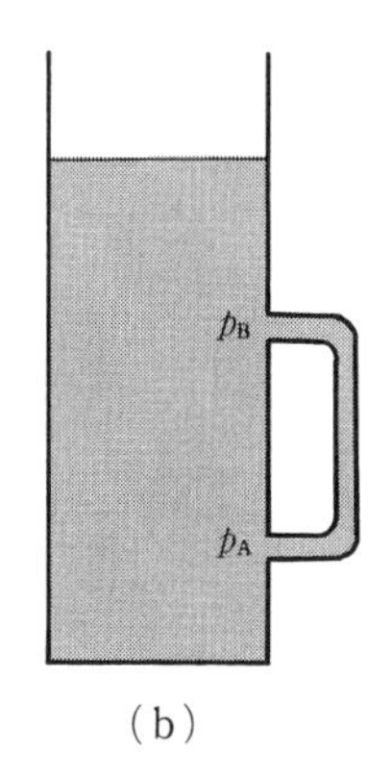

図 4·5　傾斜毛細管の流量

流れは層流であり，上の計算は妥当であることが確かめられた。

この問題では，流量は毛細管の傾斜角度には依存せず，両容器の液面差のみによって決まる。水平な管では $\phi_A - \phi_B = p_A - p_B$ が成立するので，流れは管入口・出口の圧力差によって生じる。しかしながら，傾斜管の場合に管の両端の圧力差 $p_A - p_B$ によって流れが生じると考えることは誤りである。図 4·5(b)に示したように，容器の側壁に二つの孔を開けた場合，圧力は下部の孔の方が大きい。しかしながら，それらの孔を管で連結しても液体は管内を流れないことからもこのことは理解できる。

Ostwald 粘度計

図に示した Ostwald 粘度計は，Newton 流体の液体粘度の測定に用いられる。この粘度計はガラス製であり，毛細管と液留め部からなっている。既知の体積の試料液を粘度計に入れ，液溜め部の標線 A の上まで液を吸い上げた後，液面を大気に開放すると液は左右の管の液面差によって移動するが，その速度は毛細管内の流れに規制される。標線 A から B まで液が下降するのに要する時間を t とし，その間の液面差 Δh の変化が小さいと仮定して Δh=一定とおくと，移動した液の体積 V と流量 q_V の関係は式(4·15)と例題 4·2 の結果を用いて

$$t = \frac{V}{q_V}$$

$$q_V = \frac{\pi R^4}{8\mu}\left(-\frac{d\phi}{dx}\right) = \frac{\pi R^4}{8\mu}\frac{\rho g \Delta h}{L} = \frac{\rho}{\mu}\frac{\pi R^4 g \Delta h}{8L}$$

となり

$$t = \frac{\mu}{\rho}\frac{8VL}{\pi R^4 g \Delta h}$$

が得られる。したがって，温度一定の条件下で同一体積の標準試料(密度 ρ_1，粘度 μ_1)と測定試料(密度 ρ_2，粘度 μ_2)について液面が標線間を通過するのに要する時間 t_1, t_2 を測定すると

$$\frac{\rho_1 t_1}{\mu_1} = \frac{\rho_2 t_2}{\mu_2}$$

が成立する。この関係を利用して試料の密度 ρ_2 と標線間の液面降下時間 t_2 から粘度 μ_2 を求めることができる。

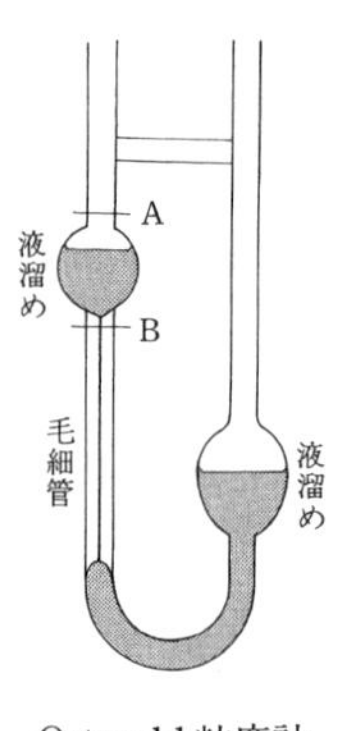

Ostwald 粘度計

4·2·3 乱　流

Re 数が 4×10^3 よりも大きくなると円管内の流れは乱流となり，流体粒子は時間的・空間的に変動しながら下流を移動する。乱れた動きによって，管中心部の速い速度をもった流体粒子は管壁へ向かい，一方，管壁近くの遅い速度をもった流体粒子は管中心部へ向かって移動し，最終的にはまわりの流体と混ざり合って同じ速度となる。このような乱流の混合作用のために流速の変化は管中心部では比較的小さい。しかしながら，管壁に近づくに従って乱れが減衰するために流速は急激に減少する。乱流の速度分布は層流のように解析的に求め

ることはできない。実験結果に基づいた代表的な速度分布として，以下に示す指数法則速度分布と対数法則速度分布とがある。

(a) 指数法則速度分布

速度を壁から距離のベキ乗で表した分布式であり，式(4・19)で表される。

$$\frac{u}{u_{\max}}=\left(\frac{y}{R}\right)^n \tag{4・19}$$

最大速度 $u_{\max}$ と断面平均速度 $\bar{u}$ との間には次の関係が成立する。

$$\frac{u_{\max}}{\bar{u}}=\frac{(1+n)(2+n)}{2} \tag{4・20}$$

Nikuradse の測定によれば，$Re=4\times10^3$ で $n=1/6$，$Re=10^5$ で $n=1/7$，$Re=3.2\times10^6$ で $n=1/10$ となり，Re 数の増加とともに指数 n は減少し，速度分布は図 4・6 に示すようにより平坦となる。Re 数が 10^4～10^5 の範囲では $n=1/7$ とみなしてよく，1/7 乗則の速度分布とよばれる。図中には比較のために層流の放物状速度分布，式(4・18)も示した。指数法則速度分布は近似式であるので，管中心における速度勾配はゼロとはならない。

(b) 対数法則速度分布

平滑な壁面のごく近くの領域では，粘性が支配的となり，速度分布は層流の場合と同じように直線的な分布となる。このような領域を粘性底層あるいは層流底層という。そこでは式(4・14)，$u=(\tau_w/\mu)y$ が成立し，壁近くの流れは壁面に働くせん断応力 τ_w と粘度 μ に支配される流れとなる。摩擦速度 $u^*=$

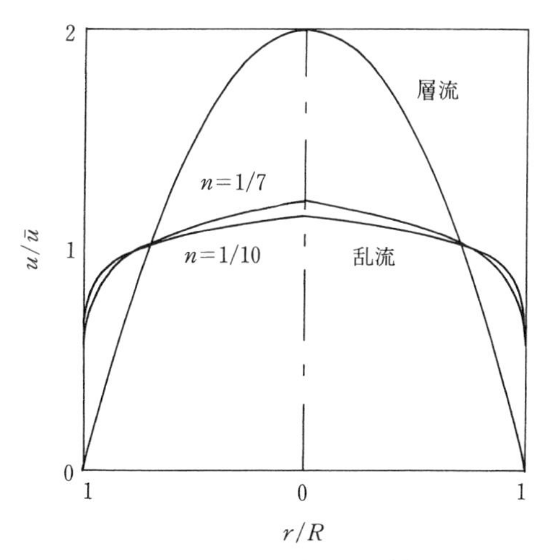

図 4・6 乱流の指数法則速度分布と層流の速度分布

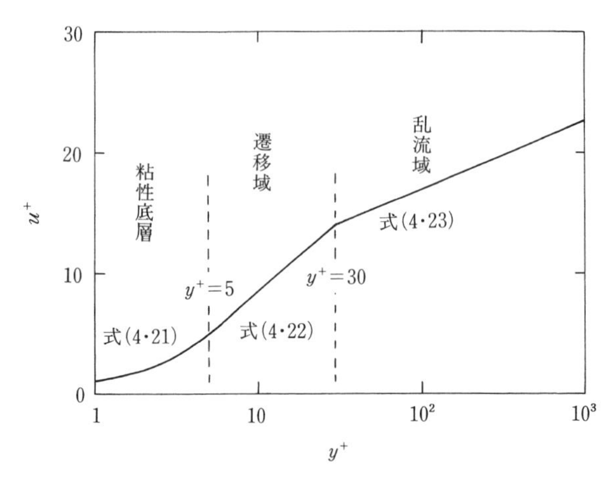

図 4·7　対数法則の速度分布

$(\tau_{\mathrm{w}}/\rho)^{1/2}$ を用いてこの式を変形すると $u/u^*=\rho u^* y/\mu$ が得られ，さらに，$u^+\equiv u/u^*$，$y^+\equiv \rho u^* y/\mu$ とおくと，速度分布は式(4·21)で表される。

$$u^+=y^+, \qquad y^+\leq 5 \qquad (粘性底層) \tag{4·21}$$

すなわち，摩擦速度に基づく無次元速度 u^+，無次元距離 y^+ を用いると，壁のごく近くの速度分布は，Re 数の大小に関わらず式(4·21)で表されることになる。式(4·21)は $y^+\leq 5$ の領域で成立する。

この考え方を粘性底層からさらに流体側の領域にも適用すると，速度分布の測定結果は近似的に式(4·22)，(4·23)で表される。

$$u^+=5.0\ln y^+-3.05, \qquad 5\leq y^+\leq 30 \qquad (遷移域) \tag{4·22}$$

$$u^+=2.5\ln y^+ +5.5, \qquad y^+\geq 30 \qquad (乱流域) \tag{4·23}$$

これらを対数速度分布式とよぶ。図 4·7 に粘性底層，遷移域，乱流域の速度分布式(4·21)，(4·22)，(4·23)を示した。

4·2·4　摩擦係数 f と Fanning の式

円管流の圧力変化，摩擦損失を評価するために，摩擦係数 f を導入する。

$$\frac{f}{2}\equiv\frac{\tau_{\mathrm{w}}}{\rho\bar{u}^2} \tag{4·24}$$

ここで，τ_{w} は壁せん断応力，$\rho\bar{u}^2$ は断面平均速度で流れる流体の慣性力を表す。

円管壁に働くせん断応力 τ_{w} のつり合いを表す式(4·8)は，乱流の場合にも成立する。水平円管($\sin\alpha=0$)では $\mathrm{d}\phi/\mathrm{d}x=\mathrm{d}p/\mathrm{d}x$ となり，速度分布が流れ方向に変化しない領域，すなわち完全発達域における長さ L の区間の圧力差を $\Delta p=p|_{x+L}-p|_x$ とすれば，

$$\frac{\Delta p}{L}=\frac{\mathrm{d}p}{\mathrm{d}x} \tag{4·25}$$

式(4·8), (4·24), (4·25)から水平円管内流れの圧力差を表す次の Fanning の式が得られる。

$$-\Delta p=4f\frac{L}{D}\frac{\rho\bar{u}^2}{2} \tag{4·26}$$

水平円管では下流へ向かって圧力は降下($\Delta p<0$)するので, $-\Delta p>0$ となることに注意(他の教科書では $\Delta p=p|_x-p|_{x+L}>0$ の定義を用いている場合もあるので混同しないように)。また，4·4 節で述べるように，水平管では $-\Delta p/\rho$ は流体単位質量あたりのエネルギー損失を表すので $-\Delta p$ を圧力損失とよぶこともあるが，これは水平直円管にだけあてはまる。傾斜管では，4·2·1 項で述べたように Δp の代わりに $\Delta\phi(=\Delta p+\rho g\Delta h)$ を用いる。

層流($Re<2.1\times10^3$)の摩擦係数 f は，式(4·8), (4·17), (4·24)から式(4·27)で表される。

$$f=\frac{8\mu}{\rho\bar{u}R}=\frac{16\mu}{\rho\bar{u}D}=\frac{16}{Re} \tag{4·27}$$

乱流に適用できる相関式として，$5\times10^3<Re<10^5$ では次の Blasius の式

$$f=0.0791Re^{-1/4} \tag{4·28}$$

がある。より広い範囲の Re 数に適用できる式として，対数速度分布式(4·23)に基づく Prandtl の式がある。

$$\frac{1}{\sqrt{f}}=4.0\log_{10}(Re\sqrt{f})-0.4 \tag{4·29}$$

式(4·29)は壁面が平滑なガラス管，銅管，黄銅管に適用できる。鋼管や鋳鉄管などの粗面管の摩擦係数 f は，粗面の粗さ(凸凹の高さ)ε と管径 D の比 ε/D

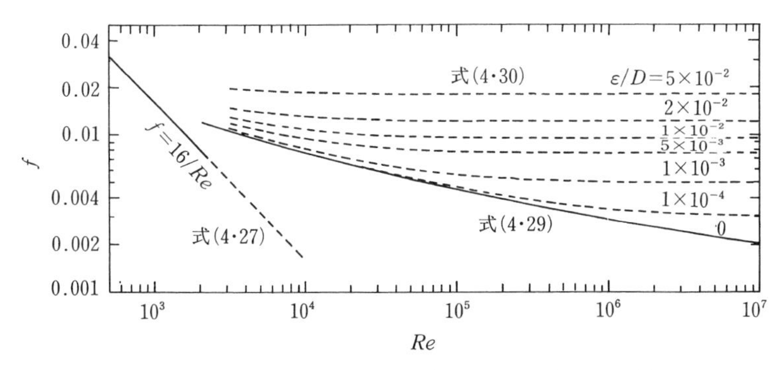

図 4·8　円管流れの摩擦係数 f と Reynolds 数 Re の関係

を用いた式(4･30)で表される。

$$\frac{1}{\sqrt{f}}=-4.0\log_{10}\left[\frac{1.26}{Re\sqrt{f}}+\frac{1}{3.71}\left(\frac{\varepsilon}{D}\right)\right] \tag{4･30}$$

式(4･29)，(4･30)を図4･8に示した。平滑管に対する式(4･29)は，$0.5\times10^3<Re<10^5$ では，Blasiusの式(4･28)とほとんど一致する。壁面の粗さ ε は，引抜管では1.5μm，市販鋼管では50μm，鋳鉄管では0.3mmである。ε が大きくなるほど摩擦係数 f は大きくなり，十分に粗い場合にはRe数の増加とともに摩擦係数 f は一定の値に近づく。

4･2･5　水力相当直径

非円形断面の水平流路では，壁面に働くせん断応力を流体が接している面積にわたって積分した力が流路断面に働く圧力による力とつり合う。そこで，流路断面積を A，流路断面内で流体が流路壁と接している部分の長さ(濡れ辺長)を Γ，流路の壁に働く平均のせん断応力を $\bar{\tau}_{\mathrm{w}}$，流路の長さ L の区間の圧力差を $\Delta p=p|_{x+L}-p|_x$ とすれば，式(4･5)～(4･8)と同様の力のつり合いが成立する。

$$\bar{\tau}_{\mathrm{w}}\Gamma L=-A\Delta p \tag{4･31}$$

式(4･31)に対して平均の摩擦係数 $\bar{f}=\bar{\tau}_{\mathrm{w}}/(\rho\bar{u}^2/2)$ を導入すると，式(4･31)はFanningの式，式(4･26)と同じ形の式(4･32)に変換できる。

$$-\Delta p=(4\bar{f})\left(\frac{L}{4A/\Gamma}\right)\frac{\rho\bar{u}^2}{2}=4\bar{f}\frac{L}{D_{\mathrm{eq}}}\frac{\rho\bar{u}^2}{2} \tag{4･32}$$

式(4･32)中の D_{eq} は式(4･33)で定義され，水力相当直径という。

$$D_{\mathrm{eq}}\equiv\frac{4A}{\Gamma}\equiv\frac{4(\text{流路断面積})}{(\text{濡れ辺長})} \tag{4･33}$$

楕円形や長方形断面流路の平均摩擦係数 $\bar{f}$ については，層流では解析解があるが乱流ではない。このような場合には水力相当直径を用いてRe数を計算し，それに対応する円管流の摩擦係数を $\bar{f}$ とおくことによって，非円形断面流路の圧力変化を近似的に求めることができる。図4･9に長方形，溝，二重円管環状部流路の水力相当直径を示した。

[**例題 4･3**]　直径10cmの水平円管内を20℃の水($\rho=1.0\times10^3\,\mathrm{kg\cdot m^{-3}}$，$\mu=1.0\,\mathrm{mPa\cdot s}$)が $10\,\mathrm{m^3\cdot h^{-1}}$ の流量で流れている。

(1)　管1mあたりの圧力変化を求めよ。

(2)　管中心速度を求めよ。

(3)　粘性底層の厚さとその境界における速度を求めよ。

解　(1)　断面平均速度は $\bar{u}=(10/3600)/\pi(0.05)^2=0.354\,\mathrm{m\cdot s^{-1}}$，Re数は $Re=\rho\bar{u}D/\mu=(10^3)(0.354)(0.1)/10^{-3}=3.54\times10^4$ となる。よって流れは乱流である。摩

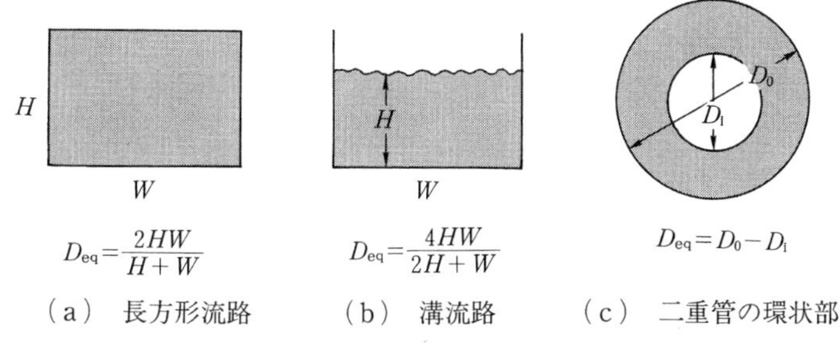

$D_{eq}=\dfrac{2HW}{H+W}$　　$D_{eq}=\dfrac{4HW}{2H+W}$　　$D_{eq}=D_0-D_i$

（a）長方形流路　（b）溝流路　（c）二重管の環状部

図 4·9　非円形流路の水力相当直径

擦係数を Blasius の式(4·28)から求めると $f=0.0791Re^{-0.25}=5.77\times10^{-3}$ となる。

圧力変化は，Fanning の式(4·26)から $-\Delta p=4f(L/D)(\rho\bar{u}^2/2)=(4)(5.77\times10^{-3})(1/0.1)(10^3)(0.354)^2/2=14.5\,\mathrm{Pa}$ となる。

（2） 1/7 乗則を用いると式(4·20)から $u_{max}/\bar{u}=(1+1/7)(2+1/7)/2=1.224$，よって $u_{max}=0.433\,\mathrm{m\cdot s^{-1}}$ となる。

対数法則速度分布式では，摩擦速度 $u^*=(\tau_w/\rho)^{1/2}=\bar{u}(f/2)^{1/2}=1.90\times10^{-2}\,\mathrm{m\cdot s^{-1}}$，中心では $y^+=R^+=\rho u^*R/\mu=(10^3)(1.90\times10^{-2})(0.05)/(10^{-3})=950$ となる。式(4·23)より $u_{max}{}^+=2.5\ln(950)+5.5=22.64$ である。よって $u_{max}=0.430\,\mathrm{m\cdot s^{-1}}$ となる。

（3） 粘性底層の厚さとそこでの速度は，式(4·21)より $y^+=5$，$u^+=5$ で与えられ，厚さは $y=(5)(10^{-3})/[(10^3)(1.90\times10^{-2})]=2.63\times10^{-4}\,\mathrm{m}=0.263\,\mathrm{mm}$，速度は $u=(5)(1.90\times10^{-2})=0.0950\,\mathrm{m\cdot s^{-1}}$ となる。

このように粘性底層の厚さは非常に薄く，乱れは減衰して流体は壁と平行に層流状態で流れるので，粘性底層内では熱移動や物質移動に対する抵抗が大きい。厚さ 0.264 mm の粘性底層の端の速度は平均速度 $\bar{u}$ の 0.0950/0.354＝0.27 倍であり，粘性底層内での速度変化は非常に大きいことがわかる。

4·3　充塡層の流れ

充塡層に流体を流す操作は，触媒反応，吸着分離，沪過などで行われる。充塡物が小さくなると流路が狭くなり，流体を流すために大きな圧力を加える必要がある。流れが遅い場合には，円管内の層流の解析を応用して充塡層内の圧力変化を求めることができる。

充塡層内の流体流路は充塡物の間隙であり，その断面は一般に非円形の複雑な形状をしている。また，流路は屈曲しており，流路断面積も一定ではない。そこで水力相当直径を用いて充塡層内流れの解析を行う。

図 4·10 に示したような長さ L，空隙率 ε(充塡層全体の体積に対する充塡層間隙体積の割合)の水平充塡層を考える。充塡層単位体積あたりの充塡物の表面積を S_B とすると，式(4·33)で定義した水力相当直径は，次のように表さ

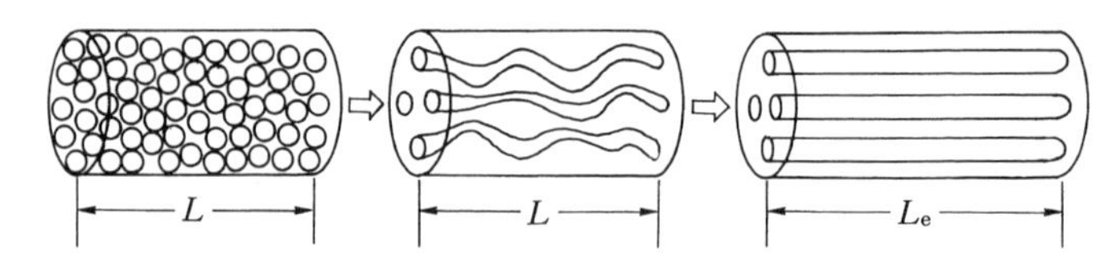

図 4·10 充填層流れのモデル化

れる。

$$D_{\mathrm{eq}}=\frac{4(\text{流路断面積})(\text{充填層高さ})}{(\text{濡れ辺長})(\text{充填層高さ})}=\frac{4(\text{充填層の空隙体積})}{(\text{充填物の全表面積})}$$

$$=\frac{4(\text{充填層の空隙体積})/(\text{充填層の体積})}{(\text{充填物の全表面積})/(\text{充填層の体積})}=\frac{4\varepsilon}{S_{\mathrm{B}}} \tag{4·34}$$

装置内に充填物が入っていない場合の空塔の流路断面積を A_0，充填物を入れた場合の流路断面積を A とすれば

$$\frac{A}{A_0}=\frac{AL}{A_0L}=\frac{\text{充填層中の空隙体積}}{\text{充填層の全体積}}=\varepsilon \tag{4·35}$$

となる。流量を q_{v} とすれば，空塔を流れる流速 $\bar{u}=q_{\mathrm{v}}/A_0$ と充填物の隙間を流れる速度 $u=q_{\mathrm{v}}/A$ との間には次の関係が成立する。

$$u=\frac{\bar{u}}{\varepsilon} \tag{4·36}$$

長さ L の充填層の中で曲がりくねった流路を図 4·10 に示したようにまっすぐに引き伸ばしたときの有効長さを L_{e} とすると，水力相当直径 D_{eq}，有効長さ L_{e} の流路内を流速 u で流れる場合の圧力変化 $-\Delta p$ を求めれば，それが長さ L の充填層に流体を流したときの圧力変化となる。式(4·32)より

$$-\Delta p=4\bar{f}\frac{L_{\mathrm{e}}}{D_{\mathrm{eq}}}\frac{\rho u^2}{2} \tag{4·37}$$

円管層流の摩擦係数 $f=16/Re$，$Re=\rho u D_{\mathrm{eq}}/\mu$ を用いると式(4·38)が得られる。

$$-\Delta p=\frac{32\mu L_{\mathrm{e}}u}{D_{\mathrm{eq}}{}^2}=\left(\frac{2L_{\mathrm{e}}}{L}\right)\left(\frac{\mu L\bar{u}S_{\mathrm{B}}{}^2}{\varepsilon^3}\right)=k\left(\frac{\mu L\bar{u}S_{\mathrm{B}}{}^2}{\varepsilon^3}\right) \tag{4·38}$$

ここで，$k=2L_{\mathrm{e}}/L$ である。充填物の比表面積(粒子単位体積あたりの表面積)を S_{v} とすると

$$S_{\mathrm{B}}=(1-\varepsilon)S_{\mathrm{v}} \tag{4·39}$$

の関係が成立するので，式(4·38)から式(4·40)が得られる。

$$-\Delta p=\frac{k\mu L\bar{u}(1-\varepsilon)^2S_{\mathrm{v}}{}^2}{\varepsilon^3} \tag{4·40}$$

上式を Kozeny-Carman の式という。充填物が直径 d_{p} の球形粒子の場合には

$$S_{\mathrm{v}}=\frac{\pi d_{\mathrm{p}}^2}{\pi d_{\mathrm{p}}^3/6}=\frac{6}{d_{\mathrm{p}}} \qquad (4\cdot41)$$

であるので，式(4・40)は次のように表される。

$$-\Delta p=\frac{36k\mu L\bar{u}(1-\varepsilon)^2}{\varepsilon^3 d_{\mathrm{p}}^2} \qquad (4\cdot42)$$

種々の充塡物を用いた実験結果によれば $k=4\sim5$ である。

上式は層流域に対して成立する。さらに乱流域まで適用できる実験式として次の Ergun の式がある。

$$-\frac{\Delta p}{L}=150\frac{\mu\bar{u}(1-\varepsilon)^2}{\varepsilon^3 d_{\mathrm{p}}^2}+1.75\frac{\rho\bar{u}^2(1-\varepsilon)}{\varepsilon^3 d_{\mathrm{p}}} \qquad (4\cdot43)$$

充塡層が水平でない場合には，前節で述べたように Δp の代わりに $\Delta\phi(=\Delta p+\rho g\Delta z)$ を用いる。

[例題 4・4]　内径 50 cm の円筒に直径 5 mm の球形吸着剤を高さ 1 m に充塡した吸着塔を用いて，毎分 5 m³ の空気の脱臭操作を行っている。充塡層内の圧力変化を求めよ。ただし，充塡層の空隙率は 0.37，空気の密度は 1.18 kg・m⁻³，粘度は 0.0186 mPa・s とし，空気は上向きに流す。

解　充塡層の断面積 $S=\pi(0.5)^2/4=0.1963\,\mathrm{m}^2$，空塔流速 $\bar{u}=(5/60)/0.1963=0.4245\,\mathrm{m\cdot s^{-1}}$，式(4・43)より

$$\begin{aligned}-\Delta\phi/L&=(150)(1.86\times10^{-5})(0.4245)(1-0.37)^2/(0.37)^3(0.005)^2\\&\quad+(1.75)(1.18)(0.4245)^2(1-0.37)/(0.37)^3(0.005)\\&=371.2+925.6=1.297\times10^3\,\mathrm{Pa\cdot m^{-1}}\end{aligned}$$

$\Delta\phi=\Delta p+\rho g\Delta z$ より，$-\Delta p=1.297\times10^3+(1.18)(9.81)(1)=1.308\times10^3\,\mathrm{Pa}=1.31\times10^3\,\mathrm{Pa}$ である。

4・4　流れ系のエネルギー収支

4・4・1　エネルギー保存の法則

物質の流入・流出がない閉じた系のエネルギー保存の法則，すなわち熱力学の第 1 法則は式(4・44)で表される。

$$\Delta U=Q+W=Q-p\Delta V \qquad (4\cdot44)$$

しかし，物質の流入・流出がある開いた系では，式(4・44)をそのまま用いることはできない。

化学プロセスでは，ポンプを用いて流体を輸送し，撹拌機を用いて流体を混合する。したがって，流れ系のエネルギーの保存則を考えるときには，図 4・11 に示したように系の境界を定め，断面 ‘1’ からの流体エネルギーの流入，断面 ‘2’ からの流体エネルギーの流出，流体の加熱・冷却を行う熱エネルギー

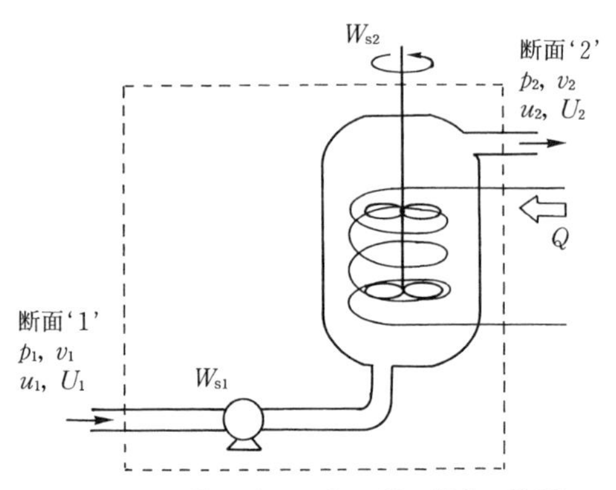

図 4・11　流れ系のエネルギー保存の法則

Q およびポンプや撹拌機から流体に加えられる仕事 $W_s = W_{s1} + W_{s2}$ を考慮しなければならない。閉じた系とは異なり，流体エネルギーとしては内部エネルギー U の他に運動エネルギー $\rho u^2/2$ と位置エネルギー ρgz を含める必要がある。これらの総和を全エネルギーという。流体の単位質量あたりの全エネルギーを $\hat{E}$，内部エネルギーを $\hat{U}$ とすると，全エネルギー $\hat{E}$ は式(4・45)で表される。

$$\hat{E} = \hat{U} + \frac{u^2}{2} + gz \qquad (4 \cdot 45)$$

定常流れ系のエネルギー保存の法則を言葉で表現すると次のように書ける。

$$\begin{pmatrix}\text{流体が系内に}\\ \text{運び込んだ全}\\ \text{エネルギー}\end{pmatrix} - \begin{pmatrix}\text{流体が系外へ}\\ \text{運び出した全}\\ \text{エネルギー}\end{pmatrix} + \begin{pmatrix}\text{系に加えら}\\ \text{れた熱エネ}\\ \text{ルギー}\end{pmatrix} + \begin{pmatrix}\text{系に加}\\ \text{えられ}\\ \text{た仕事}\end{pmatrix} = 0 \qquad (4 \cdot 46)$$

図 4・11 の入口，出口それぞれの断面での物理量に添字 1, 2 をつけ，また，流体の速度は断面内で一様と仮定する。流体の質量流量を q_m とすれば，式(4・46)は式(4・47)のように表される。

$$(\hat{E}_1 - \hat{E}_2)\, q_m + Q + W = 0 \qquad (4 \cdot 47)$$

上式中の仕事 W は次の 2 種類の仕事に分けられる。

（1）　系内のポンプや撹拌機によって流体に加えられる仕事の総和

$$W_s = W_{s1} + W_{s2}$$

（2）　流体を系内に送り込み，系外に送り出すために必要な仕事

後者の仕事は以下のようにして求められる。断面 ‘1’ から単位質量の流体が体積 v_1 だけ送り込まれたとすれば，断面 ‘1’ での圧力は p_1 であるので，流体が

系に対して行った仕事は p_1v_1 となる。ここで，単位質量あたりの体積 v_1 を比容積という。同様に，断面 ‘2’ において流体が系外に対して行った仕事は p_2v_2 となる。定常流れ系において流入・流出する質量流量は $q_m=(\rho uA)_1=(\rho uA)_2$ であるので，仕事 W は以下のように表され，

$$W=W_s+(p_1v_1-p_2v_2)q_m \tag{4・48}$$

式(4・47)は式(4・49)となる。

$$[(\hat{E}_1+p_1v_1)-(\hat{E}_2+p_2v_2)]q_m+Q+W_s=0 \tag{4・49}$$

式(4・49)を質量流量 q_m で割ると

$$\hat{E}_1+p_1v_1+\hat{Q}+\hat{W}_s=\hat{E}_2+p_2v_2 \tag{4・50}$$

ここで $\hat{Q}$, $\hat{W}_s$ は単位質量の流体に加えられた熱量とポンプなどによる機械的仕事である。$\hat{E}=\hat{U}+u^2/2+gz$ であるので，単位質量あたりのエンタルピー $\hat{H}=\hat{U}+pv$ を用いて式(4・50)を表すと，最終的に式(4・51)を得る。

$$\hat{H}_1+\frac{{u_1}^2}{2}+gz_1+\hat{Q}+\hat{W}_s=\hat{H}_2+\frac{{u_2}^2}{2}+gz_2 \tag{4・51}$$

これが定常流れ系のエネルギー保存の法則，すなわちエネルギー収支式である。

[例題 4・5]　タービンを流量 12000 kg・h^{-1} の水蒸気で駆動している。入口・出口における水蒸気の速度は 150 m・s^{-1}, 30 m・s^{-1}，エンタルピーは 2800 kJ・kg^{-1}, 2000 kJ・kg^{-1} であり，タービンからの熱損失は 40 kW である。タービンの軸動力を求めよ。ただし，位置エネルギーの変化は考慮しなくてよい。

解　$q_m=12000/3600=3.33$ kg・s^{-1} より単位質量あたりの熱損失は $\hat{Q}=40/3.33=12$ kJ・kg^{-1} である。$\hat{H}_1=2800$ kJ・kg^{-1}，$\hat{H}_2=2000$ kJ・kg^{-1}，$u_1=150$ m・s^{-1}，$u_2=30$ m・s^{-1} の各数値を式(4・51)に代入すると，

$$2800\times10^3+150^2/2-12\times10^3+\hat{W}_s=2000\times10^3+30^2/2$$

$\hat{W}_s=-798.8$ kJ・kg^{-1} より $W_s=q_m\hat{W}_s=(3.33)(-798.8)=-2660$ kW $=-2.66$ MW となる。動力が負の値であるので，タービンは流体から仕事を受けたことになる。この例で示したように，運動エネルギーの変化はエンタルピーなどの熱エネルギー変化に比べて一般に小さい。

4・4・2　機械的エネルギー保存の法則

流体が断面 ‘1’ から断面 ‘2’ まで流れる間に流体のもっているエネルギーの一部は，流体内部の粘性摩擦によって熱として消散する。この過程は不可逆であり，流体のもつエネルギーの一部が熱として損失したことになる。流体単位質量あたりのエネルギー損失量を $\hat{F}$ とおいて，機械的エネルギーの保存式を以下に導出する。

内部エネルギーが状態量であることに注意すると，流体の内部エネルギーの変化 $\Delta\hat{U}$ は，単位質量の流体をピストン容器に充塡した，いわゆる閉じた系を用いて以下のように求めることができる。熱量 $\hat{Q}$ と流体の粘性摩擦によって発生した熱量 $\hat{F}$ を足し合わせたものを外部からピストン容器に加えた熱量とし，流体が圧力 p_1，体積 v_1 の状態から圧力 p_2，体積 v_2 の状態に変化したときの内部エネルギーの変化 $\Delta\hat{U}=\hat{U}_2-\hat{U}_1$ を求めれば，それは断面 ‘1’ から断面 ‘2’ まで流体が流れる間の内部エネルギーの変化に等しい。したがって，閉じた系の熱力学第 1 法則より式(4・52)が成立する。

$$\Delta\hat{U}=\hat{U}_2-\hat{U}_1=(\hat{Q}+\hat{F})-\int_{v_1}^{v_2}p\,\mathrm{d}v \tag{4・52}$$

式(4・52)を式(4・51)に代入し，$\hat{H}=\hat{U}+pv$ の関係を用いると

$$\frac{{u_1}^2}{2}+gz_1+p_1v_1+\hat{W}_\mathrm{s}+\int_{v_1}^{v_2}p\,\mathrm{d}v=\frac{{u_2}^2}{2}+gz_2+p_2v_2+\hat{F} \tag{4・53}$$

さらに，$p\mathrm{d}v=\mathrm{d}(pv)-v\mathrm{d}p$ の関係を用いると，最終的に式(4・54)を得る。

$$\frac{{u_1}^2}{2}+gz_1+\hat{W}_\mathrm{s}=\frac{{u_2}^2}{2}+gz_2+\int_{p_1}^{p_2}v\,\mathrm{d}p+\hat{F} \tag{4・54}$$

式(4・54)を機械的エネルギーの式，あるいは Bernoulli の式の一般形という。$u_1=u_2$，$z_1=z_2$，$\hat{F}=0$ の場合には $\hat{W}_\mathrm{s}=\int_{p_1}^{p_2}v\,\mathrm{d}p$ となる。このように流れ系の仕事は閉じた系の仕事 $\int_{v_1}^{v_2}p\,\mathrm{d}v$ とは異なることに注意する必要がある。

非圧縮性流体では比容積 v が一定であるので，$v=1/\rho$ の関係を用いると式(4・54)は

$$\frac{{u_1}^2}{2}+gz_1+\frac{p_1}{\rho}+\hat{W}_\mathrm{s}=\frac{{u_2}^2}{2}+gz_2+\frac{p_2}{\rho}+\hat{F} \tag{4・55}$$

粘性摩擦がなく，またポンプなどの機械的仕事もない流れでは，式(4・55)は次の Bernoulli の式に帰着する。

$$\frac{{u_1}^2}{2}+gz_1+\frac{p_1}{\rho}=\frac{{u_2}^2}{2}+gz_2+\frac{p_2}{\rho} \tag{4・56}$$

流体単位質量あたりの仕事 $\hat{W}$ やエネルギー損失 $\hat{F}$ の SI 単位は[J・kg^{-1}]である。式(4・55)を重力加速度 g で割ると，$\hat{W}/g$，$\hat{F}/g$ の単位は高さ[m]となる。通常，この高さのことを頭(head)といい，$u^2/2g$ を速度頭，$p/\rho g$ を圧力頭，z を位置頭，$\hat{F}/g$ を損失頭という。

上に述べたエネルギー保存式，機械的エネルギー保存式の導出では，流路断面内の流体速度の分布は一様であると仮定した。乱流ではこの仮定は近似的に成立し，断面平均速度 $\bar{u}$ を上式中の u として用いることができる。しかしな

流路輸送されるエネルギー量の表し方

流れ系のエネルギー収支式(式(4・51), (4・54), (4・55))において，流路内で単位質量あたりのエネルギー量が一様に分布していない場合，どのように扱えばよいのだろうか。

流れ系のエネルギー収支式は，流路輸送されるエネルギー量に対してエネルギー保存の法則を適用して導出される。流体速度は流路内で変化するので，局所の流体の密度 ρ，速度を u とすると，微小断面積 $\mathrm{d}A$ を通して輸送される質量流量 $\mathrm{d}q_\mathrm{m}$ は $\mathrm{d}q_\mathrm{m}=\rho u\mathrm{d}A$ となる。単位質量あたりの運動エネルギーは $\hat{E}_\mathrm{k}=u^2/2$ であるので，微小断面積 $\mathrm{d}A$ を通して輸送される運動エネルギーは $\mathrm{d}E_\mathrm{k}=\rho u(u^2/2)\mathrm{d}A$ となり，これを流路断面積 A にわたって積分した量

$$E_\mathrm{k}=\iint \rho u(u^2/2)\mathrm{d}A$$

が流路輸送される。したがって，質量流量

$$q_\mathrm{m}=\iint \rho u\mathrm{d}A$$

で輸送される流体の単位質量流量あたりの運動エネルギー$\langle E_\mathrm{k}\rangle$は,

$$\langle E_\mathrm{k}\rangle=E_\mathrm{k}/q_\mathrm{m}=\iint \rho u(u^2/2)\mathrm{d}A\bigg/\iint \rho u\mathrm{d}A$$

と表される。この$\langle E_\mathrm{k}\rangle$が式(4・51), (4・54), (4・55)で用いられる単位質量あたりの運動エネルギーである。式の形から明らかなように，$\langle E_\mathrm{k}\rangle$は断面平均速度

$$\bar{u}=\frac{1}{A}\iint u\mathrm{d}A$$

を用いた運動エネルギー $\bar{u}^2/2$ とは異なる。両者の比を $\alpha=\langle E_\mathrm{k}\rangle/(\bar{u}^2/2)$ とおくと，放物状速度分布をもつ円管層流では $\alpha=2$ となる。また，乱流では，指数法則の速度分布を適用すると，$\alpha\approx1$ と近似できることがわかる(問題4・4)。

熱収支に用いる温度はエネルギー保存式を満足しなければならない。熱交換器の伝熱管(図6・14)では，流体温度が管断面内で変化するので，単位質量あたりのエンタルピー $\hat{H}$ も分布する。そこで，流体の局所の密度を ρ，比熱容量を c_p，温度を T，速度を u とすると，相変化がない場合のエンタルピー輸送量 H は

$$H=\iint \rho c_p u(T-T_0)\mathrm{d}A$$

で表される。ここで，T_0 はエンタルピーの基準温度である。流路断面内の流体平均温度$\langle T\rangle$を

$$\langle T\rangle=\frac{1}{c_p q_\mathrm{m}}\iint \rho c_p uT\mathrm{d}A$$

と表すと，$H=c_p q_\mathrm{m}(\langle T\rangle-T_0)$が輸送されるエンタルピー量を表す。通常は T_0 を省略して，熱輸送量を $c_p q_\mathrm{m}\langle T\rangle$ で表す。熱収支式で用いられる温度はこの流体平均温度$\langle T\rangle$であり，断面積で平均した温度

$$T_\mathrm{av}=\frac{1}{A}\iint T\mathrm{d}A$$

ではない。たとえば，熱交換器の設計において流体の出口温度を50℃とする場合，50℃は伝熱管出口断面での流体平均温度を指す。また，この温度はバルク温度(bulk temperature)ともよばれる。

がら，放物状速度分布をもつ円管層流では，流路輸送される流体の運動エネルギーを質量流量で割った単位質量あたりの運動エネルギーは $\bar{u}^2/2$ ではなく $\bar{u}^2$ となる。

4·4·3　配管内流れのエネルギー損失

流体輸送を行う配管は，直円管の他に拡大管，縮小管，曲がり管，エルボ，T 字管などの継手部品から構成され，また，配管の中間に弁と流量計を設置して流量の測定と調節を行う。このような配管部品内の流れのエネルギー損失 $\hat{F}$ を評価するために，式(4·57)で定義される摩擦損失係数 K を導入する。

$$\hat{F}=K\frac{u^2}{2} \tag{4·57}$$

非圧縮性流体の場合の K の評価法を以下に述べる。

(a)　直円管のエネルギー損失

直円管では流速の変化はなく，また仕事もないので，式(4·55)から

$$\frac{p_1}{\rho}+gz_1=\frac{p_2}{\rho}+gz_2+\hat{F}_{\mathrm{f}} \tag{4·58}$$

$\phi=p+\rho gz$ より

$$\frac{\phi_1-\phi_2}{\rho}=-\frac{\Delta\phi}{\rho}=\hat{F}_{\mathrm{f}} \tag{4·59}$$

水平管の圧力降下と摩擦係数の関係を表す Fanning の式(4·26)を適用すると $\hat{F}_{\mathrm{f}}$ は

$$\hat{F}_{\mathrm{f}}=4f\frac{L}{D}\frac{\bar{u}^2}{2} \tag{4·60}$$

また，式(4·57)で定義される摩擦損失係数 K_{f} は，式(4·61)で表される。

$$K_{\mathrm{f}}=4f\frac{L}{D} \tag{4·61}$$

(b)　拡大管・縮小管のエネルギー損失

断面積が急激に拡大している流路(図 4·12(a))のエネルギー損失は

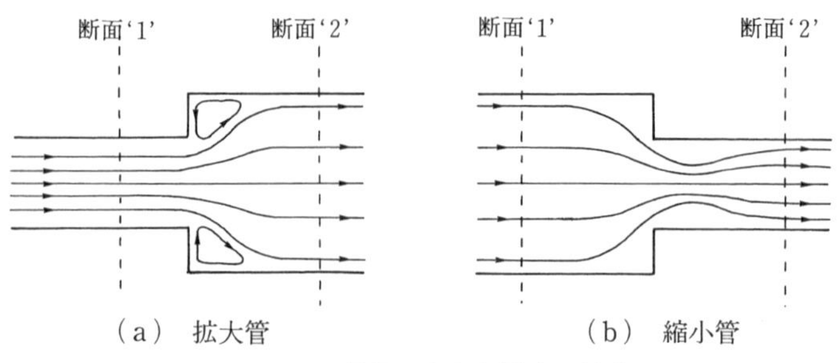

図 4·12　管路の急激な拡大と縮小

表 4・1　K_c と断面積縮小比 A_2/A_1 の関係

A_2/A_1	0.1	0.2	0.3	0.4	0.5	0.6	0.7	0.8	0.9
K_c	0.41	0.38	0.34	0.29	0.24	0.18	0.14	0.089	0.036

$$\hat{F}_e = K_e \frac{\bar{u}_1^{\,2}}{2}, \qquad K_e = \left(1 - \frac{A_1}{A_2}\right)^2 \qquad (4\cdot62)$$

また，急激に縮小している流路(図 4・12(b))のエネルギー損失は

$$\hat{F}_c = K_c \frac{\bar{u}_2^{\,2}}{2} \qquad (4\cdot63)$$

で表される。K_c は表 4・1 に示したように，収縮管前後の断面積の比 A_2/A_1 によって変わる。添字 ‘1’, ‘2’ はそれぞれ断面 ‘1’, ‘2’ における値を表す。

(c)　配管付属品のエネルギー損失

配管内にエルボや T 字管などの継手類(図 4・13)や流量調節弁(図 4・14)などの部品が直径 D の管に接続されているとき，これらの配管部品のエネルギー損失は，損失係数 K_a あるいは相当長さ L_e を用いて，式(4・64)で評価する。

$$\hat{F}_a = K_a \frac{\bar{u}^2}{2} = 4f \frac{L_e}{D} \frac{\bar{u}^2}{2} \qquad (4\cdot64)$$

(a)　45° エルボ

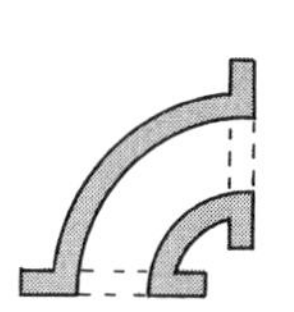

(b)　90° エルボ

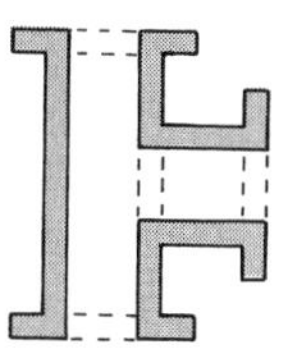

(c)　T 字

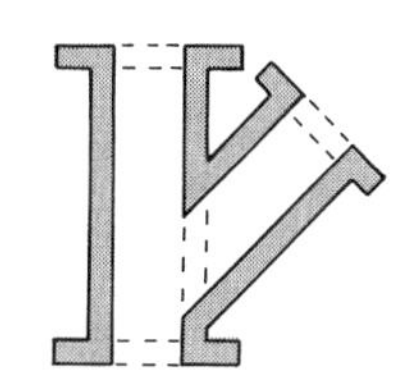

(d)　45° Y 字

図 4・13　継手類

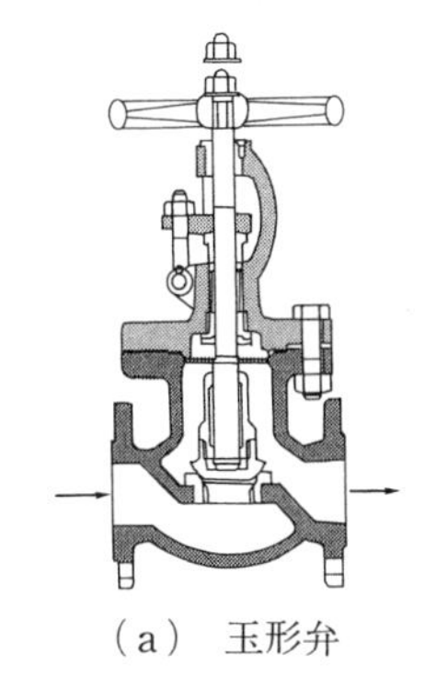

(a)　玉形弁

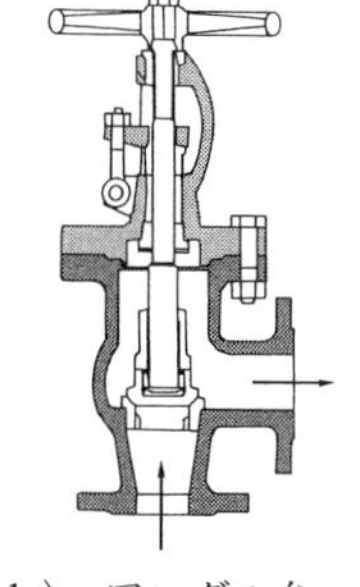

(b)　アングル弁

(c)　ボール弁

図 4・14　弁類

表 4･2 配管付属品の相当長さ(化学工学便覧)

配管部品	L_e/D	配管部品	L_e/D	配管部品	L_e/D
45° エルボ	15	90° ベンド		仕切弁	
90° エルボ		曲率/直径＝3	24	全開	0.7
標準曲率	32	曲率/直径＝4	10	1/4 閉	10～40
中間曲率	26	180° ベンド	75	1/2 閉	100～200
長径	20	十字継手	50	3/4 閉	800
角径	75	T 形継手	40～80	玉形弁 (全開)	300

ここで，f は管径 D の直管の摩擦係数であり，また，L_e はエネルギー損失が同一となる管径 D の直管の長さである。各種配管付属品の L_e の値を表 4･2 に示した。

4･5 流体輸送と流体混合

4･5･1 流体輸送機と所要動力

流体輸送機の種類は，(1) ターボ方式(遠心式，軸流式)，(2) 容積方式(往復式，回転式)に大別される。気体の輸送には，圧縮機，送風機が用いられ，輸送機内の圧力上昇が 1 気圧以上のものを圧縮機，0.1 から 1 気圧のものをブロア，0.1 気圧以下のものをファンとよんでいる。代表的な液体の輸送機は遠心式ポンプである。ケーシング内の羽根車の回転により遠心力を流体に働かせて渦巻室を通って吐出口へ送り出すとともに，吸い込み口から新たな流体を羽根車内に導入することによって連続的に流体を輸送する。液体の容積方式の輸送機としては，ピストンを往復運動させて流体を輸送するプランジャポンプや回転方式としては歯車ポンプやねじポンプなどがある。図 4･15 に代表的な液体輸送機を示した。

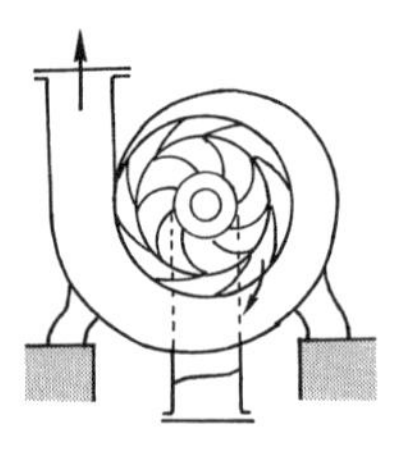

(a) 遠心ポンプ (ターボ方式)

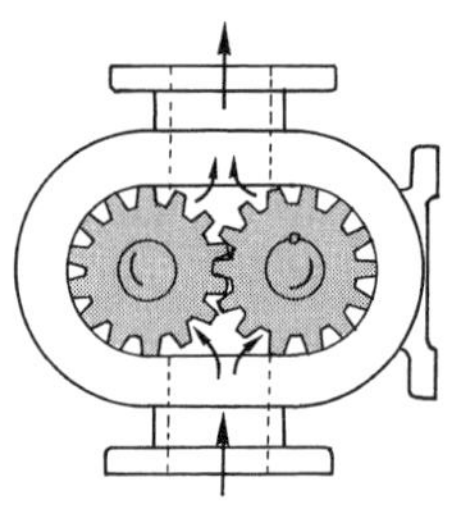

(b) 歯車ポンプ (容積方式)

図 4･15 液体輸送機

流体輸送機の動力計算の基礎式は式(4·54), (4·55)である。液体輸送の場合には密度が一定であるので式(4·55)を用いることができ，各種配管のエネルギー損失の総計を $\sum \hat{F}$ とすれば，流体単位質量あたりのポンプの所要動力 $\hat{W}_s$ は式(4·65)から求められる。

$$\hat{W}_s = \frac{u_2^2 - u_1^2}{2} + \frac{p_2 - p_1}{\rho} + (z_2 - z_1)g + \sum \hat{F} \tag{4·65}$$

質量流量を q_m，ポンプの効率を η とすると所要動力 W は式(4·66)で求められる。

$$W = \frac{q_m \hat{W}_s}{\eta} \tag{4·66}$$

また，式(4·65)を重力加速度 g で割り，$H = \hat{W}_s/g$ とおけば

$$H = \frac{u_2^2 - u_1^2}{2g} + \frac{p_2 - p_1}{\rho g} + (z_2 - z_1) + \sum \frac{\hat{F}}{g} \tag{4·67}$$

となり，右辺の各項は，それぞれ速度頭，圧力頭，位置頭，損失頭を表す。H は流体輸送に必要な動力を高さに換算したものであり，ポンプの全揚程という。ポンプの性能は，揚程，流量，動力を用いて表される。

[**例題 4·6**]　図 4·16 に示した配管を用いて，タンク A の溶液をタンク B に汲み上げる。タンク A とポンプの間は長さ 1m の 2 インチ管(内径 52.9mm)，ポンプ出口以後は長さ 30m の 1 インチ管(内径 27.6mm)が用いられている。タンク A, B ともに大気に開放され，タンク A の水面から 1 インチ管出口までの高さは 20m である。毎分 0.1m³ の水をタンク A からタンク B に輸送するのに必要なポンプの所要動力を求めよ。ただし，吸い込み側配管にはエルボが 1 個，吐出側配管にはエルボが 3 個と流量調節弁が 1 個取り付けられている。また，水温は 20℃，ポンプの効率は 65 % である。

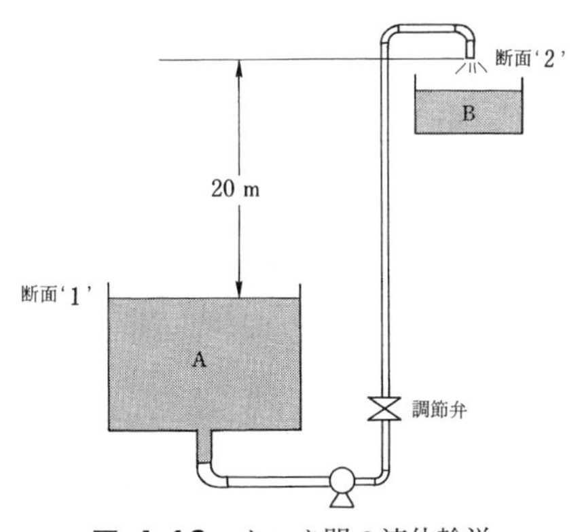

図 4·16　タンク間の流体輸送

解　(1)　2インチ管の摩擦損失：流量 $q_v=1.67\times10^{-3}\,m^3\cdot s^{-1}$，質量流量 $q_m=\rho q_v=1.67\,kg\cdot s^{-1}$，2インチ管内の断面平均流速 $u=0.759\,m\cdot s^{-1}$ である。

タンク吸い込み口では，断面積の急縮小損失がある。表4·1の数値を外挿して，$A_2/A_1=0$ の K_c を求めると，$K_c=0.43$，これより $\hat{F}_1=0.124\,J\cdot kg^{-1}$ となる。

Re数を求めると，$Re=(10^3)(0.759)(0.0529)/(10^{-3})=4.02\times10^4$ となり，管摩擦係数は，Blasiusの式より $f=(0.0791)(4.02\times10^4)^{-0.25}=5.59\times10^{-3}$ となる。相当長さを2インチ管では $L/D=18.9$，表4·2より90°エルボでは $L_e/D=32$ とすると，エネルギー損失は

$$\hat{F}_2=(4f)\left(\sum L/D\right)(u^2/2)=(4)(5.59\times10^{-3})(18.9+32)(0.759^2/2)$$
$$=0.328\,J\cdot kg^{-1}$$

(2)　1インチ管の摩擦損失：断面平均流速 $u=2.79\,m\cdot s^{-1}$，$Re=7.69\times10^4$，Blasiusの式より $f=4.75\times10^{-3}$ となる。相当長さは，1インチ管 $L/D=1.087\times10^3$，エルボ3個 $L_e/D=3\times32=96$ である。

流量調節弁については1/2閉として $L_e/D=200$，以上より $\sum L_e/D=1.38\times10^3$ となる。エネルギー損失は

$$\hat{F}_3=(4f)\left(\sum L/D\right)(u^2/2)=102.0\,J\cdot kg^{-1}$$

(3)　ポンプの所要動力：全エネルギー損失は $\sum\hat{F}_i=0.124+0.328+102.0=102.5\,J\cdot kg^{-1}$，式(4·65)より $\hat{W}_s=(2.79)^2/2+(20)(9.81)+102.5=302.6\,J\cdot kg^{-1}$ となる。ポンプの効率 $\eta=0.65$ であるので，所要動力 W は

$$W=q_m\hat{W}_s/\eta=(1.67)(302.6)/(0.65)=0.779\times10^3\,W=0.78\,kW$$

4·5·2　撹拌翼と撹拌所要動力

槽型反応装置では，良好な混合状態を得るために撹拌翼を用いて溶液を撹拌する。また，同時に気液・固液・気固液の分散操作や槽壁ジャケット，伝熱コイルと溶液間の伝熱操作を行うこともあり，物質移動速度や伝熱速度を大きくするためにも撹拌操作は必要である。

撹拌翼の種類は，低粘度液用と高粘度液用に大別される。代表的な翼を図4·17に示した。低粘度液ではプロペラなどの小さな翼を高速回転させて乱流

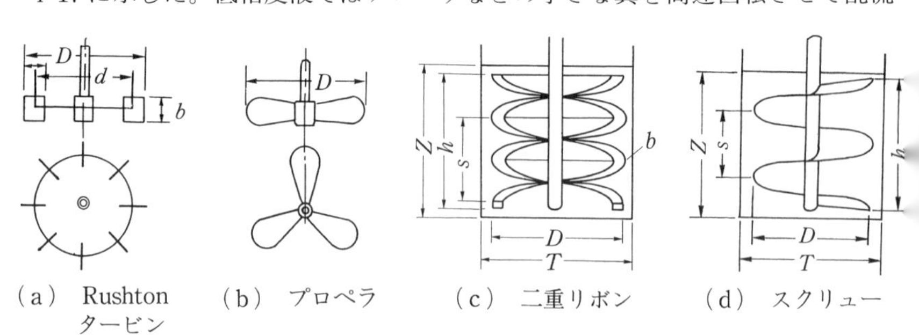

(a)　Rushton タービン　(b)　プロペラ　(c)　二重リボン　(d)　スクリュー

図 4·17　撹拌翼

状態で混合を行う場合が多い。Rushton タービン翼は，特に気液分散に有効である。一方，高粘度液では容器の壁近くの液を強制的に流動させるために，リボン翼やスクリュー翼などの大きな翼を低速回転させながら混合を行う。このように撹拌翼の形状は処理液の粘度によって異なり，その境界の粘度は 1～10 Pa・s とされている。最近では，低粘度からこの粘度領域をこえた中粘度までの液の撹拌に適用できる大型翼が開発されている。また，良好な混合状態を達成するために撹拌槽の槽壁に邪魔板を取りつけることが多い。翼を高速回転させるときには液面の中央が窪んで気泡の巻き込みが生じやすいが，邪魔板は気泡の巻き込みを防ぐ効果もある。

槽内の流体に濃度トレーサーを注入し，槽内での濃度が均一になるまでの時間を混合時間 θ_M とすると，翼回転数 n との間には一般に $n\theta_M = k$(一定)の関係が成立する。k の小さい翼ほど混合時間は短く，性能がよい。k は翼と槽の形状，流動状態によって異なり，通常 $10 \sim 10^2$ の値をとる。

撹拌翼を回転させると翼は液から抵抗を受け，それが撹拌モーターの負荷トルクとなって動力を消費する。撹拌の分野では，動力は通常 W の代わりに P を用いて表される。密度 ρ の液を直径 D の翼を用いて回転数 n で撹拌するときに必要な動力 P は，動力数 N_P を用いた式(4・68)から求められる。

$$P = N_P \rho n^3 D^5 \tag{4・68}$$

式(4・68)を次元的に考察すると，nD は速度を表すので $\rho(nD)^2$ は単位面積あたりの慣性力となり，さらに D^2 は面積を表すので $\rho n^2 D^4$ は力の次元をもつ。翼に働くトルク T は力×長さで表されるので $\rho n^2 D^5$ はトルクの次元をもち，さらに動力 $P = 2\pi n T$ の関係から $\rho n^3 D^5$ は動力の次元をもつ。したがって，動力数 N_P は無次元となる。翼に働く力については翼と液との相対速度が重要であり，それは流れの状態や装置形状によって変わる。したがって，N_P はこれらの因子に依存する。

4・2 節で，円管内の流れの状態が Reynolds 数によって規定されることを述べた。撹拌槽流れでは，翼径 D を代表長さ，nD を代表速度とする Reynolds 数 $Re = \rho n D^2/\mu$ が用いられ，これを撹拌 Reynolds 数とよぶ。種々の翼の動力数 N_P が装置形状をパラメーターとして Re 数に対して相関されている。プロペラ翼と 6 枚平板タービン翼の N_P 対 Re の関係を図 4・18 に示した。図の縦軸の無次元変数 n^2D/g は Froude 数であり，$(g/n^2D)^m$ は N_P に対する液面形状の寄与を表す。g は重力加速度であり，邪魔板がある場合には，液面は窪まないので $m = 0$ である。

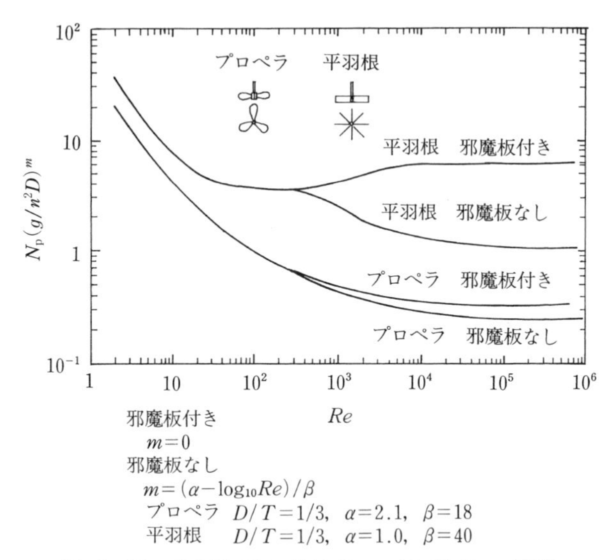

図 4·18　動力数 N_p と撹拌 Reynolds 数 Re の関係

［**例題 4·7**］　内径 2 m の撹拌槽に密度 $1.1\times10^3\,\mathrm{kg\cdot m^{-3}}$，粘度 15 mPa·s の液を深さ 2 m まで入れ，径 0.6 m の 6 枚平板タービン翼を用いて回転数 60 rpm（rpm は 1 分間あたりの回転数）で撹拌する。邪魔板なしの場合および邪魔板を取り付けた場合の撹拌所要動力を求めよ。

解　$n=(60/60)=1\,\mathrm{s^{-1}}$，$Re=\rho nD^2/\mu=(1.1\times10^3)(60/60)(0.6)^2/(15\times10^{-3})=2.64\times10^4$ となる。

邪魔板なしの場合には $m=(1.0-\log_{10}Re)/40=-0.0855$，$(g/n^2D)^m=(9.8/(1)^2(0.6))^{-0.0855}=0.788$ となる。図 4·18 より $N_p(g/n^2D)^m=1.2$，$N_p=1.52$，$P=(1.52)(1.10\times10^3)(1)^3(0.6)^5=1.3\times10^2\,\mathrm{W}$ となる。

邪魔板がある場合には $m=0$，図 4·18 より $N_p=6.4$，$P=5.5\times10^2\,\mathrm{W}$ となる。

4·6　圧力・流速・流量の計測

4·6·1　圧力の測定

(a)　液柱圧力計（U 字管マノメーター）

静止流体では，式(4·6)より $\phi=p+\rho gz=$ 一定が成立し，圧力差を液柱の高さに変換することができる。図 4·19(a)に示したように，U 字管に密度 ρ_m の液を入れ，左管の上端を密度 ρ_1，圧力 p_1，右管の上端を密度 ρ_2，圧力 p_2 の流体に接続する。左管の液面位置を $z=0$ とし，そこから U 字管の上端までの長さを h_T，右管の封液の液面までの長さを h とする。$\phi=$ 一定の関係より

$$p_1 + \rho_1 g h_T = p_2 + \rho_2 g (h_T - h) + \rho_m g h \tag{4・69}$$

が成立し，圧力差 $p_1 - p_2$ は式(4・70)で与えられる。

$$p_1 - p_2 = -(\rho_1 - \rho_2) g (h_T - h) + (\rho_m - \rho_1) g h \tag{4・70}$$

左右の管内の流体密度が等しい場合には

$$p_1 - p_2 = (\rho_m - \rho_1) g h \tag{4・71}$$

また，右管が大気に開放され，大気圧 p_0 が右管の液表面に直接働いている場合には

$$p_1 - p_0 = (\rho_m h - \rho_1 h_T) g \tag{4・72}$$

大気圧に対する差圧 $p_1 - p_0$ をゲージ(gauge)圧という。

(b)　ブルドン管圧力計

この圧力計の主要部分は，図 4・19(b)に示すように一方の端を閉じた長円形断面の曲がり管とギヤである。曲がり管内の圧力が大きくなると管の曲がりが戻ろうとする性質を利用して，曲がり管先端の変位をギヤによって指針の回転に変換する機構により圧力を測定する。通常は，1 気圧以上の比較的大きな圧力の測定に用いられる。

(c)　ダイヤフラム型圧力計

図 4・19(c)に示すように，圧力によって変形するダイヤフラムにセンサーを取り付け，その変位を電気的に測定する圧力計である。ピエゾ素子の他に歪みゲージ，半導体センサー，静電容量センサーなどが用いられる。

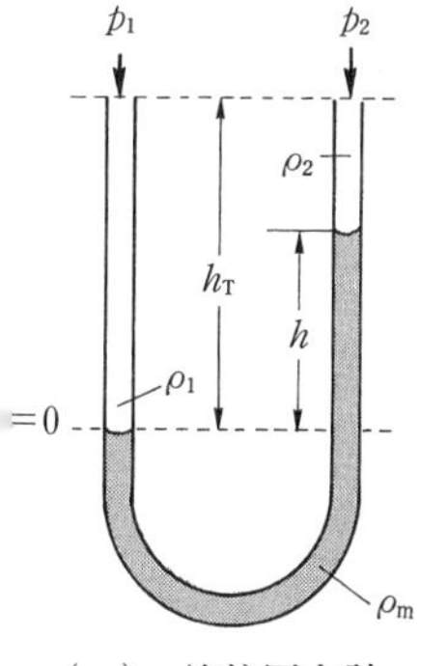

(a)　液柱圧力計 (U 字管マノメーター)

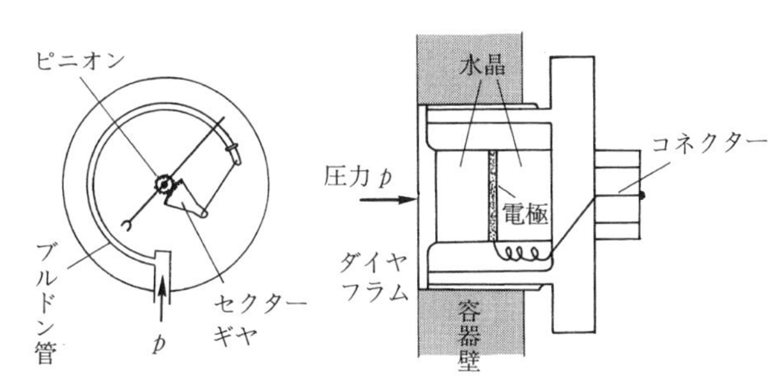

(b)　ブルドン管圧力計　　(c)　ダイヤフラム型圧力計

図 4・19　各種圧力計

4·6·2　流速の測定

(a)　トレーサー法

流体中に微粒子や染料などのトレーサーを混入して，その動きをカメラやビデオ・カメラで撮影し，トレーサーが一定距離動く時間あるいは一定時間に動く距離から速度を求める方法である。最近ではコンピューター画像処理技術の発達により，トレーサー像から2次元・3次元速度ベクトルを求めることができる。

(b)　ピトー管

図4·20に示すように，流れに対向するように細管の開口部Aを，もう一方の開口部Bを流れに平行に設置して，両開口部の圧力差を測定する装置である。開口部Aは流速 u，圧力 p で流れている流体をさえぎるように設置されているので，そこでの圧力 p_T はBernoulliの定理より式(4·73)で与えられる。

$$p_T = p + \frac{\rho u^2}{2} \tag{4·73}$$

一方，流れに平行に設置した開口部Bからは流体の圧力 p が測定できるので，マノメーター内の封液密度を ρ_m，流体密度を ρ_f，液面差を h とすれば，

$$p_T - p = \frac{\rho u^2}{2} = (\rho_m - \rho_f)\,gh \tag{4·74}$$

となるので，式(4·75)から流速 u を求めることができる。

$$u = \sqrt{\frac{2(\rho_m - \rho_f)\,gh}{\rho}} \tag{4·75}$$

このように $\rho u^2/2$ がマノメーターの差圧として測定できるので，$\rho u^2/2$ を動圧といい，これと区別するために圧力 p を静圧，また p_T を総圧という。

(c)　回転流速計

プロペラのような回転体を備えた流速計であり，その回転速度から流速を測

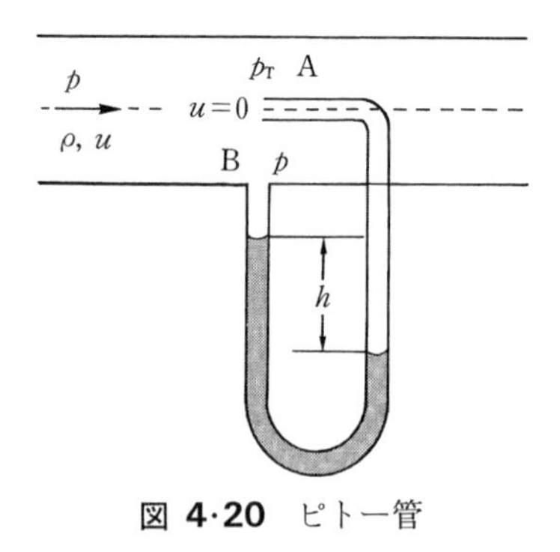

図 4·20　ピトー管

定する。主に河川や空気の流速測定に用いられる。

（d）　レーザー流速計

レーザー光を流体中に浮遊する粒子に照射すると，ドップラー効果により粒子からの散乱光は粒子の速度に応じた分だけ偏倚し，この偏倚周波数から粒子の速度を求めることができる。また，レーザービームをスプリッターなどの光学部品を用いて2本の平行ビームに分けた後，凸レンズを用いて再度集光すると，ビームの交差部には干渉縞が生じる。そこを粒子が通過すると干渉縞の間隔と粒子の速度に応じて散乱光の強度が時間的に変化するので，その周波数を測定することによって粒子速度を求めることができる。市販のレーザー流速計のほとんどが後者の原理に基づいている。流体の速度を測定するためには，トレーサー粒子としてミクロンオーダーの微粒子を用いる必要がある。

4·6·3　流量の測定

（a）　流速測定から流量を求める方法

流路内の速度分布を測定し，断面にわたって積分すると流量が得られる。また，十分に発達した円管乱流の中心速度を測定して，式(4·20)あるいは式(4·23)から断面平均速度を計算し，流量を求めることもできる。流速の測定に前項で述べた方法の他に，管中心部に挿入した三角柱の背後に発生するカルマン渦の周期が，流速に比例することを利用して流速を計測する方法もある。このような流量計をカルマン渦流量計という。

（b）　絞り流量計

流路の一部を絞ってその前後の圧力差から流量を測定する流量計であり，オリフィス流量計，ベンチュリ流量計がその代表である。オリフィス流量計(図4·21(a))では，中央に孔を開けた薄い円板を円管流路の途中に設置し，その前後の圧力を壁に開けた小孔を通して測定する。図4·21(a)の断面‘1’と‘2’の間でエネルギー損失がないとすれば，Bernoulliの式(4·56)から

$$p_1-p_2=\frac{\rho(u_2{}^2-u_1{}^2)}{2} \tag{4·76}$$

また，流量と流速の関係より

$$u_1=\frac{A_0}{A_1}u_0=mu_0 \tag{4·77}$$

$$u_2=\frac{A_0}{A_2}u_0=\frac{u_0}{c_c} \tag{4·78}$$

ここで，$m=A_0/A_1$は接近率，$c_c=A_2/A_0$は収縮係数である。

式(4·77)，(4·78)を式(4·76)に代入すると式(4·79)が得られる。

$$u_0=\frac{c_c}{\sqrt{1-m^2{c_c}^2}}\sqrt{\frac{2(p_1-p_2)}{\rho}} \tag{4·79}$$

実際には，オリフィス板挿入によるエネルギー損失があるので，その補正係数を β とおけば，流体の体積流量 q_v は式(4·80)で表される。

$$q_v=\beta u_0 A_0=\alpha A_0\sqrt{\frac{2(p_1-p_2)}{\rho}} \tag{4·80}$$

ここで $\alpha=\beta c_c/\sqrt{1-m^2{c_c}^2}$ を流出係数という。

断面‘1’と‘2’の圧力差をU字管マノメーター(封液密度 ρ_m, 流体密度 ρ_f)を用いて測定すると，液面差 h と流量 q_v との間の関係は式(4·81)で与えられる。

$$q_v=\alpha A_0\sqrt{\frac{2(\rho_m-\rho_f)gh}{\rho}} \tag{4·81}$$

したがって，流量 q_v と圧力差 p_1-p_2(U字管マノメーターでは液面差 h)の検定曲線を求めておくと，圧力差の測定から流量を求めることができる。ベンチュリ流量計では管断面積の変化が緩やかであるので，オリフィス流量計に比べてエネルギー損失が小さい。

(c)　層流素子流量計

流路内に挿入した多数の細管をもつ構造体(層流素子)内を流体を層流状態で流通させ，前後の圧力差から流量を測定する装置である。Hagen-Poiseuille の式より細管内の圧力降下が流量に比例することに基づく。

(d)　ロー夕ー・メーター(図 4·21(b))

流路断面積が上方に広がったテーパー付きガラス管内に，回転子(ローター)を挿入した流量計である。回転子の端には斜めに溝が切ってあり，流体を下方

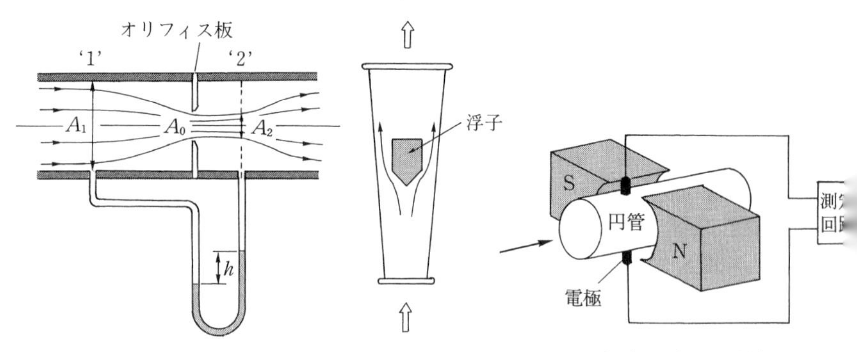

(a)　オリフィス流量計　(b) ローター・メーター　(c)　電磁流量計

図 4·21　各種流量計

から流通させると回転子は回転しながら，上下面の圧力差による上向きの力と重力，浮力がつり合った位置で回転子がとまり，その位置の目盛から流量が測定できる。

（e）　電磁流量計(図 4·21(c))

磁場中を導体が移動すると電流が流れる Fleming の法則を原理とする流量計である。電極を取り付けた円管を磁場中に設置した簡単な構造でありオリフィスのようなエネルギー損失がない。起電力は容積流量に比例し，微粒子懸濁液の流量測定にも使える。

問　題

4·1　10 cm^3 の水を入れた Ostwald 粘度計を 25°C の恒温槽中に入れ，秤線間の通過時間を計すると 9.5 秒であった。密度 1.052×10^3 kg·m^{-3} の高分子溶液について同様の測定を行ったところ，61.2 秒を要した。高分子溶液の粘度を求めよ。

4·2　内径 20 mm，長さ 10 m の水平平滑円管内を 20°C の水が 0.030 m^3·min^{-1} の流量で流れている。円管の圧力降下を求めよ。

4·3　式(4·20)を導出せよ。

4·4　円管内流れのエネルギー収支式において，運動エネルギーを断面平均速度 $\bar{u}$ を用いて $\alpha(\bar{u}^2/2)$ と表すとき，層流では $\alpha=2$，乱流では $\alpha\approx1$ となることを示せ。

4·5　内径 41.6 mm の外管と外径 21.7 mm の内管からなる平滑二重管の環状部に水を流して内管を流れる流体の冷却を行う。水の流量が 0.090 m^3·min^{-1} のとき二重管 1 m あたりの圧力降下を求めよ。ただし，環状部内の水の平均温度は 40°C とする。

4·6　深さ 2 m の水が入っているタンクがある。タンクの底に小さな孔があき，水が流出し始めた。流出する水の速度を，流れのエネルギー損失がない場合と小孔近くの縮流によるエネルギー損失がある場合について求めよ。

4·7　屋上タンクからの 1 B 配管(内径 27.6 mm，壁面粗さ 50 μm)を通して給水を行う。管路の長さは継手・弁類の相当長さも含めて 40 m である。蛇口出口からタンクの水面までの高さが 10 m であるとき，蛇口から流出する水量を求めよ。ただし，水温は 20°C とする。

4·8　密度 0.8×10^3 kg·m^{-3}，粘度 5.3 mPa·s の液体を 30 m^3·h^{-1} の流量で 4 B 配管(内径 105.3 mm，壁面粗さ 0.15 mm)を用いて 2 km 離れた工場に水平輸送する。ポンプの所要動力を求めよ。ただし，ポンプ効率は 60%，継手・弁類のエネルギー損失の相当長さは管径の 2.00×10^3 倍であり，管路入口と出口の圧力は同一とする。

4·9　U 字管を接続したピトー管を用いて，4 B 配管(内径 105.3 mm)内を流れる空気の中心速度を測定したところ。U 字管の水面差は 16.2 mm であった。空気の質量流量を求めよ。ただし，空気の温度は 50°C，U 字管の温度は 25°C である。

4·10　幾何学的に相似な形状の小型槽(翼径 D_1，液体積 V_1)と大型槽(翼径 D_2，液体積 V_2)がある。同じ液を液単位体積あたりの撹拌動力 P_V を一定にして撹拌する場合の両槽の翼回転数の関係を求めよ。ただし，両槽の撹拌動力数は同一とする。

5　流体からの粒子の分離

流体からの粒子の分離は，機械的分離とよばれ，原料，中間製品，最終製品が粒子状で供給されることが多い化学工業プロセスでは，重要な操作である。粒子の分離装置の設計には，総合分離効率(流体から分離された粒子量と装置へ供給された粒子量の比で，捕集効率ともよばれる)と装置の運転費を決定する圧力損失の他に，分離特性(粒子の大きさによる分離(捕集)効率の変化など)を考慮する必要がある。このため装置の設計には，流体工学の知識と，流体と粒子の相対運動に関する知識が必要である。この章では，まず，粒子の分離操作を考えるための基礎的事項である粒子分散系の分類，粒度分布の表現などについて概説する。そして，粒子濃度が低くて粒子間相互作用が無視できる場合の粒子運動の取り扱いについて述べ，その後，気体，液体中の粒子の分離操作について説明する。

5·1　粒子分散系の分類

粒子分散系は，粒子と流体(液体または気体)の混合系であり，粒子と流体の形態によって表5·1のように分類できる。粒子が気体中に比較的安定に分散した系はエアロゾル(aerosol)とよばれ，液体に分散した系はコロイド(colloid)，ハイドロゾル(hydrosol)，スラリー(slurry)などとよばれる。

流体中の粒子の運動を考える前に，まず，液体と気体に浮遊している粒子運動の違いを明確にしておく必要がある。身のまわりに最も多く存在する気体は空気で，液体は水である。空気中，水中に浮遊している粒子の運動は，空気と水の物理的性質によって大きく異なる。表5·2は標準状態(20°C，1気圧)における空気と水の密度，粘度，誘電率を比較したものであるが，空気の密度は水の約1/1000，粘度は1/50，誘電率は1/80である。密度の違いは粒子に働く

表 5·1　粒子分散系の分類

流体(分散媒)の形態	粒子(分散質)の形態	代表的なよび名	例
気　体	固　体 液　体	エアロゾル	煙，霧，雲，大気塵，土ぼこり，スプレー，フュームなど
液　体	固　体 液　体 気　体	コロイド，ハイドロゾル，スラリー エマルション 気泡	塗料，医薬品，食品，化粧品（乳濁液，懸濁液），気泡塔，汚水など

浮力の違いとなって現れ，水中で粒子は浮力の影響を大きく受けるが，空気中ではほとんど無視できる。粘度の違いは粒子が運動するときの流体抵抗の違いであり，空気中の粒子は水中の粒子よりも動きやすい。また，誘電率の違いは，粒子表面の帯電状態や，粒子の表面への付着力の違いとなって現れる。水は誘電率が大きいので，塩類は溶解してイオンとなり，そのイオンが粒子の表面に吸着するため，粒子のまわりに電気二重層とよばれるイオンの吸着層が形成され，粒子は帯電する。これに対し，空気中の粒子は，主に摩擦や破砕の際の電荷の分離などによって帯電し，水中のように電気二重層が粒子のまわりに形成されないため，帯電機構は全く異なったものである。このほか，水中の粒子では，粒子表面の性質(親水性，疎水性)が粒子の浮遊状態の安定性に影響する。

流体中の粒子運動の取り扱いは，粒子濃度によっても大きく異なる。粒子濃度が比較的小さい場合では，粒子間の相互作用が無視できるので，1個1個の粒子の運動を追跡することによって粒子全体の運動を評価できる。これに対し，粒子濃度が大きいときには，粒子間相互作用(粒子が接近することによる，付着力や，粒子まわりの流れの干渉など)が粒子群の運動を支配するようになるため，複数の粒子あるいは充填層のように粒子群全体の運動を考える必要がある。

表 5·2　標準状態(20°C，1気圧)における水と空気の物理的性質の比較

物　性	水	空気
密度/$kg \cdot m^{-3}$	998.2	1.205
粘度/$kg \cdot m^{-1} \cdot s^{-1}$	1.00×10^{-3}	1.81×10^{-5}
誘電率/$C \cdot V^{-1} \cdot m^{-1}$	7.115×10^{-10}	8.858×10^{-12}

5·2　粒子の物性

5·2·1　単一粒子の大きさの測定

粒子の運動は，粒子の大きさと直接関連づけて議論されることが多い。これは，粒子の大きさが違えば，粒子は異なった運動をし，その運動を支配する物理法則が異なるためである。このため，粒子の大きさを，粒子の物理現象(運動や光学的な性質など)を測定し，その測定値と同じ結果を示す理想的な球形粒子の直径(相当径とよばれる)として求めることもある。このような理由から，粒子の大きさは測定法によって大きく異なることになるので，粒径を示す場合は必ず測定法を明記する必要がある。また，粒径からその粒子の運動や特性を予測する場合には，どのような測定法で得られた粒径なのか，注意が必要である。

粒子の直径は，顕微鏡による粒子の幾何学的な形状の観察からも求められ，それらの測定値に対しても相当径が定義される。表 5·3 に，代表径および相当径の主なものを示す。幾何学相当径のうち，たとえば，測定値が粒子の投影面積の場合，その粒子の投影面積 S と等しい円の直径($D_{\mathrm{p}}=\sqrt{4S/\pi}$)は，円相当径とよばれ，測定値が体積の場合，粒子の体積 V と等しい球の直径($D_{\mathrm{p}}=\sqrt[3]{6V/\pi}$)は体積相当径とよばれる。

5·2·2　粒度分布関数と平均径

粒子の大きさの分布(粒度分布関数)は，粒子を取り扱う場合の基本的な情報として，重要なものである。

粒度分布の概念図を図 5·1 に示す。粒度分布関数 $f(D_{\mathrm{p}})$ は粒子の個数基準，質量基準の両方がある。粒径 $D_{\mathrm{p}}-\Delta D_{\mathrm{p}}/2\sim D_{\mathrm{p}}+\Delta D_{\mathrm{p}}/2$ の範囲にある粒子の個数を Δn_i とすると，個数基準の粒度分布関数 $f(D_{\mathrm{p}})$ は式(5·1)で求められる。

表 5·3　単一粒子の代表径と相当径

	測定量	粒子径の名称
幾何学的な形状の測定	一方向投影長さ 投影面積 比表面積 体積	定方向径(Feret 径) 円相当径(Heywood 径) 比表面積相当径 体積相当径
物理的な現象の測定	沈降速度 慣性(気中) 拡散係数 散乱光強度	Stokes 径 空気力学径 移動度相当径 光散乱相当径

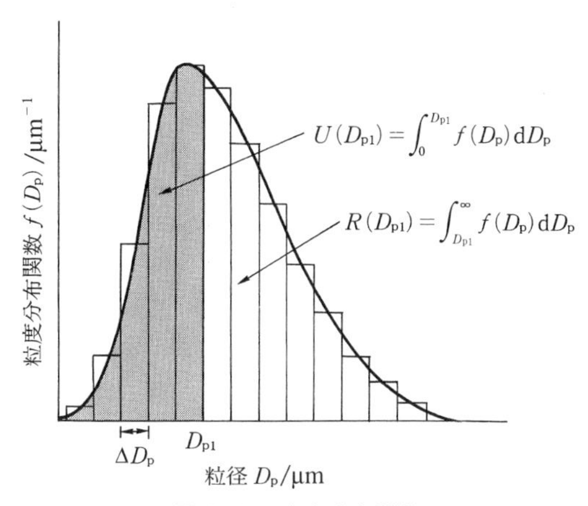

図 5·1　粒度分布関数

$$f(D_p)\Delta D_p=\frac{\Delta n_i}{N} \qquad (5\cdot1)$$

ここで $N=\sum\Delta n_i$ は測定した粒子の総個数で，$\Delta n_i/N$ は粒径 $D_p-\Delta D_p/2\sim D_p+\Delta D_p/2$ の範囲にある粒子の個数割合である。個数割合の代わりに，粒子の質量割合を用いれば，式(5·1)は質量基準の粒度分布関数を与える。粒度分布関数 $f(D_p)$ は

$$\int_0^{\infty} f(D_p)\,dD_p=1 \qquad (5\cdot2)$$

の関係式を満足する。また，積算型の粒度分布関数である積算残留率(ふるい上分率) $R(D_p)$，積算通過率(ふるい下分率) $U(D_p)$ とは，次の関係がある。

$$R(D_p)=\int_{D_p}^{\infty} f(D_p)\,dD_p=1-\int_0^{D_p} f(D_p)\,dD_p=1-U(D_p) \qquad (5\cdot3)$$

粒度分布関数は，正規分布よりも，次の対数正規分布に従う場合が多い。

$$f(\ln D_p)=\frac{1}{\sqrt{2\pi}\ln\sigma_g}\exp\left[-\frac{(\ln D_p-\ln D_{pg})^2}{2(\ln\sigma_g)^2}\right]=\frac{dU}{d(\ln D_p)} \qquad (5\cdot4)$$

ここで，D_{pg} は幾何平均径，σ_g は幾何標準偏差とよばれる。なお，式(5·4)の独立変数が，粒径 D_p ではなく $\ln D_p$ であるので，取り扱いには注意を要する。また，粒度分布が対数正規分布に従う場合，質量基準の幾何平均径 D_{pg}'，幾何標準偏差 σ_g' は，個数基準の幾何平均径 D_{pg}，幾何標準偏差 σ_g と次の関係がある。

$$\begin{aligned}\ln D_{pg}'&=\ln D_{pg}+3(\ln\sigma_g)^2\\ \sigma_g'&=\sigma_g\end{aligned} \qquad (5\cdot5)$$

表 5・4　粒度分布の測定結果とデータ処理例

粒径範囲 (D_p〜$D_p+\Delta D_p$) /μm	平均径 ($D_{pi}=D_p+\Delta D_p/2$) /μm	個数 Δn_i	割合 $\Delta n_i/N$	頻度 ($f(D_p)=\Delta n_i/(N\Delta D_p)$) /μm^{-1}	ふるい下分率 $U(D_p)$	ふるい上分率 $R(D_p)$
0〜0.5	0.25	15	0.0182	0.0364	0.0182	0.982
0.5〜1.0	0.75	85	0.103	0.206	0.121	0.879
1.0〜1.5	1.25	184	0.223	0.446	0.344	0.656
1.5〜2.0	1.75	285	0.345	0.690	0.689	0.311
2.0〜3.0	2.5	140	0.170	0.170	0.859	0.141
3.0〜4.0	3.5	82	0.0994	0.0994	0.959	0.041
4.0〜5.0	4.5	29	0.0352	0.0352	0.994	0.006
5.0〜7.0	6.0	5	0.0061	0.0031	1.00	0
		$N=\sum\Delta n_i$ $=825$	1.00			

実際に粒度分布を求めるには，多くの粒子について代表径または相当径を測定し，一定の粒径範囲 D_p〜$D_p+\Delta D_p$ の粒子の割合を計算する。粒度分布が正規分布に従う場合，ランダムサンプリングによる測定誤差(測定された平均粒径の分散)は $\sigma/\sqrt{N}$(σ は標準偏差，N は測定した粒子の個数)に等しいので，数百個以上の粒子を測定すれば，極端に分布の幅が広くないかぎり，誤差を数％以下に抑えることができる。表 5・4 に測定値およびデータ処理結果の例を示す。

表 5・4 を用いると，さまざまな粉体の平均径を求めることができる。表 5・5 に，よく用いられる平均径の定義を示す。

表 5・5　各種平均径の定義

平均径	定義式
個数平均径	$\dfrac{\sum\Delta n_i D_{pi}}{N}$
面積平均径	$\dfrac{\sum\Delta n_i D_{pi}{}^3}{\sum\Delta n_i D_{pi}{}^2}$
体積(質量)平均径	$\dfrac{\sum\Delta n_i D_{pi}{}^4}{\sum\Delta n_i D_{pi}{}^3}$
幾何平均径	$\prod D_{pi}{}^{\Delta n_i/N}$

［**例題 5·1**］　粒度分布および各種平均径の計算

表5·4の粉体の粒度分布測定結果を用いて，積算残留率曲線，積算通過率曲線，および粒度分布曲線を描け。また，表5·5に示した各種平均径を計算せよ。

解　表5·4より，積算残留率曲線，積算通過率曲線，および粒度分布曲線は図5·2のようになる。また，表5·5の定義より各種平均径は，

個数平均径：

$$\sum \Delta n_i D_{pi}/N = (0.182)(0.25) + (0.103)(0.75) + \cdots + (0.0061)(6.5) = 1.94\,\mu\mathrm{m}$$

面積平均径：

$$\sum \Delta n_i D_{pi}^3 / \sum \Delta n_i D_{pi}^2 = [(0.182)(0.25)^3 + (0.103)(0.75)^3 + \cdots + (0.0061)(6.5)^3]/[(0.182)(0.25)^2 + (0.103)(0.75)^2 + \cdots + (0.0061)(6.5)^2] = 2.99\,\mu\mathrm{m}$$

体積平均径(質量平均径に等しい)：

$$\sum \Delta n_i D_{pi}^4 / \sum \Delta n_i D_{pi}^3 = [(0.182)(0.25)^4 + (0.103)(0.75)^4 + \cdots + (0.0061)(6.5)^4]/[(0.182)(0.25)^3 + (0.103)(0.75)^3 + \cdots + (0.0061)(6.5)^3] = 3.59\,\mu\mathrm{m}$$

幾何平均径：

$$\prod D_{pi}^{\Delta n_i/N} = (0.25)^{0.182}(0.75)^{0.103}\cdots(6.5)^{0.0061} = 1.70\,\mu\mathrm{m}$$

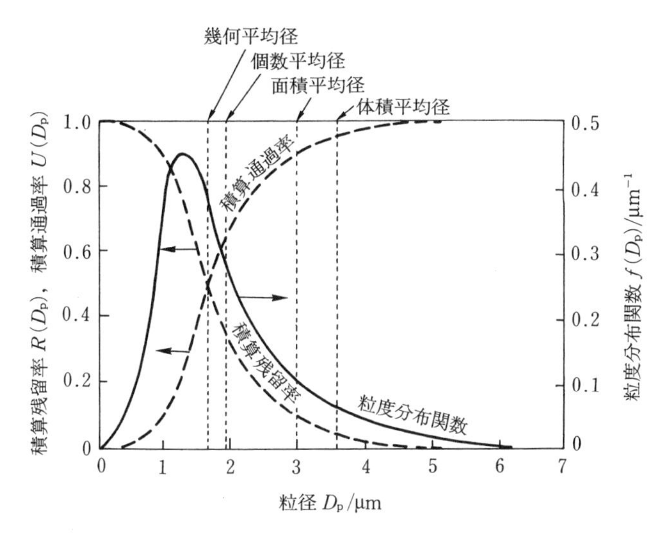

図 5·2　積算残留率，積算通過率，粒度分布関数

5·3　単一粒子の運動

粒子の分離装置を設計し，分離効率を予測するためには，まず装置内の流れ

を求め，流体と粒子の相対運動を求めなければならない。流体と粒子の相対速度は，粒子の流体からの分離速度に等しく，この速度が大きいほど，流体と粒子を効率よく分離することができる。

流体中に浮遊する粒子の運動は，規則運動とランダム運動に分けられる。粒子が比較的大きい場合(粒径約1μm以上)では，慣性，外力(重力，遠心力，静電気力など)と流体抵抗のバランスによって粒子は規則的な運動をする。これに対し，粒径が小さくなると分子の拡散と同様なランダムな運動をする。

5·3·1　単一粒子の運動方程式と流体抵抗

粒子濃度が低い場合，粒子間の相互作用はなく，個々の粒子は独立に運動する。このため，単一粒子の運動は，流体抵抗を考慮した運動方程式を解くことによって求めることができる。

$$m\frac{\mathrm{d}v}{\mathrm{d}t}=-F_{\mathrm{D}}+F_{\mathrm{e}} \tag{5·6}$$

ここで，m は粒子の質量，F_{D} は流体抵抗，F_{e} は粒子に働く外力である。

粒子に働く流体抵抗は，抵抗係数 C_{D}(drag coefficient)を用いると流体と粒子の相対速度 $v_{\mathrm{r}}(=v-u)$ の関数として式(5·7)で与えられる。

$$F_{\mathrm{D}}=C_{\mathrm{D}}A\frac{\rho_{\mathrm{f}}v_{\mathrm{r}}^2}{2} \tag{5·7}$$

ここで，A は粒子の投影面積である。抵抗係数 C_{D} は，粒子の形状が一定の場合，次の Reynolds 数のみの関数となる。

$$Re_{\mathrm{p}}=\frac{\rho_{\mathrm{f}}D_{\mathrm{p}}v_{\mathrm{r}}}{\mu} \tag{5·8}$$

球形粒子の場合，抵抗係数は次式で求められる。

・$Re_{\mathrm{p}}<6$　(Stokes 域)

$$C_{\mathrm{D}}=\frac{24}{Re_{\mathrm{p}}} \tag{5·9}$$

・$6<Re_{\mathrm{p}}<500$　(遷移域または Allen 域)

$$C_{\mathrm{D}}=\frac{10}{\sqrt{Re_{\mathrm{p}}}} \tag{5·10}$$

・$Re_{\mathrm{p}}>500$　(乱流域または Newton 域)

$$C_{\mathrm{D}}=0.44 \tag{5·11}$$

式(5·9)を式(5·7)に代入すると，実際の問題で広く使用される Stokes の抵抗則が得られる。

$$F_{\mathrm{D}}=3\pi\mu D_{\mathrm{p}}v_{\mathrm{r}} \tag{5·12}$$

Stokes の抵抗則は，水・空気などの Newton 流体中を微小粒子が自由沈降する場合に成立し，粉体の粒度分布測定によく用いられる液相沈降法では，この抵抗則を使って粒径(Stokes 径)を計算している。

以上で述べた流体抵抗の式は，液体・気体中の粒子のどちらにも適用できる。しかし，気体中の粒子の場合，圧力が低い場合や粒径が小さくなると，粒子のまわりの流体が連続体(continuum)とみなせなくなるため，式(5·12)で計算される抵抗よりも，実際に粒子が受ける流体抵抗は小さくなる。この流体抵抗の減少は，次の Cunningham のすべり補正係数を用いて予測することができる。

$$F_D=\frac{3\pi\mu D_p v_r}{C_c} \tag{5·13}$$

$$C_C=1+\frac{2\lambda}{D_p}\left[1.257+0.4\exp\left(-0.55\frac{D_p}{\lambda}\right)\right] \tag{5·14}$$

ここで λ は気体分子の平均自由行程で，20℃，1 気圧の空気では $\lambda=0.065\,\mu m$ である。常温，常圧の空気中の粒子に対するすべり補正係数の値は，粒径 1μm の粒子で 1.15，0.1μm では 2.86 であり，1μm 以下の粒子に対してこの補正は重要である。

(a)　重力下での運動

粒径 D_p の球形粒子が静止流体中($u=0$)を重力により沈降する場合を考える。この場合の粒子の運動方程式は，式(5·6)に，$m=(\pi/6)\rho_p D_p^3$，$F_e=m\cdot(1-\rho_f/\rho_p)g$，および流体抵抗として式(5·7)を代入して整理することにより，式(5·15)で与えられる。

$$\frac{dv}{dt}=\left(1-\frac{\rho_f}{\rho_p}\right)g-\frac{3}{4}\frac{C_D v^2}{D_p}\frac{\rho_f}{\rho_p} \tag{5·15}$$

C_D は $Re_p=\rho_f D_p v/\mu$ の関数として式(5·9)～(5·11)で与えられるから，これらの関係式を式(5·15)に代入して v について解くことにより，時間 t における粒子の速度が求まる。いま，式(5·15)に Stokes の抵抗式(5·9)を代入すると，式(5·16)となる。

$$\frac{dv}{dt}=\left(1-\frac{\rho_f}{\rho_p}\right)g-\frac{18\mu}{\rho_p D_p^2}v \tag{5·16}$$

ここで，右辺第 2 項の係数の逆数 $\tau=\rho_p D_p^2/18\mu$ は時間の次元をもち，緩和時間(relaxation time)とよばれる。式(5·16)の右辺第 1 項は一定で，第 2 項は時間の経過とともに大きくなるので，やがて両者の値は等しくなり，その時点から粒子は一定の速度で沈降するようになる。この速度が粒子の終末沈降速度(terminal settling velocity)である。Stokes 域における終末沈降速度 v_t は，式(5･16)をゼロとおくことにより，式(5･17)で与えられる。

$$v = v_t = \frac{\rho_p(1-\rho_f/\rho_p)D_p{}^2 g}{18\mu} \quad : \quad Re_p < 6 \qquad (5\cdot17)$$

同様にして，式(5･15)に流体抵抗の式(5･10)，(5･11)を代入して $dv/dt=0$ とおき，他の Re 数領域において終末沈降速度を求めると，それぞれ式(5･18)，(5･19)が得られる。

$$v_t = \left[\frac{4}{225}\frac{(\rho_p-\rho_f)^2 g^2}{\mu\rho_f}\right]^{1/3} D_p \quad : \quad 6 < Re_p < 500 \qquad (5\cdot18)$$

$$v_t = \sqrt{\frac{3g(\rho_p-\rho_f)D_p}{\rho_f}} \quad : \quad 500 < Re_p < 10^5 \qquad (5\cdot19)$$

[**例題 5･2**]　20℃，1 気圧の空気中における密度 $\rho_p = 1000\,\mathrm{kg\cdot m^{-3}}$，粒径 $D_p = 10$ μm, 150 μm の粒子の終末沈降速度を求めよ。なお，空気の密度は $1.21\,\mathrm{kg\cdot m^{-3}}$，粘度は $1.81\times10^{-5}\,\mathrm{Pa\cdot s}$ とする。

解　それぞれの粒径で Stokes 域を仮定すると，式(5･17)より，

10 μm 粒子：

$$v_t = \frac{(1000-1.21)(10\times10^{-6})^2(9.8)}{(18)(1.81\times10^{-5})} = 3.00\times10^{-3}\,\mathrm{m\cdot s^{-1}}$$

150 μm 粒子：

$$v_t = \frac{(1000-1.21)(150\times10^{-6})^2(9.8)}{(18)(1.81\times10^{-5})} = 0.676\,\mathrm{m\cdot s^{-1}}$$

それぞれの粒子に対して，Re 数を計算すると

10 μm 粒子：

$$Re_p = \frac{(1.21)(10\times10^{-6})(3.00\times10^{-3})}{1.81\times10^{-5}} = 2.01\times10^{-3} < 6$$

150 μm 粒子：

$$Re_p = \frac{(1.21)(150\times10^{-6})(0.676)}{1.81\times10^{-5}} = 6.78 > 6$$

となり，10 μm の粒子に対しては Stokes 則が適用できるが，150 μm の粒子には適用できないことがわかる。そこで，Allen 域の式(5･18)を用いて，150 μm の粒子に対して終末沈降速度を計算し直す。

$$v_t = \left[\frac{4}{225}\frac{(1000-1.21)^2(9.8)^2}{(1.81\times10^{-5})(1.21)}\right]^{1/3}(150\times10^{-6}) = 0.641\,\mathrm{m\cdot s^{-1}}$$

この速度で Re 数を計算すると，

$$Re_p = \frac{\rho_f D_p v_t}{\mu} = \frac{(1.21)(150\times10^{-6})(0.641)}{1.81\times10^{-5}} = 6.43 > 6$$

したがって，150 μm 粒子の沈降速度 $v_t = 0.641\,\mathrm{m\cdot s^{-1}}$ となる。

いま，緩和時間 $\tau = \rho_p D_p{}^2/18\mu$ として，式(5･16)を初期条件 $t=0$ で $v=0$ のもとで解くと式(a)が得られる。

$$v = (1-\rho_f/\rho_p)\tau g[1-\exp(-t/\tau)] \qquad (a)$$

$(1-\rho_f/\rho_p)\tau g$ は終末速度 v_t であるから，

$$v=v_t[1-\exp(-t/\tau)] \tag{b}$$

となる。また，$v=dx/dt$ であるから，式(b)を積分することにより沈降距離 x は式(c)で与えられる。

$$x=v_t t+v_t\tau[\exp(-t/\tau)-1] \tag{c}$$

空気中の粒径10µmの粒子に対して，式(b)，(c)より終末速度の99%に達するのに要する時間と，そのときまでに沈降した粒子の距離を求めると，$t=0.0014\,\mathrm{s}$，$x=3.29\,\mu\mathrm{m}$ となる。このことより，空気中の10µm以下の粒子は速やかに終末沈降速度に達し，またそれまでに沈降した距離もきわめて小さいので，粒子は最初から終末速度で沈降するものとして取り扱うことができる。

(b)　遠心力場における運動

一定角速度 ω で旋回している流体中の粒子は，半径方向に遠心力を受けて沈降する。いま，回転軸からの距離 r において，遠心力と流体抵抗が等しくなるように粒子が沈降するとして，Stokes域では式(5･20)が成立する。

$$\frac{\pi D_p{}^3}{6}(\rho_p-\rho_f)r\omega^2=3\pi\mu D_p v_{rt} \tag{5･20}$$

ここで，v_{rt} は遠心沈降速度である。式(5･20)より，遠心沈降速度 v_{rt} は，

$$v_{rt}=\frac{(\rho_p-\rho_f)D_p{}^2}{18\mu}r\omega^2=v_t\left(\frac{r\omega^2}{g}\right)=v_t Z_c \tag{5･21}$$

Z_c は遠心効果とよばれ，遠心加速度 $r\omega^2$ と重力加速度 g の比である。一般に遠心沈降器などの設計においては，粒子は速やかに遠心沈降速度に達するので，その瞬間瞬間で粒子の位置 r における遠心沈降速度で沈降するものとして，$dr/dt=v_{rt}$ により粒子の運動を求めることができる。

(c)　電界中の粒子の運動

帯電粒子のまわりに電界が存在すると，粒子はクーロン力を受けて移動する。クーロン力による気体中の粒子の移動速度(終末速度)は，Stokes域の場合，式(5･6)において流体抵抗とクーロン力を等しいとおくことにより，式(5･22)で与えられる。

$$v_{et}=\frac{n_p eE}{3\pi\mu D_p}=Z_p E \tag{5･22}$$

ここで E は電界強度，$n_p e$ は粒子の電荷である。また，Z_p は電気移動度とよばれ，単位電界中($1\,\mathrm{V\cdot m^{-1}}$)を移動する粒子の速度に等しい。粒子に重力あるいは遠心力が働く場合と同様に，粒子は通常速やかに終末速度に達するので，電界中における粒子の運動は電界方向の粒子移動速度が v_{et} に等しいとして求められる。

液体中の粒子の場合，粒子表面にイオンが吸着するため粒子は帯電し，粒子表面から数分子層中の液体分子が粒子と一緒に移動する。このため，液体中の粒子では，粒径よりも，粒子と一緒に運動する液体層の境(すべり面)での電位(ζ電位)が粒子の移動速度を決定する。液体中の粒子の電気移動速度(通常，電気泳動速度とよばれる)は一般に式(5･23)で与えられる。

$$v_{\mathrm{et}}=\frac{2\varepsilon\zeta}{3\mu}f(\kappa a, K)E \tag{5･23}$$

ここでεは液体の比誘電率，ζは粒子のζ電位，$f(\kappa a, K)$は電気二重層厚みの逆数κと粒子半径aの積と，粒子と液体の電気伝導度の比Kの関数である。

5･3･2 粒子のランダム運動

粒子のまわりの液体あるいは気体分子は，熱運動によって粒子に衝突し粒子に運動エネルギーを与える。約1μm以上の粒子では質量が大きいので，分子の衝突によって与えられた運動量による粒子の移動はわずかであるが，1μm以下の粒子では，分子の衝突のたびに粒子は運動方向を変化させ，分子と同じようなランダムな運動を起こす。このような流体分子の衝突による粒子のランダムな運動が，ブラウン拡散である。ブラウン拡散による粒子の運動は，式(5･6)の運動方程式を解く代わりに，分子の拡散と同じ拡散方程式を解くことによって求められる。

5･4 気体からの粒子の分離

気体からの粒子の分離操作は集塵とよばれ，これまで，前節に示した粒子と流体の運動の違いを利用したさまざまな装置が考案されている。分離装置の粒子捕集効率は，粒子の移動速度から，装置内で捕集される限界の粒子の軌跡を求めるか，あるいは物質収支式を立てることにより求められる。図5･3は，粒子の分離機構ごとに，粒子の移動速度を比較したものである。ブラウン拡散は1次元拡散の場合の1秒間の平均絶対変位を示している。また，静電気による移動速度は，単極イオンにより荷電された粒子の電界強度$E=100\,\mathrm{kV\cdot m^{-1}}$における移動速度である。この図からわかるように，慣性，重力，遠心力による移動速度は，粒径の2乗に比例して大きくなるので，大きな粒子ほどこれらの分離機構は有効である。これに対して，ブラウン拡散は粒径が小さくなるほど移動速度が大きくなり，重力沈降速度とは約0.5μmで，慣性による移動速度(音速の場合)とは0.1μm程度で等しくなっている。このことから，粒径0.1

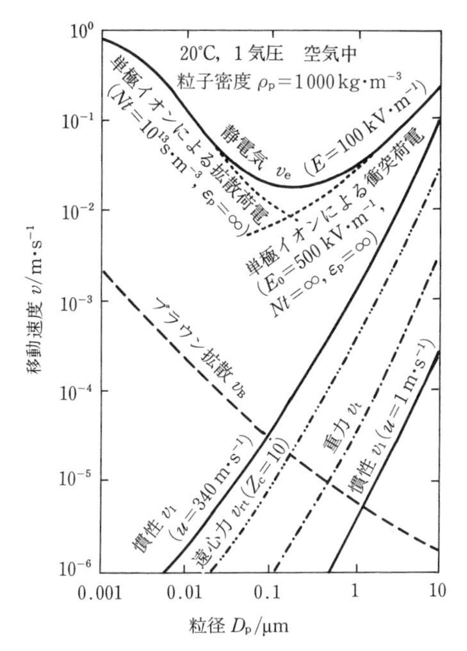

図 5·3　各種機構による粒子の移動速度の比較

μm 程度の粒子は，いずれの分離機構も有効に働かず，最も分離しにくい粒子であるといえる。静電気による移動速度は，ほぼすべての粒径範囲で他の機構による移動速度より大きく，静電気力の利用は粒子の分離にきわめて有効である。

5·4·1　水平流型重力沈降装置

水平流型重力沈降装置は，図 5·4 に示すように，水平方向に粒子を含む気流を流し，重力沈降によって粒子を気流から分離する装置である。装置の高さを H，長さを L，奥行を W とする。気流の体積流量は Q とし，空気の流れは静かで水平方向に均一な線速度 $u_x = Q/WL$ で流れ，粒子は重力の作用で v_t

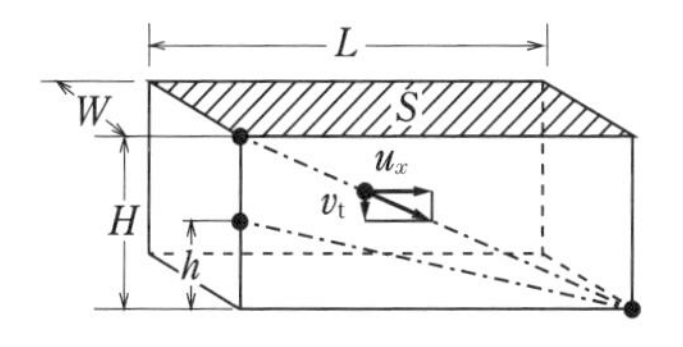

図 5·4　水平型重力沈降装置

の速度で沈下する。

いま，粒径 D_p の粒子(終末沈降速度 v_t)が装置内で完全に捕集されるには，入口の最上面(高さ H)に位置する粒子が床面まで沈降する時間 H/v_t が，装置内に滞留する時間 L/u_x よりも小さいことが必要であり，次の関係が成立する必要がある。

$$\frac{H}{v_t}(\text{沈降時間}) \leq \frac{L}{u_x}(\text{滞留時間}) \tag{5・24}$$

式(5・24)から沈降速度 v_t を求めると式(5・25)が導ける。

$$v_t \geq u_x \frac{HW}{WL} = \frac{Q}{S} \tag{5・25}$$

式(5・25)の右辺は気流が装置床から上昇すると仮想的に考えたときの速度を表している。式(5・24)の等号が成立する場合，粒子の沈降速度 v_t はその気流の仮想的上昇速度に等しいとみなせることを示している。

式(5・24)の条件を満足する粒子の中で最小の粒径を $D_{p,min}$ で表し，その沈降速度が Stokes 域にあると仮定すると，式(5・17)に式(5・25)を代入して $D_{p,min}$ について解くと，式(5・26)が導ける。

$$D_{p,min} = \sqrt{\frac{18\mu}{(\rho_p - \rho_f)g}\frac{Q}{S}} \tag{5・26}$$

完全に分離できる最小粒子径 $D_{p,min}$ を限界粒子径とよぶ。限界粒子径以上の粒径の粒子はすべて装置内に捕集されることになる。式(5・26)によると，気流の流量 Q が一定の場合，$D_{p,min}$ は沈降室の床面積 S によって決まり，高さ H には無関係になる。

上記の関係は，沈降速度 v_t を式(5・25)に置き換えれば Allen 域においても容易に拡張できる。

[例題 5・3]　図 5・4 に示す水平流型重力沈降装置($H=1$ m, $L=5$ m, $W=2$ m)に，流量 $Q=1\,\text{m}^3\cdot\text{s}^{-1}$ で含塵空気を流して粒子を分離する。なお，粒子の密度 $\rho_p=1\,400\,\text{kg}\cdot\text{m}^{-3}$ で，含塵空気は一様な濃度で装置に流入し，装置内部で粒子の混合はないものとする。この装置で完全に捕集できる最小の粒子径を求めよ。空気の密度 ρ_f は $1.21\,\text{kg}\cdot\text{m}^{-3}$，粘度 μ は $1.81\times10^{-5}\,\text{Pa}\cdot\text{s}$ とする。

解　床面積 $S=WL=(2)(5)=10\,\text{m}^2$ であるから，見かけの気流の上昇速度 Q/S，ならびに限界粒子の沈降速度 v_t は次式から計算できる。

$$\frac{Q}{S} = \frac{1}{10} = 0.1\,\text{m}\cdot\text{s}^{-1} = v_t$$

Stokes 域を仮定すると，最小粒径 $D_{p,min}$ が式(5・26)から求められる。

$$D_{p,min} = \sqrt{\frac{18\mu}{(\rho_p - \rho_f)g}\frac{Q}{S}} = \sqrt{\frac{(18)(1.81\times10^{-5})(0.1)}{(1400-1.21)(9.8)}} = 4.88\times10^{-5}\,\text{m} = 48.8\,\mu\text{m}$$

この粒子を用いて，式(5・8)から Re_p を計算すると

$$Re_p = \rho_f D_{p,min} v_t / \mu = (1.21)(48.8\times10^{-6})(0.1)/(1.81\times10^{-5}) = 0.326 < 6$$

となり，Stokes 域の仮定を満足している。

5・4・2　サイクロン

サイクロンは遠心力を利用した代表的な分離装置である。図 5・5 に示すように，粉塵を含むガスを 10～20 m・s^{-1} 程度の流速で円筒接線方向に流入させて旋回流をつくり，遠心力によって粒子を装置の円筒部内壁に衝突させて落下させ，装置下部から取り出す。通常の気固系のサイクロンは 10～200 μm 程度の粒子の捕集に使われる。図 5・5 は，標準的なサイクロンの構造を示す。各部の寸法は円筒部の直径 D_c を基準に定められている。

サイクロンで完全に捕集できる粒子の最小粒子径 $D_{p,min}$ は，矩形の入口部(幅 $B\times$高さ h)から流速 u_{in} で吹き込まれた気流が，入口部の形状の断面形(幅 B)でサイクロンの円筒部(半径 $R = D_c/2$)に沿って N 回転する間に，外筒内面に向けて距離 B だけ移動する粒子の径であると考える。このときの遠心力による沈降速度 v_{tc} は式(5・21)において，$r\omega^2 = u_{in}^2/R$ とおいた次の式(5・27)で与えられる。

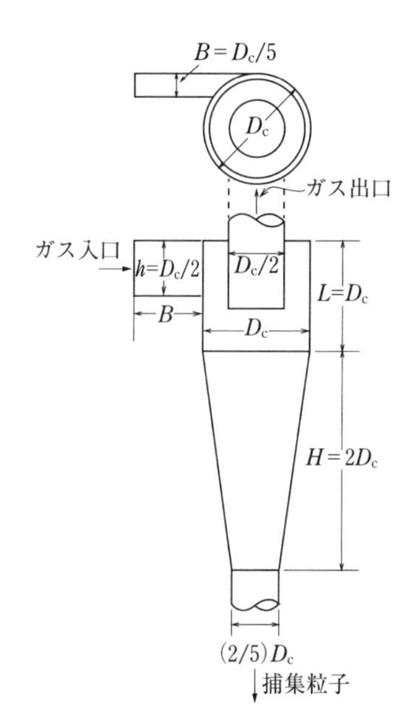

図 5・5　標準的サイクロンの各部の寸法比

$$v_{tc}=\frac{(\rho_p-\rho)D_p{}^2u_{in}{}^2}{18\mu R} \tag{5·27}$$

気流が N 回転する時間 t は $2\pi RN/u_{in}$ であるから，粒子が距離 B だけ沈降するのに要する時間は B/v_{tc} になる。粒子が完全に分離されるには，$t \geq B/v_{tc}$ の関係が成立する必要がある。すなわち

$$\frac{2\pi RN}{u_{in}} \geq \frac{B}{v_{tc}} \tag{5·28}$$

完全に分離される最小粒子径 $D_{p,min}$ に対しては，式(5·28)で等号が成立する場合の粒径になるから，式(5·28)に式(5·27)を代入して解くと，次式から $D_{p,min}$ が計算できる。

$$D_{p,min}=\sqrt{\frac{9B\mu}{\pi Nu_{in}(\rho_p-\rho_f)}} \tag{5·29}$$

この $D_{p,min}$ の値より小さい粒径の粒子における壁からの距離に応じてその一部が捕集されると考えることは，重力沈降装置とまったく同じである。標準的なサイクロンに対しては有効回転数 $N=2\sim5$ くらいにとればよいとされている。

［**例題 5·4**］　標準寸法のサイクロンを用いて集塵を行う。円筒直径は 1.2 m で，気流の入口速度は $15\,\mathrm{m\cdot s^{-1}}$ である。粒子密度は $1500\,\mathrm{kg\cdot m^{-3}}$，空気の粘度は $1.81\times10^{-5}\,\mathrm{Pa\cdot s}$，空気の密度は $1.21\,\mathrm{kg\cdot m^{-3}}$ とする。捕集できる粒子の最小径はいくらか。有効旋回数 $N=3$ とする。

解　標準サイクロンでは，矩形の入口の幅 B は円筒部直径 D_c の 1/5 に設定されるから

$$B=D_c/5=1.2\,\mathrm{m}/5=0.24\,\mathrm{m}$$

有効旋回数を $N=3$ として式(5·29)からサイクロンで捕集される粒子の最小径を求めると

$$D_{p,min}=\sqrt{\frac{9B\mu}{\pi Nu_{in}(\rho_p-\rho_f)}}=\sqrt{\frac{(9)(0.24)(1.81\times10^{-5})}{(3.14)(3)(15)(1500-1.21)}}=1.36\times10^{-5}\,\mathrm{m}=13.6\,\mu\mathrm{m}$$

5·4·3　エアフィルター

エアフィルターは，粒子捕集効率，圧力損失に応じて，沪材としてさまざまな多孔質体が利用できるところに大きな特徴がある。

図 5·6 に示すように，一様な速度分布をもつ気流中に直径 D_f の繊維が置かれた場合，密度が空気よりも大きい粒子は直進性を維持しようとしてその軌道が気流の流線からずれる。その結果，図に示す繊維表面に接する二つの粒子軌跡面(この軌跡を限界粒子軌跡とよぶ)の間を上流から移動する粒子だけが繊維に衝突して捕集されることになり，上流側の流れに平行な二つの限界粒子軌跡面の間隔 X が粒子捕集に有効に働く繊維の幅となる。そこで，X と D_f の比

を単一繊維の粒子捕集効率 $\eta = X/D_{\mathrm{f}}$ と定義する。

図5·7に示す断面積 A のフィルター内の微小厚さ Δx の部分で粒子の物質収支を考える。フィルターの単位体積あたりの繊維の長さを l とすると，体積 $A\Delta x$ 内に存在する繊維の体積は $A\Delta x l(\pi/4)D_{\mathrm{f}}^2$ であるので，l は繊維充填率 α を用いて式(5·30)で表される。

$$l = \frac{\alpha}{(\pi/4)D_{\mathrm{f}}^2} \tag{5·30}$$

フィルター内の繊維の隙間を流れる平均流速を u とすると，粒子捕集に働く流れ方向に垂直な面積は $\eta l D_{\mathrm{f}} A\Delta x$ であるので，単位時間あたり $Cu\eta l D_{\mathrm{f}} A\Delta x$ の粒子が繊維に捕集される。この捕集量がフィルター内を空塔速度 u_0 で流れる気流の粒子濃度の減少量に等しく，式(5·31)が成り立つ。

$$Cu_0A - \left(C + \frac{\mathrm{d}C}{\mathrm{d}x}\Delta x\right)u_0A = Cu\eta l D_{\mathrm{f}} A\Delta x \tag{5·31}$$

フィルター内の流体速度 u と空塔速度 u_0 の間には，$u = u_0/(1-\alpha)$ の関係があるので，式(5·31)を整理すると式(5·32)が得られる。

$$\frac{\mathrm{d}C}{\mathrm{d}x} = -\frac{4}{\pi}\frac{\alpha}{1-\alpha}\frac{1}{D_{\mathrm{f}}}C\eta \tag{5·32}$$

$x=0$ で $C=C_0$，$x=L$ で $C=C_{\mathrm{e}}$ としてこの式を積分すると

$$\ln\left(\frac{C_{\mathrm{e}}}{C_0}\right) = \ln P = -\frac{4}{\pi}\frac{\alpha}{1-\alpha}\frac{L}{D_{\mathrm{f}}}\eta \tag{5·33}$$

ここで，$P = C_{\mathrm{e}}/C_0$ は粒子透過率とよばれる。この式からわかるように，粒子透過率 P の対数がフィルターの厚さ L に対して直線的に変化するので，この式は対数透過則とよばれる。また，フィルターの捕集効率 E は $E = 1-P$ である。

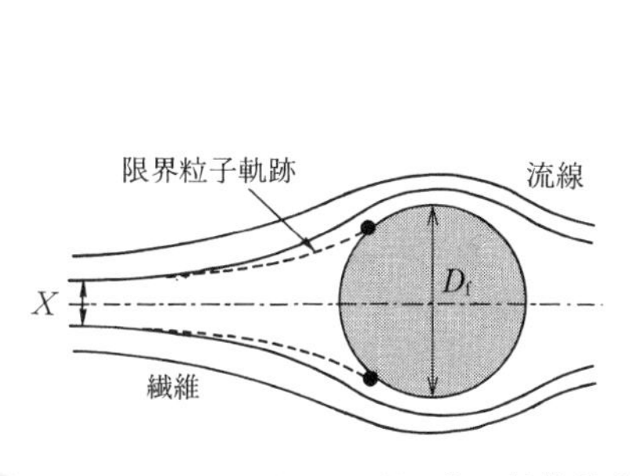

図 5·6　限界粒子軌跡と単一体の捕集効率

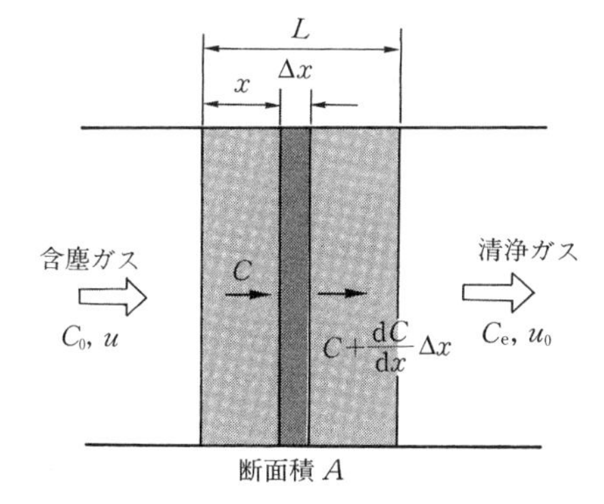

図 5·7　フィルター内部の粒子量の収支

粒子径 D_p が小さくなるに従って限界粒子軌跡が気流の流線に漸近するために捕集効率は減少するが，粒子のブラウン運動が無視できなくなるために，ブラウン運動を考慮しない限界粒子軌跡の外側に存在する粒子も繊維に捕集される確率が増える。一方，粒子径が大きくなると繊維のさえぎり効果が増大し，慣性によって粒子運動の直線性が増すために捕集効率が増大する。その結果，繊維径が小さな(ミクロンオーダー)エアフィルターでは捕集効率が最小(透過率が最大)となる粒径が現れる。

[例題 5·5]　繊維径 20 μm，厚さ 1 mm，繊維充塡率 0.06 のエアフィルターの捕集効率を測定したところ 85% であった。単一繊維の捕集効率を求めよ。このフィルターを 2 枚重ねて使用すると，捕集効率はいくらになるか。

解　1 枚のフィルターの粒子出口濃度を C_{e1} とする。$D_f=20\,\mu\text{m}$，$L=1\,\text{mm}$，$\alpha=0.06$，$C_{e1}/C_0=1-0.85=0.15$ を式(5·33)に代入して η を求めると，

$$\eta=-\ln(0.15)/[(4/\pi)(0.06/(1-0.06))(1/20\times10^{-3})]=0.47$$

2 枚目のフィルター出口の濃度を C_{e2} とすると式(5·33)から $\ln(C_{e2}/C_{e1})=\ln(C_{e1}/C_{e0})$ となり

$$C_{e2}/C_{e0}=(C_{e1}/C_{e0})^2=0.15^2=0.0225$$

したがって，捕集効率は $E=1-P=0.98$。

5·5　液体からの粒子の分離

液体中に浮遊した粒子に対しても，5·3 節に示した分離機構を利用したさまざまな装置が考案されているが，ここでは，沪過，沈降濃縮について述べる。

5·5·1　沪　　過

粒子を含む液体(スラリー)を，沪紙，布，金網，粒子充塡層などの沪材に通して固体粒子と液体に分離する操作が沪過である。粒子の大きさや沪材の孔の大きさにもよるが，一般に 1 vol% 以上の粒子を含む液体の沪過では，沪過開始後，沪材表面に粒子層(沪過ケーク層)が形成され，これが沪材となってその後の沪過が進行する。これがケーク沪過である。これに対し，0.1 vol% 以下の希薄なスラリーではケークはほとんど形成されず，粒子は沪材内部で捕集される。このような沪過は，ケーク沪過に対して，沪材沪過あるいは清澄沪過とよばれる。いずれの沪過の場合も，粒子はケーク層あるいは沪材の間隙(孔)を通過できずに流体から分離されるので，分離機構は，粒子と液体分子の大きさの違いを利用したふるいということができる。

ケーク沪過では，沪材表面に形成されたケーク層によって新たに流入する粒子が捕集されるので，捕集効率がほぼ 100% の固液分離が行われる。したがっ

て，沪液量(沪過された清澄な液量)と沪材およびケーク層の圧力損失(沪過圧力)との関係が重要となる。

沪過圧力 Δp は，ケーク層の圧力損失 Δp_c と沪材の圧力損失 Δp_m の和に等しく，

$$\Delta p = \Delta p_c + \Delta p_m \tag{5・34}$$

一般にケーク層を通過する流れは層流とみなせるので，ケーク層の圧力損失 Δp_c は沪液の流通速度 u に比例し，Kozeny-Carman の式(式(4・40)参照)により与えられる。

$$\Delta p_c = k S_v{}^2 \frac{(1-\varepsilon)^2}{\varepsilon^3} \mu L u \tag{5・35}$$

ここで，ε はケーク層の空隙率，L はケーク層の厚さである。沪液量(積算体積)を V，沪過面積を A，沪過時間を t とすると，沪液の流通速度は $u = \mathrm{d}V/A\mathrm{d}t$ で与えられる。

次に湿潤ケーク層の厚さ L と沪液量 V の関係を求める。スラリー原液中の固体濃度を C，ケーク層中の固体の質量を M_c，固体の密度を ρ_s とすると，質量収支より式(5・36)が成り立つ。

$$M_c = LA(1-\varepsilon)\rho_s = C(V + \varepsilon LA) \tag{5・36}$$

右辺第 2 項はケーク中に保持される液量であり，通常は沪液量 V に比べて小さいので，これを無視するとケーク厚さは $L = C(V/A)/(1-\varepsilon)\rho_s$ で与えられる。この関係を式(5・35)に代入すると式(5・37)が得られる。

$$\Delta p_c = k S_v{}^2 \frac{1-\varepsilon}{\rho_s \varepsilon^3} \frac{CV}{A} \mu u = \alpha C \frac{V}{A} \mu u \tag{5・37}$$

$$\alpha = \frac{k(1-\varepsilon) S_v{}^2}{\rho_s \varepsilon^3} \tag{5・38}$$

式中の α は比抵抗とよばれ，単位は[m・kg^{-1}]である。ケーク層の空隙率 ε が沪過中に変化しない非圧縮性ケークでは，比抵抗 α は一定となる。

一方，沪材内部についても流れは層流と考えられ，沪材の圧力損失 Δp_m は沪材抵抗 R_m を用いて式(5・39)で表される。

$$\Delta p_m = R_m \mu u \tag{5・39}$$

沪液量 V[m^3] の代わりに，V を沪過面積 A で割った変数 v[m]$(=V/A)$ を導入して，式(5・37)，(5・39)に代入し変形すると，

$$\frac{\mathrm{d}v}{\mathrm{d}t} = \frac{\Delta p/\mu}{R_m + \alpha C_v} = \frac{\Delta p}{\mu \alpha C(v_0 + v)} \tag{5・40}$$

ここで，$v_0 = R_m/\alpha C$ である。

(a) 定圧沪過

ケーク層が形成されるにつれて沪過速度は時間とともに減少する。式(5・40)を積分すると，沪過量 v[m・s^{-1}] と沪過時間 t[s] の関係は式(5・41)で表せる。

$$v^2+2v_0v=\frac{2\Delta p}{\mu\alpha C}t=Kt \tag{5・41}$$

ここで，$K=2\Delta p/\mu\alpha C$ である。上式を Ruth の沪過方程式とよぶ。変形すると式(5・42)となる。

$$\frac{t}{v}=\frac{1}{K}v+\frac{2}{K}v_0 \tag{5・42}$$

定圧沪過実験により，単位沪過面積あたりの沪液量 v と沪過時間 t の関係を求め，線形近似すると，直線の勾配と切片から K と v_0 の値が求められる。このプロットを Ruth のプロットとよぶ。

(b) 定速沪過

定速沪過は沪過速度 $\mathrm{d}v/\mathrm{d}t$ を常に一定値($=q_0$)に保持する操作方式である。この場合，$\mathrm{d}v/\mathrm{d}t=q_0$，$v=q_0t$，ならびに $v_0=R_\mathrm{m}/\alpha C$ とおける。これらの関係式を式(5・40)に代入して，Δp について解くと，沪過圧力 Δp が時間 t に対して直線的に増加する式(5・43)が導ける。

$$\Delta p=\mu q_0R_\mathrm{m}+\alpha\mu Cq_0^2t \tag{5・43}$$

[例題 5・6]　非圧縮性ケークを形成するスラリーを定圧沪過し，単位沪過面積あたりの沪液量 v[m^3・m^{-2}]と時間 t[s]のデータ(表 5・6)を得た。沪過圧力を 2 倍にして 10 分間沪過するときの沪液量を推算せよ。

解　Ruth プロットに必要な t/v の値を表 5・6 の最下行に載せた。図 5・8 より

$$t/v=3.084\times10^2v+41.83$$

が得られ，式(5・42)と比較すると

$$K=3.243\times10^{-3}\,\mathrm{m^2\cdot s^{-1}},\quad v_0=(41.83)(3.243\times10^{-3})/2=0.0678\,\mathrm{m^3\cdot m^{-2}}$$

$K=2\Delta p/\mu\alpha C$，$v_0=R_\mathrm{m}/\alpha C$ であるので，圧力を 2 倍にすると，K は 2 倍となるが，v_0 は変わらない。したがって，沪過圧力が 2 倍の沪過方程式(5・41)は

$$v^2+(2)(0.0678)v=(2)(3.243\times10^{-3})t \rightarrow v^2+0.1356v=6.486\times10^{-3}t$$

となり，$t=10\times60=600\,\mathrm{s}$ のときの沪液量は $v=1.91\,\mathrm{m^3\cdot m^{-2}}$。

表 5・6

沪液量 v/m^3・m^{-2}	0.25	0.50	0.75	1.00	1.25
沪過時間 t/s	30	96	206	355	530
(t/v)/s・m^{-1}	120	192	275	355	424

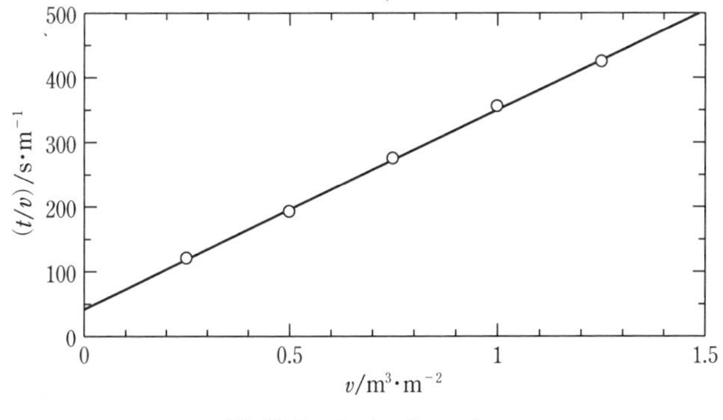

図 5·8　Ruth プロット

5·5·2　沈降濃縮

粒子を含む液体(スラリー)を容器に入れて放置すると，粒子は重力によって沈降し，沈降層と上澄液に分離される。これが沈降濃縮である。粒子濃度が低いときは，粒子は式(5·17)の終末速度で自由沈降するが，沈降が進むにつれて容器の底に近いほど粒子濃度が高くなるため，粒子が沈降するためにはまわりの粒子を押しのけなければならず，沈降速度は低下する。これが干渉沈降である。沈降濃縮装置を設計するためには，後述するように，分離しようとするスラリーの干渉沈降速度が必要である。干渉沈降速度 v_C は，同じ種類のスラリーであれば粒子濃度の関数となるが，これを理論的に求めるのは容易でない。そこで，図 5·9 に示すように，スラリー原液をメスシリンダーに入れて，上澄層と沈降層の界面の時間的な変化(回分沈降曲線)を測定し，この結果から任意の濃度における干渉沈降速度を求める Kynch の方法が用いられる。

(a)　Kynch の理論

図 5·9 に示すように，上澄液と沈降層の界面が等速で降下する間は，沈降速度が一定なので，界面濃度は一定値(初期濃度)に保たれているとみなせる。また，界面の沈降速度が徐々に低下する区間では，界面の粒子濃度が高くなり界面の降下速度が低下するので，界面の降下速度はその界面濃度における干渉沈降速度に等しい。

界面濃度を決定するにあたり，Kynch は，初期濃度 C_0 より高い任意の濃度 C_L の層を考えると，この層は最初容器の底面にあり，時間とともに一定速度で上昇し，この層が界面に達すると界面濃度が C_L になることを見出した。したがって，いま，沈降を開始してからの経過時間 t_L において，シリンダー底

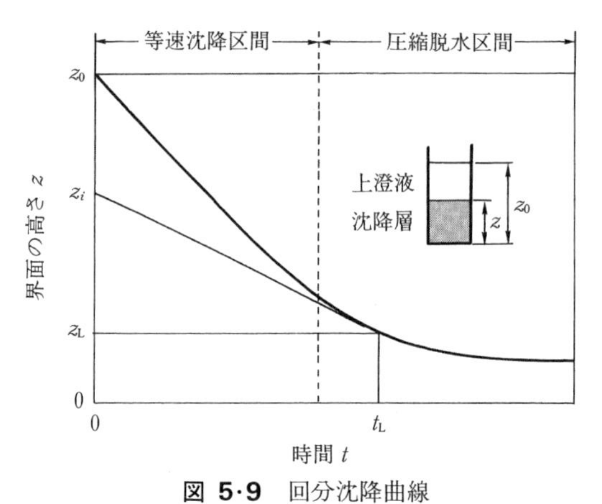

図 5・9　回分沈降曲線

面からの高さ z_L にある界面の濃度を C_L とすると，濃度 C_L の層の上昇速度 U_L は式(5・44)で与えられる。

$$U_L=\frac{z_L}{t_L} \tag{5・44}$$

濃度 C_L の層が界面に到達する間に全粒子が濃度 C_L の層を通過したことになるから，濃度 C_L における干渉沈降速度を v_{CL} とすると次の物質収支式が得られる。

$$At_LC_L(U_L+v_{CL})=Az_0C_0 \tag{5・45}$$

ここで A はシリンダーの断面積，z_0 は液面の高さである。式(5・45)を式(5・44)に代入すると，C_L は式(5・46)で与えられる。

$$C_L=\frac{C_0z_0}{v_{CL}t_L+z_L} \tag{5・46}$$

v_{CL} は界面の低下速度であるから，時間 t_L における回分沈降曲線の接線の勾配として式(5・47)で与えられる。

$$v_{CL}=-\left(\frac{\mathrm{d}z}{\mathrm{d}t}\right)_{t=t_L}=\frac{z_i-z_L}{t_L} \tag{5・47}$$

ここで z_i は接線と z 軸の交点の座標である。式(5・47)を式(5・46)に代入すると，結局 C_L は式(5・48)で与えられる。

$$C_L=\frac{C_0z_0}{z_i} \tag{5・48}$$

(b)　連続式シックナー

図5・10に示す連続式シックナーにおいて，供給スラリーの体積流量を Q_0,

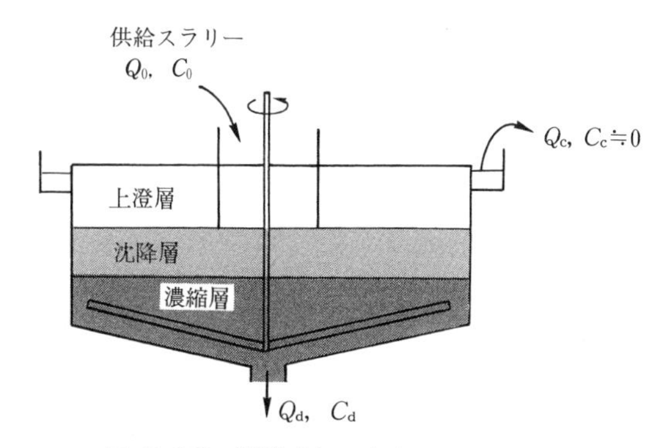

図 5·10　連続式シックナー

粒子濃度を C_0, 溢流する上澄液の体積流量を Q_c, 粒子濃度を C_c, 排泥の体積流量を Q_d, 粒子濃度を C_d とすると，粒子の収支は式(5·49)で表される。

$$C_0Q_0 = C_dQ_d + C_cQ_c \tag{5·49}$$

通常，シックナーから流出する清澄液の粒子濃度はほぼゼロとみなせるので $C_c = 0$ とおくと，式(5·49)は次式となる。

$$C_0Q_0 = C_dQ_d \tag{5·50}$$

沈降層内で粒子の体積変化がないと考えると，次の体積流量の収支が成立する。

$$Q_0 = Q_d + Q_c \tag{5·51}$$

式(5·50), (5·51)の Q_d を消去すると式(5·52)が得られる。

$$Q_c = C_0Q_0\left(\frac{1}{C_0} - \frac{1}{C_d}\right) \tag{5·52}$$

濃縮層では下方へ向かって圧縮されて濃度が増加し，液は上方へ向かって流れる。濃縮層内で濃度 C_L の位置で分離が行われると仮定すると，その位置に濃度 C_L の懸濁液が流量 Q_L で供給され，清澄液(Q_c, C_c)と濃縮液(Q_d, C_d)に分離されると考えられる。この場合，式(5·50)と同様の式(5·53)が導ける。

$$C_0Q_0 = C_LQ_L \tag{5·53}$$

一方，式(5·52)と同様の式が導け，それに式(5·53)を用いると，式(5·54)が得られる。

$$Q_c = C_LQ_L\left(\frac{1}{C_L} - \frac{1}{C_d}\right) = C_0Q_0\left(\frac{1}{C_L} - \frac{1}{C_d}\right) \tag{5·54}$$

シックナーの断面積を A とすると液の上昇速度は Q_c/A であり，液の上層速度よりも濃度 C_L での粒子の沈降速度 v_{CL} が十分大きければ，沈降層は定常的に安定して存在することになる。その条件は式(5･55)で与えられる。

$$A \geq C_0 Q_0 \frac{(1/C_L - 1/C_d)}{v_{CL}} \tag{5･55}$$

処理スラリーの回分沈降データから Kynch の方法を用いて濃度 C_L の沈降速度 v_{CL} を求め，式(5･55)の右辺が最大となる値がシックナーの所要面積となる。この算出法は Coe–Clevenger らによって考案された。

[**例題 5･7**]　濃度 $10\,kg\cdot m^{-3}$ のスラリーの回分沈降測定のデータとして表 5･7 が得られた。同一濃度の $C_0=10\,kg\cdot m^{-3}$ のスラリーを流量 $Q_0=36\,m^3\cdot h^{-1}$ で連続シックナーに供給し $C_d=60\,kg\cdot m^{-3}$ まで濃縮する。シックナーの断面積 A を計算せよ。

表 5･7

t/min	0	10	20	30	40	50	60	80	100
z/cm	50.5	36.0	25.0	16.5	11.0	8.0	6.5	5.5	5.0

解　回分沈降曲線を図 5･11 に示す。

Kynch の方法を用いて C_L と v_{CL} の値を求める。まず，回分沈降曲線の縦軸で z_i の値を設定して，式(5･48)の右辺($C_0 z_0/z_i$)から濃度 C_L の値を算出する。縦軸の点 z_i から回分沈降曲線に引いた接線の傾きの値が，濃度 C_L における沈降速度 v_{CL} の値を与える。以上で得られた濃度 C_L と v_{CL} の値を用いて，式(5･55)の右辺の値が算出できる。結果を表 5･8 に示した。式(5･55)の右辺の最大値は $56.9\,m^2$ となるから，シックナーの所要面積は $A=57\,m^2$ となる。

表 5･8

z_i/cm	40	35	30	25	20	15	12
C_L/kg･m^{-3}	12.6	14.4	16.8	20.2	25.3	33.7	42.1
v_{CL}/mm･s^{-1}	0.133	0.104	0.0806	0.0595	0.0402	0.0243	0.0222
式(5･55)の右辺/m^2	47.1	50.7	53.2	55.2	56.9	53.5	31.9

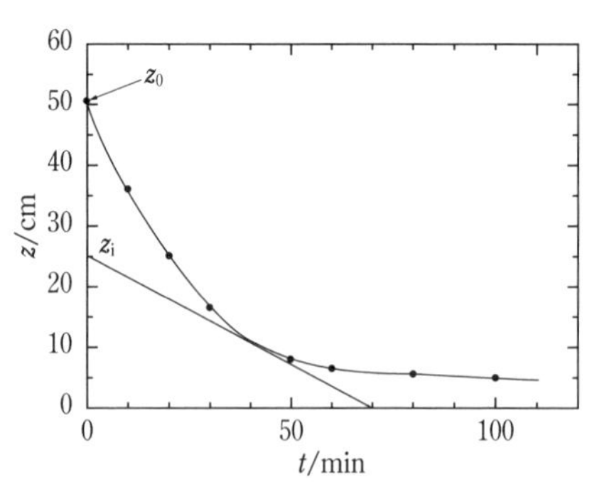

図 5･11　回分沈降曲線

5·5·3　遠心分離機

微粒子が懸濁する液から粒子を分離する場合，重力下では沈降速度が小さく，高度な分離が困難になる場合がある。そこで遠心力を利用して沈降速度を大きくする遠心分離機が開発されている。図 5·12 に示すように，円筒を高速で回転させ，下部中心部から液を供給し環状部に導く。液の上昇速度が環状部において一様で，粒子が液に乗って移動すると仮定する。遠心力の作用で粒子は外円筒内壁に向かって沈降し，清澄液は円筒上部液出口から排出される。円筒壁に沈積した粒子の排出は回分式に行われるが，連続化した装置も用いられている。

環状部の底部入口の内壁に位置する粒径 D_p の粒子に着目する。この粒子は流体に伴い軸方向に移動するが，遠心力の作用で外壁に向かって沈降していく。その時，沈降に要する時間 t_r が，装置内に滞留する時間 t_z に等しいとき，粒子の軌跡は図 5·12 に示すように，装置上部(軸方向)$=L$ で半径方向 $r=r_2$ の位置に達して円筒内壁に到着する。この条件が満足されたとき，粒子が分離されたことになる。すなわち，分離の条件は式(5·56)で表される。

$$t_r(\text{沈降時間}) \leq t_z(\text{滞留時間}) \tag{5·56}$$

遠心力が作用する懸濁液中の微粒子の沈降速度 v_{rt} は式(5·21)で表されるから，粒子の半径位置 r について次の運動方程式が導ける。

$$\frac{dr}{dt} = v_{rt} = \frac{(\rho_p - \rho_f) D_p^2}{18\mu} r\omega^2 \tag{5·57 a}$$

$$\text{境界条件：} t=0 \text{ のとき } r=r_1,\quad t=t_r \text{ のとき } r=r_2 \tag{5·57 b}$$

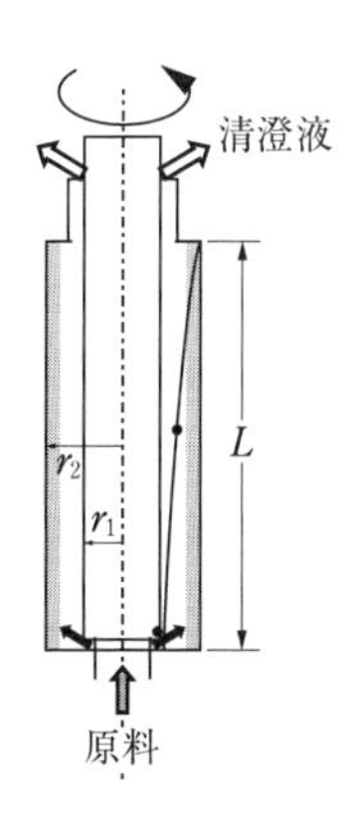

図 5·12　円筒型遠心分離機

式(5·57 b)の境界条件を満足する式(5·57 a)の解は式(5·57 c)となる。

$$t_r = \frac{18\mu}{(\rho_p - \rho_f) D_p^2 \omega^2} \ln \frac{r_2}{r_1} \tag{5·57 c}$$

一方，粒子の上昇速度は環状部の液体流量 Q を用いて式(5·58 a)で表せる。

$$\frac{dz}{dt} = \frac{Q}{\pi (r_2^2 - r_1^2)} \tag{5·58 a}$$

$$\text{境界条件：} t=0 \text{ のとき } t=t_z \tag{5·58 b}$$

式(5·58 b)の境界条件より，式(5·58 a)の解は式(5·58 c)のように表される。

$$t_z = \frac{L\pi (r_2^2 - r_1^2)}{Q} \tag{5·58 c}$$

式(5·57 c)と式(5·58 c)を式(5·56)に代入して Q について解くと

$$Q \leq \frac{\pi (r_2^2 - r_1^2) L (\rho_p - \rho_f) D_p^2 \omega^2}{18\mu \ln (r_2/r_1)} \tag{5·59}$$

ただし，角速度 ω[rad·s^{-1}]と回転数 N[rpm]との間には式(5·60)が成立する。

$$\omega = 2\pi (N/60) \tag{5·60}$$

[例題 5·8]　図 5·12 に示す円筒型遠心分離機の環状部(内半径 r_1=4 cm，外半径 r_2=10 cm，円筒長さ L=1 m)にスラリーを供給し，回転数 15 000 rpm で 2 μm 以上の粒子の分離を行う。スラリーの最大供給流量 Q[m^3·min^{-1}]を求めよ。なお，粒子密度 ρ_p=2 400 kg·m^{-3}，液密度 ρ_f=1 000 kg·m^{-3}，液粘度 μ=0.001 Pa·s とする。

解　式(5·59)と式(5·60)に与えられた数値を代入すると

$$Q = \frac{(3.14)(0.1^2 - 0.04^2)(1)(2400-1000)(2\times10^{-6})^2(2\times3.14\times15000/60)^2}{(18)(0.001)\ln(0.10/0.04)}$$

$$= 0.0221\,\text{m}^3\cdot\text{s}^{-1} = 1.32\,\text{m}^3\cdot\text{min}^{-1}$$

問　　題

5·1　密度 ρ_pが 2 500 kg·m^{-3} で，粒径 D_p が 10 μm, 50 μm, 200 μm の 3 種類の粒子がある。それぞれの粒子について，常温の空気中および水中での終末沈降速度 v_t を求めよ。ただし，空気の密度=1.21 kg·m^{-3}，粘度=1.81×10^{-5} Pa·s，水の密度=1 000 kg·m^{-3}，粘度=0.001 Pa·s とする。

5·2　図 5·4 に示す水平流型重力沈降装置(H=1 m, L=5 m, W=2 m)を用いて，密度 ρ_p=2 400 kg·m^{-3} の粒子を分離する。含塵空気は一様な濃度で装置に流入し，装置内部で粒子の混合はないものとする。粒径 50 μm 以上の粒子を完全に分離するためには，空気の流量をいくらに設定すればよいか。空気の密度=1.21 kg·m^{-3}，粘度=1.81×10^{-5} Pa·s とする。

5·3　密度 1 200 kg·m^{-3} の微粒子を含む空気を標準型サイクロンで処理する。分離限界粒子径を 20 μm とするとき，サイクロンの直径寸法 D_c をいくらにすればよいか。空気の流量 Q=5 000 m^3·h^{-1} である。空気の密度 ρ=1.21 kg·m^{-3}，粘度 μ=1.81×10^{-5} Pa·s，有効旋回数 N =2 とせよ。

5·4　繊維径 30 μm，厚さ 1 mm，充塡率 4% のフィルターを用いて空気中の粒子除去を行ったところ，捕集効率は 65% であった。99% の捕集効率を得るためにはフィルターの厚さをいくらにすればよいか。また，フィルターの厚さを 2 mm にして 99% の捕集効率を得るためには，充塡率をいくらにすればよいか。ただし，単一繊維の捕集効率 η は充塡率 α を変えても変化しないとする。

5·5　沪過面積 50 cm^2 の小型機を用いて非圧縮性ケークを形成するスラリー(濃度 $C=30$ kg-固体·m^{-3}-沪液)を 0.1 MPa で定圧沪過したところ，下表の結果が得られた。沪液粘度を 1×10^{-3} Pa·s として以下の問いに答えよ。

（1）　ケーク層の比抵抗 α と沪材抵抗 R_m を求めよ。

（2）　同じ沪材を用いた大型機(沪過面積 10 m^2，沪過圧力 0.2 MPa)では 10 分間で何 m^3 の沪液が得られるか。

沪過時間 t/s	9.6	21.0	37.2	57.6	81.0	108.0
積算沪液量 V/cm^3	30	50	70	90	110	130

5·6　例題 5·7 の解答の表 5·8 は，干渉沈降状態のときの沈降速度 v_{CL}[mm·s^{-1}]と界面濃度 C_L[kg·m^{-3}]の関係の計算結果を与えている。そのデータを用いて両者の相関関係式を求め，それを利用してシックナーの断面積 A を以下の順序で計算せよ。

（1）　両者を両対数グラフにプロットして，

$$v_{CL}=aC_L^{-m} \qquad \text{(a)}$$

の関係が近似的に成立することを示し，パラメーター a と m の値を求めよ。

（2）　式(a)を用いて，シックナーの断面積 A の値を算出して，例題 5·7 の結果と比較せよ。

5·7　図 5·12 のような円筒型遠心分離機によって 2.4 m^3·h^{-1} のスラリーを処理する。$r_1=0.01$ m，$r_2=0.06$ m，$L=50$ cm，粒子と液の密度差 $\rho_p-\rho_f=500$ kg·m^{-3}，液の粘度 $\mu=0.001$ Pa·s である。直径 3 μm 以上の粒子を完全に分離するために必要な回転数を求めよ。

5·8　内径 20 cm，高さ 10 cm の円筒容器を回転させる回分式の遠心分離機がある。密度 1900 kg·m^{-3} の微粒子を水 1000 cm^3 に懸濁させた 20℃ の液を容器に入れ，3600 rpm で回転したところ，2 min 後に懸濁微粒子がすべて容器内壁に付着していた。水の密度を 1000 kg·m^{-3}，粘度を 0.001 Pa·s として，微粒子の最小径を求めよ。仕込まれた液は回転開始後速やかに円筒内壁に貼りつき，環状の液層が形成される。粒子はその中を遠心力により管壁に向かって移動していく。

6　エネルギーの流れと有効利用

化学プロセスでは，原料に化学的・物理的変化を与えて有用な製品を製造する。それにはエネルギーが必要であるから，プロセスには必ずエネルギーの移動や変換の過程が伴う。これを定量的に予測することがプロセスの設計には不可欠であり，また，プロセスの運転にはエネルギーの移動速度を適切に制御することが必要である。

本章では，プロセスにおけるエネルギーの流れと移動速度の基礎的事項，およびその実践的応用について述べる。まず，エネルギーに関する量的関係，熱力学を，ついで，エクセルギーという概念を用いてエネルギーの有効利用の視点を述べ，実例を紹介する。さらに，エネルギー移動の中で主要な役割を果たす伝熱の機構と速度論を述べ，最後に代表的な伝熱装置である熱交換器と蒸発缶を例にとり伝熱装置設計の基礎について概説する。

6･1　エネルギーの種類と性質

6･1･1　エネルギーの分類

物質はさまざまな種類のエネルギーをもっているが，それらは古典的なエネルギーと量子的なエネルギーに分けることができる。

古典的エネルギーとは物質が巨視的レベルでもつ力学エネルギーを指し，運動する物体がもつ運動エネルギー，重力による位置エネルギー，弾性変形による弾性エネルギーなどがこれに相当する。

それに対し，量子的エネルギーとは物質を構成する分子，原子，電子などが微視的レベルでもつ運動エネルギーとポテンシャルエネルギーを指し，これらがいくつか組み合わさることにより，化学エネルギー，熱エネルギー，核エネルギー，電磁気エネルギーなどになる。たとえば，分子が化学変化により構造を変えるときエネルギーが増減するが，それを化学エネルギーという。また，分子は，その不規則運動に基づく運動エネルギーと分子間のポテンシャルエネルギーをもっており，これが温度や圧力として観察される。高温・高圧になるほどこれらのエネルギーの和は大きくなる。温度の寄与分を熱エネルギー，圧力の寄与分を圧力エネルギーとよぶ。物質がもつ量子的エネルギーの総和は物質の状態(温度，圧力，組成など)によって一意的に定まる状態量であり，これを熱力学では内部エネルギーとよぶ。

以上のように，エネルギーにはさまざまな形態が存在するが，各形態のエネルギーは本質的に同一のもので相互に変換でき，しかも変換によって保存され，発生も消滅もしない。これが熱力学の第一法則である。

6・1・2　エネルギーの移動形態——仕事と熱

物質がもつエネルギーにはさまざまな形態があるが，物質(あるいは系)が外界とやり取りするエネルギーはわずか2通りしかない。それらは仕事と熱である(放射エネルギーも熱に含まれる)。

仕事とは，系に対して一様な動きを与えるようなエネルギー移動である。たとえば，おもりを持ち上げると位置エネルギーは増加するが，おもりの分子の運動になんら影響を及ぼさない。仕事は古典力学的なエネルギー移動形態である。

一方，熱とは系に乱雑な動きを与えるようなエネルギー移動である。おもりを加熱すると，その分子運度は促進し，その内部エネルギーが増加し温度が上昇する。このとき外界とおもりの間を移動するのが熱である。熱は量子的なエネルギー移動形態である。

仕事と熱のこのような特性の相違が両者のエネルギー移動形態としての質を決定づけている。この点については6・2・2項以降で詳述する。

6・2　エネルギー利用の熱力学

6・2・1　熱力学の第一法則——エネルギーの保存則

系が保有するエネルギーの増減と流入・流出，および系に与えられる熱と仕事の収支をとればエネルギーの保存式が導かれることはすでに4・4・1項に示した。定常流れ系のエネルギー収支式は式(4・51)で表され，系が外界に対して行う単位質量あたりの仕事 $\hat{W}_{\mathrm{s}}$ を用いて書き改めると式(6・1)となる。

$$\left(\hat{H}_2+\frac{u_2^{\,2}}{2}+gz_2\right)-\left(\hat{H}_1+\frac{u_1^{\,2}}{2}+gz_1\right)=\hat{Q}-\hat{W}_{\mathrm{s}} \qquad (6\cdot1)$$

例題4·5に示した通り，一般に流体の位置エネルギーと運動エネルギーは他の項に比べて小さく，無視しても差し支えない。このとき式(6·1)は次のようになる。

$$\Delta H = \hat{H}_2 - \hat{H}_1 = \hat{Q} - \hat{W}_s \tag{6·2}$$

さらに，機械的仕事が無視できる場合(すなわち $\hat{W}_s=0$)，この式は

$$\Delta H = \hat{H}_2 - \hat{H}_1 = \hat{Q} \tag{6·3}$$

となる。これが式(1·11)に示した熱収支式である。

このように，エネルギー収支式をたてる場合，必ずしもすべてのエネルギーを考慮に入れる必要はない。プロセスに関与するエネルギーが何であるかをしっかりと見きわめ，主要なエネルギーのみを考慮すれば十分であり，エネルギー収支の取り扱いも簡単になる。

6·2·2　熱力学の第二法則——エネルギーの変換効率

仕事と熱はともにエネルギーの移動形態であるが，6·1·2項で述べた通りその質が異なるため，変換にはある程度制約がある。すなわち，熱力学の第二法則によれば，仕事はすべて熱に変換できるが，高温側から低温側へ流れる熱をすべて仕事に変換することはできない。

温度 T の高温熱源(これを系とする)から排出される熱 $-Q$ の一部を仕事 W に変換し，残りは温度 T_0 の環境(外界)に放出するような熱機関(図6·1)を考えると，その熱効率 η

$$\eta = \frac{W}{-Q} \tag{6·4}$$

は決して1にはならない。η が最大，すなわち W が最大となる熱機関は，図

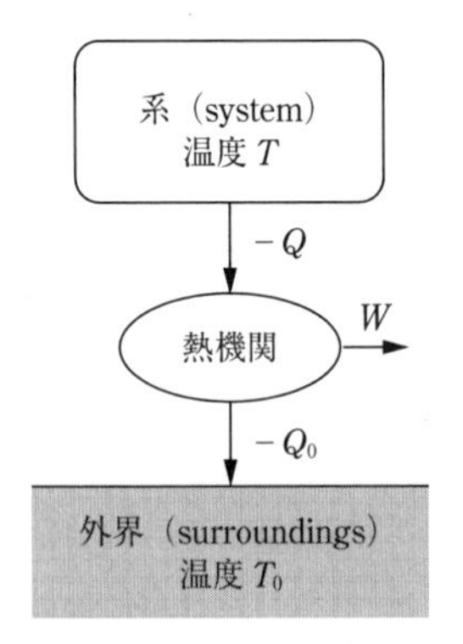

図 6·1　排出熱源から有用仕事を取り出すための熱機関

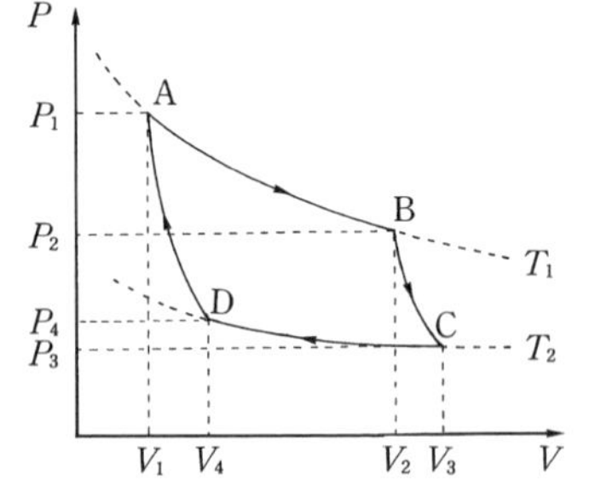

図 6·2　Carnot サイクル

6・2のように，二つの等温可逆変化と二つの断熱可逆変化よりなる理想的な熱機関であることがわかっており，これをCarnotサイクルという。熱力学によると，このサイクルがする仕事 $W_{\max}$ は式(6・5)で与えられる。

$$W_{\max}=\left(1-\frac{T_0}{T}\right)(-Q) \qquad (6\cdot5)$$

$W_{\max}$ は温度 T_0 の環境におかれている温度 T の熱源から取り出し得る仕事の最大値を示し，熱機関が達成し得る熱効率の最大値 $\eta_{\max}$ は

$$\eta_{\max}=1-\frac{T_0}{T} \qquad (6\cdot6)$$

となる。これをCarnot効率とよぶ。この式はCarnot効率が流体の種類や機関の種類には関係なく熱源温度 T と環境温度 T_0 だけで規定されることを示している。また，実装置では必ず不可逆過程を伴うので，変換効率は決してCarnot効率を超えることはできない。その結果，排出される熱エネルギー $-Q$ の中で力学的エネルギーに変換可能な量は最大で $\eta_{\max}(-Q)$ となる。この結論は，エネルギーの質や有効利用を考える上できわめて重要な示唆を与えてくれる。

［**例題 6・1**］　現在，火力発電所では石油，石炭，天然ガスの燃料を用いて発生した600℃, 25 MPaの水蒸気を用いて発電が行われている。バイオマス発電では，木材チップなどを燃焼して得られた450℃, 6.1 MPaの蒸気が用いられている。これらの高温熱源から同じ熱量を得て，25℃の環境温度の間でCarnotサイクルを作動させるときの最大仕事を比較せよ。

解　熱源からCarnotサイクルに与えられる熱が等しいとき，600℃と450℃の最大仕事の比は式(6・5)から

$$\frac{W_{600^\circ\mathrm{C}}}{W_{450^\circ\mathrm{C}}}=\frac{1-298.2/873.2}{1-298.2/723.2}=1.12$$

このように，熱源から得られるエネルギー量が同じであっても，そこから引き出せる有効仕事は熱源の温度が高いほど大きい。言い換えると，エネルギーの質が高い。

6・2・3　エクセルギー

(a)　エクセルギーの定義

前項で示したように，熱を仕事に変換するときには常にカルノー効率による制約を伴うので，熱エネルギーの変換は，仕事に有効に変換できる部分とできない部分とを区別する必要がある。前者がエクセルギー(exergy)であり，「系が外界との間で熱と仕事のエネルギー変換をしながら，外界と平衡になるまで可逆的に状態変化するときに，系から取り出せる最大の仕事量」として定義される。エクセルギーは有効エネルギーともよばれる。

流れ系において流体の位置および運動エネルギーが無視できる式(6･2)が成立する場合，流体単位質量あたりの微小変化は式(6･7)で表される。

$$\mathrm{d}\hat{W}_\mathrm{s}=\mathrm{d}\hat{Q}-\mathrm{d}\hat{H} \tag{6･7}$$

系から排出される熱量は$-\mathrm{d}\hat{Q}$であり，この熱量を変換して得られる最大仕事は式(6･8)で与えられる。

$$\mathrm{d}\hat{W}_\mathrm{max}=\left(1-\frac{T_0}{T}\right)(-\mathrm{d}\hat{Q}) \tag{6･8}$$

したがって，物質が温度T_0の外界と接しながら状態変化するとき，$\hat{W}_\mathrm{s}+\hat{W}_\mathrm{max}$が仕事として取り出し得る有効エネルギー，すなわちエクセルギーとなる。物質単位質量あたりの有効エネルギーの微小変化は式(6･7)，(6･8)より式(6･9)で表される。

$$\begin{aligned}\mathrm{d}(\hat{W}_\mathrm{s}+\hat{W}_\mathrm{max})&=\mathrm{d}\hat{Q}-\mathrm{d}\hat{H}+\left(1-\frac{T_0}{T}\right)(-\mathrm{d}\hat{Q})\\&=-\mathrm{d}\hat{H}+\frac{T_0}{T}\mathrm{d}\hat{Q}\end{aligned} \tag{6･9}$$

$\mathrm{d}\hat{Q}=T\mathrm{d}\hat{S}$の関係を用いて式(6･9)を書き直し，

$$\mathrm{d}(\hat{W}_\mathrm{s}+\hat{W}_\mathrm{max})=-\mathrm{d}\hat{H}+T_0\,\mathrm{d}\hat{S} \tag{6･10}$$

状態$(\hat{H},\hat{S})$から外界と平衡になる状態までの変化を求めると，単位質量あたりのエクセルギー$\hat{\varepsilon}$を表す式(6･11)が得られる。

$$\hat{\varepsilon}=\hat{H}-\hat{H}_0-T_0(\hat{S}-\hat{S}_0) \tag{6･11}$$

ここで$\hat{H}$と$\hat{S}$はそれぞれ流体単位質量あたりのエンタルピーとエントロピーであり，添字0は流体が外界と平衡に達したときの値を示す。

(b)　エクセルギーの計算

圧力一定$p=p_0$の条件では，定圧比熱容量c_pを用いて，$\mathrm{d}\hat{H}=c_p\mathrm{d}T$，$\mathrm{d}\hat{S}=\mathrm{d}\hat{Q}/T=c_p\mathrm{d}T/T$と表されるので，式(6･11)は式(6･12)で表される。

$$\hat{\varepsilon}=\int_{T_0}^{T}c_p\mathrm{d}T-\int_{T_0}^{T}\frac{c_p}{T}\mathrm{d}T \tag{6･12}$$

比熱容量c_pの温度依存性が小さい固体や液体では，式(6･12)は式(6･13)となる。

$$\hat{\varepsilon}=c_p\left[T-T_0-T_0\ln\left(\frac{T}{T_0}\right)\right]=c_pT_0\left(\frac{T}{T_0}-1-\ln\frac{T}{T_0}\right) \tag{6･13}$$

圧力pが外界の圧力p_0と異なる場合には，経路I（温度$T=$一定で圧力がpからp_0に変化），経路II（一定の圧力p_0のもとで温度がTからT_0に変化）を経て$\hat{\varepsilon}$を求める。経路Iではエンタルピーとエントロピーの圧力変化を求める必要がある。これらの熱力学関数には，$(\partial H/\partial p)_T = V - T(\partial V/\partial T)_p$，$(\partial S/\partial p)_T = -(\partial V/\partial T)_p$ の関係があるので，それを用いて $\hat{\varepsilon}$ の変化を求める。理想気体近似ができる低い圧力領域では，$(\partial H/\partial p)_T = 0$，$(\partial S/\partial p)_T = -V/T = -nR/p$ が成り立つので，エントロピーだけが変化することになる。一方，経路IIの変化は式(6·12)，(6·13)で表される。定圧比熱容量 c_p が一定の場合，温度 T，圧力 p の理想気体のエクセルギー $\hat{\varepsilon}$ は式(6·14)で表される。

$$\hat{\varepsilon} = c_p(T - T_0) - c_p T_0\left[\ln\left(\frac{T}{T_0}\right) - \frac{\kappa - 1}{\kappa}\ln\left(\frac{p}{p_0}\right)\right] \qquad (6\cdot14)$$

ここで $\kappa = c_p/c_v$ は定圧比熱容量と定容比熱容量の比である。式(6·14)の導出では，理想気体の定圧モル熱容量 C_p，定容モル熱容量 C_v と気体定数 R の間に $C_p - C_v = R$ の関係が成立することを用いている。

(c)　外界との平衡条件

エクセルギーを求めるときには，外界との平衡条件を規定する必要がある。上で説明した計算では，外界との平衡条件に温度と圧力を用いた。空調機の室外機などのように系が伝熱管壁を介して間接的に外界と接触する場合には，圧力を外界と平衡にとる必要はなく，温度だけの熱的平衡を考えればよい。燃焼器やボイラーなどの燃焼排ガスは，直接外気を接触混合するので，圧力も外界と一致させる必要がある。しかし，排出される物質は大気組成と異なるので，外界との平衡条件としては，この他に化学的な平衡条件も導入する必要がある。そのためには拡散過程や外界を構成する物質に変換するための反応を考慮しなければならないが，仮にこれを行ってもそれらの変化過程から有用な仕事を取り出すことは，現在の技術ではほぼ不可能である。したがって，外界との平衡条件としては，通常，温度，圧力の平衡条件が用いられる。

[例題 6·2]　120°C, 0.1985 MPa の飽和水蒸気の単位質量あたりのエクセルギーと水蒸気のもつエネルギー(エンタルピー変化)に対するエクセルギーの割合を求めよ。ただし，1 atm(0.1013 MPa)の液体の 0°C から 100°C の平均比熱容量は $c = 4.18$ kJ·kg^{-1}·K^{-1}，100°C, 1 atm の水蒸発潜熱(蒸発エンタルピー)は $\Delta\hat{H}_V = 2257$ kJ·kg^{-1}，100°C から 120°C の水蒸気の比熱容量は $c_p = 2.02$ kJ·kg^{-1}·K^{-1} とする。

解　外界の温度を $T_0 = 25$°C，圧力を $p_0 = 1$ atm $= 0.1013$ MPa とする。25°C, 1 atm の水が 120°C, 0.1985 MPa になるときのエンタルピー変化は，温度 T_V における蒸発潜熱 $\Delta\hat{H}_V$ と理想気体の近似を用いると次式で表される。

$$\begin{aligned}\Delta\hat{H}_1 &= c(T_V - T_0) + \Delta\hat{H}_V + c_p(T - T_V)\\ &= (4.18)(100-25) + 2257 + (2.02)(120-100) = 2611\ \text{kJ·kg}^{-1}\end{aligned}$$

水蒸気を理想気体と近似し，式(6·14)に基づいてエントロピー変化を求める。

$$\Delta\hat{S}=c\ln(T_V/T_0)+\Delta\hat{H}_V/T_V+c_p\left[\ln(T/T_V)-\frac{\kappa-1}{\kappa}\ln(p/p_0)\right]$$

$\Delta\hat{H}_V/T_V$ は蒸発によるエントロピー変化である。水蒸気の定圧モル熱容量は $C_p=(18)(2.02)=36.36\,\mathrm{J\cdot mol^{-1}\cdot K^{-1}}$。理想気体近似より定容モル熱容量 $C_v=C_p-R=36.36-8.314=28.05\,\mathrm{J\cdot mol^{-1}\cdot K^{-1}}$ となり，$\kappa=C_p/C_v=1.30$。したがって，エントロピー変化は

$$\begin{aligned}\Delta\hat{S}&=(4.18)\ln(373.2/298.2)+(2257/373.2)\\&\quad+(2.02)\left[\ln(393.2/373.2)-\frac{1.30-1}{1.30}\ln(0.1985/0.10)\right]\\&=6.777\,\mathrm{kJ\cdot kg^{-1}\cdot K^{-1}}\end{aligned}$$

以上の結果を用いて式(6・11)から 120°C, 0.1985 MPa のエクセルギーを求めると，

$$\hat{\varepsilon}=\Delta\hat{H}-T_0\Delta\hat{S}=2611-(298.2)(6.777)=590.1\,\mathrm{kJ\cdot kg^{-1}}$$

120°C, 0.1985 MPa の飽和水蒸気のエクセルギー $\hat{\varepsilon}$ の熱エネルギー変化 $\Delta\hat{H}$ に対する割合は $\hat{\varepsilon}/\Delta\hat{H}=0.226$ となり，熱エネルギーの 23% が有用エネルギーとして変換可能である。この割合を有効度とよぶ。

水蒸気表によれば，120°C, 0.1985 MPa の水蒸気は $\hat{H}=2706\,\mathrm{kJ\cdot kg^{-1}}$，$\hat{S}=7.129\,\mathrm{kJ\cdot kg^{-1}\cdot K^{-1}}$，25°C の飽和水は $\hat{H}=104.9\,\mathrm{kJ\cdot kg^{-1}}$，$\hat{S}=0.3674\,\mathrm{kJ\cdot kg^{-1}\cdot K^{-1}}$ であるので，$\Delta\hat{H}_1=2706-104.9=2601\,\mathrm{kJ\cdot kg^{-1}}$，$\Delta\hat{S}=7.129-0.3674=6.762\,\mathrm{kJ\cdot kg^{-1}\cdot K^{-1}}$，$\hat{\varepsilon}=2601-(298.2)(6.762)=584.6\,\mathrm{kJ\cdot kg^{-1}}$ となる。上の計算結果はこの値に近い。

[例題 6・3]　熱交換器に 20°C の冷却水を流してプロセス流体の冷却を行う。プロセス流体は比熱容量 $c_h=2.80\,\mathrm{kJ\cdot kg^{-1}\cdot K^{-1}}$，流量 $G_h=3000\,\mathrm{kg\cdot h^{-1}}$，入口温度 80°C，出口温度 30°C，冷却水は比熱容量 $c_c=4.18\,\mathrm{kJ\cdot kg^{-1}\cdot K^{-1}}$，流量 $G_c=5000\,\mathrm{kg\cdot h^{-1}}$ である。交換熱量，プロセス流体と冷却水のエントロピー変化，両流体全体のエクセルギー変化を求めよ。

解　プロセス流体のエンタルピー変化は

$$\Delta H_h=c_hG_h(T_{h2}-T_{h1})=(2.80)(3000)(30-80)=-4.20\times10^5\,\mathrm{kJ\cdot h^{-1}}$$

プロセス流体が失った熱量は冷却水の加熱に使われるので，次式が成り立ち，

$$\Delta H_c=c_cG_c(T_{c2}-T_{c1})=(4.18)(5000)(T_{c2}-20)=-\Delta H_h=4.20\times10^5\,\mathrm{kJ\cdot h^{-1}}$$

冷却水の出口温度は $T_{c2}=40.1\text{°C}=313.3\,\mathrm{K}$ となる。

次にエントロピー変化を求める。

プロセス流体：$\Delta S_h=G_hc_h\ln(T_{h2}/T_{h1})=(3000)(2.80)\ln(303.2/353.2)$
$=-1282.2\,\mathrm{kJ\cdot h^{-1}\cdot K^{-1}}$

冷却水：$\Delta S_c=G_cc_c\ln(T_{c2}/T_{c1})=(5000)(4.18)\ln(313.3/293.2)$
$=1385.8\,\mathrm{kJ\cdot h^{-1}\cdot K^{-1}}$

両流体全体のエントロピー変化：$\Delta S_{total}=-1282.2+1385.8=103.6\,\mathrm{kJ\cdot h^{-1}\cdot K^{-1}}$

両流体全体のエクセルギー変化(外界温度を 25°C とする)：

$$\begin{aligned}\Delta\varepsilon_{total}&=\Delta\varepsilon_h+\Delta\varepsilon_c=(\Delta H_h+\Delta H_c)-T_0(\Delta S_h+\Delta S_c)\\&=-(298.2)(103.6)=-3.089\times10^4\,\mathrm{kJ\cdot h^{-1}}\end{aligned}$$

高温から低温に熱が移動する現象は不可逆である。熱交換器内で起こるこの不可

逆現象に対してエネルギーの保存則$(\Delta H_{\mathrm{h}}+H_{\mathrm{c}}=0)$は成り立つが，熱交換を行う両流体の全エントロピーが増大するためにエクセルギーは減少する。

熱力学第二法則によれば，不可逆プロセスでは系全体のエントロピーは必ず増大する。そのためにエクセルギー損失が生じ，仕事に変換可能な有用エネルギーが失われることになる。

6·3　エネルギーの有効利用

6·3·1　エネルギー資源

われわれは，石油，石炭，天然ガス，原子力，水力などの1次エネルギーを，ガス，ガソリン，電力のような，より利用しやすい2次エネルギーに変換して利用している。2次エネルギーは消費者のもとに輸送され，貯蔵され，必要に応じて熱，動力，光などの形態で利用される。

わが国が消費する1次エネルギーの内訳は2018年現在，石油37.6%，石炭25.1%，液化天然ガス22.8%，原子力2.8%，水力3.5%，再生エネルギーなどが8.2%となっている。資源のないわが国では再生可能エネルギーや未活用エネルギーの供給が年々増加しているが，それでも大部分は海外からの輸入に依存している。とくに化石燃料の依存率は大きい。これは二つの大きな問題をもたらしている。第一は化石燃料の枯渇による供給停止であり，第二はその大量消費がもたらす，CO_2による地球温暖化問題である。それを解決するためには化石燃料に依存しない新しいエネルギー利用システムの開発・普及が望まれる。それと同時にエネルギーを節約し，さらに伝熱促進を図ってエネルギー利用効率の向上に努める必要がある。

6·3·2　エネルギー損失とエクセルギー損失

プロセスにおけるエネルギーの有効利用を推進するためには，エネルギーおよびエクセルギー損失の発生場所を明らかにし，その損失が低減可能であるか否かを検討する必要がある。プロセスで起こる損失には次の三種類がある。

（1）　装置から外界へ熱が逃げることによって生じるエネルギー損失。いわゆる熱損失であり，装置の断熱性不良，気密性不良などによって起こる。

（2）　プロセスから流出する物質が運び出すエネルギー損失。燃焼ガス，冷却水，不完全燃焼ガス，スラッグなどがもつエネルギーがこれにあたる。系外へ排出する前にエネルギーを十分回収しておけばこの損失は低減できる。たとえば，化石燃料を燃焼して熱エネルギーを発生させる場合，燃焼廃ガスに残っている多量の未利用の熱エネルギーは燃焼用空気やボイラー供給水の余熱に利用される。

本章の後半では，(1)，(2)を検討する際に重要となる熱移動の機構と速度(6・4節)および伝熱操作の基本と設計(6・5節)について述べる。

(3) プロセス内で生じる不可逆過程に起因するエクセルギー損失。エクセルギーが大きいほど，有用エネルギーが大きく，エネルギーの質は高い。しかし，熱移動，発熱，化学反応，気体の膨張といった変化が不可逆的に起こると，エネルギー保存が成り立つにもかかわらず，エクセルギーは減少し，エネルギーの質の低下が生じる(例題6・3参照)。これはエネルギー収支を検討しただけでは気づかない損失である。エクセルギー損失を抑えるためには，プロセスの不可逆性を小さくし，エクセルギーを有効利用するためには「エネルギーをもつ系から取り出し得る仕事を，いかにエネルギーを消費せずに有効に取り出すか」が重要である。以下，その具体例を説明する。

(a) コジェネレーション

コジェネレーションとは，高温の熱エネルギーをまず発電に利用し，質の低下した排熱を給湯，暖房用の熱源として使うことで，エクセルギーを有効に利用しようとするシステムである。電気エネルギーと熱エネルギーの生産を一つのシステムで同時に行うため大幅なエネルギーの節約が可能となる。ただし，発電設備に経済性を見込むためにはある程度の規模が必要となるため，大きな設備の建設が困難な都市中心部には向いていない。

都市ごみの発熱量は5000～11000 $kJ\cdot kg^{-1}$ であり，これが石炭の約1/3，灯油の約1/5に相当することを考えれば，エネルギー源としての価値は十分にある。都市ごみ焼却施設にはコジェネレーション・システムが併設されている場合が多い。その例を以下に説明する。

図6・3に，ある都市ごみ焼却排熱回収プロセスのフローを示す。この施設では300 $t\cdot d^{-1}$ の能力を有する焼却炉二基内のボイラーを用いて280℃，2 MPaの過熱水蒸気を発生させている。この水蒸気はタービンに送られ，3000 kWの発電を行ったのち，70℃，0.03 MPaの低温水蒸気として排出される。さらにこの水蒸気の一部を復水器に送って9300 kWの熱エネルギーを45℃の温水として取り出し，施設近辺の団地へ給湯・暖房用熱源として供給している。また残りの水蒸気は空冷復水器で水に戻し，ボイラーへ送られる。

ごみの発熱量を11000 $kJ\cdot kg^{-1}$ とすれば，この施設では38200 kWの熱エネルギーを発生している勘定になる。このうち利用しているエネルギーは，3000＋9300＝12300 kWであり，効率は約32%となる。コスト面でも優れて

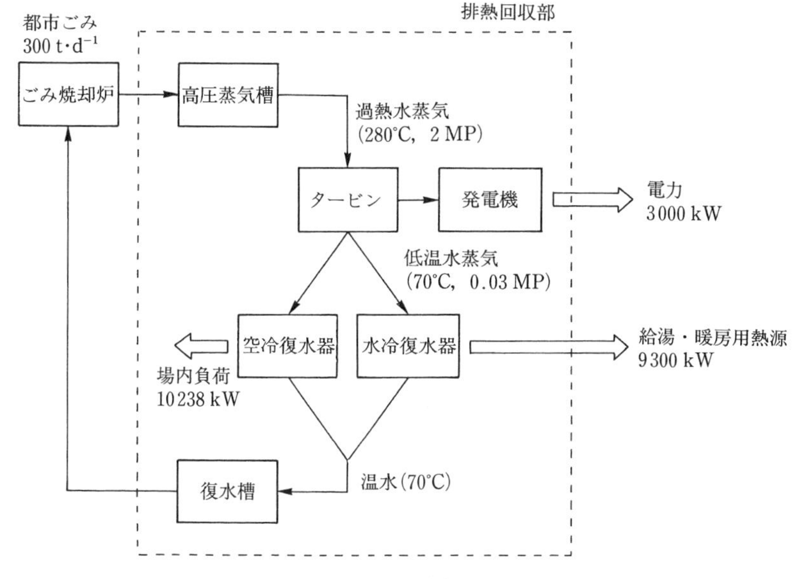

図 6·3　都市ごみ焼却排熱回収システム

おり，小規模発電のデメリットを補っているコジェネレーション・システムである。

(b)　冷熱利用

冷熱とは環境よりも温度の低い物体がもつ負の熱エネルギーをいう。冷熱は外部環境よりエネルギーが低いにもかかわらず，外部に対して仕事をする能力をもつ。このことは，エクセルギーを用いると正しく評価できる。

外界温度 T_0 よりも低い温度 T の物質がもつエクセルギーは，式(6·13)から正となる。したがって，$T<T_0$ の冷熱は，$T>T_0$ の場合と同様，正のエクセルギーをもつことがわかる。なお，相変化を伴う場合には潜熱による効果が $\Delta\hat{H}$ と $\Delta\hat{S}$ に加わるためにエクセルギーはさらに大きくなる。

冷熱の大きな供給源として注目されるのは，液化天然ガス(liquified natural gas; LNG と略す)である。産地で採取された LNG は輸送を効率化するためエネルギーを与えていったん液化し，体積を小さくしてから日本まで輸送される。LNG の温度は−164℃であり，これを気体に戻すとき多量の蒸発潜熱を奪う。この冷熱を利用すればドライアイスの製造や冷凍倉庫の冷却が行える。さらにはタービンを回して，冷熱を動力，電力へと変換することも可能であり，すでに実用化されている。

(c)　燃料電池

われわれは，一般に燃料を燃焼させて化学エネルギーを熱エネルギーに変換し，さらに熱機関を介して電気エネルギーを取り出している。しかし，燃焼は不可逆性によるエクセルギー損失が大きく，また熱機関には Carnot 効率の制限があり，排熱を余儀なくされるため，決して効率のよい利用法とはいえない。

もし，熱を介することなく化学エネルギーを直接電気エネルギーに変換できれば，エネルギー，エクセルギーの損失はともに小さくなるはずである。このような高効率変換を目的としてさまざまな研究開発が進められている。ここではその一例として燃料電池を紹介する。

水を電気分解すると水素と酸素が発生する。燃料電池はその逆反応，すなわち水素(燃料)に酸素(酸化剤)を作用させて水(酸化物)を作る反応により電気エネルギーを取り出すシステムである。固体高分子形燃料電池の原理を図 6･4 に示す。この電池の負極と正極では次の反応が起こり

$$\begin{aligned}&\text{負極}：H_2 \longrightarrow 2\,H^+ + 2\,e^- \\ &\text{正極}：\frac{1}{2}O_2 + 2\,H^+ + 2\,e^- \longrightarrow H_2O\end{aligned} \qquad (6\cdot15)$$

全体の反応式は次式で表される。

$$\begin{aligned}&H_2(g) + \frac{1}{2}O_2(g) \longrightarrow H_2O(l) \\ &\Delta H^\circ = -285.84\,\text{kJ},\ \Delta G^\circ = -237.23\,\text{kJ}\end{aligned} \qquad (6\cdot16)$$

この反応の Gibbs の標準自由エネルギー ΔG° は負であるので，正反応が自発的に起こり得る。ただし，実際に反応が進行するためには活性化エネルギーの障壁を越えるだけのエネルギーを付与しなければならない。電極間に生じる起

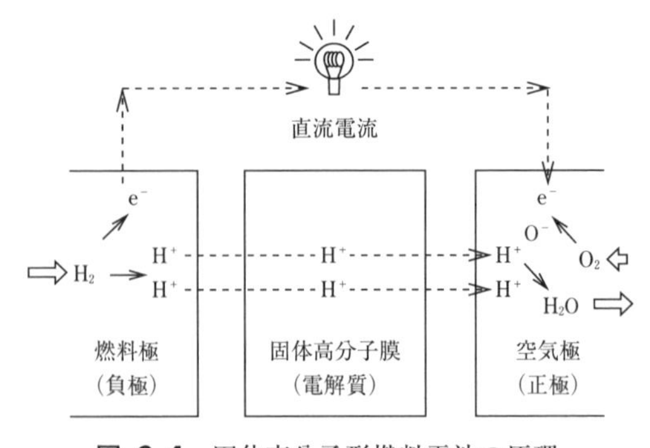

図 6･4　固体高分子形燃料電池の原理

電力 E と ΔG° の関係は，$\Delta G^\circ = -nEF$ で表される。F は Faraday 定数 $9.648 \times 10^4\,\mathrm{C \cdot mol^{-1}}$ である。n は反応に関与する電子数でこの場合は 2 であるので，この電池の起電力は 1.23 V である。

また，定温定圧下での変化における有効仕事は自由エネルギー変化によって与えられるから，理想的な場合の発電効率は $\eta = \Delta G^\circ / \Delta H^\circ$ で表される。この電池の効率は 83.1% となり，熱機関に比べて非常に効率のよい発電システムであることがわかる。ただし，この値は最大効率であり，実際には 50% 程度にとどまっている。これは種々の分極が発生してエネルギーを浪費してしまうエネルギー損失や，有限の電位差を推進力として電流が流れるという不可逆変化に起因するエクセルギー損失が存在するためである。

6・4　伝熱の機構と速度論

6・4・1　伝熱の三様式

熱とは，エネルギーが温度差を推進力として移動する際にとる過渡的な形態であり，温度差により熱が移動する現象を伝熱あるいは熱伝達(heat transfer)という。熱の移動機構には，以下に述べる三種の様式がある。

(a)　熱伝導(伝導伝熱)

冷えた金属棒の左端を加熱して高温に保っておくと，左側から順に温度が上がってゆき，やがて右端も熱くなる。これは高温物質のもつエネルギーが分子・電子の微視的運動により低温側へ移動したためであり，このような微視的レベルでの熱移動を熱伝導(heat conduction)という。

(b)　対流伝熱

矩形容器に水を封じ込めて上面を高温(T_1)，底面を低温(T_2)に保つと，水は静止したまま上面から下面へ熱伝導により熱が移動する。ところがこの容器を垂直に設置し，左面を高温，右面を低温に保つと，壁面近傍で暖められた水は軽くなって上昇し，冷やされた水は重くなって下降するため，容器内に時計まわりの循環流が生じ，伝熱量は熱伝導のみの場合と比較して数倍から数十倍となる。このような密度差による流れを自然対流(natural convection)といい，それに伴う伝熱を自然対流伝熱(natural convection heat transfer)とよぶ。

一方，ポンプやブロアー，撹拌によって強制的に流体を移動させることを強制対流とよび，それにより生ずる伝熱を強制対流伝熱(forced convection heat transfer)という。

この場合も伝熱量は大幅に増加する。熱い湯を張った風呂に入ったとき，じっとしていれば我慢できる温度でも，体を動かすと体感温度が上昇し耐えられなくなるのはこのためである。伝導伝熱が微視的な分子運動によるのに対し，対流伝熱では流体の巨視的運動に基づいているため，伝熱速度は非常に大きくなる。

(c)　放射伝熱

雲間に隠れていた太陽が姿を現し顔に日差しが当たると，にわかに暖かさを感じるという経験は誰もがもつだろう。これは太陽から放射されたエネルギーが光速で宇宙空間を伝播して地球に到達し，直接われわれの顔に吸収されて熱エネルギーに転化したためである。このような電磁波を介した熱移動を放射伝熱(radiant heat transfer)という。放射伝熱は電磁波によって起こるから，関与する二つの物体間にエネルギーを伝える媒体は必要なく，また伝熱速度は光速に等しい。

6·4·2　熱　伝　導

(a)　平板の熱伝導(Fourier の法則)

家庭のガラス窓を例にとり，固体材料内部の伝熱について考えてみる。図 6·5 のような，十分広い断面積 A[m²]をもつ厚さ l[m]のガラス窓があり，室内側表面は温度 T_1[K]，室外側表面は温度 T_2[K]でそれぞれ一定に保たれているものとする。このときガラス板内部の温度分布は直線となっており時間的に変化しないが，室内から室外へは常に一定量の熱が逃げ続けている†。ガラスを通して逃げる単位時間あたりの熱，すなわち伝熱速度 q[W]は，内気と外気の温度差 T_1-T_2 が大きいほど，ガラスの厚さ l が小さいほど大きくなり，

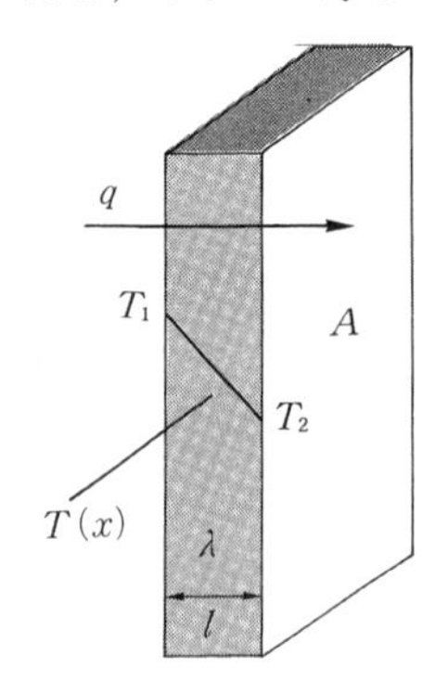

図 6·5　平板内温度分布

† この熱は室内の暖房によって補われる。暖房を切れば室温がどんどん下がることは明らかであろう。

$$q=-\lambda A\frac{T_2-T_1}{l}=\frac{T_1-T_2}{l/\lambda A} \tag{6・17}$$

が成立する。ここでλ[W・m^{-1}・K^{-1}]は熱の移動しやすさを表しており，熱伝導率(thermal conductivity)とよばれる物性値である。温度差と厚さが同じでも，ガラスを発泡スチロールに変えれば放熱が抑えられ，金属板を用いれば放熱の度合いが大きくなるのは，物質により熱伝導率λの値が異なるためである。熱伝導率の値は通常固体が最も大きく，液体，気体の順に小さくなる。また，固体の中でも電気の良導体である金属の熱伝導率は大きく，ゴムのような絶縁体では小さい。いくつかの代表的な物質の熱伝導率の値を表6・1に示した。一般に熱伝導率は温度とともに変化するが，ほぼ温度の直線的関数と考えて差し支えない場合が多い。

式(6・17)は，$(l/\lambda A)$をまとめて考えるとOhmの法則(電流が電位差に比例し電気抵抗に逆比例する)と相似な形式をとっている。すなわち$(l/\lambda A)$は熱移動の困難さを表しており，これを伝熱抵抗(thermal resistance)という。

表 6・1　各種物質の熱伝導率

物質名	温度 T/℃	熱伝導率 λ/W・m^{-1}・K^{-1}	物質名	温度 T/℃	熱伝導率 λ/W・m^{-1}・K^{-1}
金属			湿り砂	20	1.13
アルミニウム	20	228	コンクリート	20	1.3
鉛	20	35	ガラス	20	0.97
鉄(純)	20	72.7	(温度計用)		
銅(純)	20	386	石英ガラス	0	1.35
ニッケル(99.9%)	20	90	フェノール樹脂	20	0.233
銀(純)	20	419	ゴム	20	0.128
金	20	311	粒状コルク	20	0.038
水銀	20	7.9	羊毛(織物)	30	0.05
白金	20	69.5	氷	0	2.2
亜鉛	20	112			
マグネシウム	20	1.01	**液体および気体**		
ウラン	—	32.9	水	0	0.555
			〃	20	0.602
一般固体			〃	100	0.682
普通レンガ	20	0.41	エタノール	20	0.183
(古，乾)			空気	0	0.0241
アスファルト	20	0.76	〃	20	0.0257
(舗装)			〃	100	0.0316
乾燥土壌	—	0.14	水素	100	0.214
湿り土壌	—	0.66	水蒸気	100	0.0241
乾燥砂	20	0.33			

一般に，物体内に温度勾配が存在すればその方向に熱伝導による熱移動が発生し，そのときの伝熱量 q[W]は，伝熱面積 A[m^2]と温度勾配に比例し，

$$q = -\lambda A \frac{\partial T}{\partial x} \tag{6·18}$$

が成り立つ。上式の右辺の負号は，x 軸正方向に温度が増加するとき，熱は x 軸を負の方向に流れることを示す。この関係式を Fourier の法則とよぶ。

[**例題 6·4**]　熱伝導率が λ_1, λ_2，厚さが l_1, l_2 である 2 枚の平板 1, 2(断面積 A)を重ね，板 1 の表面を T_1，板 2 の表面を T_2 に保つとき，定常状態においてこの板を通過する単位時間あたりの熱量 q を求めよ。

解　平板 1, 2 の接触面温度を T_3 とする。定常状態において二つの板を通過する熱量は等しいから

$$q = \frac{\lambda_1 A}{l_1}(T_1 - T_3) = \frac{\lambda_2 A}{l_2}(T_3 - T_2)$$

となる。この式から T_3 を消去すると，

$$q = \frac{1}{l_1/\lambda_1 A + l_2/\lambda_2 A}(T_1 - T_2)$$

すなわち，板を重ねた場合の伝熱抵抗は各板の伝熱抵抗の和となる。

(b) 円筒壁および中空球の熱伝導と平均面積

図 6·6 のような内半径 R_1，外半径 R_2，長さ L の円筒内における半径方向(r 軸)の熱伝導について考える。このとき，半径方向の伝熱量は Fourier の法則より

$$q = -2\pi r L \lambda \frac{\partial T}{\partial r} \tag{6·19}$$

と書ける。定常状態における q は，r によらず一定となるからこれを定数とおき，内面温度 T_1[K]，外面温度 T_2[K]($T_1 > T_2$)なる境界条件のもとで式

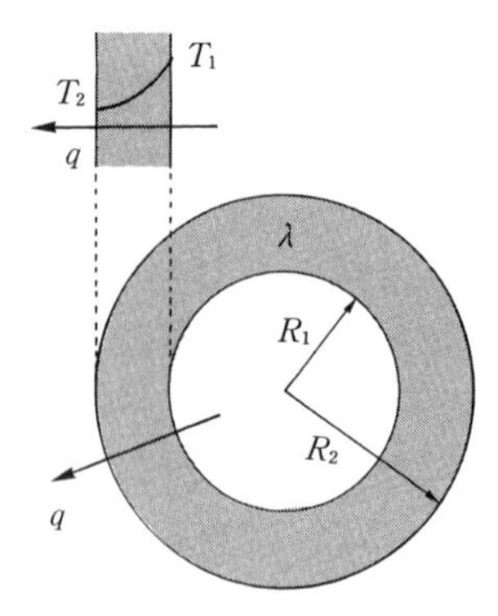

図 6·6　円筒壁および中空球の熱伝導

(6・19)を解けば，定常状態における伝熱量 q は式(6・20)のように表される。

$$q=\lambda A_{\mathrm{lm}}\frac{T_1-T_2}{R_2-R_1},\qquad \text{ただし } A_{\mathrm{lm}}=\frac{A_2-A_1}{\ln A_2/A_1}=\frac{2\pi L(R_2-R_1)}{\ln R_2/R_1} \tag{6・20}$$

ここで A_{lm} は内面積 A_1 と外面積 A_2 の対数平均である。A_2/A_1 が2以下であれば対数平均値の代わりに算術平均値を用いてもよい。

一方，中空球の場合，半径方向の伝熱量は

$$q=-4\pi r^2\lambda\frac{\partial T}{\partial r} \tag{6・21}$$

と書ける。この場合，定常状態における伝熱量 q は円筒の場合と同様にして

$$q=\lambda A_{\mathrm{gm}}\frac{T_1-T_2}{R_2-R_1},\qquad \text{ただし } A_{\mathrm{gm}}=\sqrt{A_1A_2}=4\pi R_1R_2 \tag{6・22}$$

ここで A_{gm} は内面積 A_1 と外面積 A_2 の幾何平均である。

6・4・3　対流伝熱

流動する流体と固体面との間で行われる熱移動を対流伝熱という。対流伝熱では流体流動に伴う熱移動が重要な役割を果たすため，熱伝導の場合と異なり，系の形状と温度条件だけでは伝熱量が決定できない。厳密には伝熱面付近の速度分布と温度分布を求めなければならないが，それは非常に困難であるし，実際的でもない。そこで実用上は，流体-固体面間の「熱の伝わりやすさ」を考え，それが流動状態によってどう変わるか検討することで伝熱量を予測する方法が取られる。「熱の伝わりやすさ」を定量化したものを熱伝達係数という。

(a)　熱伝達係数

図6・7のように高温の流体が低温の固体表面に沿って流れているときの伝熱について考えよう。そのとき固体壁の表面近傍には流体の粘性力により，乱れはほとんど減衰し，熱移動が熱伝導に支配されるような領域が形成される。そこでこの領域を，伝導のみによって熱が移動する厚さ δ の流体層でモデル化し，対流伝熱の抵抗はその層に集中しているものと仮定する。これを温度境膜という。いま，固体表面から十分に離れた流体の温度を T_{f}，固体の表面温度を T_{i} とすると，温度境膜を通過する単位時間の熱量 q[W]は式(6・17)から

$$q=hA(T_{\mathrm{f}}-T_{\mathrm{i}}) \tag{6・23}$$

と書くことができる。ここで $h=\lambda/\delta$ であり，これを熱伝達係数(heat transfer coefficient)とよぶ。単位は[$\mathrm{W\cdot m^{-2}\cdot K^{-1}}$]である。熱伝達係数には境膜厚さが含まれているから熱伝導率のような物性値ではなく，流速，層流か否か，固体表面の形状(粗さなど)，温度差($T_{\mathrm{f}}-T_{\mathrm{i}}$)といった条件によって変化する熱伝達系の特性値である。熱伝達係数が条件によってどのような値をとるかについ

ては後述する。

(b)　総括熱伝達係数

これまでは熱伝導と対流伝熱を個別に取り扱ってきたが，実際には同時に起こることが多い。そこで，熱交換器の伝熱管を例にとり，総括的な熱移動速度の表し方を説明する。図6･8は管壁を隔てて管内に高温流体を管外に低温流体を向流に流した場合のモデルである。管壁を通して高温流体から熱の流れが生じる。このような管壁を隔てた流体間の熱移動を総括熱伝達(over-all heat transfer)という。この場合の熱移動は，(1) 高温流体(温度 T_H)から管内壁温(T_{H1})への対流伝熱　(2) 管壁内の熱伝導　(3) 管外壁(温度 T_{C1})から低温流体(温度 T_C)への対流伝熱の三者が直列に結合されたものである。

定常状態では，上の(1), (2), (3)の過程により移動する単位時間あたりの熱量 q は互いに等しく式(6･24)で表される。

$$q = h_H A_1 (T_H - T_{H1}) = \frac{\lambda A_{av}}{R_2 - R_1}(T_{H1} - T_{C1}) = h_C A_2 (T_{C1} - T_C)$$

$$\therefore \quad q = \frac{T_H - T_{H1}}{1/h_H A_1} = \frac{(T_{H1} - T_{C1})}{(R_2 - R_1)/\lambda A_{av}} = \frac{T_{C1} - T_C}{1/h_C A_2} \tag{6･24}$$

式中の R_1, R_2 は管の内径と外径であり，伝熱面積は内表面積 A_1 と外表面積 A_2 では異なる。高温流体と低温流体の温度差($T_H - T_C$)によって熱移動が生じるので，式(6･24)から T_{H1}, T_{C1} を消去し，温度差($T_H - T_C$)を推進力として熱移動速度 q を式(6･25 a)で表すと，

$$q = U_1 A_1 (T_H - T_C) = U_2 A_2 (T_H - T_C) \tag{6･25 a}$$

係数 U_1, U_2 は式(6･25 b)で表される。

$$\frac{1}{U_1 A_1} = \frac{1}{U_2 A_2} = \frac{1}{h_H A_1} + \frac{R_2 - R_1}{\lambda A_{av}} + \frac{1}{h_C A_2} \tag{6･25 b}$$

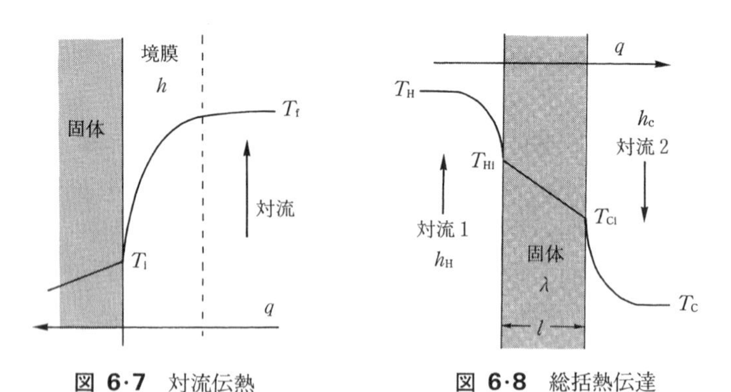

図 6･7　対流伝熱　　図 6･8　総括熱伝達

上式の係数 U を総括熱伝達係数(over-all heat transfer coefficient)とよび，U_1, U_2 はそれぞれ伝熱面積 A_1 基準，A_2 基準の総括熱伝達係数を表す。また，式中の λ は管壁の熱伝導率である。A_{av} は円管壁の平均伝熱面積で，通常は対数平均面積(式(6·20))を用いるが，円管壁の厚さが小さい場合は近似値として算術平均面積を用いても差し支えない。

式(6·25 b)によれば，総括伝熱抵抗($1/UA$)は三つの伝熱抵抗の直列結合となっており，総括の抵抗はそれを構成する部分抵抗のうち最大となるものの影響を強く受ける。実際の装置では伝熱面に汚れ(scale)が生じて，大きな伝熱抵抗となる。その場合には，汚れ係数 h_s と伝熱面積 A の積 h_sA を式(6·25 b)に加えて，伝熱速度を評価する。汚れ係数 h_s の値は，流体の種類や伝熱面の汚れ方によって異なり，一般的には経験的に求められた値を用いる。

[例題 6·5]　鋼管内に水を通し，外側より高温ガスで加熱する。ガス側，水側の熱伝達係数がそれぞれ 34 および 2800 $\mathrm{W\cdot m^{-2}\cdot K^{-1}}$，鋼管の肉厚が 3 mm，熱伝導率が 38 $\mathrm{W\cdot m^{-1}\cdot K^{-1}}$ であるとき総括熱伝達係数を求めよ。

解　式(6·25 b)より

$$\frac{1}{U}=\frac{1}{34}+\frac{0.003}{38}+\frac{1}{2800}=(2941+7.89+35.7)\times10^{-5}=0.0298$$

ゆえに，$U=33.5\,\mathrm{W\cdot m^{-2}\cdot K^{-1}}$。この値はガス側の熱伝達係数とほとんど変わりない。すなわち最も大きな伝熱抵抗は気相側にある。また金属管の伝熱抵抗は小さく，気相が関与する場合無視しても差し支えない。

(c)　熱伝達係数に影響を及ぼす諸因子

熱伝達係数は流体の物性，流動の状態，伝熱面の形状など，さまざまな因子の影響を受けるが，流れが層流で系の形状が単純な場合を除き，その関係を理論的に求めることは困難である。しかし，熱伝達係数に関係する因子をすべて考慮して次元解析を行えば，関係式を導くことができる。

例として円管内流れを考えよう。この場合，伝熱に関与する因子として流体の密度 $\rho[\mathrm{kg\cdot m^{-3}}]$，粘度 $\mu[\mathrm{Pa\cdot s}]$，比熱容量 $c_p[\mathrm{J\cdot kg^{-1}\cdot K^{-1}}]$，熱伝導率 λ $[\mathrm{W\cdot m^{-1}\cdot K^{-1}}]$，断面平均流速 $\bar{u}[\mathrm{m\cdot s^{-1}}]$，円管直径 $D[\mathrm{m}]$，円管長 $L[\mathrm{m}]$ が考えられる。そこで熱伝達係数が各因子のベキ関数の積で表されるものと仮定する。

$$h=\alpha\rho^a\mu^b c_p{}^c\lambda^d\bar{u}^e D^f L^g \qquad (6·26)$$

ここで $\alpha, a, b, c, d, e, f, g$ は無次元の定数である。式(6·26)の次元が健全であるためには，式に含まれる kg, m, s, K の各単位の指数が両辺で一致しなければならないから，

$$
\begin{aligned}
\mathrm{kg}:&\quad 1=a+b+d\\
\mathrm{m}:&\quad 0=-3a-b+2c+d+e+f+g\\
\mathrm{s}:&\ -3=-b-2c-3d-e\\
\mathrm{K}:&\ -1=-c-d
\end{aligned}
\tag{6・27}
$$

これを用いて b, d, e, f を消去すると式(6・26)は次のようになる。

$$h=\alpha\rho^{a}\mu^{c-a}c_p{}^{c}\lambda^{1-c}\bar{u}^{a}D^{a-g-1}L^{g} \tag{6・28}$$

a, c, g の各係数ごとに変数をまとめると式(6・29)が得られる。

$$Nu=\alpha Re^{a}Pr^{c}\left(\frac{L}{D}\right)^{g} \tag{6・29}$$

ここで Nu, Re, Pr はそれぞれ次のように定義される無次元数である。

$$Nu=\frac{hD}{\lambda},\qquad Re=\frac{\rho\bar{u}D}{\mu},\qquad Pr=\frac{c_p\mu}{\lambda} \tag{6・30}$$

Nu は熱伝達係数を無次元化したもので，Nusselt 数とよばれる。$h=\lambda/\delta$ であるから，Nu は管径 D と境膜厚さ δ の比と考えることもできる。Re は式(4・4)に示した Reynolds 数である。また Pr は Prandtl 数とよばれる無次元数であり，流体がもつ運動量と熱の輸送能力の比を表す。

式(6・29)から，Nusselt 数は Reynolds 数，Prandtl 数，および L/D の関数となることがわかる。したがって，実験により α, a, c, g の各係数を定めれば，与えられた条件に対して熱伝達係数が予測できるようになる。次項に示す熱伝達係数の実験式がいずれも式(6・29)の形式をとっていることに着目して欲しい。

(d)　強制対流の熱伝達係数

(1)　円管内層流の場合

層流($Re\leq 2100$)では流速が小さいので，壁面近くでの温度勾配による粘性の変化や密度変化による自然対流の影響が考えられるが，管径が小さく壁面との温度差がそれほど大きくない場合，すなわち自然対流の影響が無視できる場合は式(6・31)が成り立つ。

$$Nu=1.86\left(RePr\frac{D}{L}\right)^{1/3}\left(\frac{\mu}{\mu_{\mathrm{w}}}\right)^{0.14} \tag{6・31}$$

μ_{w} は壁面温度 T_{w} における粘度であり，それ以外は流体本体温度における値である。(μ/μ_{w}) は管内流体が加熱($T<T_{\mathrm{w}}$)，冷却($T>T_{\mathrm{w}}$)いずれの状態にあるかを示す無次元項となる。

（2）　円管内乱流の場合

気体または液体（$Pr=0.7\sim120$）が長い平滑円管内（$L/D\geqq60$）を乱流（$Re=10\,000\sim120\,000$）で流れる場合の多くの実験式を総合すると，次の無次元式が得られる。

$$Nu=0.023Re^{0.8}Pr^{0.4} \tag{6·32}$$

Re と Pr には流体本体の温度 T と壁面平均温度 T_w との平均温度における値を用いる。この式は $Pr=0.7\sim10$ の範囲では $Re=2\,100\sim10\,000$ の乱流範囲にも成立する。

（3）　流路が円管でない場合

円管の直径 D の代わりに式(4·33)の水力相当直径と同じ考えで式(6·33)で定義される伝熱的相当直径 D_e を用いれば，先に述べた円管に対する式が適用できる。

$$D_e=4\times\frac{\text{流れの断面積}}{\text{伝熱辺長}} \tag{6·33}$$

（e）　自然対流の熱伝達係数

自然対流伝熱の場合，装置の形状，寸法などに大きく影響されるので，簡単な場合を除いて算出するのが難しい。次元解析を行うと，自然対流の Nusselt 数は $Gr=g\rho^2\beta\Delta TL^3/\mu^2$ で定義される Grashoff 数と Prandtl 数の関数となることが導かれる。ここで $g, \beta, \Delta T$ はそれぞれ重力加速度[$\mathrm{m{\cdot}s^{-2}}$]，体膨張係数[$\mathrm{K^{-1}}$]，温度差[K]を表す。Gr は流体に働く浮力 $\rho\beta\Delta TgL^3=\Delta\rho gL^3$ と流体の物性値 ρ, μ からなる無次元数であり，自然対流の強さを表す。

流体中に直径 D の水平円筒がある場合，$GrPr>10^4$ に対する実験式として

$$Nu_{av}=0.525(GrPr)^{1/4} \tag{6·34}$$

がある。ここで Nu_{av} は伝熱面全体の平均値を示す。また長さ L の鉛直平板に対して，$10^4<GrPr<10^8$ の範囲では，次の実験式が適用できる。

$$Nu_{av}=0.59(GrPr)^{1/4} \tag{6·35}$$

（f）　相変化を伴う対流伝熱

相変化を伴う熱の移動は工業的に広く利用されている現象である。次節で述べる蒸発操作も蒸発および凝縮が主目的であって相変化を伴うが，それらの伝熱機構は複雑であり，影響する因子が多いため，まだ十分解明されていない。

（1）　沸 騰 伝 熱

蒸発操作における熱移動は，伝熱面近くで液が沸騰し，蒸気相に変化するときに起こる。この場合，固体面から沸騰液への伝熱が問題となる。沸騰伝熱現

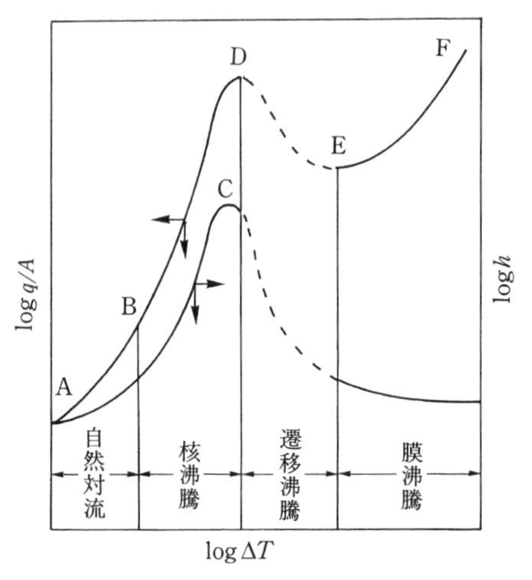

図 6·9　水の沸騰特性曲線

象は装置の構造，加熱面の形あるいは沸騰液の物性が複雑にからみ合い簡単には解析できない。伝熱量あるいは熱伝達係数に最も影響を及ぼす因子は，伝熱面と液との温度差である。伝熱量 q/A，熱伝達係数 h と温度差 ΔT との関係は，沸騰特性曲線として図 6·9 のように示される。これは大気圧下で静止した水の中に水平に白金線を置き，電流を流して加熱沸騰させる過程を示したものである。

AB の区間は水温が低く沸騰を伴わない自然対流の状態である。温度差 ΔT が大きくなり，白金線温度が沸点とほぼ等しくなると沸点の水が蒸気となるため，白金線表面に多数の気泡が発生しはじめる。伝熱面から離れていく気泡の撹拌作用によって，伝熱量は急激に増大し極大値 D に達する。この BD の区間を核沸騰区間という。なお，点 C は熱伝達係数が極大を示す点であり抜山点，点 D をバーンアウト点という。さらに温度差を増加させると伝熱面では気泡ではなく，不安定な水蒸気膜が間欠的に形成され，DE のように伝熱量は温度差の増加とともに低下し，伝熱面の温度が上昇する。この不安定な区間を遷移沸騰区間という。EF の区間は加熱面が完全に蒸気の膜で覆われてしまう区間であり膜沸騰区間という。比較的強い核沸騰が起こっているとき熱伝達係数は最大となる。

(2)　凝 縮 伝 熱

蒸気がその飽和温度より低い固体表面に触れると凝縮して液体となる。蒸気は凝縮に伴い潜熱を放出するため，このとき蒸気側から固体壁へ相変化による熱移動が起こる。これを凝縮伝熱という。サウナの温度は 80℃ 前後であるが，空気湿度が低いため数分間は快適に入浴できる。これに対し，沸騰中のやかんから出る蒸気の場合にはその温度が 80℃ 近くに下がっていても手を触れると火傷をしてしまう。これは，水蒸気が皮膚上に凝縮し，多量の熱を与えるためである。このように相変化による伝熱では非常に大きな伝熱量が期待できる。凝縮には，凝縮液が固体面を膜状に覆って流下する膜状凝縮(film condensation)と，凝縮液が面上を滴状に流下する滴状凝縮(dropwise condensation)とがある。膜状凝縮では凝縮によって放出される熱は凝縮液の膜を通過して伝えられるが，滴状凝縮では蒸気が露出した冷却面に直接触れることになる。したがって，熱伝達係数は滴状凝縮の方が著しく大きくなる。

凝縮器に入る蒸気中に非凝縮性のガス(たとえば空気)が存在する場合は，蒸気のみが凝縮し，残りのガスが境膜を形成する。このとき伝熱は境膜を通して行われるので，熱伝達係数の値は非凝縮性のガスが存在しない場合に比べて著しく小さくなる。したがって，凝縮操作における伝熱の高効率化には非凝縮性ガスの除去が重要となる。

6·4·4　放射伝熱

物体はその温度によって定まる波長域の電磁波(主として赤外線)を発しており，この現象を熱放射(thermal radiation)という。物体から放射された電磁波が空間を伝播して別の物体に到達すると，その一部が吸収されて内部エネルギーに変換される。このように，物体間では常に熱放射による内部エネルギーの交換が起こっている。

いま，温度の異なる二つの物体が空間内に相対している状況を考える。熱放射は温度上昇に伴って強くなるので，高温物体が低温物体から得る放射エネルギーは，自ら発した放射エネルギーよりも小さい。したがって，高温物体の内部エネルギーは減少し，その結果温度が低下する。逆に低温物体の内部エネルギーは増加し温度は上昇する。こうして高温側から低温側へ電磁波を媒介した熱の移動が行われ，これを放射伝熱(radiant heat transfer)という。

常温では放射伝熱量はそれほど問題にならないが，放射エネルギーは温度の上昇とともに急激に増大するため，工業窯炉などの高温装置では放射の影響を考慮する必要がある。

(a)　黒体および黒度

物体の熱放射が別の物体に入射すると，その一部は吸収されて熱となり，残りは反射あるいは透過する。その分率をそれぞれ吸収率，反射率，透過率といい，吸収率が1である理想的な物質を黒体(black body)とよぶ。真の黒体は実在しないが，ススやそれを塗った固体面などは黒体に近い。なお，透明なガラスを除くほとんどの固体は透過率を0と仮定でき，これを不透明体という。

表面積 A の物体が単位時間に放射するエネルギーを q_r[W]とすると，量子論によって q_r は式(6･36)で表される。

$$q_r = eA\sigma T^4 \tag{6･36}$$

すなわち物体の放射エネルギーは絶対温度 T[K]の4乗に比例する。ここで σ はStefan-Boltzmann定数とよばれ，その値は $\sigma = 5.67 \times 10^{-8}\,W \cdot m^{-2} \cdot K^{-4}$ である。また e は物質の種類，表面の状態，温度などによって定まる係数であり，黒度(emissivity)という。黒体において $e = 1$ となるが，実在物体からの

表 6･2　種々の物質表面の黒度

物質名	表面の状態	温度 T/℃	e
アルミニウム	普通研磨面	23	0.04
	粗面	25.5	0.055
	600℃で酸化した面	200～600	0.11～0.19
鋼	研磨面	100	0.066
	平滑面	900～1040	0.55～0.60
	600℃で酸化した面	200～600	0.79
鉄	研磨面	427～1025	0.14～0.38
	インゴット粗面	928～1118	0.87～0.95
鋳鉄	普通研磨面	200	0.21
	600℃で酸化した面	200～600	0.64～0.78
銅	研磨面	80	0.018
	普通研磨面	19	0.03
	600℃で加熱した面	200～600	0.57
水		0～100	0.95～0.963
炭素	粗面板	100～320	0.77
アスベスト	板	23	0.96
レンガ	赤色，粗面	21	0.93
	マグネサイト耐火	1000	0.38
	シャモット	1100	0.75
ゴム	硬質，光沢厚板	23	0.95
	軟質，褐色粗面	24.5	0.86
ガラス	平滑面	22	0.94
	ソーダガラス	260～540	0.85～0.95

放射エネルギーはその物体と同温度にある黒体の放射エネルギーよりも常に小さく，$e<1$ である。表 6・2 に種々の物質の黒度を示す。非金属体では $e=0.75\sim0.95$ 程度のものが多い。

不透明体における放射エネルギーの吸収率は黒度に等しい。すなわち黒度が 1 に近い物質は熱放射を吸収しやすいため容易に加熱されるが，逆に 0 に近い物質は熱放射を吸収しにくいため加熱は困難となる。夏に黒い服が疎まれるのはこのためである。

(b)　二物体間の放射伝熱

相対する二つの黒体 1, 2 の温度が T_1, T_2 ($T_1>T_2$)，面積が A_1, A_2 であるときの放射伝熱量について考える。黒体 1 の熱放射はあらゆる方向へ均等に放出されるため，すべての放射エネルギーが黒体 2 に直接到達するとはかぎらない。その割合を F_{12} と表せば(黒体 2 が黒体 1 を完全に包囲している場合 $F_{12}=1$)，黒体 1 から 2 へ到達する放射エネルギーは式(6・36)より $\sigma A_1F_{12}T_1^4$ と書ける。同様に黒体 2 から 1 へ到達するエネルギーは $\sigma A_2F_{21}T_2^4$ となるから，結局単位時間に黒体 1 から 2 へ移動する正味のエネルギー q_{12} は

$$q_{12}=\sigma(A_1F_{12}T_1^4-A_2F_{21}T_2^4) \tag{6・37}$$

と書ける。F_{12}, F_{21} は両物体の幾何学的関係によって決まる値であり，これを角係数(angle factor)とよぶ。両物体の温度が等しいとき $q_{12}=0$ であるから上式より $A_1F_{12}=A_2F_{21}$ が成り立ち，したがって q_{12} は

$$q_{12}=\sigma A_1F_{12}(T_1^4-T_2^4) \tag{6・38}$$

となる。すなわち二黒体間の放射伝熱量は温度の 4 乗の差に比例する。

物体がともに不透明体であるとき，面 A_1 から A_2 に届いた放射線の一部は吸収され，残りは反射して面 A_1 へ届くという関係が繰り返されるため現象は複雑になるが，上と同じ形式で

$$q_{12}=\sigma A_1\phi_{12}(T_1^4-T_2^4) \tag{6・39}$$

と表せることが知られている。ここで ϕ_{12} は総括吸収率(absorptivity factor)

表 6・3　総括吸収率 ϕ_{12} の計算式

両面の形状	ϕ
無限平行平板	$\dfrac{1}{\phi_{12}}=\dfrac{1}{e_1}+\dfrac{1}{e_2}-1$
面 I が面 II に囲まれている場合	$\dfrac{1}{\phi_{12}}=\dfrac{1}{e_1}+\dfrac{A_1}{A_2}\left(\dfrac{1}{e_2}-1\right)$
大気中への熱放射	$\phi_{12}=e_1$

とよばれ，角係数，黒度，面積の関数となる。二三の簡単な場合の総括吸収率を表 6･3 に示した。ここで e_1, e_2 はそれぞれ物体 1, 2 の黒度である。

［例題 6･6］　2 枚の金属平板が 2 m の距離を隔てて平行に置かれている。一方の温度は 323 K，黒度は 0.9，他方の温度は 573 K，黒度は 0.8 である。両平板の大きさが距離に比べて十分大きいとき，放射伝熱量を求めよ。

解　この系は無限平行平板とみなせるから，表 6･3 より

$$1/\phi_{12}=(1/0.9)+(1/0.8)-1=1.361$$

$$\therefore\quad \phi_{12}=0.735$$

ゆえに，単位時間，単位面積の放射伝熱量は式(6･39)より

$$q_{12}/A_1=\sigma\phi_{12}(T_1^4-T_2^4)=5.67\times0.735\times\left[\left(\frac{573}{100}\right)^4-\left(\frac{323}{100}\right)^4\right]$$

$$=4.04\,\mathrm{kW\cdot m^{-2}}$$

となる。なお，計算を容易にするため $\sigma T^4=5.67\times(T/100)^4$ と表記した。

6･5　伝熱操作の基本と設計

6･5･1　熱 交 換 器

一般に，高温流体から低温流体へ固体壁を隔てて間接的に熱を伝える装置を熱交換器(heat exchanger)という。流体の加熱，冷却，予熱，廃熱回収などさまざまな用途に使用され，目的に応じて加熱器(heater)，冷却器(cooler)，凝縮器(condenser)，蒸発器(evaporator)などとよばれる。

(a)　二重管式熱交換器

図 6･10 のように二重管の内管と環状部に高温流体と低温流体を流し，内管

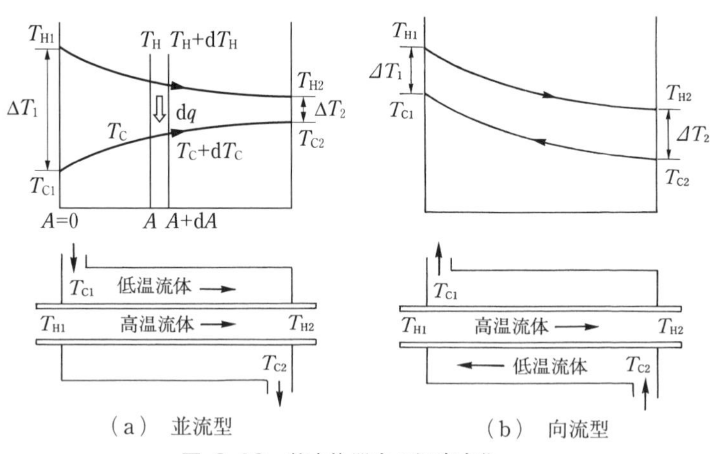

図 6･10　熱交換器内の温度変化

壁を通じて熱交換を行う装置を二重管式交換器という。二流体を同方向に流す場合を並流(parallel flow)型，反対方向に流す場合を向流(counter flow)型とよび，熱交換器内の温度変化はそれぞれ図6・10(a)，(b)のようになる。並流型では出口に向かって温度差が小さくなるのに対し，向流型では温度差に大きな変化がなく伝熱量は装置内でほぼ一定となる。また，熱交換が理想的に行われたとき，並流型では低温流体の出口温度が高温流体の出口温度に漸近するのに対し，向流型では入口温度に漸近するため，向流の方が熱交換量を多くすることができる。

(1)　熱収支

図6・10(a)の並流型熱交換器を用いた高温流体(入口温度 T_{H1}，出口温度 T_{H2})と低温流体(入口温度 T_{C1}，出口温度 T_{C2})の熱交換を考える。熱交換器の流れ方向の距離の代わりに伝熱面積 A をとり，伝熱面積が A と $A+\mathrm{d}A$ の間の微小区間の熱収支を考える。高温流体，低温流体の質量流量を W_H, W_C，それらの比熱容量を c_H, c_C とすると，この微小区間で高温側から低温側へ移動する熱量 $\mathrm{d}q$ は式(6・40)で表される。

$$\mathrm{d}q = -W_H c_H \mathrm{d}T_H = W_C c_C \mathrm{d}T_C \tag{6・40}$$

また，熱交換量 q は両流体の入口温度と出口温度を用いて式(6・41)で表される。

$$q = W_H c_H (T_{H1} - T_{H2}) = W_C c_C (T_{C2} - T_{C1}) \tag{6・41}$$

(2)　伝熱速度式および対数平均温度差

伝熱速度式(6・25)を伝熱面積 $\mathrm{d}A$ の微小区間に適用すると式(6・42)となる。

$$\mathrm{d}q = U\mathrm{d}A(T_H - T_C) \tag{6・42}$$

また，式(6・40)を変形すると

$$\mathrm{d}q = \frac{-\mathrm{d}T_H}{1/W_H c_H} = \frac{\mathrm{d}T_C}{1/W_C c_C} = -\frac{\mathrm{d}(T_H - T_C)}{1/W_H c_H + 1/W_C c_C} \tag{6・43}$$

であるので，式(6・42)と式(6・43)から式(6・44)を得る。

$$\frac{\mathrm{d}\Delta T}{\Delta T} = -\left(\frac{1}{W_H c_H} + \frac{1}{W_C c_C}\right)U\mathrm{d}A \tag{6・44}$$

式(6・44)中の温度差 ΔT は両流体の温度差 $\Delta T = T_H - T_C$ である。ここで，熱交換器全体の伝熱面積を A として，式(6・44)を熱交換器の入口から出口まで積分すると

$$\ln\left(\frac{\Delta T_1}{\Delta T_2}\right) = \left(\frac{1}{W_H c_H} + \frac{1}{W_C c_C}\right)UA \tag{6・45}$$

を得る。式(6・41)より，$1/W_H c_H = (T_{H1} - T_{H2})/q$，$1/W_C c_C = (T_{C2} - T_{C1})/q$ で

あるので，これらを式(6･45)に代入して変形すると最終的に式(6･46)を得る。

$$q = UA\Delta T_{lm} \tag{6･46}$$

ここで，ΔT_{lm} は式(6･47)で定義される対数平均温度差である。

$$\Delta T_{lm} = \frac{\Delta T_1 - \Delta T_2}{\ln(\Delta T_1/\Delta T_2)} = \frac{(T_{H1} - T_{C1}) - (T_{H2} - T_{C2})}{\ln[(T_{H1} - T_{C1})/(T_{H2} - T_{C2})]} \tag{6･47}$$

なお，式(6･46)，(6･47)は向流型熱交換器に対しても成り立つ。

(b)　熱交換器の熱的設計

熱交換器の設計は，基本的には熱交換に必要な所要伝熱面積あるいは管長を求めることである。熱交換器の設計では，あらかじめ与えられるのは一つの流体の入口と出口の温度，たとえば T_{H1}, T_{H2}，およびもう一つの流体の入口温度 T_{C1} である。質量流量 W_H, W_C，および比熱容量 c_H, c_C も与えられるので，熱収支により伝熱量 q と流体の未知温度 T_{C2} が求まる。これにより対数平均温度差が求まる。流体の物性，流れの条件に従い相関式より総括熱伝達係数 U が算出されれば，熱交換器の伝熱速度式より伝熱面積 A が求まる。これにより細管1本あたりの径を D[m]，長さを L[m]とすると，必要な細管の本数 N は $N = A/(\pi DL)$ から求めることができ，熱交換器の設計が可能となる。

［**例題 6･7**］　向流型二重管式熱交換器を用いて，1000 kg･h^{-1} の油を 20℃から 60℃まで加熱したい。加熱には温度 90℃，流量 1600 kg･h^{-1} の水を使用する。総括熱伝達係数 U が 300 W･m^{-2}･K^{-1} であるとき，伝熱面積を求めよ。ただし水と油の比熱容量はそれぞれ 4.2, 2.5 kJ･kg^{-1}･K^{-1} で一定とする。

解　式(6･41)より，伝熱量は

$$q = \left(\frac{1000}{3600}\right)(2.5 \times 10^3)(60 - 20) = 27.8\,\mathrm{kW}$$

一方，水の熱収支より

$$2.78 \times 10^4 = \left(\frac{1600}{3600}\right)(4.2 \times 10^3)(90 - T_{H2})$$

これを解くと，水の出口温度は 75℃となる。したがって入口と出口の温度差は 55℃および 30℃。これより対数平均温度は 41.2℃となる。ゆえに，式(6･46)より

$$A = \frac{q}{U\Delta T_{lm}} = \frac{2.78 \times 10^4}{300 \times 41.2} = 2.25\,\mathrm{m}^2$$

6･5･2　蒸 発 操 作

不揮発成分を含む溶液を加熱・減圧して沸騰させ，溶媒の蒸発により溶液を濃縮する方法を蒸発操作という。加熱用熱源には水蒸気が広く用いられるが，これは顕熱のみならず，凝縮に伴い解放される大きな潜熱も加熱に利用できるためである。また，沸点上昇の大きな溶液に対しては，蒸発缶内を真空または

減圧として沸点を低下させ，有効温度差(加熱蒸気と沸騰液の温度差)を大きくして蒸発速度の向上を図るのが一般的である。

(a) 沸　点

沸点とは，溶液の呈する蒸気圧が静圧に等しくなるときの温度である。蒸気圧は溶液濃度の増加により低下するため，これに伴い沸点上昇が起こり，高濃度溶液ではこの効果が無視できない。一方，液中の静圧は気圧と液重量による圧力の和であるから，沸点は蒸発缶の操作圧のみならず，液深の影響をも受ける。操作圧が小さいと液深の影響が相対的に増大するので注意が必要である。

理想溶液の沸点は，Raoult の法則から容易に得られる。非理想溶液の場合は図 6·11 のような Dühring 線図† を用いればよい。溶液濃度と静圧を与えれば溶液の沸点が求められる。

(b) 単一蒸発缶

代表的な例として，垂直管型単一蒸発缶の概略を図 6·12 に示す。加熱部は多数の直管群を円筒型の胴内に納めた構造となっており，胴側に加熱用の水蒸気を供給する。水蒸気の顕熱と凝縮潜熱により加熱された直管内の溶液は沸騰しながら管内を上昇し，缶内を循環する。

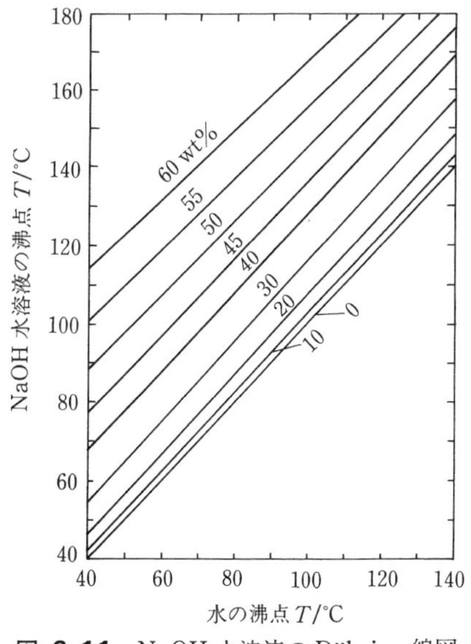

図 6·11　NaOH 水溶液の Dühring 線図

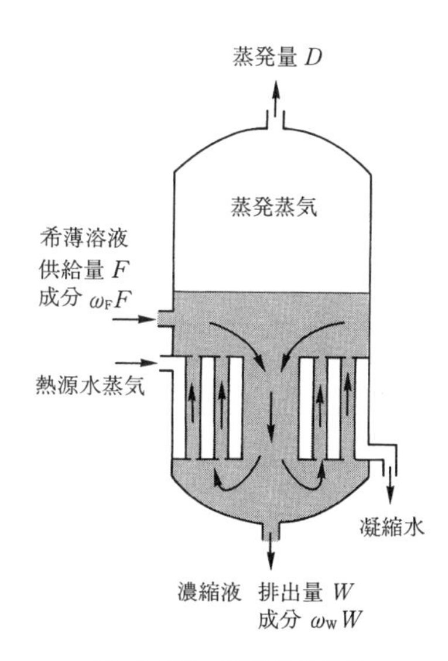

図 6·12　蒸発器の構造

† この図は，「さまざまな圧力における溶液と純溶媒の沸点の関係を点綴すると各濃度について直線関係が得られる」という Dühring の経験則に基づいている。

(1)　物質収支と熱収支

図6･12の蒸発器が定常状態で運転されているとき，沸騰液および溶質の物質収支はそれぞれ次のようになる。

$$F = D + W \tag{6·48}$$

$$\omega_F F = \omega_W W \tag{6·49}$$

ここでF, D, W[kg･s^{-1}]はそれぞれ単位時間の原液供給量，溶媒蒸発量，濃縮液排出量，またω_F, ω_Wは原液および濃縮液中の溶質質量分率である。一方，単位時間の伝熱量q[W]は溶液を沸点まで加熱するのに必要な顕熱と沸点における蒸発潜熱の和であるから，蒸発缶全体の熱収支式は次のようになる。

$$q = F c_F (T_B - T_F) + D \Delta H_{vap} \tag{6·50}$$

ここでT_Bは溶液の沸点，T_Fは原液の温度，c_F[J･kg^{-1}･K^{-1}]は溶液の定圧比熱容量，ΔH_{vap}[J･kg^{-1}]はT_Bにおける蒸発潜熱(蒸発エンタルピー)である。

(2)　伝 熱 速 度

加熱管内の水蒸気が凝縮しているとき，加熱管内壁温度は蒸気の飽和温度T_Sに等しい。また加熱管外壁で沸騰が起きていれば，その温度は溶液の沸点T_Bに等しい。したがってこの差を伝熱の推進力にとると伝熱速度は

$$q = UA(T_S - T_B) \tag{6·51}$$

と表される。ここでAは伝熱面積[m^2]，Uは総括熱伝達係数[W･m^{-2}･K^{-1}]である。現象が複雑であるため，汎用性のある総括熱伝達係数の推算式はまだない。

[**例題 6･8**]　質量濃度3wt%，温度20℃のNaOH水溶液を108kg･h^{-1}の割合で単一蒸発缶に供給し10wt%に濃縮したい。加熱には120℃の飽和蒸気を使用し，蒸発缶の操作圧力は70kPaとする。溶液の比熱容量が4.18kJ･kg^{-1}･K^{-1}，総括熱伝達係数が1500W･m^{-2}･K^{-1}であるとき，蒸発水量および伝熱面積を求めよ。

解　式(6･48)，(6･49)よりWを消去すると，蒸発水量Dは

$$D = F\left(1 - \frac{\omega_F}{\omega_W}\right) = (108/3600)(1 - 0.03/0.1) = 0.021\,\mathrm{kg \cdot s^{-1}}$$

70kPaにおける水の沸点は90℃であり，これに対応する10wt% NaOH水溶液の沸点は図6･11より約93℃と読める。標準沸点T_B°における水の蒸発潜熱ΔH_{vap}°は，2257kJ･kg^{-1}，さらに水と水蒸気の比熱容量c_L, c_Vは，それぞれ4.21kJ･kg^{-1}･K^{-1}，2.05kJ･kg^{-1}･K^{-1}であるから，93℃における蒸発潜熱ΔH_{vap}は

$$\begin{aligned}\Delta H_{vap} &= \Delta H_{vap}^\circ + (c_V - c_L)(T_B - T_B^\circ) \\ &= 2257 + (2.05 - 4.21)(93 - 100) = 2272\,\mathrm{kJ \cdot kg^{-1}}\end{aligned}$$

これを用いると，式(6･50)より単位時間の伝熱量qは

$$q = (108/3600)(4.18)(93-20) + (0.021)(2272) = 56.9\,\mathrm{kW}$$

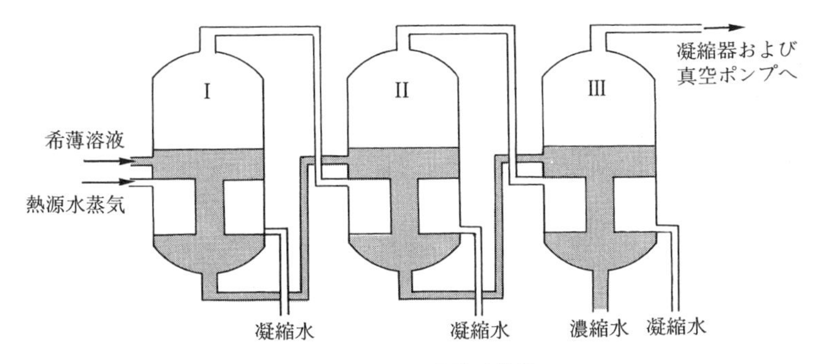

図 6·13 三重効用蒸発

ゆえに，式(6·51)より伝熱面積 A は

$$A=\frac{q}{U(T_S-T_B)}=\frac{56.9\times10^3}{(1500)(120-93)}=1.4\,\mathrm{m}^2$$

(c) 多重効用蒸発缶

蒸発操作は相変化を伴うため多量のエネルギーを必要とするが，そのほとんどは発生蒸気が潜熱としてもち去ってしまう。そこで，この熱の有効活用を図るべく，数個の蒸発器を順次連結し，一つの蒸発器で発生した蒸気を次の缶の加熱用蒸気として再利用する方法が広く用いられている。これを多重効用蒸発(multiple-effect evaporation)という。

例として三重効用蒸発缶の模式図を図 6·13 に示す。熱源となる加熱用蒸気は第一缶にのみ供給し，ここで発生した蒸気を第二缶の加熱部へ，第二缶で発生した蒸気を第三缶の加熱部へと順次導入する。溶液は第一，二，三缶の順に濃縮されてゆくが，それに伴い溶液の沸点は高くなるため，この順に操作圧力を低くして沸点上昇を抑え，有効温度差の低下を防ぐ必要がある。

ここで多重効用缶の省エネルギー効果について考えてみよう。熱損失を無視すれば単一蒸発缶の場合 1kg の水蒸気で 1kg の水が蒸発するのに対し，n 重効用操作では各缶ごとに 1kg，全体では n kg の水が蒸発する。したがって蒸発に要する熱量は単一缶の $1/n$ であり，大きな省エネルギー効果がある。しかし，その一方で設備費は単一缶の n 倍以上とかさむため，実用装置では両者のかねあいから n を 2～5 程度とするのが一般的である。

6·6 伝熱促進

熱交換器は熱回収，加熱，冷却，凝縮，蒸発などさまざまな目的で使用されているが，その伝熱性能が向上すればプロセスの効率化やコストの低減につながる。エアコンや自動車のラジエーターの場合には，装置容積の低減を目的として伝熱効率の向上が図られる。

一方，熱交換器の高性能化はエネルギー有効利用の面からも重要である。熱エネルギーは，いったん環境中に捨てられてしまうとその回収は非常に難しい。したがって，プロセスにおいて発生する熱エネルギー(冷熱も考慮するならばエクセルギー)は，排出前にできるかぎり回収して再利用することが肝要である。

6·6·1　伝熱促進の原理

高温流体と低温流体が伝熱壁を隔てて熱交換される場合の伝熱速度 q は式(6·25)で表される。流体の温度差が与えられている場合，伝熱速度を増加させるには伝熱面積 A もしくは総括熱伝達係数 U を増大させればよい。

総括伝熱抵抗は各伝熱抵抗の和で表されるため，抵抗の大きな箇所から順次改善していくのが効果的である。特に，流体-壁面間には大きな対流伝熱抵抗が存在するので，これを低減することが伝熱促進の中心課題になる。そのためには，壁面近傍の流速を大きくして温度境界層を薄くする，あるいは壁面近傍の乱れを大きくして壁面に接する流体を頻繁に更新させる，といった手段を講じればよいことが知られている。

6·6·2　伝熱促進法の分類

現在広く採用されている伝熱促進技術は，(a) 外部動力を必要としない受動的方法(passive method)と，(b) 外部動力を利用する能動的方法(active method)，に大別できる。そのおのおのに対して (1) 伝熱面に加工を施す方法，(2) 流体の流れを変える方法，(3) スケールを除去する方法の三系列がある。(3)は消極的な方法であるが，一種の伝熱促進とみなせる。

6·6·3　多管式熱交換器の伝熱促進

流体間の熱交換に広く利用される装置として多管式熱交換器がある。この装置の例を図6·14に示す。多数の伝熱管を円筒形の胴内に納めたもので，一方の流体を管内に，他方の流体を胴内に流し熱交換を行う。

伝熱管内部にねじれテープ(twisted tape)やワイヤーコイルなどを挿入し，管内に旋回流を発生させると，管壁近傍の流れをかく乱し熱伝達係数が増大する。ただし，挿入物は圧力損失の増加も招くから，注意が必要である。

さらに，管内壁を加工する方法もある。たとえば，流れ方向に直溝あるいは螺旋溝を切った溝付き管(ライフル管)を用いて旋回流を発生させる方法，管内

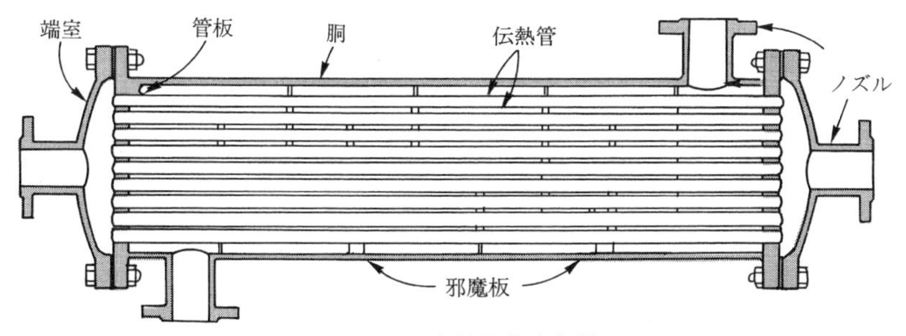

図 6·14 多管式熱交換器

壁にテーパ角を設けて直管内に拡大・縮小流れの効果を発生させる方法，さらに管内に小さな可動フラッグを設置し，流体の流れ自身によって流れを変化させる方法などが実用化されている。

一方，管外側の伝熱を促進するためには伝熱管外壁を加工して粗面とする方法，表面にフィンあるいはさらに大きな邪魔板を設ける方法などがとられる。

6·6·4 コンパクト熱交換器の伝熱促進

民生用装置，たとえば空調装置用熱交換器や自動車のラジエーターなどには，装置容積上の制約があるため，コンパクト化が重要になる。その場合，フィンを付ける方法が有効である。図 6·15 に示した空調装置用のプレートフィン型熱交換器がその典型的な例である。これは高温液体を流すパイプにフィンを取り付けてパイプの熱を奪い，空気側の伝熱促進を図ったものである。フィンの伝熱面積は多管式のものと比較して 5～20 倍も大きく取れるが，それでもなお空気側の伝熱抵抗が全体の伝熱抵抗を支配している。したがってフィンを

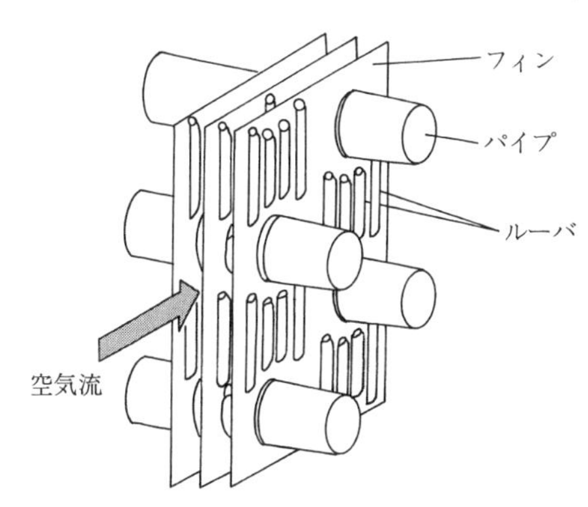

図 6·15 プレートフィン型熱交換器

さらに工夫することが求められている。図6·15の例では，フィンにルーバとよばれる突起物が設けられている。これはフィン上に境界層が発達して熱伝達係数が低下するのを防ぐため，流れ方向に順次新たな境界層が形成されるように工夫したものであり，突起部から剥離した流れによる伝熱促進効果も期待できる。

フィンの伝熱性能にとってもう一つ大事な点は，通風抵抗の低減である。それによって通風ファンの動力は低減され，騒音も小さくすることができる。一般にフィンの伝熱面を複雑にすれば通風抵抗も増大するため，通風抵抗の増大を抑えつつ熱伝達係数のみを増大させることは非常に難しい。近年，伝熱促進効果の評価に熱伝達係数の増大と圧力損失の低減の双方を考慮した方法が利用され，エネルギーの有効利用に直結する効果的な熱交換技術のさらなる開発研究が進められている。

問　　題

6·1　水深による海水温度の違いを利用すると低温度差海洋発電が可能である。表層海水が30℃，深海水が5℃であるとき，この温度差を利用して発電機を行う熱機関の最大効率を求めよ。

6·2　電気温水器を用いて $T_1=20$℃の水を $T_2=44$℃まで加熱するときの水のエクセルギー変化と有効度を求めよ。

6·3　0℃, 1 kgの水と氷のエクセルギーを求め，冷熱が正のエクセルギーをもつことを示せ。ただし，氷の融解熱は $334\,\mathrm{kJ\cdot kg^{-1}}$ とする。

6·4　式(6·20)を導出せよ。

6·5　平板状の耐火れんが層(厚さ500 mm，熱伝導率 $1.25\,\mathrm{W\cdot m^{-1}\cdot K^{-1}}$)と保温れんが層(厚さ120 mm，熱伝導率 $0.15\,\mathrm{W\cdot m^{-1}\cdot K^{-1}}$)の2層からなる炉壁がある。炉の運転中，炉内流体の温度 T_f は1400℃，耐火れんが層の内面温度 T_1 は820℃，保温れんが層の外面温度 T_2 は72℃，外気温度 T_a は25℃であった。放射伝熱は無視できるものとして，以下の問いに答えよ。

（1）　炉壁からの熱損失および2層の接触面における温度 T_3 を求めよ。

（2）　炉内および炉外の境膜熱伝達係数を求めよ。

（3）　保温れんが層の厚さを2倍にしたとき，熱損失を何%低減できるか。また，そのときの温度 T_1, T_2, T_3 を求めよ。

6·6　二重管環状部(内管の外径 D_i，外管の内径 D_o)の内管側境膜熱伝達係数の相関式として水力相当直径 $D_{eh}=D_o-D_i$ を用いた次式がある。

$$hD_{eh}/\lambda=0.02(D_o/D_i)^{0.53}(\rho u D_{eh}/\mu)^{0.8}(c_p\mu/\lambda)^{1/3}$$

内径35.7 mm，外径21.7 mmの二重管環状部を密度 $850\,\mathrm{kg\cdot m^{-3}}$ の流体が質量流量 $0.21\,\mathrm{kg\cdot s^{-1}}$ で流れるときの内管外壁境膜の乱流熱伝達係数を推算し，式(6·32)で伝熱的相当直径を用いたときの推算値と比較せよ。ただし，流体の物性値は，比熱容量 $2.0\,\mathrm{kJ\cdot kg^{-1}\cdot K^{-1}}$，熱伝導率 $0.14\,\mathrm{W\cdot m^{-1}\cdot K^{-1}}$，粘度 $5.3\times10^{-4}\,\mathrm{Pa\cdot s}$ とする。

6·7　室内に外径200mmの水平管を設置し，その内部に100°Cの飽和蒸気を流して暖房を行う。管表面温度 T_w が75°C，室温 T_a が18°Cであるとき，水平管表面から自然対流によって失われる管単位長さあたりの熱量および飽和蒸気の単位長さ・単位時間あたりの凝縮量を求めよ。ただし，管外表面と室内の平均温度46.5°Cにおける空気の物性値は，$\rho=1.092\,\mathrm{kg \cdot m^{-3}}$，$\mu=1.95\times10^{-5}\,\mathrm{Pa \cdot s}$，$\lambda=0.028\,\mathrm{W \cdot m^{-1} \cdot K^{-1}}$，$c_p=1.007\,\mathrm{kJ \cdot kg^{-1} \cdot K^{-1}}$，体膨張係数 $\beta=1/T=3.13\times10^{-3}$ であり，また，100°Cの水の蒸発潜熱は $2257\,\mathrm{kJ \cdot kg^{-1}}$ である。

6·8　一様な壁面温度15°Cの室内に，半径100mm，表面温度573°C，黒度0.7の金属球が細い糸でつり下げられている。放射伝熱により球が失う単位時間あたりの熱量を求めよ。ただし，室内の気体が吸収する放射熱量は無視してよい。

6·9　直径100mm，長さ1mの金属管が炉内に設置されている。炉内温度980°C，金属管表面温度が427°Cのときの放射伝熱量を算出せよ。なお，炉壁と金属管の黒度はそれぞれ0.8, 0.58とする。

（1）　炉の内寸法が200mm×200mm×1mであるとき。

（2）　炉が金属管に比べて十分大きいとき。

6·10　問題6·7において，水平管表面の放射率が0.9，部屋の壁面温度が6°Cであるとき，放射伝熱によって失われる水平管単位長さあたりの熱量はいくらになるか。また，単位長さ単位時間あたりの凝縮水量を求めよ。

6·11　温度25°C，比熱容量 $4.18\,\mathrm{kJ \cdot kg^{-1} \cdot K^{-1}}$ の低温流体 $7200\,\mathrm{kg \cdot h^{-1}}$ を二重管型熱交換器(内管側伝熱面積 $9\,\mathrm{m^2}$)を用いて加熱する。内管に低温流体を通し，環状路に温度180°C，比熱容量 $1.98\,\mathrm{kJ \cdot kg^{-1} \cdot K^{-1}}$ の高温流体 $10000\,\mathrm{kg \cdot h^{-1}}$ を向流で流したところ，高温流体の出口温度は110°Cであった。

（1）　交換熱量，低温流体の出口温度，対数平均温度差，内管基準総括熱伝達係数を求めよ。

（2）　高温流体を並流で流したとき，総括熱伝達係数が変わらないとすれば，交換熱量，高温流体および低温流体の出口温度はどうなるか。

6·12　図6·14に示す多管式熱交換器を用いて，90°Cの温排水 $2.28\,\mathrm{kg \cdot s^{-1}}$ を管内に，20°Cの熱媒体 $1.0\,\mathrm{kg \cdot s^{-1}}$ を管外に向流に流して熱回収を行ったところ，熱媒体の出口温度は60°Cとなった。この条件での管内表面基準の総括熱伝達係数を求め，管内境膜，管壁および管外境膜の伝熱抵抗の相対的な関係を考察せよ。ただし，温排水と熱媒体の比熱容量はそれぞれ $4.2, 2.4\,\mathrm{kJ \cdot kg^{-1} \cdot K^{-1}}$，密度は $996, 860\,\mathrm{kg \cdot m^{-3}}$，粘度は $3.5\times10^{-4}, 6\times10^{-4}\,\mathrm{Pa \cdot s}$，熱伝導率は $0.10, 0.124\,\mathrm{W \cdot m^{-1} \cdot K^{-1}}$，管壁の熱伝導率は $80\,\mathrm{W \cdot m^{-1} \cdot K^{-1}}$ とする。また，熱交換器の伝熱管には長さ3mの3/4鋼管(外径28mm，内径24mm，肉厚2mm)が30本用いられている。

6·13　有効伝熱面積が $38\,\mathrm{m^2}$ である水蒸気加熱型蒸発缶を用いて，8% NaOH水溶液 $4500\,\mathrm{kg \cdot h^{-1}}$ を濃縮する。原液を21°Cで供給したところ，排出液は18%まで濃縮された。蒸発缶内圧力を0.0556MPa，加熱蒸気温度は110°Cである。蒸発缶の総括熱伝達係数を求めよ。また，この操作に必要な水蒸気量はいくらか。なお，8% NaOH水溶液の0.0556MPaにおける沸点は88°Cである。

7 プロセス制御

7・1 なぜ制御が必要か

前章までに，蒸留塔や反応器などの化学プロセスの設計法を単位操作の原理とともに学んできた。それらの化学プロセスで行われていることを非常に大雑把にいってしまうと，図 7・1 に描くように，原料やエネルギーを必要な量だけ取り入れて，欲しい製品を必要な量だけ作り出していることとなろう（必要な量の原料やエネルギーをプロセスに流入させるためと，希望の量の製品を取り出すための装置として，バルブ（弁）を図に描いておくことにしよう）。「作りたい製品が何で，どれだけの量が必要か」を定めたときに，「原料およびエネルギーがどれだけの量必要となるのか」，また，その原料を処理して製品にするために「どれくらいの大きさの装置が必要か」という問題に答えるために，前章までにいろいろな装置の設計法を学んできたといえる。

さて，そこで学んだように原料から所定の製品が生産できるようにプロセスを一度設計してしまえば，あとは何もしなくてもいつも望み通りの製品が作れるのだろうか。装置を設計し，所定の量のエネルギーや原料がプロセスに流れ

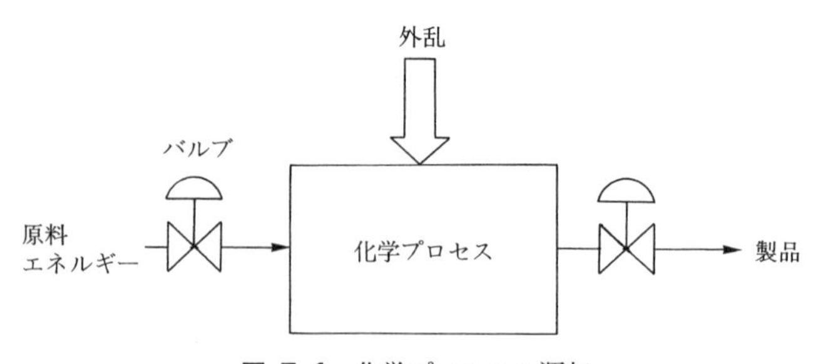

図 7・1 化学プロセスの運転

込むようにバルブの開き具合(開度)を一度決めてしまえば，二度とバルブの開度を調節しなくてもよいのだろうか。答えは「否」である。

たとえば，製品が売れなくなったなら，当然，生産量を減らすように製品の取り出しバルブを調節するであろう。それに伴い原料やエネルギーも当初ほど必要なくなるため，そのバルブの開度も調節しなければならない。製品が売れに売れるのであれば，その逆の操作をする必要が出てくる。また，原料の組成が変わることもあろう。反応に使われる触媒も使っていくうちにその活性(能力)は低下していく。熱交換器も運転していくうちに装置に垢(あか)がたまり，当初計算したほど伝熱効率があがらなくなるなど，プロセスの性能は運転しているうちに変わっていく。低気圧が工場に近づき，気圧が下がれば蒸留塔内の気液平衡関係は変わり，蒸留塔の分離性能も当然影響をうける。

このように現実のプロセスは，図7·1に描くように，さまざまなかたちで乱され時々刻々変化しているのである。プラントの運転を乱すさまざまな要因は，総称して外乱(disturbance)とよばれる。外乱でプロセスの運転が乱され，プロセスの安全性はもとより製品の量や品質に影響が及ぶようなとき，原料，エネルギー，製品の流量等を操作して，外乱の悪影響をすばやく抑えプロセスを安全でかつ希望する製品を作り続けられる状態に戻さなければならない。現実にプロセスを動かすには，きめこまかい操作が必要なのである。

外乱の中には，持続的にプロセスを乱すものや，予期せぬときに起こるものも多い。したがって，そのような外乱に対処するためには，常にプロセスを監視し，操作する必要がある。それらの仕事をすべて運転員(オペレーター)に任せてしまうのでは，仕事の負荷が大きくなりすぎ，無理がある。そこで，この化学プロセスの運転をコンピューターで行おうと考えたのがコンピューター制御運転であり，そのための学問がプロセス制御(process control)なのである。

このプロセス制御の基本をなすのが，次のフィードバック制御(feedback control)とフィードフォワード制御(feed forward control)の考え方である。この章では，順にその考え方を学んでいこう。

7·2　フィードバック制御の考え方

外乱が存在する中でプロセスを制御するとは，圧力，温度，液レベル，流量，組成などの変数上に現れる外乱の影響をすばやく察知し，プロセスに流入あるいはプロセスから流出するエネルギーや原料の量を操作し，それらの変数を所定の値に誘導し維持することによって，希望する量と質の製品を安全な状態で作り続けられるようにすることである。

図7·2のような熱交換器を考えてみよう。この熱交換器は，溶液とスチームの熱を交換し，低い温度の溶液を所定の温度まで加熱して下流のプロセスに供給するために設計されている。しかし，運転すると，この熱交換器に流入する溶液の温度が時々刻々変化する外乱が入る可能性がある。この外乱の存在下で，溶液を所定の温度にして下流のプロセスに供給するためには，スチームの熱交換器への流入量を操作して，スチームから溶液へ与える熱量が調整できるような制御が必要となる。

プロセスを制御する際，所定の値にしたいプロセス変数は被制御変数† (controlled variable；CV)，そのために操作する変数は操作変数(manipulated variable；MV)とよばれる。その操作変数を動かすバルブなどの装置をアクチュエーターとよんだり，ファイナル・コントロール・エレメント(FCE)とよんだりする。熱交換器の例では，被制御変数は溶液の出口温度であり，操作変数はスチーム流量である。スチーム流量を変化させるために動かすバルブがFCEである。また，被制御変数が維持すべき値を設定値(setpoint；SP)とよぶ。

被制御変数上に現れる外乱の影響をすばやく察知し，それらの変数を所定の値に戻し，その値に維持するように操作変数を調整するには，図7·1に示したようなプロセスとバルブだけの構成では不可能である。まず，被制御変数上への外乱の影響を察知するために，温度計，圧力計など被制御変数の動きを計測

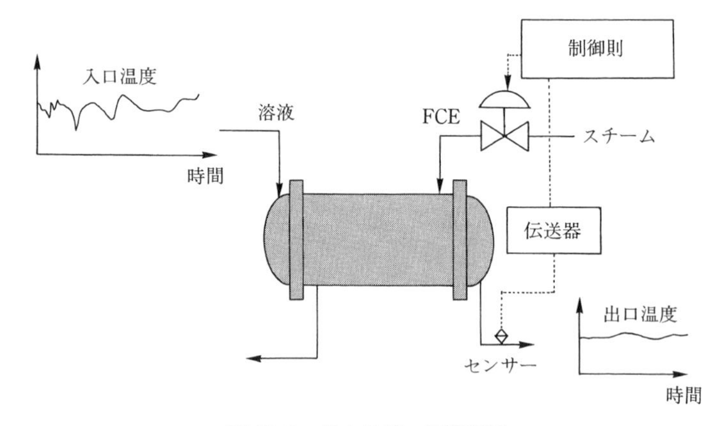

図 7·2 熱交換器の温度制御

† 制御量や制御変数とよばれることも多い。

するセンサー(sensor)が必要となる。さらに，被制御変数の計測値と設定値から操作変数(バルブなど)の値を計算する制御則(control scheme)や，センサーからコンピューターに信号を送る伝送器(transmitter)も必要となる(図7·3)。制御則を内蔵するコンピューターをプロセス制御ではコントローラー(controller)とよぶ。これらの構成で，プロセスを制御するために，次の手続きが繰り返し行われる。

外乱の影響により被制御変数の値が設定値からずれる。その被制御変数の値を計測して設定値からのずれを求める。コントローラーはそのずれをなくすようにと操作変数の値を変更する。操作変数の値を動かした影響は被制御変数に現れてくる。しかし，外乱の影響を完全に打ち消せなかったりあるいは新たな外乱が入ってきて，設定値からのずれをなくしきれないことがある。このときずれを再び求め，そのずれに応じて操作変数の値をさらに動かす。このように

（1）　被制御変数の計測(測定・推定†)

（2）　設定値との比較(観測値と設定値のずれを偏差とよぶ。)

（3）　操作変数の値を変更

という手続きが繰り返し行われている。

この手続きの繰り返しができるように，信号の流れを図7·1に描き加えたものが図7·3である。図7·3のように，被制御変数の値を操作変数の決定に使う制御のやり方をフィードバック制御(feedback control)とよぶ。

われわれは，日常至るところでこのフィードバック制御を無意識のうちに使っている。たとえば，車間距離を一定に保って車を運転しようとしているとき

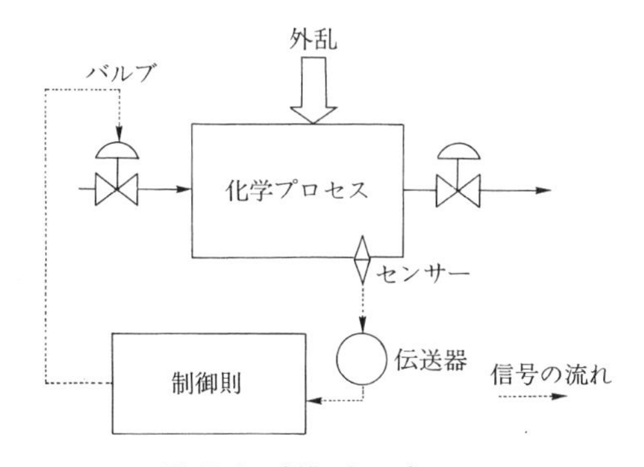

図 7·3　制御系とプロセス

† 直接測定が不可能な場合，測定できる他の変数から被制御変数の値を推算して使う。

のことを思い描いて欲しい。望ましい車間距離を30mとし，それより車間距離があけば，アクセルを踏むであろうし，30mより狭くなればアクセルを踏むのを緩めるであろう。このとき車間距離が被制御変数であり，その設定値は30m，アクセルがアクチュエーターでその踏み込み量が操作変数となっている。当然，前の車のスピードが時々刻々変わるため，常時，車間距離の目視(計測)，30mからのずれの計測(設定値との比較)，アクセルの踏み込み量の調節(操作変数の値の変更)という手続きを車間距離を一定に保つために繰り返すであろう。まさに，これが車の自動運転でコンピューターが行っていることであり，フィードバック制御が行われているのである。

外乱により，被制御変数がずれた場合だけにかぎらず，被制御変数の設定値を新たな値に設定し直した場合も，前述の(1)～(3)の手順の繰り返しにより，被制御変数を設定値にもっていくというフィードバック制御が行われる。車間距離を30mから50mに変更しようとする運転をどう行うかを考えれば，設定値変更の制御にもフィードバック制御が使われることには納得がいくであろう。

外乱に対処するにせよ設定値変更を行うにせよ，フィードバック制御を実行する場合，被制御変数が設定値からずれているとき，操作変数をどのように動かすかに，大きく分けて次の二通りのやり方がある。

（1） ポジティブフィードバック(positive feedback)：被制御変数の値の設定値からのずれ(偏差，error)が，より大きくなるように操作変数の値を動かす。

（2） ネガティブフィードバック(negative feedback)：被制御変数の値の設定値からのずれ(偏差)が，より小さくなるように操作変数の値を動かす。

ポジティブフィードバックの例として，二人でキャッチボールするときのことを考えよう。思っていたスピードより速い球が返ってきた場合，そのずれの大きさの2倍のスピードを加えて投げ返すことにしよう。たとえば，心に思い描いていたスピードをお互い80 $km \cdot h^{-1}$とする。これが設定値となる。相手が投げ返してきたボールが82 $km \cdot h^{-1}$であったとすると，希望の速さより速い2 $km \cdot h^{-1}$の2倍のスピードを80 $km \cdot h^{-1}$に加え84 $km \cdot h^{-1}$で投げ返す。すると相手は，88 $km \cdot h^{-1}$で投げ返してくる。今度は，$8 \times 2 = 16$を加えて96 $km \cdot h^{-1}$で投げる。これが，ポジティブフィードバックである。このキャッチボールの結末がどうなるかは，容易に想像できるように，ポジティブフィードバックは，プロセスを安定に制御するには適さない。

通常，プロセスの制御にはネガティブフィードバックが使われる。ネガティブフィードバックでは，設定値と被制御変数の値との偏差は，

(偏差)＝(設定値)－(被制御変数の値)

の値で定義される。以下，この定義に従ってネガティブフィードバックをもう少し具体的に説明しよう。

図 7·4 に示すような貯留タンクの液レベルのフィードバック制御について考えてみよう。図 7·4(a) ではタンクの液レベルの平方根に比例して(いわゆる Bernoulli の法則に従って)液が流出しているとしよう。フィードバック制御を行わずに，流入と流出量が同じ量でつり合っている状態(定常状態)から，流入量をある量だけ増やして一定に保つと必ず液面は上昇する。流入量が増え液レベルは増すが，それに伴って流出量も増えどこかでつり合う。この系で液レベルが設定値からずれて偏差が生じた場合，偏差を減らすように操作変数を動かすには，偏差が正のとき，すなわち，実際の液レベルが設定値よりも低いときは，操作変数である流入流量を増加する方向(定常値からプラス方向)に動かし，偏差が負のときには，流入流量を減らす方向に動かすこととなる。

では，次に図 7·4(b) に示すようなタンクの液レベルの制御を考えてみよう。液面を設定値に保つために，流出流量が操作変数として使用できる。フィードバック制御を行わずに，流入と流出量が同じ量でつり合っている状態(定常状

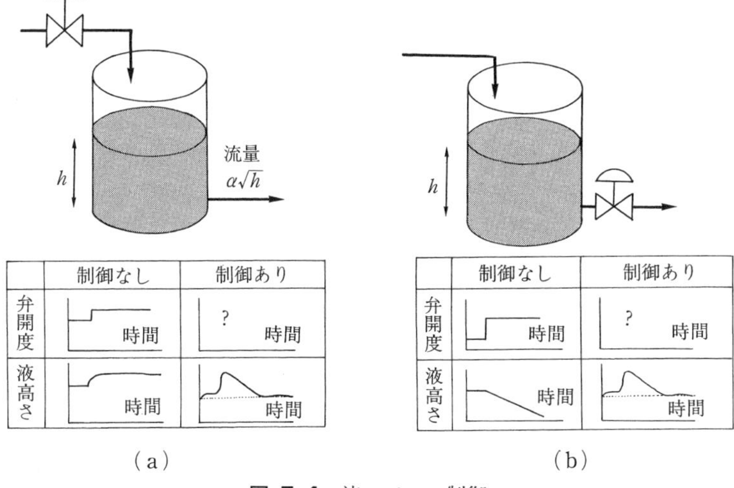

図 7·4 液レベルの制御

態)から，操作変数である流出量をある量だけ増やして一定に保つと，液面は下がり続ける。この系で偏差を減ずるように操作変数を動かすには，偏差が正であるとき，操作変数である流出流量を減少する方向(定常状態からマイナス方向)に動かし，偏差が負の場合はこの逆の動きをとることになる。

偏差を減ずるように操作変数を動かすのがネガティブフィードバックであることは述べたが，この二つの例のように，対象によって(何を操作変数とするかによって)，偏差の正負に対して動かす操作変数の値の増減方向が異なる。偏差の正負に対してどちらの方向に操作変数を動かすべきかは，次のようにフィードバック制御を表現することによって判断できる。

いま，対象とするプロセスを一つの四角形で表す。操作変数の値はプロセスに加えられる入力として，その四角形に流れ込む矢印線で表す。また，被制御変数の値はプロセスから観測値として取り出せる出力変数であるため四角形から流れ出る矢印線で表す(図 7·5)。さらに，操作変数の増減の方向に対して，被制御変数が動く方向を四角形の中に＋あるいは－で示している。操作変数を定常状態値より増加(正)の方向に動かしたとき，被制御変数は減少する(負)方向に動き，操作変数を減少する方向に動かしたとき，被制御変数が増加する方に動くのであれば，四角形内の符号を－(マイナス)とし，もし操作変数の増減方向と同じ方向に被制御変数が動くのであれば＋(プラス)の記号を付けておく(操作変数の動かした方向とは，最初逆の方向に動き，時間が経つと同じ方向に戻ってくるような動きを示す対象もある。そのような対象に対しては，十分時間が経過したときの動きの方向とする)。

伝送器も，被制御変数の値を示すセンサー信号を入力として，コンピューターが処理できる信号に増幅変換して出力する一つのプロセスとみなせば，四角

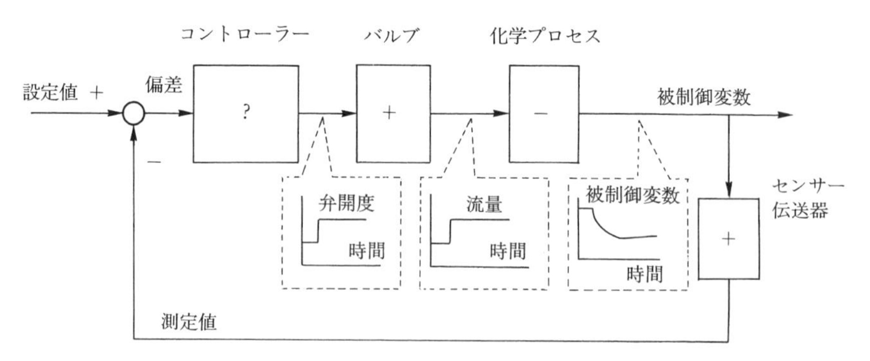

図 7·5　制御系とプロセスのブロックと矢印線での表現

形と入出力信号を示す矢印線で表現できる。当然，入力信号の増減の動きに対して，出力信号がどちらに動くかによって符号が決まる。コントローラーも，偏差がコントローラーへの入力信号であり，操作変数の値が出力信号であるプロセスとみなせる。同様に，バルブなどのアクチュエーターについても，コントローラーからの信号を受け，操作変数を動かす一つのプロセスとみなし，符号のついた四角形と矢印とで表現することができる。特に，バルブに関しては，Air-to-Open と Air-to-Close の符号が異なる 2 種類のものがあり注意を要する†。また，被制御変数の値を観測して偏差を計算するところも一つのプロセスと考え四角形と矢印で表現できる。偏差は，「(設定値)－(被制御変数の観測値)」で定義されることから，図 7·6(a)のようにマイナスの符号をもった四角形となる。制御の分野では，偏差の計算を行う要素を比較部とよび，図 7·6(a)のようには描かず，図 7·6(b)あるいは図 7·5 のように○と矢印と符号で表す。どちらで表すにせよ被制御変数の値に－1 をかけて加算し，偏差値を計算していることに変わりはない。

制御対象や伝送器などの装置をブロック，そこに出入りする信号や情報を矢印付きの線で表現したものをブロック線図とよぶ。ブロック線図でフィードバック制御を表現したとき，偏差を減らすように操作変数を動かすには，偏差から出発して，コントローラー，プロセスを経て再び偏差信号にフィードバックされる間に，信号が通過した四角形の符号(比較部の符号(－)を含めて)をすべ

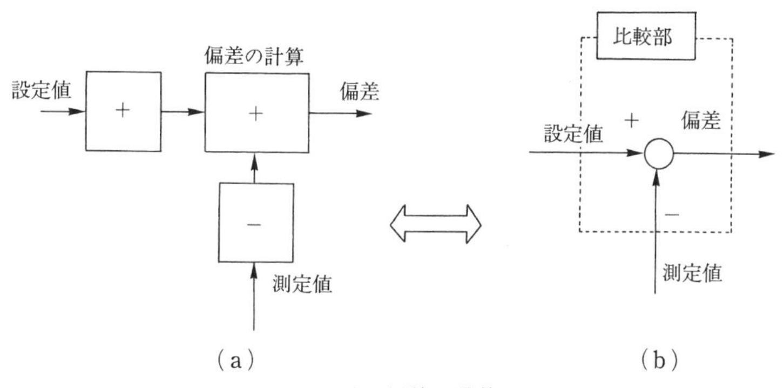

図 7·6 偏差の計算

† 装置産業の FCE はその 90% がバルブである。そのバルブもほとんどのものが空気圧で開閉が行われている。Air-to-Open は，空気圧を増加させると弁を開く仕組みのバルブであり，Air-to-Close は，空気圧を増加させると弁が閉まる仕組みのバルブである。したがって Air-to-Open は＋，Air-to-Close は－の符号で表せる。

て掛け合わせたときに，必ず符号が－(マイナス)になるように，コントローラーの符号を定めなければならない。

［**例題 7·1**］　図7·4の二つのタンクでその液レベル制御系が，ネガティブフィードバックになるように，それぞれのコントローラーの符号を求めなさい。ただし，バルブはAir-to-Open(符号は＋)を使い，センサー伝送器の符号を＋とする。

解　図7·4(a)の系では，バルブを開くと液レベルが増えるため，プロセスの符号は“＋”である。プロセスを一巡したときに符号を“－”にするために，コントローラーの符号は“＋”にして，(＋1)×(＋1)×(＋1)×(＋1)×(－1)＝(－1)とする。図7·4(b)の系ではバルブを開くと液レベルが減るので，プロセスの符号は“－”となり，一巡して符号が“－”となるために，コントローラーの符号を，“－”にして，(－1)×(＋1)×(－1)×(＋1)×(－1)＝(－1)としなければならない(図7·7参照)。

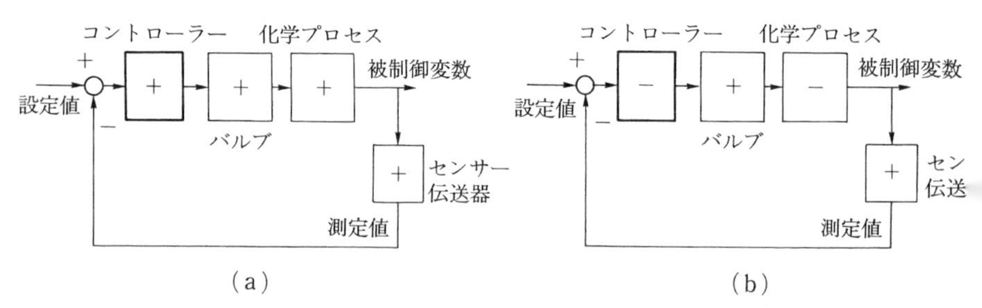

図 7·7　液レベル制御のブロック線図

7·3　コントローラーの比例・積分・微分動作

いままで，偏差の符号に対して操作変数をどちらの方向にコントローラーで動作させるべきか議論してきた。しかし，動作方向を決めただけではコントローラーの設計は完成したとはいえない。偏差の値に対して操作変数の値を具体的に計算できるようにしておかねばならない。これがコントローラーの設計または制御アルゴリズムの設計問題である。

一般に，化学プロセスをはじめとしてさまざまな分野で最も広く使われているのが比例・積分・微分制御(proportional·integral·derivative control)，いわゆるPID制御とよばれる制御則である。この制御則について説明しよう。時刻tにおいてコントローラーで計算される操作変数の値を$u(t)$，被制御変数の観測値を$y(t)$，設定値をrとする。また，時刻t_0で定常状態にあり，そのときの操作変数および被制御変数の値がそれぞれu_0とy_0であったとする。

偏差を $e(t)=r-y(t)$ とすると，それらの制御則は次のように表現される。

比例動作：P 制御　$(t \geq t_0)$

$$u(t)=K_c e(t)+u_0 \tag{7·1}$$

比例積分動作：PI 制御　$(t \geq t_0)$

$$u(t)=K_c e(t)+\frac{K_c}{T_I}\int_{t_0}^{t} e(\tau)\mathrm{d}\tau+u_0 \tag{7·2}$$

比例積分微分動作：PID 制御　$(t \geq t_0)$

$$u(t)=K_c e(t)+\frac{K_c}{T_I}\int_{t_0}^{t} e(\tau)\mathrm{d}\tau+K_c T_D\frac{\mathrm{d}e(t)}{\mathrm{d}t}+u_0 \tag{7·3}$$

偏差の大きさに比例して操作変数の値(以後，操作量とよぶ)を決める比例要素(比例定数 K_c)と，偏差を時間積分した値に比例して操作量を決める積分要素(比例定数 K_c/T_I)と，偏差の微係数の大きさに比例して操作量を決める微分要素(比例定数 $K_c T_D$)の三つの組合せのいずれかにより制御則が構成される。比例定数のうち，K_c は比例ゲイン，T_I は積分時間あるいはリセットタイム，T_D は微分時間とよばれる。T_I と T_D は時間の単位をもち，その値は常に正である。K_c は操作変数の単位を被制御変数の単位で割った次元をもち，K_c の符号は，ネガティブフィードバックが実現できるように定められる(先の符号表現でマイナスの符号をもったコントローラーを実現するには，この K_c の符号を負に取らねばならない)。

[例題 7·2]　図 7·4 の液レベル制御を液高さを計測しバルブの開度を調節する PID 制御によって行う。偏差信号 $e(t)$ の単位が[m]で，操作信号 $u(t)$ の単位がバルブ開度[%]ならば，式(7·3)の K_c の単位は，[%·m^{-1}] の単位をもつことを示せ。

解　式(7·3)の $e(t)$ の次元は[m]，$e(t)$ の積分値を時間の次元をもつ T_I で割っているので右辺第 2 項の次元は[m]，第 3 項も同様に次元は[m]となる。それらの値に K_c を乗じて，操作量 $u(t)$ (バルブ開度[%])が求められているのであるから，K_c の単位は [%·m^{-1}] である。

K_c の単位は制御対象(操作変数と被制御変数の組)によって変わる。このような不便をさけるため，偏差信号 $e(t)$ および操作量 $u(t)$ をそれぞれそれらの最大変化幅に対する百分率で規格化し，その規格化した値に対してコントローラーの比例ゲインを設定することが通常工業用機器では行われる。そのとき使われるのが式(7·4)で定義される比例帯(proportional band; PB[%])という 0～100% 間の値に正規化した値である。

$$PB=\frac{100}{\text{比例ゲインの絶対値}}\,\frac{(\text{操作変数の最大値}-\text{操作変数の最小値})}{(\text{偏差信号の上限値}-\text{偏差信号の下限値})} \tag{7·4}$$

したがって，PID 制御の式は PB を使うと式(7·5)のように表せる。

$$u^*(t)=\frac{100}{PB}\left(e^*(t)+\frac{1}{T_\mathrm{I}}\int_0^t e^*(\tau)\mathrm{d}\tau+T_\mathrm{D}\frac{\mathrm{d}e^*(t)}{\mathrm{d}t}\right)+u_0^* \quad (7\cdot5)$$

ただし，$u^*(t)$は，コントローラーからプロセスへ出力されうる操作変数の最大値から最小値を引いた値で $u(t)$ を割り算した値，$e^*(t)$は，コントローラーに入力されうる偏差信号の最大値から最小値を引いた値で偏差 $e(t)$を割って無次元化した値である。

比例ゲインの値の決め方やそのルールは後述するが，求まった比例ゲインの値 K_c を工業計器に入力するためには，比例帯の値に換算しておかねばならない。

［**例題 7·3**］　図 7·4 の液レベル制御においてコントローラーの比例帯の計算式を求めよ。ただし，比例ゲイン K_c は[%·m^{-1}] の次元を有する。また，コントローラーからの出力である操作変数(バルブ開度)が取りうる値は，0(全閉)～100%(全開)であり，偏差信号の取りうる値は，0～5 m とする。

解　比例帯は

$$PB=\frac{100}{\text{比例ゲインの絶対値}}\frac{(\text{バルブ開度の最大値}-\text{バルブ開度の最小値})}{(\text{偏差信号の上限値}-\text{偏差信号の下限値})}$$

$$=\frac{100(100-0)}{|K_\mathrm{c}|(5-0)}=\frac{2\times10^3}{|K_\mathrm{c}|}$$

として設定される。|　|は絶対値を意味する。

PB は通常，正の値を取る。実際の工業計器では，K_c の符号は正逆動作切り替えスイッチ(direct/reverse)で調節される。K_c が負の場合は direct，K_c が正の場合は reverse とする†。

ここで，偏差に対して比例・積分・微分動作を行うことにそれぞれどのような意味があるのか，図 7·4(a)の液レベルの制御を例に取りながら見ておこう。いま，液レベル(被制御変数) y がある設定値 r に制御されている状態から，設定値を新たに r' に変更したい。これを比例制御だけで行うとどうなるであろうか。液レベル y が r で定常状態にあるときのバルブの開度を u_0 としよう(バルブの開度 u はここでは流入流量 v_i に等価と考える)。新たな設定値 r' が比較部に加えられた瞬間に偏差 e はゼロでなくなり，比例制御の分($K_\mathrm{c}e$)だけ操作変数は u_0 から変化する。偏差を減ずるようにフィードバック制御してい

† K_c の符号のイメージと逆の設定になっている。これは，工業計器の設定では，操作変数の動作方向を偏差(設定値－被制御量)に対してではなく，被制御量－設定値の値の正負に対して direct/reverse を定義しているためである。

くから，液レベル y は新たな設定値 r' に近づいていく。それとともに $K_c \cdot e(t)$ の値も小さくなる。

しかし，流入量を操作変数とする比例制御だけでは，図 7·4(a)のタンクの液レベル y は絶対に設定値 r' にたどり着かない。言い換えれば時間が十分たって定常に至っても偏差はゼロにならない。この偏差は定常偏差(オフセット；offset)とよばれる。

[**例題 7·4**]　図 7·4(a)の液レベル制御を比例制御で行うと定常偏差が残ることを示せ。

解　操作量(流入流量)が一定 $u_0(=v_i(r))$ で液レベル y が r の定常状態にあるとする。このとき，流出流量 v_o は次式を満たしている(Bernoulli 則に従うと仮定)。

$$v_o(r) = a\sqrt{r} = v_i(r) = u_0$$

$v_o(r)$ と $v_i(r)$ は液レベルが r のときの流出および流入量であることを意味している。また，液レベル y が r' で定常状態にあるときも，同様に

$$v_o(r') = a\sqrt{r'} = v_i(r') = u(r')$$

が成り立つ。$r' > r$ なら上式の関係から $v_i(r') > u_0$ となる。

いま，比例制御で r から r' への設定値変更制御を行い定常状態に至ったとしよう。そのときの操作量は式(7·1)から

$$u(r') = K_c e(\infty) + u_0$$

となっている。ここで，$e(\infty)$ は定常状態で十分時間が経ったときの偏差を意味している。

比例制御で定常偏差が残らない($e(\infty)=0$)と仮定すると，上式より $u(r') = u_0$ となる。これは，$v_o(r) = v_o(r')$，$r' = r$ を意味し，制御により液レベルの変更を行っていないことになる。すなわち $r' \neq r$ なら，必ず $e(\infty) \neq 0$ でなければならない。これはオフセットが残ることを意味する。

この系だけに限らず，制御をかけない状態で定常状態から操作変数をステップ状に変化させたとき，新たな定常状態に移るような応答を示す系(図 7·8)に対しては，比例制御だけでは，設定値変更やステップ状の外乱に対して偏差をゼロにすることはできない。

比例制御のこのような欠点を補いオフセットを消すためのものが，積分動作

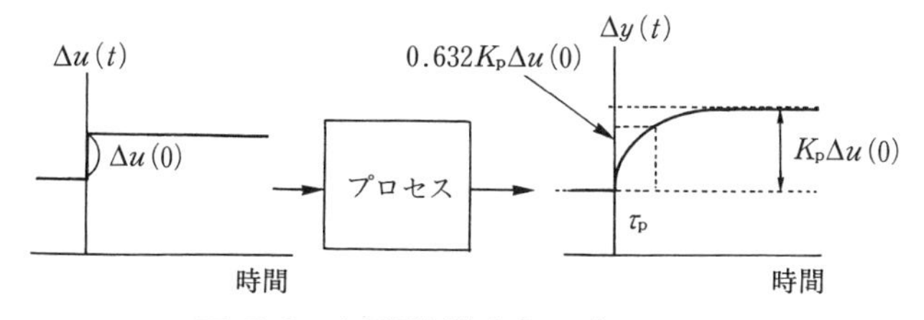

図 7·8　自己平衡性をもつプロセス

である。積分動作は，偏差の値を時間積分した値に比例して操作量を決める。したがって，積分動作では偏差がゼロでないかぎり，偏差の積分値は変化しつづけるため，操作量は定常にならず変化しつづける。逆にいえば，積分動作を含む制御で操作量が一定で変化しない(定常)ならば，そのときは，偏差はゼロになっている。すなわち積分動作を使った制御系で定常状態が達成できれば，偏差はゼロにできる。このような積分動作の利点から，現実には定常に至る応答を調節するために比例制御と組み合わせた比例・積分制御が使われる。

微分動作は定常に至るまでの速度を調節するために使われる。偏差の変化速度に比例して操作量を決める微分動作は，その変化速度から一歩先の偏差の値を予測して，操作量を決めているといえる。たとえば，図 7·9(a)のように偏差が動いてきた中で，時刻 t で操作量を決定するとき，比例動作だと $e(t)$ に比例して操作量を決めるだけになる(図中▲)。微分動作は，時刻 t での偏差の変化スピードから未来の出力 y の設定値からのずれがより大きくなることを予測し，操作量を比例動作だけのときより大きく変化させ，より速く偏差をゼロに戻そうと動作する(図中●)。また，図 7·9(b)のように偏差がゼロに近づいている動きの中で，時刻 t で操作量を決定するとき，偏差の微係数から未来の偏差は小さくなることを予測して，操作量を比例動作だけのときより小さめ

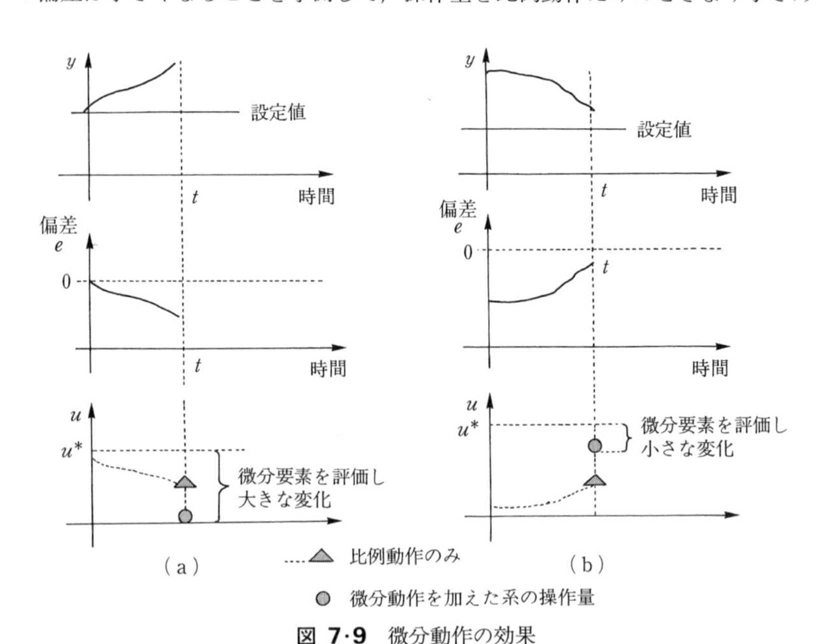

図 7·9　微分動作の効果

の変化(u^* からの変化)に抑え，被制御変数の値が設定値を超えることを防ぐ。このように微分動作は，より速く偏差をゼロに戻すように動作させるために使われる。

7·4 安定性とコントローラーの設計

ここまでフィードバック制御，そのコントローラーとして広く普及しているPID コントローラーについて学んできた。PID コントローラーを構成するそれぞれの要素の機能については述べたが，そのパラメーター K_c, T_I, T_D をいかにして決めるかについてはまだ学んでいない。それらの値の取り方によっては，外乱や設定値変更にすばやく対処できるようになる場合も，逆に安定に動いていたプロセスを制御しようとすることによって不安定にしてしまう場合もある。コントローラーのパラメーター値を適切に決めるには，まず，操作変数と被制御変数の間の動特性について把握しなければならない。ここでいう操作変数と被制御変数間の動特性とは，操作変数を変化させたときに被制御変数が時間的にどのように動くかということである。

操作変数と被制御変数の間の動特性を知るためによく行われるのが，次のステップ応答テストである。操作変数を定常状態からステップ状に変化させ，被

動特性	モデル	ステップ応答
(a)積分系	$\dfrac{d\Delta y(t)}{dt}=K_p\Delta u(t)$	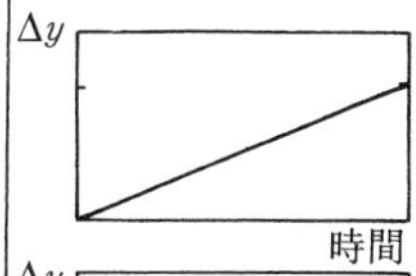 Δy 時間
(b)一次遅れ系	$\tau_p\dfrac{d\Delta y(t)}{dt}=-\Delta y(t)+K_p\Delta u(t)$	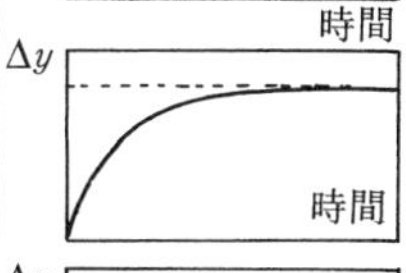 Δy 時間
(c)一次遅れ＋むだ時間系	$\tau_p\dfrac{d\Delta y}{dt}=-\Delta y+K_p\Delta u(t-T_d)$	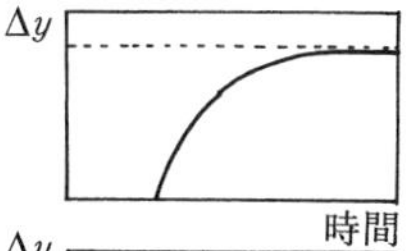 Δy 時間
(d)二次遅れ系	$\tau_{p1}\tau_{p2}\dfrac{d^2\Delta y(t)}{dt^2}+(\tau_{p1}+\tau_{p2})\dfrac{d\Delta y(t)}{dt}+\Delta y(t)=K_p\Delta u(t)$	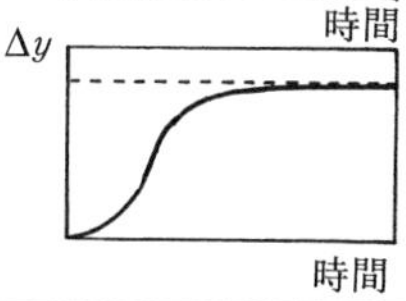 Δy 時間

図 7·10 主な動作特性とそのステップ応答とモデル ($\Delta u(t)=\Delta u(0)$)

制御変数の応答を観測し，その応答から動特性を微分方程式で表現する。図7·10に化学プロセスでよく観測される応答とそれぞれの動きを定量的に表現する数式モデル(ここでは微分方程式)をいくつか示している。図7·10中の式では，操作変数の初期定常状態からのステップ状変化量の大きさを$\Delta u(0)$とし定常状態からの被制御変数の変化量を$\Delta y(t)$で表している。以下に代表的な応答系を説明する。

（1） むだ時間系

化学プロセスにおいて一次遅れ系とともによく観測される動特性に，むだ時間(dead time)とよばれる特性がある。これは，操作変数を変化させたとき，その変化の影響が被制御変数に即座に現れてくるのではなく，ある一定時間(T_d)たって現れてくる特性である(図7·10(c))。

（2） 一次遅れ系

たとえば，図7·8や図7·10(b)のような応答を表現するために使われる微分方程式は，

$$\tau_p \frac{\mathrm{d}\Delta y(t)}{\mathrm{d}t} = -\Delta y(t) + K_p \Delta u(t) \tag{7·6}$$

であり，初期条件$\Delta y(0)=0$で，ステップ入力($\Delta u(t)=\Delta u(0)$ for $t>0$)を加えたとして微分方程式を解くと，式(7·7)のようになる。

$$\Delta y(t) = K_p \left[1-\exp\left(-\frac{t}{\tau_p}\right)\right]\Delta u(0) \tag{7·7}$$

時間無限大で，$\Delta y(\infty)=K_p\Delta u(0)$となることから，図7·8のように応答の最終的な変化量を測って，その値をステップの大きさ$\Delta u(0)$で割ることにより，式中のK_pの値を求めることができる。また，$t=\tau_p$のとき，$\Delta y(\tau_p)=(1-\exp(-1))K_p\Delta u(0)=0.632K_p\Delta u(0)$となることから，応答の最終的な変化量の63.2%の大きさに応答が達する時間を読み取り，τ_pの値を求める。上述の微分方程式で表現される系を一次遅れ系とよび，K_pをプロセスゲインあるいはプロセスの定常ゲイン，τ_pはプロセスの時定数とよばれる。プロセスゲインK_pの正負が7·2節で議論してきたプロセスの符号(+, −)に相当する。

動特性のモデルは，次に示すように物質収支・熱収支関係から求めることもある。

[**例題 7·5**] 図7·4(a)のタンクに対して，物質収支から液レベルと流入流量との間の動特性モデルを導き，そのモデルが一次遅れ系で近似できることを示せ。ただし，流入流量をv_i[$\mathrm{m^3 \cdot s^{-1}}$]，流出流量を$v_o$[$\mathrm{m^3 \cdot s^{-1}}$]，タンクの断面積を$A$[$\mathrm{m^2}$]，液高さを$h$[m]，溶液の密度を$\rho$[$\mathrm{kg \cdot m^{-3}}$]とし，流出流量は液高さの平方根に比例す

ると考える。

解　次式のような物質収支式が得られる。

$$\begin{pmatrix}\text{蓄積量の}\\\text{時間変化}\end{pmatrix}=\begin{pmatrix}\text{単位時間}\\\text{あたりの}\\\text{流入量}\end{pmatrix}-\begin{pmatrix}\text{単位時間}\\\text{あたりの}\\\text{流出量}\end{pmatrix}$$

$$\rho A\frac{\mathrm{d}h(t)}{\mathrm{d}t}=\rho v_\mathrm{i}(t)-\rho\alpha\sqrt{h(t)}$$

定常状態では，$\mathrm{d}h/\mathrm{d}t=0$ で $v_\mathrm{i}^*=v_\mathrm{o}^*=\alpha\sqrt{h^*}$ が成り立つ。ここで，*は定常状態の値であることを意味する。

定常状態からの液レベル，流入量，流出量のそれぞれの変動量 $\Delta h, \Delta v_\mathrm{i}, \Delta v_\mathrm{o}$ を考えても，次式が成り立つ。

$$\rho A\frac{\mathrm{d}(h^*+\Delta h(t))}{\mathrm{d}t}=\rho(v_\mathrm{i}^*+\Delta v_\mathrm{i}(t))-\rho\alpha\sqrt{h^*+\Delta h(t)}$$

Δh が h^* に比べて十分小さい値であるとき $\sqrt{h^*+\Delta h(t)}\approx\sqrt{h^*}+\Delta h(t)(1/2\sqrt{h^*})$ とテーラー近似† でき，上式は次式のように Δh に関して線形な微分方程式となる。

$$A\frac{\mathrm{d}\Delta h(t)}{\mathrm{d}t}=\Delta v_\mathrm{i}(t)-\alpha\frac{1}{2\sqrt{h^*}}\Delta h(t)$$

この式は一次遅れ系の微分方程式であり，各パラメーターは，$K_\mathrm{p}=2\sqrt{h^*}/\alpha$，$\tau_\mathrm{p}=2Ah^*/\alpha\sqrt{h^*}=2V^*/v_\mathrm{i}^*$ と求めることができる。ここで V^* は，定常時の液体積 (Ah^*) である。

図 7·10 では，化学プロセスで見られる動特性の特徴をステップ応答を通して見てきたが，操作量をステップ状に変化させるのではなく，正弦波(sin 関数)状に変化させ得られる被制御変数の応答から動特性を把握することもある。通常，操作変数を正弦波状に変化させた場合，被制御変数は正弦波状に動く。ただし，その振幅は変化し最大振幅が出力に現れる時刻は入力が最大振幅を取る時刻とはずれる。すなわち，位相がずれる。また，振幅の大きさも入力と出力では異なる。図 7·11 は，液レベル制御の例題で示した一次遅れ系のタンクと一次遅れ＋むだ時間系のタンクに正弦波状に変化する操作量(入力)を加えたときのそれぞれの液レベル(出力)の動きを描いている。また，図 7·12 は，P，PID コントローラーに入力される偏差信号が正弦波状に揺れたとき，コントローラーの出力となる操作量はどのように動くかを示している。コントローラーの場合，入力が偏差信号，出力が操作量になっている。P コントローラーでは，入力と出力は位相がずれていない。コントローラーは人為的に設計するも

† 関数 $f(x)$ が $b, b+h$ を含む区間で微分可能であるとき，

$$f(b+h)\fallingdotseq f(b)+h\left.\frac{\mathrm{d}f}{\mathrm{d}x}\right|_{x=b}$$

と近似することをテーラーの 1 次近似という。

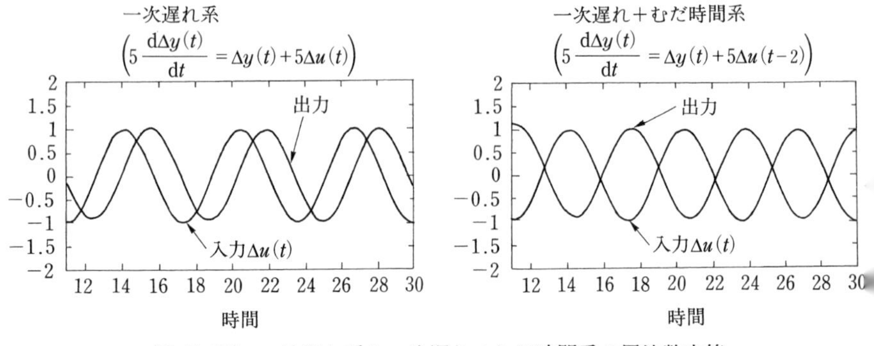

図 7·11　一次遅れ系と一次遅れ＋むだ時間系の周波数応答

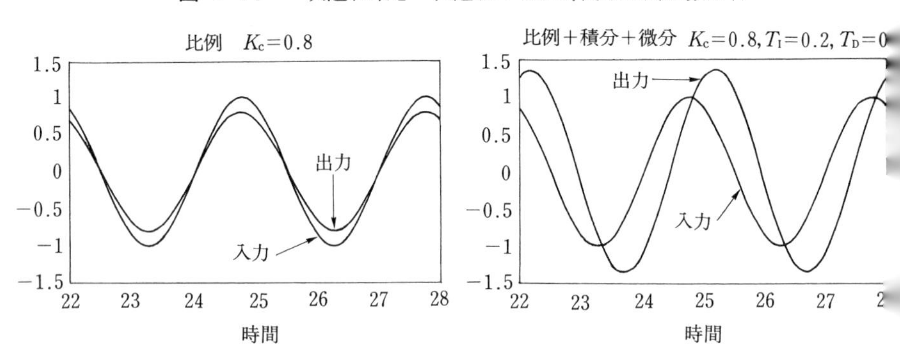

図 7·12　コントローラーの周波数応答

のであり，比例要素のみならずさまざまな要素を組み合わせることにより位相を早めたり，遅らせたりすることが可能である。このようにプロセスやコントローラーに正弦波状の入力を加えるとその出力の振幅や位相は変化する。この位相の遅れや最大振幅の変化の大きさは，入力として加える正弦波の周波数に応じてそれぞれ異なる。したがって，いろいろな周波数の正弦波を加えてみてはじめて対象とするプロセスの特性がわかる。いろいろな周波数の正弦波を加え，その振幅の変化率と位相の変化量を測定することをプロセスの周波数応答(frequency response)の計測といい，振幅の変化率と位相の変化量を示す線図として Bode 線図や Nyquist 線図とよばれるものがある。

さて，このようなステップ応答や周波数応答から得られたプロセスの動特性の情報が，コントローラーのパラメーターを決定する上でどのように役立つのか，逆にいえばコントローラーを設計する上でなぜ動特性を知っておくことが重要か考えよう。いま，設定値 r で被制御変数 y が定常に保たれていた状態

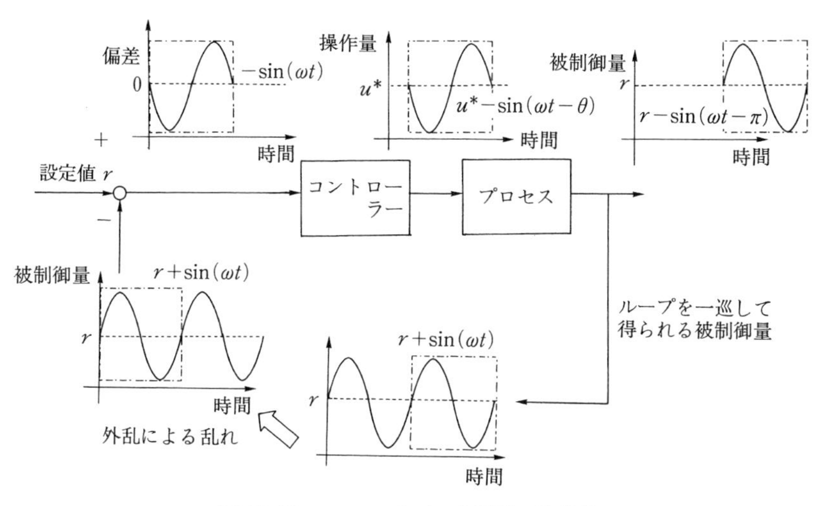

図 7·13　フィードバック制御の安定性

から，外乱により図 7·13 に示したように，ある周波数をもって y が正弦波状に揺れたとしよう。偏差は設定値から被制御変数の値を引いて求まることから，図のように被制御変数の波とは符号が反転する。この偏差から操作量が計算される。このとき，操作量の振幅や位相は制御則に応じて，偏差信号の振幅や位相とはずれる。さらにその操作量がプロセスに加えられることによって現れる被制御変数の値の振幅や位相は，操作量のものから変化する。偏差信号からコントローラー，プロセスを経て被制御変数に至る間に生ずる位相のずれの総計が，−180 度($-\pi$)であるとすると，正弦波状に変化した被制御変数は，偏差計算，コントローラー，プロセスを経て一周期ずれる。このときもし振幅の変化率が 1 であれば，最初の正弦波と被制御変数はなんら振幅の変わらない波となり，再び同じ値の偏差，操作量が計算されプロセスに加えられ，永遠に被制御変数は振動したままとなる。もし万が一，振幅の変化率が 1 より大きければ，最初の正弦波は，コントローラー，プロセスを経て戻ってきたとき，増幅された正弦波になり，フィードバックループを巡るにつれてどんどん増幅され最後には発散してしまうことになる。逆にいえば，安定な制御系を設計するには，コントローラーとプロセスを経て生ずる位相のずれが−180 度のところでは振幅が 1 より小さくなるようにしなければならない。したがって，次のような安定条件が導ける。

安定性の条件(stabillity condition)† 偏差信号がコントローラーに加わり操作量として現れたときの振幅の変化の大きさを K_c，位相の遅れを $\angle\Phi_c$，プロセスを経て起こる振幅の変化の大きさを K_p，位相の遅れを $\angle\Phi_p$ であるとするとき，制御系が安定であるためには $\angle\Phi_c(\omega)+\angle\Phi_p(\omega)=-\pi$ を満たす周波数 ω の波に対して，その波の大きさ(ゲイン) $K_c(\omega)K_p(\omega)$ は $|K_c(\omega)\cdot K_p(\omega)|<1$ を満たさねばならない。

この条件にはコントローラーとプロセスが関与している。したがって，この条件からもコントローラーのパラメーターは，プロセスの動特性を把握して決めなければならないことはすぐに理解できよう。

プロセスの動特性から PID コントローラーのパラメーターを決定する方法に，内部モデル制御理論(internal model control ; IMC)に基づくやり方がある。表 7·1 にプロセスの動特性の微分方程式モデルとそのモデルのパラメーターを使って内部モデル制御理論に基づき求めた PID コントローラーのパラメーターを示す。

表 7·1　IMC による PID 設計法(a はチューニングパラメーター)

動特性	K_c (コントローラーゲイン)	T_I (積分時間)	T_D (微分時間)
(a) 積分系 $\dfrac{d\Delta y(t)}{dt}=K_p\Delta u(t)$	$\dfrac{1}{K_p a}$		
(b) 一次遅れ系 $\tau_p\dfrac{d\Delta y(t)}{dt}=-\Delta y(t)+K_p\Delta u(t)$	$\dfrac{\tau_p}{K_p a}$	τ_p	
(c) 一次遅れ＋むだ時間系 $\tau_p\dfrac{d\Delta y}{dt}=-\Delta y+K_p\Delta u(t-T_d)$	$\dfrac{1+2\dfrac{\tau_p}{T_d}}{K_p\left(1+2\dfrac{a}{T_d}\right)}$	$\dfrac{T_d}{2}+\tau_p$	$\dfrac{\tau_p}{2\dfrac{\tau_p}{T_d}+1}$
(d) 二次遅れ系 $\tau_{p1}\tau_{p2}\dfrac{d^2\Delta y(t)}{dt^2}+(\tau_{p1}+\tau_{p2})\dfrac{d\Delta y(t)}{dt}+\Delta y(t)=K_p\Delta u(t)$	$\dfrac{\tau_{p1}+\tau_{p2}}{K_p a}$	$\tau_{p1}+\tau_{p2}$	$\dfrac{\tau_{p1}\tau_{p2}}{\tau_{p1}+\tau_{p2}}$

† 図 7·10(a)～(d)の対象に対しては，この条件が成り立つ。しかし，もともと不安定な系など特殊な対象については，詳細な安定条件が必要となる(伊藤正美著：「自動制御概論」，昭晃堂(1982)参照)。

7·5　フィードフォワード制御

ここまで学んできたフィードバック制御は，制御したい変数(被制御変数)に，外乱の影響が現れてはじめてコントローラーが動作し操作変数がその影響を打ち消そうと動き出す。ある意味で後手後手の制御手法である。そこで，外乱の影響が被制御変数に現れる前に操作変数を動かすことによって，外乱の影響を打ち消してしまおうとするのがフィードフォワード制御(feedforward control)である。

外乱がプロセスに加わったとき，操作変数をなんら動かさないで放っておくと被制御変数が図7·14の実線で示すように動いてしまうとしよう。このとき，この動きに設定値を中心線とした鏡像的な応答(図中点線)を生み出すように操作変数を動かし，外乱の影響を打ち消すというのがこの制御の基本的な考え方である。

外乱 d の被制御変数 y 上への影響が数式を使って予測できるとする。

$$\Delta y_{\mathrm{d}} = G_{\mathrm{d}}(d) \tag{7·8}$$

ここで，G_{d} は外乱 d と y の定常値からの変化量 Δy の因果関係を表現する関数とする。さらに，操作変数と被制御変数の間の因果関係も，ある数式で表現できたとしよう。これも被制御変数の定常値からの変化量 Δy と操作変数の変動量 Δu の関数関係として，

$$\Delta y = G_{\mathrm{p}}(\Delta u) \tag{7·9}$$

と表現する。

このとき式(7·10)を満たすように Δu を動かすのがフィードフォワード制御である。

$$\Delta y_{\mathrm{d}}(t) + \Delta y(t) = G_{\mathrm{d}}(d) + G_{\mathrm{p}}(\Delta u) = 0 \tag{7·10}$$

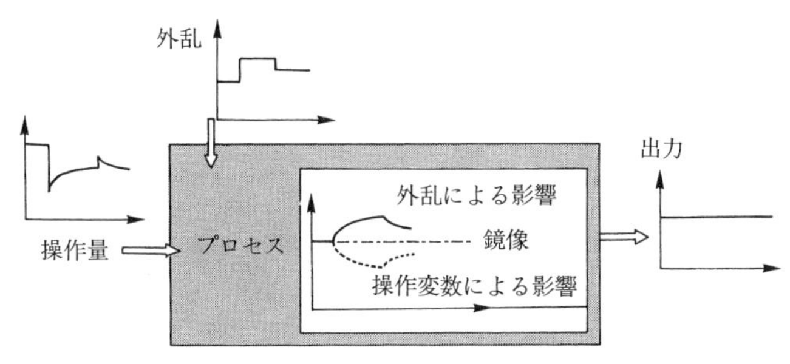

図 7·14　フィードフォワード制御の考え方

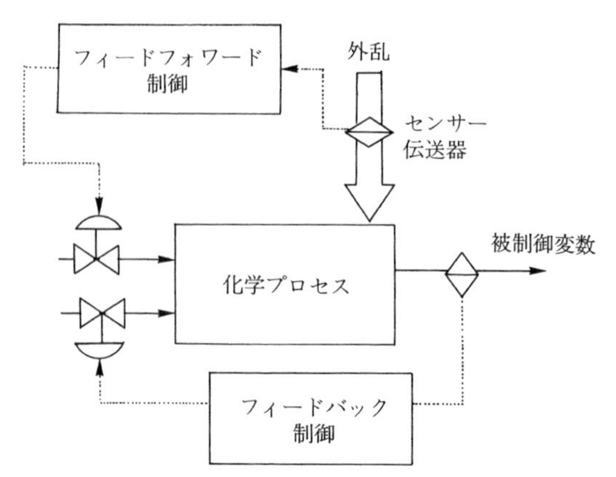

図 7·15　フィードバック＋フィードフォワード制御

外乱の値を使って操作変数の値を決定するフィードフォワード制御の構造を先に述べたフィードバック制御構造に加えて描いたのが図 7·15 である。

［**例題 7·6**］　図 7·2 に示した熱交換器において，入口温度の外乱に対処して出口が一定になるようにするフィードフォワード制御アルゴリズムを定常な熱収支式を使って導け。ただし，溶液の比熱容量を c_p，流入量を v_{in}，入口温度を T_{in}，出口温度 T_{out} と表す。また，スチームの流入量を v_{s} とし，スチームの凝縮熱を使って溶液を加熱する。また，凝縮潜熱を λ として，スチームの凝縮量がスチームの流入量に等しいとする。このとき，定常状態における熱収支として次式が成り立つ。

$$v_{\mathrm{s}}\lambda - v_{\mathrm{in}}c_p(T_{\mathrm{out}} - T_{\mathrm{in}}) = 0 \quad \text{あるいは} \quad v_{\mathrm{s}} = \frac{c_p}{\lambda}v_{\mathrm{in}}(T_{\mathrm{out}} - T_{\mathrm{in}})$$

解　定常状態から入口温度が ΔT_{in} 変化しても，スチームの流入量 v_{s} を定常状態の値から次式に従って変化させれば，外乱 ΔT_{in} が生じても，定常状態になれば出口温度が常に T_{out} になる。

$$\Delta v_{\mathrm{s}} = \frac{c_p}{\lambda}v_{\mathrm{in}}(-\Delta T_{\mathrm{in}}) \quad \text{（ここで}\Delta v_{\mathrm{s}}\text{はスチームの定常状態からの変化量）}$$

フィードフォワード制御手法は，どんな外乱にも対応できるわけではない。プロセスに外乱が加わった時刻とその外乱の大きさがわかり，かつその変動に対する被制御変数への影響(被制御変数の応答)が予測できなければならない。しかし，外乱の正確な測定，外乱および操作変数から被制御変数への因果関係を表す正確なモデルの構築は現実にはどちらも完全にはできない。そのため，フィードフォワード制御だけでは，完全に外乱に対処できず，一般には，図 7·15 のようなフィードバック制御とあわせた制御構造が取られ，フィードフォワード制御で完全に打ち消せない外乱の影響をフィードバック制御で対処している。

7·6　現実のプラントの制御

ここまで，ごく簡単なプロセスの制御を例に取りプロセス制御の基本的な考え方を説明してきた。しかし現実のプラントでは，多いときには数千から数万に及ぶ非常に数多くの変数が制御されている。

図7·16は，反応器と蒸留塔からなる簡単なプロセスである。原料A, Bを反応器に供給しA+B ⟶ Cの反応をさせて，その後，蒸留塔で未反応の成分Aを製品Cと分離し，反応器にリサイクルしている。反応器に一定量の原料A, Bを送り込むために，原料Bの供給ラインとリサイクル流れの流量制御(FC)を行っている。反応器では，装置内液体積を一定にするために，反応器出口流量を操作変数として液レベル制御(LC)が行われている。また，反応を一定温度で行うため冷却水流量を操作変数とした温度制御(TC)も行われている。蒸留塔では，還流量を一定に制御(FC)し，製品組成をリボイラーへの加熱蒸気の流量でカスケード制御している。さらに，塔底液のレベルの制御(LC)を製品の抜き出し量で，還流タンクの液レベルは，新たに加える原料Aの流量で制御(LC)している。また，塔頂の圧力を測り，その値が一定になるように凝縮器へ供給する冷却水流量を操作する圧力制御(PC)も行っている。

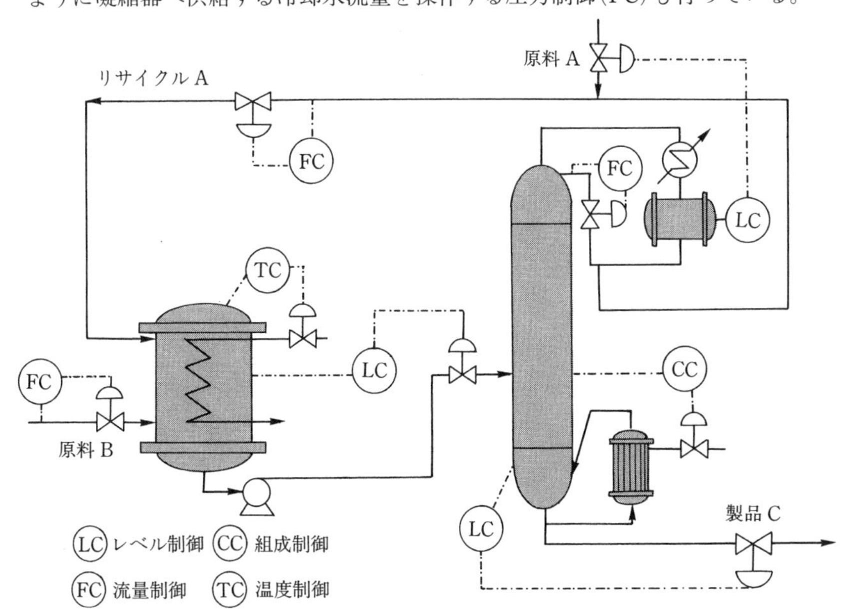

図 7·16　反応器と蒸留塔からなるプロセスの制御

このように，反応器と蒸留塔からなる簡単なプロセスでも，さまざまな制御がなされている。現実には，もっともっと複雑な制御系が使われ，プロセスの安全な運転に寄与している。近年，ますます，制御系に対する要求も高度で厳しいものになってきており，その要求を満たすために，ここで述べた制御手法だけでなく，最適制御，モデル予測制御，ファジィ制御，AI 制御などとよばれる，より高度にコンピューターを駆使した制御手法が開発されており，制御技術は進化している。

7·7 これからのプラントの運転・制御

プラントの制御は，いまや分散型制御システム(distributed control system; DCS)とよばれるデジタルコンピューターシステムによって行われ，プラント内の物流，エネルギー，情報の流れは一元化管理できるようになっている。また，近年の通信技術の進展に伴い，他のプラントや他の工場のコンピューター，あるいは企業の経営方針を支援するコンピューターシステムと高速で情報通信を行うことが可能となり，あらゆる情報から，企業全体として最大の利益を得られるように，経営戦略から営業計画，生産計画や運転計画に至るまでの決定を行うことが可能となっている。現実に，東京のヘッドオフィスのコンピューターから，大分や北海道の工場の反応器がいま何℃で運転されて何を作っているのかまで見ることができ，その操作温度をも変更することが技術的に可能なのである。今後，制御技術は，ますますコンピューター・通信技術やバーチャルリアリティ技術と融合され，仮想現実工場(virtual factory)がコンピューター内に実現され，必要とあらば装置の中，たとえば，反応器内をのぞき込んで反応が思い通りに起こっているかどうかを判断したり，起こりうるさまざまな外乱に対しシミュレーションを仮想プラント(virtual plant)で行いながら現実のプラントをより安全により経済的に運転・制御していくことができるようになるであろう。

問　　題

7·1 バルブの開度を操作してパイプラインに流れる液体の流量を制御する図 7·17 に描いた制御系は，それぞれフィードバック制御系かフィードフォワード制御系か答えよ。

7·2 図 7·4(a)の貯留タンクにおいて，流入量が増えれば液レベルは増し，それに伴って流出量も増え，ある定常点でつり合うことを示せ。

7·3 タンクのレベルを流出量で制御する図 7·4(b)のタンクにおいて，定常状態からの流出量を変化させたとき，液レベルの変化量を表現するモデルを導け。

7・4　図 7・16 に示した蒸留塔の塔底の液レベルの制御系(LC)を設計するために，液レベル制御系をいったん切って(稼働させないで)，定常状態から，缶出液である製品 C を取り出すラインのバルブをステップ上に開いて，塔底の液レベルの時間的変化を図 7・18 のように測定し記録した。操作変数から被制御変数への伝達特性を図 7・10 に示した一次遅れ系と近似して，このデータから K_p, τ_p の値を求めよ。

7・5　時定数が 40 分，ゲインが 4 cm・%$^{-1}$ の一次遅れ系として表現できる貯留タンクがある。このタンクの液レベル制御を流入量を操作変数として行う。PI 制御系のパラメーターを内部モデル制御理論(表 7・1)より求めよ。ただし，チューニングパラメーター a を 10 min とせよ。

7・6　図 7・19 のようなフィードバック制御系がある。ネガティブフィードバックを行うには，コントローラーは，偏差の信号に対して同符号に動かすべきか異符号に動かすべきか求めよ。

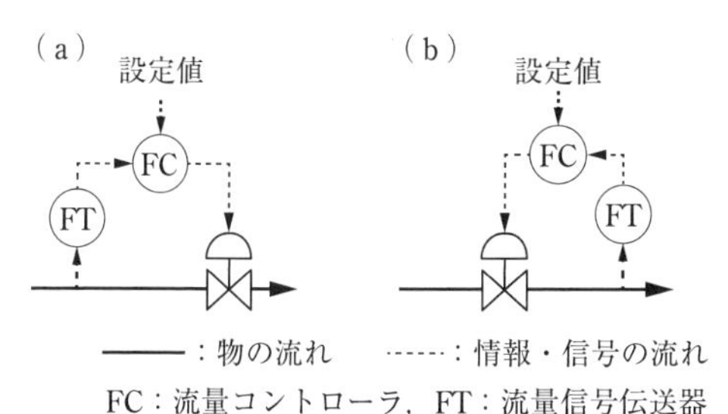

図 7・17　流量制御系

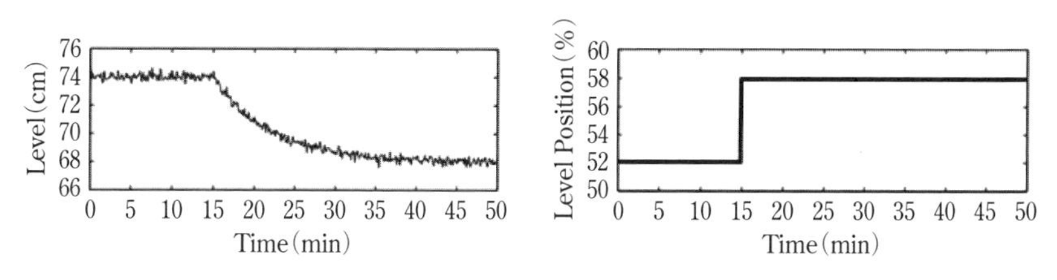

図 7・18　ステップ応答に対する出力の時間変化

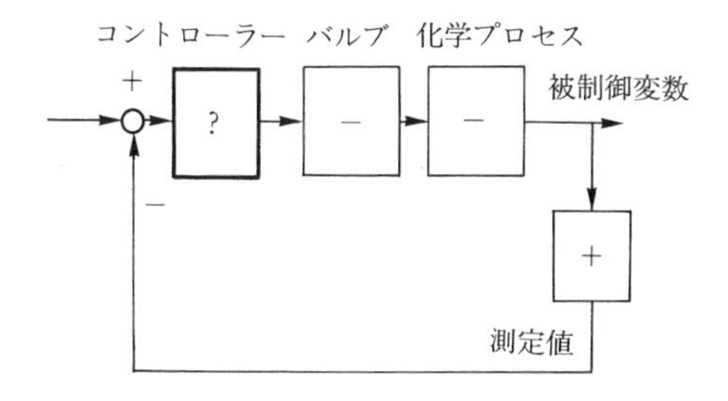

図 7・19

付　　録

1　単位換算表

(1) 長　さ

m	in	ft
1	39.37	3.281
0.01	0.3937	0.03281
0.001	0.03937	0.003281
0.02540	1	0.08333
0.3048	12.00	1

1 μm $=10^{-6}$ m
1 nm $=10^{-9}$ m
1 Å $=10^{-10}$ m

(2) 質　量

kg	t	lb
1	0.001	2.205
0.001	1×10^{-6}	0.002205
1000	1	2205
0.4536	4.536×10^{-4}	1

(3) 力

$\mathrm{m\cdot kg\cdot s^{-2}=N}$	kgf
1	0.1020
9.807	1
4.4482	0.4536

N はニュートンの略記号

(4) 密　度

$\mathrm{kg\cdot m^{-3}}$	$\mathrm{g\cdot cm^{-3}}$	$\mathrm{lb\cdot ft^{-3}}$
1	0.001	0.06243
1000	1	62.43
27680	27.68	1728
16.02	0.01602	1

水の 4℃, 15℃ および 20℃ における密度は，それぞれ 1000.0，999.1 および 998.2 $\mathrm{kg\cdot m^{-3}}$ である。

(5) 圧　力

Pa	$kgf \cdot cm^{-2}$	atm	$lbf \cdot in^{-2}$ (=psi)
1	1.0197×10^{-5}	9.8692×10^{-6}	1.4504×10^{-4}
10^5	1.0197	0.98692	14.504
9.8067×10^4	1	0.96784	14.223
1.0133×10^5	1.0332	1	14.696
6.8948×10^3	0.070307	0.068046	1

Pa はパスカルの略記号，psi は pound per square inch の略

(6) 粘　度

$N \cdot s \cdot m^{-2} = Pa \cdot s$	P (poise) $= g \cdot cm^{-1} \cdot s^{-1}$
1	10
0.1	1
0.0002778	0.002778
1.4881	14.881

(7) エネルギー†

J†† (=N·m) =10^7 erg	kW·h	kcal	Btu
1	2.778×10^{-7}	2.389×10^{-4}	9.480×10^{-4}
9.807	2.724×10^{-6}	0.002343	0.009296
1.356	3.766×10^{-7}	3.239×10^{-4}	0.001285
3.6×10^6	1	860	3413
2.647×10^6	0.7355	632.5	2510
2.685×10^6	0.7457	641.3	2545
101.3	2.815×10^{-5}	0.02420	0.09604
4186	0.001163	1	3.968
1055	2.930×10^{-4}	0.2520	1

1 W·s = 1 J = 2.778×10^{-7} kW·h

1 cal = 10^{-3} kcal

† 表中の熱量 cal，kcal および Btu は，温度を指定しない場合の仕事当量の定義式による値。

†† J はジュールの略記号である。

(8) 仕事率・工率・動力・電力

W (=$J \cdot s^{-1}$)	kW	$kgf \cdot m \cdot s^{-1}$	PS (仏馬力)	$kcal \cdot h^{-1}$
1	0.001	0.1020	0.001360	0.8604
1000	1	102.0	1.360	860.4
9.807	0.009807	1	0.01333	8.438
735.5	0.7355	75.00	1	632.8
1.162	0.001162	0.1185	0.001580	1

（9） 熱伝導率

$J \cdot m^{-1} \cdot s^{-1} K^{-1}$ ($= W \cdot m^{-1} \cdot K^{-1}$)	$kcal_{IT} \cdot m^{-1} \cdot h^{-1} \cdot {}^{\circ}C^{-1}$	$Btu \cdot ft^{-1} \cdot h^{-1} \cdot {}^{\circ}F^{-1}$
1	0.8598	0.5778
1.1630	1	0.6719
1.7307	1.4882	1

（10） 熱伝達係数

$J \cdot m^{-2} \cdot s^{-1} K^{-1}$ ($= W \cdot m^{-2} \cdot K^{-1}$)	$kcal_{IT} \cdot m^{-2} \cdot h^{-1} \cdot {}^{\circ}C^{-1}$	$Btu \cdot ft^{-2} \cdot h^{-1} \cdot {}^{\circ}F^{-1}$
1	0.8598	0.1761
1.163	1	0.2048
5.682	4.882	1

2　原子量の概数

（小数点以下1けたに丸めた値）

Ag	107.9	Cl	35.5	Hg	200.6	Na	23.0
Al	27.0	Cr	52.0	I	126.9	O	16.0
Ba	137.3	Cu	63.5	K	39.1	P	31.0
Br	79.9	F	19.0	Mg	24.3	S	32.1
C	12.0	Fe	55.8	Mn	54.9	Si	28.1
Ca	40.1	H	1.0	N	14.0	Zn	65.4

3　単位の接頭語

名　称	記号	大きさ	名　称	記号	大きさ
テラ (tera)	T	10^{12}	デシ (deci)	d	10^{-1}
ギガ (giga)	G	10^{9}	センチ (centi)	c	10^{-2}
メガ (mega)	M	10^{6}	ミリ (milli)	m	10^{-3}
キロ (kilo)	k	10^{3}	マイクロ (micro)	μ	10^{-6}
ヘクト (hecto)	h	10^{2}	ナノ (nano)	n	10^{-9}
デカ (deca)	da	10	ピコ (pico)	p	10^{-12}

4　ギリシア文字

大文字	小文字	読み方	大文字	小文字	読み方	大文字	小文字	読み方
A	α	アルファ	I	ι	イオタ	P	ρ	ロー
B	β	ベータ	K	$\varkappa, \kappa$	カッパ	Σ	σ	シグマ
Γ	γ	ガンマ	Λ	λ	ラムダ	T	τ	タウ
Δ	δ	デルタ	M	μ	ミュー	Υ	υ	ユプシロン
E	ε	エプシロン	N	ν	ニュー	Φ	φ, ϕ	ファイ
Z	ζ	ジータ	Ξ	ξ	クサイ	X	χ	カイ
H	η	イータ	O	o	オミクロン	Ψ	ψ	プサイ
Θ	θ	シータ	Π	π	パイ	Ω	ω	オメガ

解　　答

1·1　付録の単位換算表を利用する。

(1) 1 lb＝0.4536 kg，1 ft＝0.3048 m を用いて

$$80\,\mathrm{lb\cdot ft^{-3}}=80\frac{0.4536\,\mathrm{kg}}{(0.3048\,\mathrm{m})^3}=\underline{1281\,\mathrm{kg\cdot m^{-3}}}$$

(2) $1\,\mathrm{kgf\cdot cm^2}=9.8067\times10^4\,\mathrm{Pa}$ を用いて

$$5.8\,\mathrm{kgf\cdot cm^{-2}}=(5.8)(9.8067\times10^4\,\mathrm{Pa})=\underline{5.69\times10^5\,\mathrm{Pa}}$$

(3) 付録の表には，mmHg の換算表はないが，1 atm＝760 mmHg，$1\,\mathrm{atm}=1.013\times10^5$ Pa より

$$1900\,\mathrm{mmHg}=1900/760=2.5\,\mathrm{atm}=(2.5)(1.013\times10^5)=\underline{2.53\times10^5\,\mathrm{Pa}}$$

(4) 1 Btu＝1055 J，1 lb＝0.4536 kg＝453.6 g, 1 lb-mol＝0.4536 kg-mol＝453.6 g-mol＝453.6 mol。さらに $1°\mathrm{F}^{-1}$＝1°F の温度変化＝0.5556 K の温度変化＝$0.5556\,\mathrm{K}^{-1}$ より，

$$9.3\,\mathrm{Btu\cdot(lb\text{-}mol)^{-1}\cdot{}^\circ F^{-1}}=9.3\frac{1055\,\mathrm{J}}{(456\,\mathrm{mol})(0.556\,\mathrm{K})}=\underline{38.9\,\mathrm{J\cdot mol^{-1}\cdot K^{-1}}}$$

(5)

$$982\,\mathrm{kcal\cdot h^{-1}}=(982)\times\frac{4186\,\mathrm{J}}{3600\,\mathrm{s}}=\underline{1142\,\mathrm{J\cdot s^{-1}}}$$

1·2

$$h=0.0156c_pG^{0.8}/D^{0.2}$$

係数 0.0156 を a とおくと，その次元は

$$[a]=\left[\frac{hD^{0.2}}{c_pG^{0.8}}\right]=\left[\frac{\mathrm{kcal}}{\mathrm{m^3\cdot h\cdot{}^\circ C}}\cdot\mathrm{m^{0.2}}\cdot\frac{\mathrm{kg\cdot{}^\circ C}}{\mathrm{kcal}}\cdot\left(\frac{\mathrm{kg}}{\mathrm{m^2\cdot h}}\right)^{-0.8}\right]=[\mathrm{kg^{0.2}\cdot m^{-0.2}\cdot h^{-0.2}}]$$

$$\therefore\ a=0.0156\,\mathrm{kg^{0.2}\cdot m^{-0.2}\cdot h^{-0.2}}=(0.0156)(3600)^{-0.2}\mathrm{kg^{0.2}\cdot m^{-0.2}\cdot s^{-0.2}}=3.033\times10^{-3}\mathrm{kg^{0.2}\cdot m^{-0.2}\cdot s^{-0.2}}$$

SI で表した相関式は次式となる。もとの式と区別するために，各記号にプライム(′)をつける。

$$\underline{h'=3.033\times10^{-3}c_p'G'^{0.8}/D'^{0.2}}$$

1·3　HCl(ガス)の比熱容量 c_p は，式(1)で表せる。

$$c_p/\mathrm{cal\cdot g^{-1}\cdot{}^\circ C^{-1}}=0.188+2.63\times10^{-5}t/{}^\circ\mathrm{C}\tag{1}$$

HCl の分子量は 1.01＋35.45＝36.46 $\mathrm{g\cdot mol^{-1}}$ なので，1 g＝(1/36.46) mol。よって，式(1)の右辺第 1 項は

$$0.188\,\mathrm{cal\cdot g^{-1}\cdot{}^\circ C^{-1}}=0.188\frac{(4.186\,\mathrm{J})(\mathrm{K^{-1}})}{(1/36.46)\,\mathrm{mol}}=28.7\,\mathrm{J\cdot mol^{-1}\cdot K^{-1}}\tag{2}$$

式(1)の右辺第 2 項の単位は[$\mathrm{cal\cdot g^{-1}\cdot{}^\circ C^{-1}}$]であるから，係数 2.63×10^{-5} の単位は

$$2.63\times10^{-5}\frac{\mathrm{cal}}{\mathrm{g\cdot({}^\circ C)^2}}=2.63\times10^{-5}\frac{4.186\,\mathrm{J}}{(1/36.46)\,\mathrm{mol}\cdot(1)^2\mathrm{K}^2}=4.014\times10^{-3}\,\mathrm{J\cdot mol^{-1}\cdot K^{-2}}\tag{3}$$

$$t/{}^\circ\mathrm{C}=T/\mathrm{K}-273.2\tag{4}$$

式(2)～(4)を式(1)に代入すると

$$\underline{C_p/\mathrm{J\cdot mol^{-1}\cdot K^{-1}}}=28.7+4.014\times10^{-3}(T/\mathrm{K}-273.2)=\underline{27.6+4.01\times10^{-3}T/\mathrm{K}}$$

1·4　10 wt% の食塩水 100 kg を基準にとると，NaCl：10 kg，水：90 kg → NaCl が対応物質になる。濃縮により 10 kg の食塩が 28% になる。濃縮食塩水の量は

$$\text{濃縮食塩水の量}=10\,\mathrm{kg}\times\frac{100\%}{28\%}=\underline{35.7\,\mathrm{kg}}$$

濃縮食塩水中の水の量＝35.7－10＝25.7 kg
当初 90 kg あった水が 25.7 kg になったから蒸発水分質量は 90－25.7＝<u>64.3 kg</u>。

1·5　水の流量を w[kg·min^{-1}]，水路出口でのトレーサーも含めた流量を m[kg·min^{-1}]とする。1 min 間における物質収支は

$$\text{全成分：}w+2.50=m\tag{1}$$

$$Na_2SO_3\text{：}2.5\times0.1=m\times0.0035\tag{2}$$

式(2)より

$$m=(2.5)(0.1)/(0.0035)=71.43\,\mathrm{kg\cdot min^{-1}}$$

∴　$w=71.43-2.50=68.93\,\mathrm{kg\cdot min^{-1}}$

水の流量＝$(68.93/1\,000)\times 60=\underline{4.14\,\mathrm{m^3\cdot h^{-1}}}$

1·6　ガス吸収装置入口の混合ガス 100 mol を基準にとる。入口での 30 mol の空気が対応物質になる。これが出口では，100－18＝82 mol の空気に対応する。出口でのアンモニアの分率は 0.18 であるから

$$出口のアンモニア量=30\times\frac{18}{82}=6.59\,\mathrm{mol}$$

アンモニア 70 mol が供給され，出口では 6.59 mol になるから

アンモニアの吸収率

$=(70-6.59)/70=\underline{90.6\%}$

1·7　$CH_4 + 2\,O_2 \longrightarrow CO_2 + 2\,H_2O$

原料の CH_4 を 100 mol とすると量論比の酸素は 200 mol，50% 増しの空気が供給される。

供給空気量＝$200\times(100/21)\times 1.5$

$=1428.6\,\mathrm{mol}$

酸素＝$1428.6\times 0.21=300\,\mathrm{mol}$

窒素＝$1428.6-300=1128.6\,\mathrm{mol}$

燃焼炉入口の物質量と出口での各成分の物質量と組成は表 1·A のようになる。

表 1·A

物質	入口 物質量 /mol	出口 物質量 /mol	出口 モル分率
CH_4	100	0	0
O_2	300	300－200＝100	0.065
CO_2	0	100	0.065
H_2O	0	200	0.131
N_2	1128.6	1128.6	0.739
合計	1528.6	1528.6	1.000

1·8　燃焼炉出口での乾き燃焼ガス 100 mol ($100\,\mathrm{mol\cdot h^{-1}}$) を基準にとる。水蒸気を除いた各物質の物質量流量は

CO_2：13.4 mol，O_2：3.6 mol，N_2：83 mol

N_2 が対応物質となり，

空気量＝$83\,\mathrm{mol}\times(100/79)=105.1\,\mathrm{mol}$

酸素量＝$83\,\mathrm{mol}\times(21/79)=22.06\,\mathrm{mol}$

酸素の反応量は 22.06－3.6＝18.46 mol。これが理論酸素量となり，過剰酸素は 3.6 mol。

∴　過剰空気率＝$3.6/18.46=0.195=\underline{19.5\%}$

反応式 (b) の酸素消費量

$=18.46-13.4=5.06\,\mathrm{mol}$

反応式 (b) から，反応した水素の量と生成した H_2O の量は，$5.06\,\mathrm{mol}\times 2=10.12\,\mathrm{mol}$。

→ 湿り燃焼ガス量＝100＋10.12

$=110.12\,\mathrm{mol}$

油は C と H とからなり，その質量は

$12\times 13.4+2\times 10.12=181\,\mathrm{g}=0.181\,\mathrm{kg}$

であるから，油の組成は

C：$12\times 13.4/181=0.888=\underline{88.8\%}$

H：$100-88.8=\underline{11.2\%}$

100 kg の油から生成する燃焼ガスの量は

$110.12\,\mathrm{mol\cdot h^{-1}}\times(100/0.181)$

$=6.08\times 10^4=\underline{60.8\,\mathrm{kmol}}$

1·9　入口ガス 100 mol を基準にとる。そのうち，エタン (A) は 80 mol，不活性ガス (I) は 20 mol。反応器出口でのエタン F_A は

エタンの量 $F_A=80(1-0.63)=\underline{29.6\,\mathrm{mol}}$

エチレンの量 $F_R=(80)(0.48)=\underline{38.4\,\mathrm{mol}}$

エタン A の全反応量＝80－29.6＝50.4 mol

反応 (b) でのエタンの反応量＝(エタンの全反応量)－(エチレンの生成量)

$=50.4-38.4=12.0\,\mathrm{mol}$

水素の量 $F_T=38.4-12=26.4\,\mathrm{mol}$

メタン (S) の量＝2×(反応 (b) によるエタンの反応量)＝(2)(12)＝24 mol

不活性ガス (I) の量＝20 mol

反応器出口での合計物質量は，上記の各成分の物質量の合計であるから

全成分の量＝29.6＋38.4＋26.4＋24＋20

$=138.4\,\mathrm{mol}$

エタンのモル分率＝$29.6/138.4=\underline{0.214}$

エチレンのモル分率＝$38.4/138.4=\underline{0.277}$

水素のモル分率＝$26.4/138.4=\underline{0.191}$

メタンのモル分率＝$24/138.4=\underline{0.173}$

不活性ガスのモル分率＝$20/138.4=\underline{0.145}$

エチレンの選択率＝(エチレンの生成量)(エタンの反応量)＝$38.4/50.4=\underline{0.762}$

1·10　基準として 1 kg の塩水をとり，$(1-x)$ kg をバイパスし，残りの x kg を蒸発器に導き，塩分 z kg を取り除いて真水にしてから，両者を合流させる。

プロセス全体の物質収支式：$1=y+z$

塩分：$1\times 600\times 10^{-6}=z+50\times 10^{-6}y$

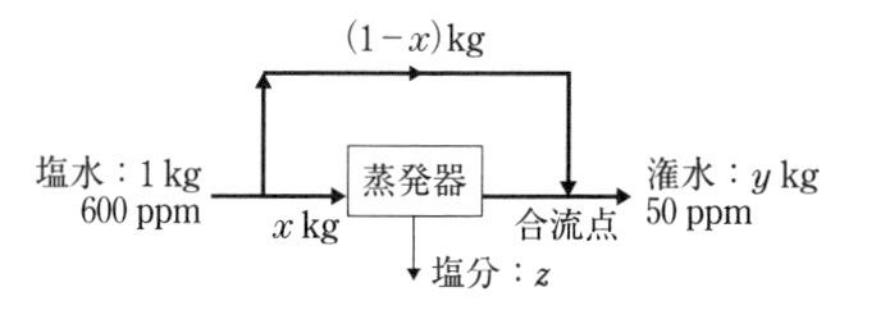

$\rightarrow y=0.99945,\ z=550\times10^{-6}$

蒸発器での塩分収支：

$x(600\times10^{-6})=z=550\times10^{-6}$

$\therefore\quad x=550/600=0.9167$

バイパス量$=1-x=1-0.9167$

$=0.0833$

$\therefore$　バイパス分率$=\underline{8.33\%}$

[**別解**]　塩分濃度が非常に低いから，蒸発器前後の塩水と真水の量は同一であると近似できて，合流点での塩分の物質収支は

$(1-x)(600\times10^{-6})+x(0)=(1)(50\times10^{-6})$

$\therefore\quad x=550/600=0.0833=\underline{8.33\%}$

1·11

パージ F_p
4.7 %
原料 100
0.2 %
反応器
製品

リサイクル流れを含むシステムにおいて，アルゴンの物質収支をとる。製品の液体アンモニアにはアルゴンは含まれていないとすると，出口からのアルゴンはパージ流れによってのみ外気に流出する。

$(100)(0.2\times10^{-2})=F_p(4.7\times10^{-2})$

$\therefore\quad F_p=4.26\,\mathrm{mol\cdot h^{-1}}$

原料に対する流量比$=4.26/100=0.0426$

$=\underline{4.26\%}$

1·12　メタン 1mol についての必要熱量 Q' を求める。

$$Q'=\int_{298.2}^{573.2}(5.34+0.0115T)\,\mathrm{d}T$$

$$=\left[5.34T+\frac{0.0115}{2}T^2\right]_{298.2}^{573.2}$$

$$=11915\,\mathrm{J\cdot mol^{-1}}=11.92\,\mathrm{kJ\cdot mol^{-1}}$$

メタン CH_4 の分子量は $12+4=16\,\mathrm{g\cdot mol^{-1}}=16\times10^{-3}\,\mathrm{kg\cdot mol^{-1}}\rightarrow 1\,\mathrm{kg}$ のメタンは $1/16\times10^3=62.5\,\mathrm{mol\cdot kg^{-1}}$ に相当 → メタン 1kg についての必要熱量 Q は

$Q=(11.92)(62.5)=\underline{745\,\mathrm{kJ\cdot kg^{-1}}}$

1·13　1kmol の水$=18$kg，これを 20℃ から 80℃ まで加熱するに必要な熱量は

$(4.187)(80-20)(18)=4.52\times10^3\,\mathrm{kJ}$

373K における水の蒸発潜熱は $2257\,\mathrm{kJ\cdot kg^{-1}}$。よって，必要な蒸気量 Q は

$Q=(4.52\times10^3\,\mathrm{kJ})/(2257\,\mathrm{kJ\cdot kg^{-1}})=\underline{2.0\,\mathrm{kg}}$

1·14　断熱操作では，式(1·11)で $Q=0$ より

$$H_{\mathrm{in}}-H_{\mathrm{out}}=0 \qquad (1)$$

H_{in} は例題 1·10 で計算した値が使用できる。

$$H_{\mathrm{in}}=1352.1\,\mathrm{kJ\cdot h^{-1}} \qquad (2)$$

一方，反応器出口での反応生成物のエンタルピー流出速度 H_{out} は，式(d)が使用できる。式(e)は反応器出口での温度を T_{out} とおくと，式(d)を利用して

$$\sum F_j\bar{C}_{pj}(T_{\mathrm{out}}-298.2)=[(2.4)(46.4)+(15.1)(31.3)+(7.6)(65)+(71.1)(29.9)](10^{-3})(T_{\mathrm{out}}-298.2)$$

$$=3.204(T_{\mathrm{out}}-298.2) \qquad (3)$$

本文の式(c)と式(3)を式(b)に代入すると，出口でのエンタルピー H_{out} は

$$H_{\mathrm{out}}=-746.3+3.204(T_{\mathrm{out}}-298.2) \qquad (4)$$

式(2)と式(4)を式(1)に代入すると

$$1352.1=-746.3+3.204(T_{\mathrm{out}}-298.2)$$

$\therefore\quad T_{\mathrm{out}}=953.1\,\mathrm{K}=\underline{680℃}$

反応器出口反応率が 76% になり，温度が 450℃ から 680℃ まで上昇する。

2·1　活性中間体である Br· と H· に対して定常状態近似法を適用する。式(b)～(f)の各反応に基づいて，Br· および H· に対する反応速度式を導出し，これらをそれぞれゼロとおくと

$$r_{\mathrm{Br\cdot}}=2k_1[\mathrm{Br_2}]-k_2[\mathrm{Br\cdot}][\mathrm{H_2}]+k_3[\mathrm{H\cdot}][\mathrm{Br_2}]+k_4[\mathrm{H\cdot}][\mathrm{HBr}]-2k_5[\mathrm{Br\cdot}]^2=0 \qquad (1)$$

$$r_{\mathrm{H\cdot}}=k_2[\mathrm{Br\cdot}][\mathrm{H_2}]-k_3[\mathrm{H\cdot}][\mathrm{Br_2}]-k_4[\mathrm{H\cdot}][\mathrm{HBr}]=0 \qquad (2)$$

成分 H_2, Br_2, HBr に対する反応速度をそれぞれ $r_{\mathrm{H_2}}$, $r_{\mathrm{Br_2}}$, r_{HBr} とすると，量論式(a)に対する反応速度 r は，

$$r=-r_{\mathrm{H_2}}=-r_{\mathrm{Br_2}}=r_{\mathrm{HBr}}/2 \qquad (3)$$

のように表される。いま，H_2 に対する反応速度を用いると

$$r=-r_{\mathrm{H_2}}=-k_4[\mathrm{H\cdot}][\mathrm{HBr}]+k_2[\mathrm{Br\cdot}][\mathrm{H_2}] \qquad (4)$$

となるから，式(1), (2)を連立させて解いて[Br·]と[H·]を与える式を求め，式(4)に代入すると，r を与える式は次式となる。

$$r=\frac{k_2(k_3/k_4)(k_1/k_5)^{1/2}[\mathrm{H_2}][\mathrm{Br_2}]^{1/2}}{(k_3/k_4)+([\mathrm{HBr}]/[\mathrm{Br_2}])}$$

2·2　活性中間体ESおよびEPに対して定常状態近似法を適用する。ESおよびEPに対する反応速度 r_{ES} および r_{EP} を求めてこれらをゼロとおくと，式(1), (2)が得られる。

$$r_{\mathrm{ES}}=k_1[\mathrm{E}][\mathrm{S}]-k_2[\mathrm{ES}]-k_3[\mathrm{ES}]+k_4[\mathrm{EP}]=0 \quad (1)$$

$$r_{\mathrm{EP}}=k_3[\mathrm{ES}]-k_4[\mathrm{EP}]-k_5[\mathrm{EP}]+k_6[\mathrm{E}][\mathrm{P}]=0 \quad (2)$$

ここで，[E]は溶液中に存在する遊離した酵素の濃度であり，[ES], [EP]はそれぞれ基質および生成物と結合している酵素の濃度を表すから，全酵素濃度を$[\mathrm{E}]_0$とすると，酵素の収支式は次式のように表される。

$$[\mathrm{E}]_0=[\mathrm{E}]+[\mathrm{ES}]+[\mathrm{EP}] \quad (3)$$

式(a)の反応速度 r は，反応生成物Pに対する反応速度 r_{P} に等しいから

$$r=r_{\mathrm{P}}=k_5[\mathrm{EP}]-k_6[\mathrm{E}][\mathrm{P}] \quad (4)$$

式(1)～(3)を連立して[E]について解き，式(d), (f)の関係を代入すると

$$[\mathrm{E}]=\frac{[\mathrm{E}]_0}{1+[\mathrm{S}]/K_{\mathrm{m}}{}^{\mathrm{f}}+[\mathrm{P}]/K_{\mathrm{m}}{}^{\mathrm{r}}} \quad (5)$$

同様にして[EP]について解き，得られた式と式(5)を式(4)に代入すると反応速度 r_{P} が求まる。

$$r_{\mathrm{P}}=\frac{(V^{\mathrm{f}}/K_{\mathrm{m}}{}^{\mathrm{f}})[\mathrm{S}]-(V^{\mathrm{r}}/K_{\mathrm{m}}{}^{\mathrm{r}})[\mathrm{P}]}{1+[\mathrm{S}]/K_{\mathrm{m}}{}^{\mathrm{f}}+[\mathrm{P}]/K_{\mathrm{m}}{}^{\mathrm{r}}} \quad (\mathrm{b})$$

2·3　Arrheniusの式の両辺で対数をとると，$\ln k=\ln k_0-E/RT$ の関係式が得られる。この関係式に従って，反応速度定数 k の対数と温度の逆数 $1/T$ をプロットすると，実測値は直線で良好に相関できる。最小二乗法により直線の式を求めると，次式

$$\ln k=2.41\times10-6.57\times10^3/T$$

のようになる。直線の勾配-6.57×10^3が$-E/R$を意味するから，活性化エネルギーEは

$$E=6.57\times10^3\times8.31=\underline{54.6\,\mathrm{kJ\cdot mol^{-1}}}$$

2·4　反応速度$-r_{\mathrm{A}}$が，反応率 x_{A} の増加に伴い単調に減少する場合，あるいは反応物濃度の減少に伴い$-r_{\mathrm{A}}$が単調に減少する場合，式(2·71)で表される化学反応操作時間 t_{r} に相当するのは<u>図2·Aの斜線部</u>である。

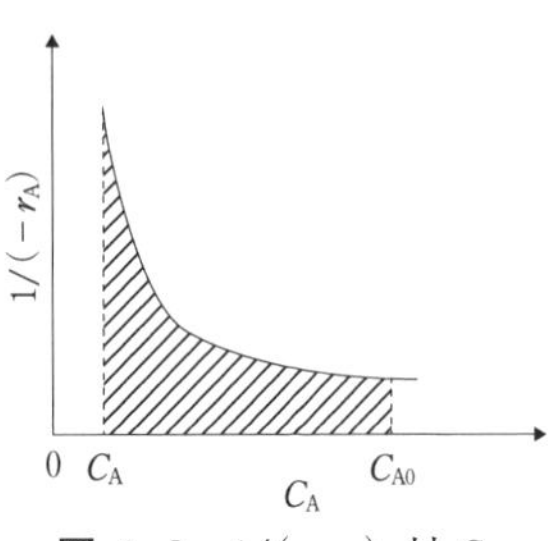

図 2·A　$1/(-r_{\mathrm{A}})$ 対 C_{A}

2·5　例題2·6の式(d)を次式のように書き直して，右辺を積分すると式(1)を得る。

$$kC_{\mathrm{A0}}t=\int_0^{x_{\mathrm{A}}}\frac{1}{(1-x_{\mathrm{A}})^2}\mathrm{d}x_{\mathrm{A}}+\varepsilon_{\mathrm{A}}\int_0^{x_{\mathrm{A}}}\frac{x_{\mathrm{A}}}{(1-x_{\mathrm{A}})^2}\mathrm{d}x_{\mathrm{A}}$$

$$=\left[\frac{1}{1-x_{\mathrm{A}}}\right]_0^{x_{\mathrm{A}}}+\varepsilon_{\mathrm{A}}\left[\ln(1-x_{\mathrm{A}})+\frac{1}{1-x_{\mathrm{A}}}\right]_0^{x_{\mathrm{A}}}$$

$$=\frac{1}{1-x_{\mathrm{A}}}-1+\varepsilon_{\mathrm{A}}\left[\ln(1-x_{\mathrm{A}})+\frac{1}{1-x_{\mathrm{A}}}-1\right]$$

$$=\frac{(1+\varepsilon_{\mathrm{A}})x_{\mathrm{A}}}{1-x_{\mathrm{A}}}+\varepsilon_{\mathrm{A}}\ln(1-x_{\mathrm{A}}) \quad (1)$$

2·6　連続槽型反応器操作での2次反応の式(2·81)に基づいて算出した $C_{\mathrm{A}}/C_{\mathrm{A0}}$ 対 τkC_{A0} の関係を図2·Bに，x_{A} 対 τkC_{A0} の関係を図2·Cに示す。両図から明らかなように，操作変数である τkC_{A0} の値が大きい領域と，小さい領域での反応成績(縦軸の値)の収斂の仕方が異なるから，二つの図を使い分けることにより，与えられた τkC_{A0} の値に対する反

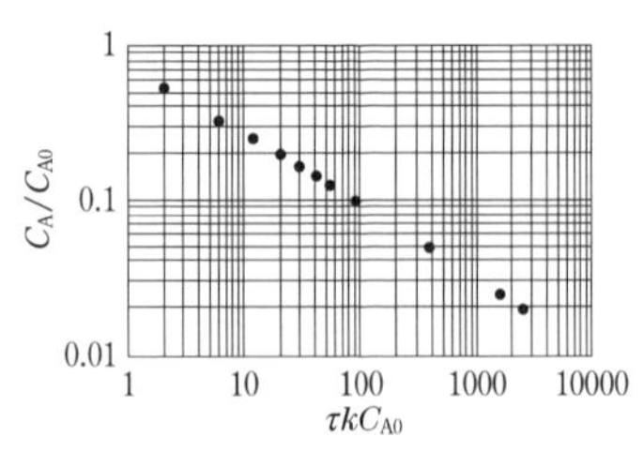

図 2·B　$C_{\mathrm{A}}/C_{\mathrm{A0}}$ 対 τkC_{A0}

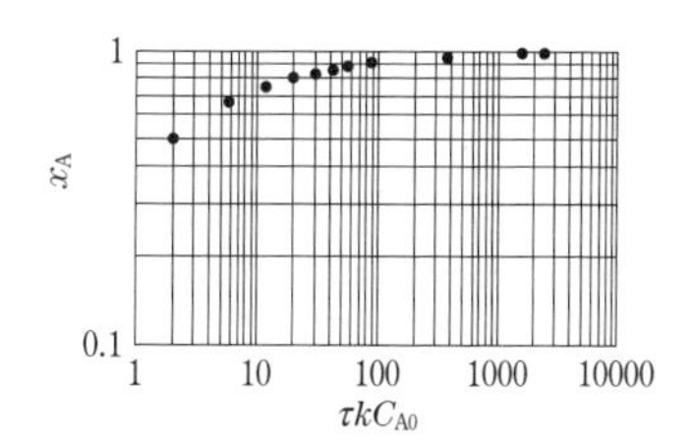

図 2·C　x_A 対 $\tau k C_{A0}$

応率などを精度よく決定できる。たとえば，$\tau k C_{A0}$ が100以上の領域では，C_A/C_{A0} が0.1以下になるので，図2·Bから求まる C_A/C_{A0} の値から反応率 x_A を正確に決定できる。

2·7　連続多段反応槽列操作に関する問題である。任意の第 i 番目の反応槽の体積を V_i とし，この反応槽に単位時間あたり供給される成分Aの量は，一つ前の第 $i-1$ 番目の反応槽(体積 V_{i-1})から体積流量 v_{i-1}，濃度 C_{Ai-1} で排出されるから，$v_{i-1}C_{Ai-1}$ である。同様に第 i 番目の反応槽からの成分Aの排出速度は，v_iC_{Ai} である。第 i 反応槽について反応成分Aの物質収支をとると，

$$v_{i-1}C_{Ai-1}-v_iC_{Ai}=(-r_{Ai})V_i$$

この式を書き換えると，

$$(v_{i-1}/v_i)(C_{Ai-1}/C_{Ai})-1=(-r_{Ai})(V_i/v_i)/C_{Ai}$$

反応流体の密度変化がない場合には，$v_{i-1}=v_i=v_0$ であるから，

$$C_{Ai-1}/C_{Ai}=1+(-r_{Ai})\tau_i/C_{Ai}$$

ただし，

$$\tau_i=V_i/v_i$$

題意の0次反応の場合は，$-r_{Ai}=k_i$ (k_i は0次反応速度定数)であるから，

$$C_{Ai-1}/C_{Ai}=1+k_i\tau_i/C_{Ai}$$

$$\therefore\quad C_{Ai}=C_{Ai-1}-k_i\tau_i$$

第1反応槽($i=1$)では，$C_{A1}=C_{A0}-k_1\tau_1$

第2反応槽($i=2$)では，$C_{A2}=C_{A1}-k_2\tau_2$

最後の第 N 反応槽($i=N$)では，

$$C_{AN}=C_{AN-1}-k_N\tau_N$$

ただし，$\tau_1=V_1/v_1$，$\tau_2=V_2/v_2$，$\tau_N=V_N/v_N$

ここで N 個の反応槽列全体について考えると，

$$C_{AN}=C_{A0}-(k_1\tau_1+k_2\tau_2+\cdots+k_N\tau_N)$$

全ての反応槽が同一温度，同一体積の場合には，$k_1\tau_1=k_2\tau_2=\cdots=k_N\tau_N\equiv k\tau$ (ただし，$\tau=(V_T/N)/v_0$，$V_T=V_1+V_2+\cdots+V_N$)であり，次式を得る。

$$C_{AN}=C_{A0}-Nk\tau$$

この式の両辺を C_{A0} で割れば，次式が得られる。

$$\underline{C_{AN}/C_{A0}=1-x_A=1-Nk\tau/C_{A0}}$$

ただし設計上 C_{AN}/C_{A0} が負になることはないから，反応槽数 N は $N<C_{A0}/k\tau$ の制限を受ける。

2·8　本題は，反応物質がそれぞれ体積 V_i の異なる合計 N 個の反応槽に供給される並列多段反応槽列操作に関する問題である。この反応槽列での入口と出口での反応物濃度と体積流量をそれぞれ C_{A0} と v_0，および C_{A0}' と v_0' とする。反応槽列入口での体積流量 v_0 は各反応槽入口への体積流量の和である($v_0=v_1+v_2+\cdots+v_i+\cdots+v_N$)。反応槽列出口での体積流量は，各反応槽からの体積流量の和である($v_0'=v_1'+v_2'+\cdots+v_i'+\cdots+v_N'$)。全反応槽体積は $V_T=V_1+V_2+\cdots+V_N$ である。i 番目の反応槽に単位時間あたり供給される成分Aの量は v_iC_{A0} である。i 番目の反応槽からの排出体積流量 v_i'，排出濃度 C_{Ai} とすると，i 番目の反応槽における成分Aの物質収支は，

$$\underline{v_iC_{A0}-v_i'C_{Ai}=(-r_{Ai})V_i}\qquad \text{式(2·82)相当}$$

反応流体の密度変化がない場合は，$v_i'=v_i$ および $v_0'=v_0$ であるから，$V_i/v_i=\tau_i$ とすると，

$$\underline{C_{A0}-C_{Ai}=(-r_{Ai})\tau_i}\qquad \text{式(2·83)相当}$$

1次反応の場合は $-r_{Ai}=k_iC_{Ai}$ であるから，

$$\underline{C_{A0}/C_{Ai}=1+k_i\tau_i}\qquad \text{式(2·84)相当}$$

第1反応槽($i=1$)では　$C_{A0}/C_{A1}=1+k_1\tau_1$

N 個の反応槽全体について考えると，

$$C_{A0}'v_0'=C_{A1}v_1+C_{A2}v_2+\cdots+C_{AN}v_N$$

$$\underline{\left(\frac{C_{A0}'}{C_{A0}}\right)v_0'=\frac{v_1}{1+k_1\tau_1}+\frac{v_2}{1+k_2\tau_2}+\cdots}$$

$$\underline{+\frac{v_N}{1+k_N\tau_N}}\qquad \text{式(2·85)相当}$$

すべての反応槽が同一温度，同一体積，同一流量で操作される場合は，$v_1=v_2=\cdots=v_N\equiv v_0/N$，$V_1=V_2=\cdots=V_N\equiv V_T/N$，

$$k_1\tau_1=k_2\tau_2=\cdots=k_N\tau_N=k\frac{V_T/N}{v_0/N}\equiv k\tau$$

であるから

$$\frac{C_{A0}'}{C_{A0}}=\frac{1}{1+k\tau}=1-x_A \qquad \text{式(2·86)相当}$$

2·9　題意より，$P_t/P_{t0}=1$，$T_0/T=1$。各成分と不活性成分Iの濃度を，限定反応成分Aの反応率 x_A で表す。

$$C_A=\frac{C_{A0}(1-x_A)}{1+\varepsilon_A x_A}$$

$$C_B=\frac{C_{A0}[\theta_B-(b/a)x_A]}{1+\varepsilon_A x_A},\quad \theta_B=\frac{n_{B0}}{n_{A0}}$$

$$C_C=\frac{C_{A0}[\theta_C+(c/a)x_A]}{1+\varepsilon_A x_A},\quad \theta_C=\frac{n_{C0}}{n_{A0}}$$

$$C_I=\frac{C_{A0}\theta_I}{1+\varepsilon_A x_A},\quad \theta_I=\frac{n_{I0}}{n_{A0}}$$

題意より反応式は $2\,A + B \longrightarrow 4\,C$ であるから，$a=2$，$b=1$，$c=4$，$\delta_A=(-a-b+c)/a=(-2-1+4)/2=1/2$。

原料ガスA成分は20%なので，$y_{A0}=0.2$。

よって，$\varepsilon_A=\delta_A y_{A0}=(1/2)\times 0.2=0.1$

$PV=nRT$ が成り立つとして，

$$C_{A0}=P_{A0}/RT=P_t y_{A0}/RT$$
$$=(2000\times10^3)(0.2)/(8.314)(553.2)$$
$$=87.0\,\mathrm{mol\cdot m^{-3}}$$

また，$\theta_j=n_{j0}/n_{A0}$ より，$\theta_B=16.8/20=0.84$，$\theta_C=0/20=0$，$\theta_I=63.2/20=3.16$

よって，

$$C_A=\frac{87.0(1-x_A)}{1+0.1x_A}$$

$$C_B=\frac{87.0[0.84-0.5x_A]}{1+0.1x_A}$$

$$C_C=\frac{87.0(0+2x_A)}{1+0.1x_A}=\frac{2(87.0)x_A}{1+0.1x_A}$$

$$C_I=\frac{87.0(3.16)}{1+0.1x_A}$$

3·1　(1) 式(3·7)より $H=H'/C_T=(37.5\times10^3)/(5.56\times10^4)=\underline{0.674\,\mathrm{Pa\cdot m^3\cdot mol^{-1}}}$，式(3·17)より $k_G=k_y/P_T=(0.4)/(1.013\times10^5)=\underline{3.95\times10^{-6}\,\mathrm{mol\cdot m^{-2}\cdot s^{-1}\cdot Pa^{-1}}}$，式(3·17)より $k_L=k_x/C_T=(3.0)/(5.56\times10^4)=\underline{5.40\times10^{-5}\,\mathrm{m\cdot s^{-1}}}$，式(3·16 a)より

$1/K_G$(全抵抗)$=1/k_G$(気相抵抗)
$\quad +H/k_L$(液相抵抗)
$\quad =2.53\times10^5+1.25\times10^4$
$\quad =2.66\times10^5\,\mathrm{m^2\cdot s\cdot Pa\cdot mol^{-1}}$，

$\therefore\ K_G=1/(2.66\times10^5)$
$\quad =\underline{3.76\times10^{-6}\,\mathrm{mol\cdot m^{-2}\cdot s^{-1}\cdot Pa^{-1}}}$，

気相抵抗の方が大きい(全抵抗の95.3%)。

(2) $p_A^*=HC_{AL}=(0.674)(200)=135\,\mathrm{Pa}$，$N_A=K_G(p_A-p_A^*)=(3.76\times10^{-6})(2000-135)=\underline{7.01\times10^{-3}\,\mathrm{mol\cdot m^{-2}\cdot s^{-1}}}$，$N_A=k_G(p_A-p_{Ai})$より

$p_{Ai}=p_A-N_A/k_G=2000-(7.01\times10^{-3})/(3.95\times10^{-6})=\underline{225\,\mathrm{Pa}}$，

$C_{Ai}=p_{Ai}/H=(225)/(0.675)=\underline{334\,\mathrm{mol\cdot m^{-3}}}$

3·2　(1) $N_A=k_G(p_A-p_{Ai})=\beta k_L C_{Ai}$，これを変形すると

$$N_A=\frac{p_A-p_{Ai}}{\dfrac{1}{k_G}}=\frac{p_{Ai}}{\dfrac{H}{\sqrt{kD_{AL}C_{BL}}}}=\frac{p_A}{\dfrac{1}{k_G}+\dfrac{H}{\sqrt{kD_{AL}C_{BL}}}}$$

(2) $N_A=(0.005)(1.013\times10^5)/$

$$\left(\frac{1}{4.0\times10^{-6}}+\frac{4.05\times10^3}{\sqrt{(5.70)(1.7\times10^{-9})(1000)}}\right)$$
$$=\underline{3.27\times10^{-4}\,\mathrm{mol\cdot m^{-2}\cdot s^{-1}}}$$

3·3　ガス濃度が低いので，気液のモル速度は塔内で変化しないとする。

(1) ガス入口のメタノールモル分率 $y_1=0.01$，出口のモル分率 $y_2=(0.01)(1-0.98)=0.0002$，$x_1^*=y_1/m=0.01/0.25=0.04$，$x_2=0$。$L_M'\fallingdotseq L_M$，$G_M'\fallingdotseq G_M$ であるので式(3·36)より

$$(L_M/G_M)_{\min}=(y_1-y_2)/(x_1^*-x_2)$$
$$=(0.01-0.0002)/(0.04-0)$$
$$=\underline{0.245}$$

(2) $L_M/G_M=(1.6)(0.245)=0.392$，操作線の方程式は

$$\underline{y-0.0002=(0.392)(x-0)} \qquad (1)$$

(3) $y_1=0.01$，$y_2=0.0002$ であるから式(1)より

$x_1=(0.01-0.0002)/0.392=0.025$，
$y_1^*=(0.25)(0.025)=0.00625$，$y_2^*=0$，
$y_1-y_1^*=0.00375$，$y_2-y_2^*=0.0002$

式(3·39)より $(y-y^*)_{lm}$ を求めると0.00121，式(3.38 b)より

$$N_{OG}=(0.01-0.002)/(0.00121)=\underline{8.09}$$

(4) $Z=H_{OG}N_{OG}=(0.65)(8.09)=\underline{5.26\,\mathrm{m}}$

3·4　(1)式(3·46)より $x=x_1=(P-P_2^\circ)/(P_1^\circ-P_2^\circ)$，式(3·47)より $y=y_1=P_1^\circ x/P$。これらより各温度での x, y を求めると表3·Aのようになり，これを図示すると図3·Aおよび図3·Bとなる。

(2) $\alpha_{12}=[y/(1-y)]/[x/(1-x)]$より α

表 3·A

温度/°C	110.6	115	120	125	130	134	138.3
x	1	0.789	0.577	0.393	0.230	0.114	0
y	1	0.895	0.746	0.581	0.387	0.212	0
α_{12}		2.29	2.16	2.16	2.11	2.09	

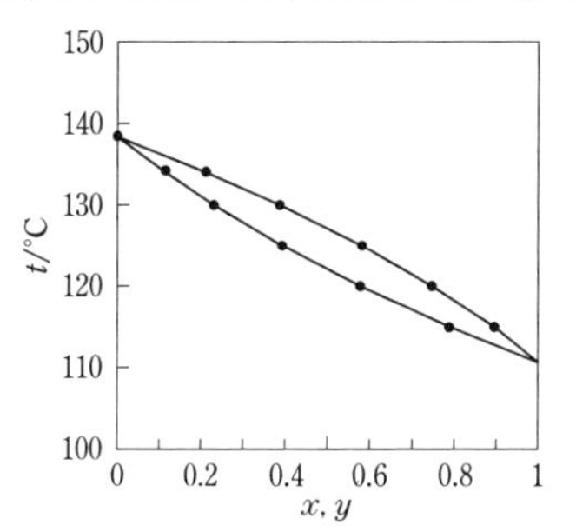

図 3·A　t-x-y 線図

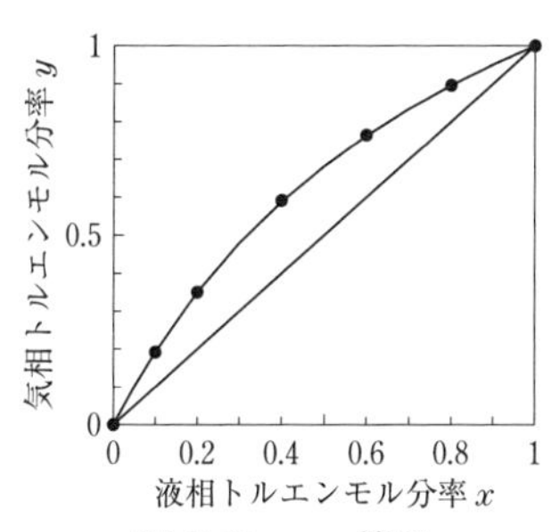

図 3·B　x-y 線図

を求め，表3·Aにあわせて示した。α_{12} の平均値は 2.15

(3) 式(3·44)より各 x と y の関係を求め，図3·Bに実線で示した。実測値(プロット)とよく一致している。

3·5　$\alpha=\alpha_{12}=2.47$ としてベンゼンの x-y 関係を式(3·44)より計算し，プロットすると図3·12と同様の図が得られる。

(1) x-y 線図より $x=0.65$ のとき $y=0.82$

(2) 式(3·57)より $Fx_{\mathrm{F}}=Dy_{\mathrm{D}}+Wx_{\mathrm{W}}$，$x_{\mathrm{F}}=0.65$，$D=(2/5)F$，$W=(3/5)F$ を代入すると

$$0.4y_{\mathrm{D}}+0.6x_{\mathrm{W}}=0.65 \qquad (1)$$

式(3·44)より

$$y_{\mathrm{D}}=2.47x_{\mathrm{W}}/(1.47x_{\mathrm{W}}+1) \qquad (2)$$

式(2)を式(1)に代入して整理すると

$$0.882x_{\mathrm{W}}^2+0.632x_{\mathrm{W}}-0.65=0$$

これを解くと $x_{\mathrm{W}}=0.57$(残留液組成)

式(1)より $y_{\mathrm{D}}=0.77$(留出液組成)

3·6　(1) x-y 関係は，次式で精度よく表される。

$$y=0.3026x^3-1.1909x^2+1.8898x \qquad (1)$$

(2) 式(3·55)より

$$\ln(L_1/L_2)=\int_{x_2}^{0.5}\frac{\mathrm{d}x}{y-x}$$

なお，$\ln(L_1/L_2)=\ln(2)=0.693$。式(1)を用いて種々の $x(\leq 0.5)$ について y を，さらに $1/(y-x)$ を求め，図3·18と同様に x に対して $1/(y-x)$ をプロットして $x_1=0.5$ から仮定値 x_2 まで図積分を行い，その値が 0.693 になる x_2 を試行法により求めると，残液組成 $x_2=0.37$。式(3·52)より

$$\text{留出液組成 } x_{\mathrm{D}}=\frac{L_1x_1-L_2x_2}{L_1-L_2}$$

$$=\frac{1\times0.5-0.5\times0.37}{1-0.5}$$

$$=0.63$$

[**別解**] (1)で得た x と $1/(y-x)$ の関係を用いると，最小二乗法により次式が得られる。

$$1/(y-x)=38.97x^2-33.96x+12.68$$

x_2 を仮定し，上式右辺を x_2 から $x_1=0.5$ まで積分し，その値が 0.693 になる x_2 を試行法により求めると $x_2=0.37$

3·7　(1)式(3·61)において $F=1000\,\mathrm{mol\cdot h^{-1}}$，$x_{\mathrm{D}}=0.95$，$x_{\mathrm{W}}=0.05$ であるから

$$D=389\ \mathrm{mol\cdot h^{-1}},$$

$$W=1000-389=611\ \mathrm{mol\cdot h^{-1}}$$

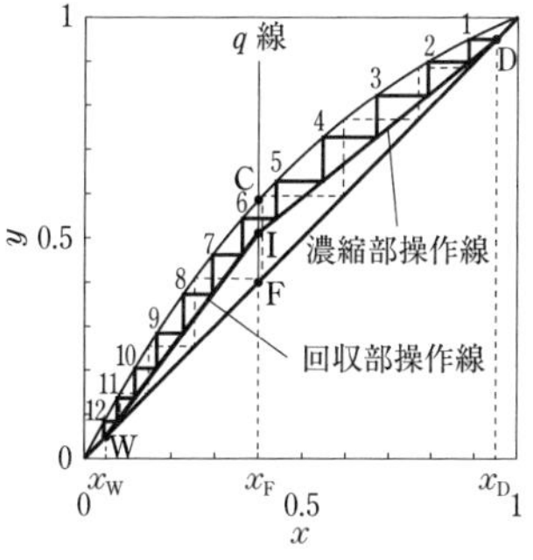

図 3·C

(2) 問題3·6解答の式(1)を用いて x-y 線図を描く。原料は沸点の液であるので q 線は点F(0.4, 0.4)を通る垂直線。q 線と平衡線の交点Cの座標 $x_C=0.4$, $y_C=0.585$。式(3·76)より

最小還流比 $R_{min}=(x_D-y_C)/(y_C-x_C)=1.97$

平衡線と対角線の間で階段作図をすると破線で示すように最小理論段数＝7－1＝6段

(3) 還流比 $R=(2)(1.97)=3.94$, 濃縮部操作線の勾配 $=R/(R+1)=0.798$。濃縮部操作線は点D(0.95, 0.95)を通るので

$$y-0.95=(0.798)(x-0.95) \qquad (1)$$

式(1)と q-線の交点Iの座標は $x_I=0.4$, $y_I=0.511$。回収部操作線は点Iと点W(0.05, 0.05)を通るので勾配は1.32。回収部操作線は

$$y-0.05=1.32(x-0.05) \qquad (2)$$

点Dから平衡線と操作線の間で階段作図を行うと，原料供給段は6段目，理論ステップ数＝12段，理論段数＝11段

3·8 (1) 表のデータを用いて溶解度をプロットすると図3·Dが得られる。タイラインも示した。

(2) タイラインを用いて図3·Dに示すように補助線(共役線)を描いた(--------で表した)。

3·9 前問のデータを用いて分離係数 β を計算し，表3·Bに示した。また，抽残相(水相)中のエチレングリコール濃度 x_C に対する β のプロットを図3·Eに示した。

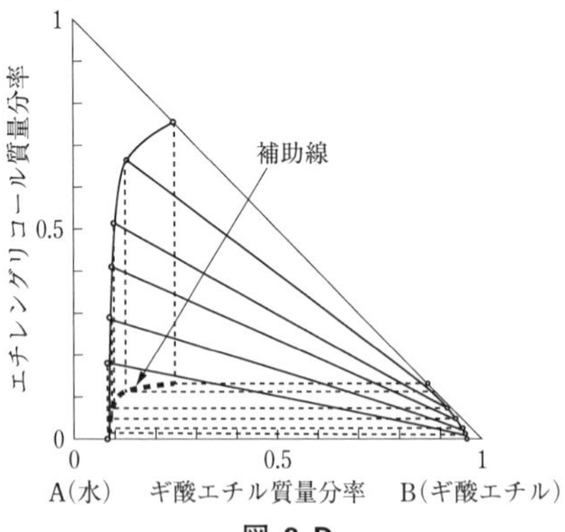

図 3·D

表 3·B

y_A	y_C	x_A	x_C	β
0.0365	0	0.9104	0	
0.0265	0.0135	0.7330	0.1780	2.09
0.0210	0.0250	0.6200	0.2857	2.58
0.0160	0.0480	0.4960	0.4090	3.64
0.0120	0.0740	0.3860	0.5130	4.64
0.0060	0.1120	0.2060	0.6650	5.78
0	0.1314	0	0.7542	

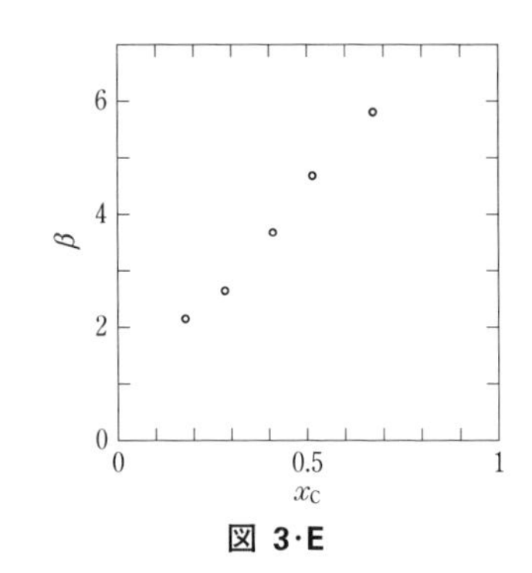

図 3·E

3·10 例題3·8を参考に解く。溶解度曲線(図3·F)に原料組成を表す点F($X_F=0.08$)および目的組成を表す点R($X_R=0.01$)をプロットする。Rを通るタイラインREを引き，BFとの交点をMとすると $\overline{BM}:\overline{MF}=0.33:0.67$ となり，溶媒量は(100)(0.67)/(0.33)＝203 kg。混合物Mの量は303 kg。抽出液：フェノール3.3%，ベンゼン96.4

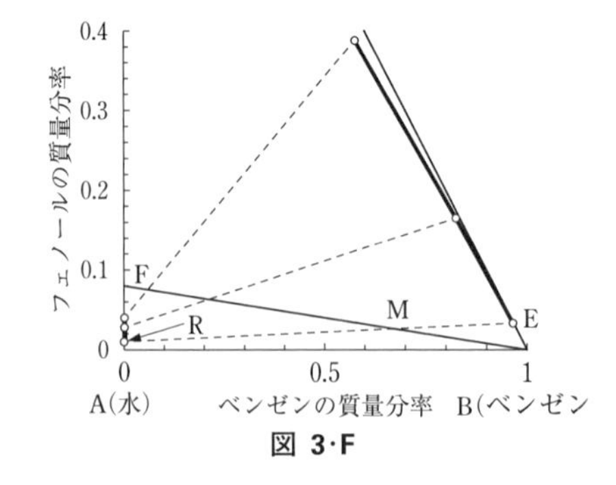

図 3·F

%，水 0.3%，210 kg。抽残液：フェノール 1%，ベンゼン 0.2%，水 98.8%，93 kg。

3・11　例題 3・9 と同様に解く。溶解度曲線（図 3・G）において，原料組成を表す点 F（$X_F=0.08$），フェノール分率 1 wt% の点 R_N' をとる。直線 BR_N' と溶解度曲線との交点が R_N であるが，R_N' と重なっている。混合物 M の組成は

$$X_M=\frac{FX_F}{F+S}=\frac{(3.0)(0.08)}{3.0+1.0}=0.06,$$
$$X_B=0.25$$

点 M を直線 FB 上にとり，直線 R_NM を延長して溶解度曲線との交点 E_1 から $X_{E1}=0.170$。点 E_1, F を通る直線と点 R_N, B を通る直線の交点から操作点 D を定める。一方，図 3・41 と同様に X_E-X_R 座標を作成し（図 3・H），平衡データをプロットする（平衡曲線）。さらに D を通る直線と溶解度曲線の交点の座標（X_{Rn}, X_{En+1}）を求め，図 3・H にプロットする（操作線）。$X_{E1}=0.170$ と平衡にある抽残相の濃度は $X_{R1}=0.028$，操作線より $X_{E2}=0.046$。同様にして $X_{R2}=0.013$，$X_{E3}<0.01$ となる。設計目標 $X_{Rn}=0.01$ のときの抽出相の平衡濃度は平衡曲線より $X_{En}=0.035$。抽出段数は $2+(0.046-0.035)/0.046$ より 2.3 段。（溶媒/原液）質量比は，前問の回分抽出の 2.03 に対して向流多段抽出では 0.33 であり，溶媒量は約 1/6 となる。

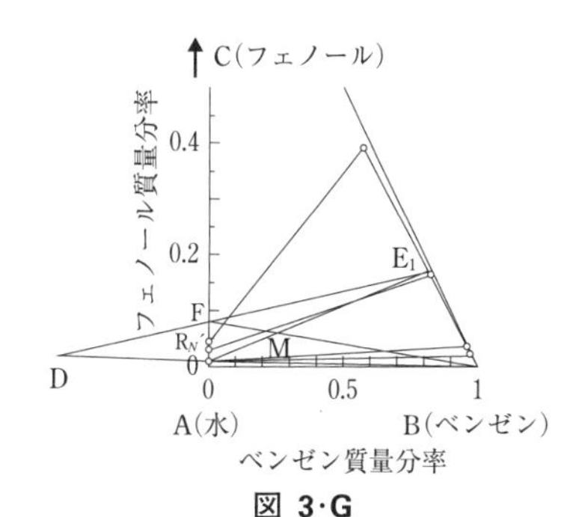

図 3・G

図 3・H

3・12　式（3・101）より，濃度 C_0 に平衡な q_0 は，

$$q_0=\frac{q_SbC_0}{1+bC_0} \qquad (1)$$

で与えられる。式（3・101）を式（1）で割ると，

$$y=\frac{q}{q_0}=\frac{q_SbC(1+bC_0)}{q_SbC_0(1+bC)}$$
$$=\frac{(C/C_0)(1+bC_0)}{1+bC_0(C/C_0)}=\frac{x(1+bC_0)}{1+bC_0x}$$
$$=\frac{x}{1/(1+bC_0)+bC_0x/(1+bC_0)}$$

$r=\dfrac{1}{1+bC_0}$ とおくと $y=\dfrac{x}{r+(1-r)x}$ が得られる。

3・13　吸着の場合，たとえば式（3・101）の Langmuir 式に従う場合，$C\to\infty$ のとき，吸着量は飽和吸着量 q_S となる。問題 3・12 解答中の式（1）より，有限のカラム入口濃度 C_0 に平衡な q_0 は q_S より常に小さな値になる。また，C_0 が小さいほど q_0 の値もそれに伴って小さくなる。他の吸着等温式においても同様のことがいえる。

一方，たとえば式（3・103）で表される H^+-型の強酸性陽イオン交換樹脂で NaCl 水溶液中の Na^+ イオンとのイオン交換においては，液相および樹脂相でそれぞれ以下の電気的中性の条件

$$C_H+C_{Na}=C_0,\quad q_H+q_{Na}=q_0=Q$$

を満足する。ここで Q は全交換容量（樹脂相固定官能基-SO_3^- の濃度）で樹脂固有の値である。これらの関係式を式（3・104）に代入すると

$$K_H{}^{Na}=\frac{q_{Na}(C_0-C_{Na})}{(q_0-q_{Na})C_{Na}}=\frac{y_{Na}(1-x_{Na})}{(1-y_{Na})x_{Na}}$$

ここで，$y_{Na}=q_{Na}/q_0$，$x_{Na}=C_{Na}/C_0$ である。さらに上式を変形すると

$$\frac{y_{\rm Na}}{1-y_{\rm Na}}=K_{\rm H}{}^{\rm Na}\frac{x_{\rm Na}}{1-x_{\rm Na}}$$

$x_{\rm Na}\to1$ のとき $y_{\rm Na}\to1$，すなわち $C_{\rm Na}\to C_0$ のとき $q_{\rm Na}\to q_0(=Q)$ となり，C_0 の大きさによらず常に樹脂の全交換容量まで交換する。したがって，イオン交換の場合，吸着とは異なり低濃度の液ほど処理量が多くなる。

3·14　$q=56C^{0.2}$，$C_0=400\,{\rm g\cdot m^{-3}}$，$V=10^{-3}{\rm m^3}$，$q$ および C の単位はそれぞれ[g·(kg-吸着剤)$^{-1}$]および[g·m^{-3}]である。

1 回吸着の場合，$m_1=1.2\times10^{-3}$kg。上記の値を式(3·110)に代入すると

$$(1.2\times10^{-3})(56C^{0.2})=(10^{-3})(400-C)$$

これを変形すると $67.2C^{0.2}+C=400$ より

$$C=205\,{\rm g\cdot m^{-3}}$$

吸着剤を 3 等分して 3 回に分けて吸着した場合，$m_1=m_2=m_3=(1.2\times10^{-3}/3)=0.4\times10^{-3}$kg。式(3·111)より 1 回目の吸着では

$$(0.4\times10^{-3})(56C_1{}^{0.2})=(10^{-3})(400-C_1)$$

これを変形すると

$$22.4C_1{}^{0.2}+C_1=400\to C_1=329\,{\rm g\cdot m^{-3}}$$

同様に 2 回目の吸着では

$$22.4C_2{}^{0.2}+C_2=329\to C_2=261\,{\rm g\cdot m^{-3}}$$

3 回目の吸着では

$$22.4C_3{}^{0.2}+C_3=261\to C_3=197\,{\rm g\cdot m^{-3}}$$

3 回に分けた吸着と 1 回吸着の比は，

$$C_3/C=197/205=\underline{0.96}$$

3·15

$$[{\rm HTU}]_{\rm o}=\frac{u}{K_{\rm fm}a_{\rm v}}=0.03\,{\rm m},\quad u=3\times10^{-4}\,{\rm m\cdot s^{-1}}$$

より，式(3·120)は

$$\frac{1}{K_{\rm fm}a_{\rm v}}=\frac{0.03}{u}=100=\frac{1}{k_{\rm f}a_{\rm v}}+\left(\frac{1}{k_{\rm p}a_{\rm v}}\right)\left(\frac{1}{\rho_{\rm p}q_0/C_0}\right)\qquad(1)$$

$$\rho_{\rm p}=\frac{\rho_{\rm b}}{1-\varepsilon_{\rm b}}\qquad(2)$$

$\rho_{\rm b}=480\,{\rm kg}\cdot({\rm m^3}$-層$)^{-1}$，$\varepsilon_{\rm b}=0.4$ を式(2)に代入すると，$\rho_{\rm p}=800\,{\rm kg}\cdot({\rm m^3}$-吸着剤$)^{-1}$

$k_{\rm f}a_{\rm v}=0.16{\rm s^{-1}}$，$C_0=200\,{\rm g\cdot m^{-3}}$，$q_0=130C_0{}^{0.17}=320\,{\rm g}\cdot$(kg-吸着剤)$^{-1}$ を式(1)に代入すると $k_{\rm p}a_{\rm v}=8.33\times10^{-6}{\rm s^{-1}}$ が得られる。これを式(3·117)に代入すると

$$D_{\rm e}=\frac{k_{\rm p}a_{\rm v}R_{\rm p}{}^2}{15(1-\varepsilon_{\rm b})}=\frac{(8.33\times10^{-6})(0.5\times10^{-3})^2}{(15)(1-0.4)}=\underline{2.31\times10^{-13}{\rm m^2\cdot s^{-1}}}$$

3·16　Langmuir 式 $q=q_{\rm S}bC/(1+bC)$ と $q=11.4C/(1+0.051C)$ より，$b=0.051$ となる。式(3·123 b)より

$$N_{\rm of}=\frac{2+bC_0}{bC_0}\ln\frac{C_{\rm E}}{C_{\rm B}}=\frac{2+(0.051)(200)}{(0.051)(200)}\ln\frac{190}{10}=3.52$$

式(3·122)より

$$Z_{\rm a}=[{\rm HTU}]_{\rm o}N_{\rm of}=0.03\times3.52=0.106\,{\rm m}$$

$$q_0=\frac{11.4C_0}{1+0.051C_0}=\frac{11.4\times200}{1+0.051\times200}=204\,{\rm g}\cdot({\rm kg}\text{-吸着剤})^{-1}$$

例題 3·11 と同様に式(3·126 a)を変形して

$$Z=\frac{uC_0t_{\rm B}}{\rho_{\rm b}q_0}+0.5Z_{\rm a}=\frac{(3\times10^{-4})(200)(500\times3600)}{(480)(204)}+(0.5)(0.106)=\underline{1.15\,{\rm m}}$$

3·17　水和塩結晶収量 $P_{\rm m}$ から結晶水を除くとその量は $P_{\rm m}/M$，よって結晶水量は $P_{\rm m}\cdot(1-1/M)$。最終の溶媒量から結晶水を除いた溶媒量を E とすると，溶媒の収支式は

$$E=F_{\rm s}(1-R_{\rm se})-P_{\rm m}(1-1/M)$$

これを溶質の収支式 $F_{\rm s}c_1=P_{\rm m}/M+Ec_2$ に代入して整理すると与式を得る。

3·18　$F_{\rm s}=1000$ kg，$M=322/142=2.27$，$c_1=0.2$。溶解度に達するまで結晶の析出が継続すると考えて，$c_2=7.5/100=0.075$，$R_{\rm se}=0.01$ を問題 3·17 中の式を用いて計算すると $\underline{P_{\rm m}=315\,{\rm kg}}$

3·19　式(3·152)と式(3·153)を等置すると次の微分方程式が得られる。

$$D\frac{{\rm d}C}{C-C_{\rm p}}=J_{\rm v}{\rm d}z$$

$z=0\sim l$，$C=C_{\rm b}\sim C_{\rm m}$ の範囲で積分すると

$$D[\ln(C-C_{\rm p})]_{C_{\rm b}}^{C_{\rm m}}=J_{\rm v}l$$

よって　$$\frac{C_{\rm m}-C_{\rm p}}{C_{\rm b}-C_{\rm p}}=\exp\left(J_{\rm v}\frac{l}{D}\right)=\exp\left(\frac{J_{\rm v}}{k_{\rm L}}\right)$$

3·20　みかけの阻止率は，式(3·151)より

$$R_{\rm obs}=1-C_{\rm p}/C_{\rm b}=1-0.01/0.3=\underline{0.97}$$

まず純水について式(3·156)より

$$J_{\rm v}=L_{\rm p}(\Delta P-\sigma\Delta\pi)$$

純水なので$\Delta\pi=0$，題意より$J_v=0.84\,m^3\cdot m^{-2}\cdot d^{-1}$，$\Delta P=4.0$ MPaを代入すると$0.84=L_p\times4.0$，よって純水透過係数は

$$L_p=\underline{0.21\,m^3\cdot m^{-2}\cdot d^{-1}\cdot MPa^{-1}}$$

次に食塩水について，透過液の密度を水の密度$1\times10^6\,g\cdot m^{-3}$で近似すると，透過液の全モル濃度は$1\times10^6/18=5.56\times10^4\,mol\cdot m^{-3}$。よって，透過液中の食塩のモル濃度$C_p$は

$$C_p=(0.01\times10^{-2})(5.56\times10^4)=5.56\,mol\cdot m^{-3}$$

式(3·153)より溶質のモル流束は

$$J_s=5.56\times0.78=4.3\,mol\cdot m^{-2}\cdot d^{-1}$$

また，食塩水の浸透圧$\Delta\pi$は

$$\Delta\pi=255(0.3\times10^{-2}-0.01\times10^{-2})=0.74\,MPa$$

式(3·158)　$J_s=\omega\Delta\pi+(1-\sigma)CJ_V=\omega\Delta\pi$より，溶質透過係数は

$$\omega=J_s/\Delta\pi=4.3/0.74=\underline{5.8\,mol\cdot m^{-2}\cdot d^{-1}\cdot MPa^{-1}}$$

3·21　関係湿度5%の曲線と$t=100$°Cの垂直線の交点より$H=0.033$ kg-水蒸気·(kg-乾燥空気)$^{-1}$。例題3·14と同様にして，$t_d=\underline{33.2°C}$，$t_W=\underline{43.0°C}$，$v_H=\underline{1.11\,m^3\cdot(kg\text{-乾燥空気})^{-1}}$，$C_H=\underline{1.08\,kJ\cdot(kg\text{-乾燥空気})^{-1}\cdot K^{-1}}$，$r_W=\underline{2396\,kJ\cdot kg^{-1}}$

［参考］　例題3·14に示した数式を用いる方法で解く。100°Cでの飽和水蒸気圧$p_S=101.3$ kPa，関係湿度$\Psi=5$%であるから水蒸気分圧$p=(5/100)(101.3)=5.07$ kPa，式(3·160)より$H=0.0327$ kg-水蒸気·(kg-乾燥空気)$^{-1}$。以下，結果のみ示す。$t_d=33.1$°C，$t_W=43.1$°C，v_H，C_Hの値は湿度図表を用いる方法と同じ。また，$r_W=2395\,kJ\cdot kg^{-1}$

3·22　80°C，$H=0.031$ kg·(kg-乾燥空気)$^{-1}$の空気の$C_H=1.08\,kJ\cdot(kg\text{-乾燥空気})^{-1}\cdot K^{-1}$，$v_H=1.05\,m^3\cdot(kg\text{-乾燥空気})^{-1}$，$t_W=40.1$°C，$r_W=2403\,kJ\cdot kg^{-1}$，湿り空気の密度は

$$\rho=(1+H)/v_H=(1+0.031)/(1.05)=0.982\,kg\cdot m^{-3},$$

$$G=\rho u=(0.982)(2.5)(3600)=8.84\times10^3\,kg\cdot m^{-2}\cdot h^{-1},$$

$$h=(0.054)G^{0.8}=(0.054)(8.84\times10^3)^{0.8}=77.5\,kJ\cdot m^{-2}\cdot h^{-1}\cdot K^{-1},$$

乾燥速度：$R=h(t-t_W)/r_W=(77.5)(80-40.1)/(2403)=\underline{1.29\,kg\cdot m^{-2}\cdot h^{-1}}$

3·23

(1)　材料表面への上方からの伝熱速度：

$$q_1=h(t-t_m)$$

下方からの熱風からの伝熱速度：

$$q_2=(t-t_m)/[(1/h)+(L/\lambda)+(L_m/\lambda_m)]$$

乾燥速度：

$$R=(q_1+q_2)/r_m=(t-t_m)[h+1/\{(1/h)+(L/\lambda)+(L_m/\lambda_m)\}]/r_m \quad (1)$$

物質移動係数k_Hを用い，Lewisの関係を考慮すると

$$R=k_H(H_m-H)=(h/C_H)(H_m-H) \quad (2)$$

式(1)＝式(2)より，問題の与式が得られる。

(2)　湿潤材料表面には材料の下部からも熱が伝わるので，表面温度は湿球温度とは異なる。式(1)，(2)に対応する値を代入し(例題3·15より$t=75$°C，$h=102\,kJ\cdot m^{-2}\cdot s^{-1}\cdot K^{-1}$，$C_H=1.09\,kJ\cdot(kg\text{-乾燥空気})^{-1}\cdot K^{-1}$)，式(1)＝式(2)が成立するように$t_m$を試行法により求める。$t_m=44.7$°Cと仮定すると，$t=t_m$と関係湿度100%の飽和曲線との交点より$H_m=0.0638$ kg·(kg-乾燥空気)$^{-1}$，$r_m=2391\,kJ\cdot kg^{-1}$。これらを式(1)，(2)に代入すると両式の値は一致し，その値より乾燥速度$\underline{R=2.40\,kg\cdot m^{-2}\cdot h^{-1}}$

4·1　Ostwald粘度計の説明から，試料1を水，試料2を高分子溶液とすると，

$$\rho_1 t_1/\mu_1=\rho_2 t_2/\mu_2$$

が成り立つ。25°Cの水の密度$\rho_1=997.1\,kg\cdot m^{-3}$，粘度$\mu_1=0.891\times10^{-3}\,Pa\cdot s$，降下時間$t_1=9.5$ s，高分子溶液の密度$\rho_2=1.052\times10^3\,kg\cdot m^{-3}$，降下時間$t_2=61.2$ sより高分子溶液の粘度は$\mu_2=\underline{6.06\times10^{-3}\,Pa\cdot s}$

4·2　円管径$D=0.020$ m，断面積$A=3.14\times10^{-4}\,m^2$，流量$Q=5.0\times10^{-4}\,m^3\cdot s^{-1}$より断面平均速度$\bar{u}=1.59\,m\cdot s^{-1}$。20°Cの水の密度$\rho=998.2\,kg\cdot m^{-3}$，粘度$\mu=1.00\times10^{-3}\,Pa\cdot s$よりレイノルズ数$Re=3.17\times10^4$。乱流の管摩擦係数はBlasiusの式(4.28)から

$$f=(0.0791)(3.17\times10^4)^{-0.25}=5.93\times10^{-3}$$

長さ$L=10$ mの水平円管の圧力降下$-\Delta p$をFanningの式(4.26)から求める。

$-\Delta p = 4f(L/D)(\rho\bar{u}^2/2) = \underline{1.50\times10^4\,\mathrm{Pa}}$

4･3　円管内速度分布と流量 q_v の関係式(4･15)と断面平均流速 $\bar{u}$ の定義式

$$q_v = \pi R^2\bar{u} = \int_0^R 2\pi r u\,\mathrm{d}r$$

から

$$\bar{u} = \frac{2}{R^2}\int_0^R ur\,\mathrm{d}r \qquad (1)$$

n 乗則の乱流速度分布式(4･19)を式(1)に代入すると

$$\bar{u} = \frac{2u_{\max}}{R^2}\int_0^R (y/R)^n r\,\mathrm{d}r$$

$$= 2u_{\max}\int_0^1 (y/R)^n(r/R)\,\mathrm{d}(r/R) \qquad (2)$$

$t = y/R = 1 - r/R$ とおいて積分を行うと,

$$\bar{u} = 2u_{\max}\int_0^1 t^n(1-t)\,\mathrm{d}t$$

$$= 2u_{\max}\left(\frac{1}{n+1} - \frac{1}{n+2}\right) \qquad (3)$$

式(3)を整理すると式(4･20)が得られる。

$$\underline{\frac{u_{\max}}{\bar{u}} = \frac{(n+1)(n+2)}{2}}$$

4･4　流量は $G = \rho\bar{u}\pi R^2$

層流：速度分布式(4･18)を用いて E_k を求める。

$$E_k = \int_0^R \frac{1}{2}\rho u^3 2\pi r\,\mathrm{d}r$$

$$= \rho\bar{u}^3\pi R^2\int_0^1\left(\frac{u}{\bar{u}}\right)^3\left(\frac{r}{R}\right)\mathrm{d}\left(\frac{r}{R}\right)$$

$$= 8\rho\bar{u}^3\pi R^2\int_0^1\left[1-\left(\frac{r}{R}\right)^2\right]^3\left(\frac{r}{R}\right)\mathrm{d}\left(\frac{r}{R}\right)$$

$$= \rho\bar{u}^3\pi R^2$$

$$\therefore\quad \underline{\alpha} = E_k/[(\bar{u}^2/2)G]$$

$$= E_k/[(\bar{u}^2/2)\rho\bar{u}\pi R^2] = \underline{2}$$

乱流：指数速度分布式(4･19)を用いて E_k を求める。

$$E_k = \int_0^R \frac{1}{2}\rho u^3 2\pi r\,\mathrm{d}r$$

$$= \rho\bar{u}^3\pi R^2\int_0^1\left(\frac{u}{\bar{u}}\right)^3\left(\frac{r}{R}\right)\mathrm{d}\left(\frac{r}{R}\right)$$

$$= \rho\bar{u}^3\pi R^2\int_0^1\left[\frac{(n+1)(n+2)}{2}\right]^3\left(\frac{y}{R}\right)^{3n}\times\left(1-\frac{y}{R}\right)\mathrm{d}\left(\frac{y}{R}\right)$$

$$= \frac{1}{(3n+1)(3n+2)}\left[\frac{(n+1)(n+2)}{2}\right]^3\times\rho\bar{u}^3\pi R^2$$

$$\therefore\quad \underline{\alpha} = E_k/[(\bar{u}^2/2)G]$$

$$\underline{= \frac{2}{(3n+1)(3n+2)}\left[\frac{(n+1)(n+2)}{2}\right]^3}$$

たとえば, $n=1/7$ のとき $\alpha=1.06$ となり, ほぼ1に近い。式(4･55)のポテンシャルエネルギー項 gz は重力方向に変化するが, それを流路断面で積分した値は, 流路断面の重心位置(円管では中心)の値となる。また, 圧力, 密度の断面内の変化は, 通常, 無視小であるので, 断面平均速度 $\bar{u}$ を用いて式(4･45)を円管流れに適用する場合には, 運動エネルギーの総輸送量は, 層流では $\bar{u}^2$ となり, 乱流では $\bar{u}^2/2$ で良好に近似される。

4･5　流量 $q_v = 0.0015\,\mathrm{m^3\cdot s^{-1}}$, 環状部の断面積 $A = 9.89\times10^{-4}\,\mathrm{m^2}$ より断面平均流速 $\bar{u} = 1.52\,\mathrm{m\cdot s^{-1}}$。水力相当径(図4･9(c)) $D_{eq} = D_0 - D_1 = 0.0199\,\mathrm{m}$, 40℃の水の密度 $\rho = 992.2\,\mathrm{kg\cdot m^{-3}}$, 粘度 $\mu = 0.653\times10^{-3}\,\mathrm{Pa\cdot s^{-1}}$ から $Re = \rho\bar{u}D_{eq}/\mu = 4.59\times10^4$。乱流であるので, Blasius の式(4･28)を用いて摩擦係数を求めると $f = 5.40\times10^{-3}$。Fanning の式(4･26)から $L = 1\,\mathrm{m}$ あたりの圧力降下を求めると,

$$-\Delta p = \underline{1.24\times10^3\,\mathrm{Pa\cdot m^{-1}}}$$

4･6　タンク液面を断面"1", 底の小孔を断面"2"とする。式(4･55)において $p_1 = p_2$, $u_1 \fallingdotseq 0$, $z_1 - z_2 = 2\,\mathrm{m}$。底の孔近くの縮小流のエネルギー損失を $\hat{F} = Ku_2^2/2$ とおくと,

$$g(z_1 - z_2) = (1+K)u_2^2/2 \qquad (1)$$

$K=0$ の場合には, $u_2 = \underline{6.26\,\mathrm{m\cdot s^{-1}}}$

底に小孔がある場合, K の値を表4･1の $A_1/A_2 = 0$ に外挿して求めると $K = 0.43$ となり, 式(1)から $u_2 = \underline{5.24\,\mathrm{m\cdot s^{-1}}}$

4･7　タンクの液面を断面"1", 底の孔を断面"2", $u_2 = u$ とする。式(4･55)において, $p_1 = p_2$, $u_1 \fallingdotseq 0$, エネルギー損失を $\hat{F} = 4f\cdot(L/D)u^2/2$ とおくと,

$$(1+4f(L/D))u^2/2 = g(z_1 - z_2) \qquad (1)$$

$z_1 - z_2 = 10\,\mathrm{m}$, $D = 27.6\,\mathrm{mm}$, 相当長さ 40 m, $g = 9.81\,\mathrm{m\cdot s^{-2}}$ より式(1)は

$$(1+5.80\times10^3 f)u^2 = 196.2 \qquad (2)$$

摩擦係数 f がわかれば, 式(2)から断面平均流速 u が求まる。円管の壁面粗さが $\varepsilon = 50$ mm であるので, f の算出には式(4･30)を用いる。20℃の水の密度 $\rho = 1.00\times10^3\,\mathrm{kg}\cdot$

m^{-3}，$\mu=1.00\times10^{-3}$ Pa·s より

$$Re=2.76\times10^4 u \qquad (3)$$

試行法を用いて式(4·30)と式(2), (3)から断面平均流速 u を求めると，$u=2.27$ m·s^{-1}。円管の断面積 $A=5.983\times10^{-4}$ m^2 より，流量は $q_V=Au=\underline{1.36\times10^{-3}\,\mathrm{m^3 \cdot s^{-1}}}$

4·8　管径：$D=0.1053$ m，管長さ：$L=2.00\times10^3$ m，配管付属品の相当長さ：$L_e=2.00\times10^3 D$，流路断面積：$A=8.709\times10^{-3}$ m^2，輸送流量：$q_V=30$ m^3·h$^{-1}=8.33\times10^{-3}$ m^3·s^{-1}，断面平均流速：$u=0.957$ m·s^{-1}。流体の密度 $\rho=0.8\times10^3$ kg·m^{-3}，粘度 $\mu=5.3\times10^{-3}$ Pa·s より $Re=1.52\times10^4$。管粗さが $\varepsilon=0.15$ mm であるので，式(4·30)から試行法により摩擦係数を求めると，$f=7.56\times10^{-3}$。Fanning の式(4·26)を用いて管路のエネルギー損失 $\hat{F}=4f[(L+L_{eq})/D](u^2/2)$ を計算し，$z_1=z_2$，$u_1=u_2$，$p_1=p_2$ と式(4·65)から流体単位質量あたりのポンプ所要動力を求めると，$\hat{W}_s=290.7$ J·kg^{-1}。ポンプの効率は $\eta=0.6$ であるので，式(4·66)からポンプの所要動力は $W=\underline{3.2\,\mathrm{kW}}$

4·9　25℃の水の密度 $\rho_{H_2O}=997.1$ kg·m^{-3}，空気の密度 $\rho_{air}=\rho_f=1.185$ kg·m^{-3}，50℃の空気の密度 $\rho_{air}=\rho=1.093$ kg·m^{-3}，粘度 $\mu_{air}=1.85\times10^{-5}$ Pa·s。ピトー管先端温度が50℃，マノメータの温度が25℃であることに注意して，マノメータの液面差16.2 mm から式(4·75)を用いて管中心速度 u_{max} を求めると，$u_{max}=17.0$ m·s^{-1}

流れは乱流で速度分布が1/7乗則で近似できると仮定すると，式(4·20)から断面平均流速 $\bar{u}$ は

$\bar{u}=2/[(1+1/7)(2+1/7)]u_{max}=13.9$ m·s^{-1}

レイノルズ数は $Re=8.65\times10^4$ となり，乱流速度分布1/7乗則の適用域である。管路断面積 $A=8.709\times10^{-3}$ m^2 より質量流量は，

$$q_m=(1.093)(8.709\times10^{-3})(13.9) = \underline{0.132\,\mathrm{kg \cdot s^{-1}}}$$

4·10　撹拌液の体積を V とすると，式(4·8)より単位体積あたりの撹拌動力は次式で表される。

$$P_V=P/V=N_p\rho n^3D^5/V$$

幾何学的に相似な条件から V は翼径 D の3乗に比例する。また N_p＝一定から $P_V\propto n^3D^2$。したがって P_V＝一定の条件下の翼回転数の関係は次式となる。

$$\underline{n_2/n_1=(D_2/D_1)^{-2/3}=(V_2/V_1)^{-2/9}}$$

5·1　No. 1 $D_p=10$ μm，空気中：Stokes域にあるとして式(5·17)から沈降速度 v_t と Re_p を計算する。

$$v_t=\frac{(\rho_p-\rho_f)D_p{}^2 g}{18\mu} =\frac{(2500-1.21)(10\times10^{-6})^2(9.8)}{(18)(1.81\times10^{-5})} =7.52\times10^{-3}\,\mathrm{m \cdot s^{-1}}$$

$$Re_p=\frac{D_p\rho_f v_t}{\mu} =\frac{(10\times10^{-6})(1.21)(7.52\times10^{-3})}{1.81\times10^{-5}} =5.03\times10^{-3}<6$$

→ Stokes域にあると確認できた。

No. 2 $D_p=10$ μm，水中：同様な計算から $v_t=8.17\times10^{-5}$ m·s^{-1}，$Re_p=8.17\times10^{-4}$，Stokes域と確認できた。

No. 5 $D_p=200$ μm，空気中：Allen域にあるとして式(5·18)から沈降速度 v_t と Re_p を計算する。

$$v_t=\left[\frac{4}{225}\cdot\frac{(\rho_p-\rho_f)^2g^2}{\mu\rho_f}\right]^{1/3}\cdot D_p =\left[\frac{4}{225}\cdot\frac{(2500-1.21)^2(9.8)^2}{(1.81\times10^{-5})(1.21)}\right]^{1/3}\cdot(200\times10^{-6}) =1.57\,\mathrm{m \cdot s^{-1}}$$

$$Re_p=\frac{D_p\rho_f v_t}{\mu}=\frac{(200\times10^{-6})(1.21)(1.57)}{1.81\times10^{-5}} =21$$

$6<Re_p=21<500$，Allen域と確認できた。

以上のように計算した結果を表5·Aにまとめた。

表 5·A

No	粒径 D_p/μm	媒体	v_t/m·s^{-1}	Re_p	領域
1	10	空気	7.52×10^{-3}	5.03×10^{-3}	Stokes
2	10	水	8.17×10^{-5}	8.17×10^{-4}	Stokes
3	50	空気	1.88×10^{-1}	0.628	Stokes
4	50	水	2.04×10^{-3}	0.102	Stokes
5	200	空気	1.57	21	Allen
6	200	水	3.13×10^{-2}	6.26	Allen

5・2 式(5・26)に数値を代入。

$$(50\times10^{-6})^2=\frac{(18)(1.81\times10^{-5})}{(2400-1.21)(9.8)(2\times5)}Q$$

$$\therefore\quad \underline{Q=1.80\,\mathrm{m^3\cdot s^{-1}}}$$

$D_p=50\,\mu\mathrm{m}$ の粒子の空気中の沈降速度 v_t が Stokes 域にあるとして式(5・17)から v_t と対応する Re_p を計算する。

$$v_t=\frac{(\rho_p-\rho_f)D_p{}^2g}{18\mu}$$

$$=\frac{(2400-1.21)(50\times10^{-6})^2(9.8)}{(18)(1.81\times10^{-5})}$$

$$=0.180\,\mathrm{m\cdot s^{-1}}$$

$$Re_p=\frac{D_pv_t\rho_f}{\mu}=\frac{(50\times10^{-6})(0.180)(1.21)}{1.81\times10^{-5}}$$

$$=0.602<6$$

Stokes 域にあることが確認できた。

5・3 標準サイクロンの各部の寸法比から，空気の供給口の断面積$=Bh=(D_c/5)(D_c/2)=D_c{}^2/10$ → 空気の吹き込み流速 u_{in} は

$$u_{in}=Q/(D_c{}^2/10)=10Q/D_c{}^2 \qquad (1)$$

式(5・29)の両辺を2乗して，$u_{in}=10Q/D_c{}^2$，$B=D_c/5$，有効旋回数 $N=2$ と物性値を代入。

$$D_p{}^2=\frac{9B\mu}{\pi Nu_{in}(\rho_p-\rho_f)}=\frac{4.328\times10^{-10}}{Q}D_c{}^3 \qquad (2)$$

$Q=5000/3600=1.39\,\mathrm{m^3\cdot s^{-1}}$，$D_p=20\times10^{-6}\,\mathrm{m}$ を式(2)に代入すると

$$(20\times10^{-6})^2=\frac{4.328\times10^{-10}}{1.39}D_c{}^3$$

$$\therefore\quad 円筒部の直径\ \underline{D_c=1.09\,\mathrm{m}}$$

式(1)より $u_{in}=(10)(1.39)/(1.09)^2=11.7\,\mathrm{m\cdot s^{-1}}$ となり，標準値 $10\sim20\,\mathrm{m\cdot s^{-1}}$ の範囲内にある。

5・4

$$\ln\left(\frac{C_e}{C_0}\right)=\ln P=-\frac{4}{\pi}\frac{\alpha}{1-\alpha}\frac{L}{D_f}\eta \qquad (5\cdot33)$$

装置の捕集効率$=(C_0-C_e)/C_0=0.65$ より，$P=C_e/C_0=0.35$，$\alpha=0.04$，$L=1\times10^{-3}\,\mathrm{m}$，$D_f=30\times10^{-6}\,\mathrm{m}$ を上式に代入すると，単一粒子の捕集効率 $\underline{\eta=0.593}$ が得られる。この値は以後変わらない。装置の捕集効率＝99％にする場合のフィルターの厚さ L_1 は，上式の左辺を $P=C_e/C_0=0.01$ と変更し，その他のパラメーターは変更せずに計算すると，$\underline{L_1=4.4\times10^{-3}\,\mathrm{m}=4.4\,\mathrm{mm}}$ が得られる。

次に，$L_2=2\,\mathrm{mm}=2\times10^{-3}\,\mathrm{m}$ と変更し，$P=0.01$ としたときの α_2 の値を式(5・32)から計算すると，$\underline{\alpha_2=0.0838}$ が得られる。

5・5 (1) Ruth プロットより

$$t/v=1.290\times10^5v+8.35\times10^2$$

式(5・42)との比較から

$$K=7.75\times10^{-6}\,\mathrm{m^2\cdot s^{-1}},$$

$$v_0=3.24\times10^{-3}\,\mathrm{m^3\cdot m^{-2}}$$

よって，

比抵抗：$\alpha=2\Delta p/\mu KC=8.60\times10^{11}\,\mathrm{m\cdot kg^{-1}}$

沪材抵抗：$R_m=\alpha Cv_0=8.36\times10^{10}\,\mathrm{m^{-1}\cdot m^{-1}}$

(2) 沪過圧力 $\Delta p_2=0.2\,\mathrm{MPa}$ に対する K_2 は，

$$K_2=(\Delta p_2/\Delta p)K=1.55\times10^{-5}\,\mathrm{m^2\cdot s^{-1}}$$

$v_0=R_m/\alpha C$ は沪過圧力を変えても変わらない。沪過方程式(5・41)は

$$v^2+6.48\times10^{-3}v=1.55\times10^{-5}t$$

$t=600\,\mathrm{s}$ のとき，$v=0.0933\,\mathrm{m^3\cdot m^{-2}}$。沪過面積 $10\,\mathrm{m^2}$ の大型機の沪液量は

$$V=10v=0.93\,\mathrm{m^3}$$

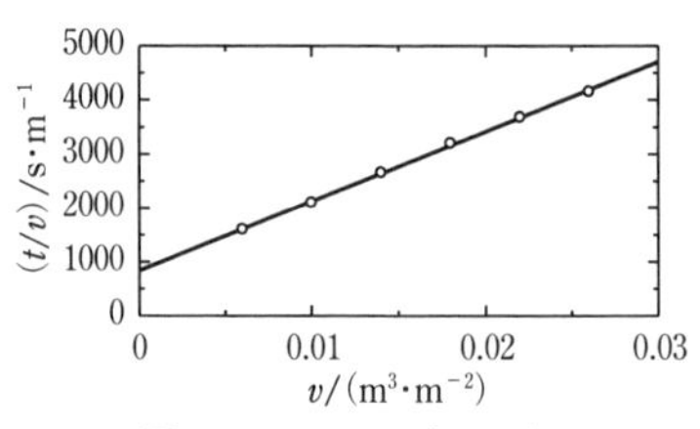

図 5・A Ruth プロット

5・6 (1) 表5・7から沈降速度 v_{CL} を濃度 C_L に対して両対数グラフ上にプロット(図5・B)すると，

$$v_{CL}=6.533C_L{}^{-1.557} \qquad (1)$$

(2) 面積 $A[\mathrm{m^2}]$ を与える式(5・55)に式(1)を代入すると

$$A=\frac{C_0Q_0(1/C_L-1/C_d)}{6.533\times10^{-3}C_L{}^{-1.557}} \qquad (2)$$

上式を C_L に対して微分した式を0とおくと，面積 A の最大値を与える C_L の値が $21.6\,\mathrm{kg\cdot m^{-3}}$，$C_0=10\,\mathrm{kg\cdot m^{-3}}$，$C_d=60\,\mathrm{kg\cdot m^{-3}}$，$Q_0=36/3600=0.01\,\mathrm{m^3\cdot s^{-1}}$。式(2)より $\underline{A=55\,\mathrm{m^2}}$，例題の計算値 $57\,\mathrm{m^2}$ とほぼ一致している。

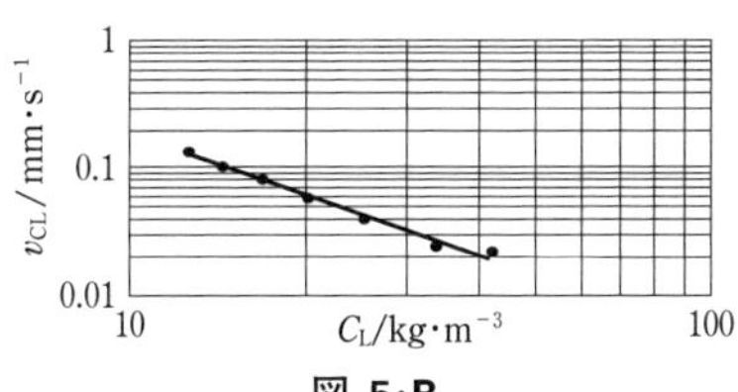

図 5·B

5·7

$$Q=\frac{\pi(r_2^2-r_1^2)L(\rho_p-\rho_f)D_p^2\omega^2}{18\mu\ln(r_2/r_1)} \quad (5·59)$$

$Q=2.4/3600=6.667\times10^{-4}\,\mathrm{m^3\cdot s^{-1}}$, $r_2=0.06\,\mathrm{m}$, $r_1=0.01\,\mathrm{m}$, $L=0.5\,\mathrm{m}$, $\rho_p-\rho_f=500\,\mathrm{kg\cdot m^{-3}}$, $D_p=3\times10^{-6}\,\mathrm{m}$, $\mu=0.001\,\mathrm{Pa\cdot s}$ を上式に代入して ω を求めると，$\omega=932.6\,\mathrm{rad\cdot s^{-1}}$。式(5·60)から

回転数 $N=60\omega/2\pi=\underline{8\,910\,\mathrm{rpm}}$

5·8　液表面の半径を r_1，容器壁の半径を r_2，液の体積を V とすると

$$V=\pi(r_2^2-r_1^2)H$$

$V=1\times10^{-3}\,\mathrm{m^3}$, $r_2=0.1\,\mathrm{m}$, $H=0.1\,\mathrm{m}$ を代入すると，$r_1=0.0826\,\mathrm{m}$。粒子は $r_1=0.0826\,\mathrm{m}$ から $r_2=0.1\,\mathrm{m}$ までを $t_r=2\,\mathrm{min}=120\,\mathrm{s}$ で移動する。式(5·57 c)は

$$D_p=\left[\frac{18\mu}{(\rho_p-\rho_f)t_r\omega^2}\cdot\ln\left(\frac{r_2}{r_1}\right)\right]^{1/2} \quad (1)$$

と書き換えられる。

$$角速度\omega=2\pi N=(2)(3.14)(3600/60)=377\,\mathrm{rad\cdot s^{-1}}$$

以上の数値を式(1)に代入。

$$D_p=\left[\frac{(18)(0.001)}{(1900-1000)(2\times60)(377)^2}\cdot\ln\left(\frac{0.1}{0.0826}\right)\right]^{1/2}=0.474\times10^{-6}\,\mathrm{m}=\underline{0.474\,\mu\mathrm{m}}$$

6·1　発電機は30℃の高温熱源と5℃の低温熱源の間で作動する。その Carnot 効率は式(6·6)より

$$\eta_{max}=1-\frac{5+273.2}{30+273.2}=\underline{0.0825}$$

効率はきわめて低い。表層海水と深海水の熱源の間で大量の熱移動が可能であれば，大電力の発電が期待できる。

6·2　加熱の電気エネルギー

$$\hat{Q}=\Delta\hat{H}=(4.18)(44-20)=100.3\,\mathrm{kJ\cdot kg^{-1}}$$

エクセルギー計算では外界温度 T_0 を指定する必要がある。エクセルギー変化は

$$\Delta\hat{\varepsilon}=\hat{\varepsilon}(T_2)-\hat{\varepsilon}(T_1)=c(T_2-T_1)-cT_0\ln(T_2/T_1)$$

$T_0=25$℃の場合：

$\Delta\hat{\varepsilon}=\underline{2.25\,\mathrm{kJ\cdot kg^{-1}}}$，有効度は

$$\Delta\hat{\varepsilon}/\Delta\hat{H}=\underline{0.0224}$$

$T_0=20$℃の場合：

$\Delta\hat{\varepsilon}=\underline{3.89\,\mathrm{kJ\cdot kg^{-1}}}$，有効度は

$$\Delta\hat{\varepsilon}/\hat{H}=\underline{0.0388}$$

加熱に要した電気エネルギーの2.2%(T_0=25℃)，3.9%(T_0=20℃)しか水のエクセルギー増加に寄与してない。

6·3　外界温度を25℃，添字0を25℃の水，添字1を0℃の水，添字2を0℃の氷とする。エンタルピー変化は

水：$\hat{H}_1-\hat{H}_0=(4.18)(0-25)=-104.5\,\mathrm{kJ\cdot kg^{-1}}$

氷：$\hat{H}_2-\hat{H}_0=(4.18)(0-25)-334=-438.5\,\mathrm{kJ\cdot kg^{-1}}$

エントロピー変化は

水：$\hat{S}_1-\hat{S}_0=4.18\ln(273.2/298.2)=-0.366\,\mathrm{kJ\cdot kg^{-1}\cdot K^{-1}}$

氷：$\hat{S}_2-\hat{S}_0=4.18\ln(273.2/298.2)-(334)/(273.2)=-1.589\,\mathrm{kJ\cdot kg^{-1}\cdot K^{-1}}$

したがってエクセルギーは

水：$\hat{\varepsilon}=\hat{H}_1-\hat{H}_0-T_0(\hat{S}_1-\hat{S}_0)=\underline{4.64\,\mathrm{kJ\cdot kg^{-1}}}$

氷：$\hat{\varepsilon}=\hat{H}_2-\hat{H}_0-T_0(\hat{S}_2-\hat{S}_0)=\underline{35.3\,\mathrm{kJ\cdot kg^{-1}}}$

エクセルギーの値に占める融解熱の寄与が大きい。

6·4　定常状態では式(6·19)中の q は一定となる。同式を変形すると

$$\mathrm{d}T=-\frac{q}{2\pi\lambda L}\frac{\mathrm{d}r}{r}$$

$r=R_1$ で $T=T_1$，$r=R_2$ で $T=T_2$ の境界条件のもとに積分すると次式を得る。

$$T_2-T_1=-\frac{q}{2\pi\lambda L}\ln\frac{R_2}{R_1}$$

この式を変形し

$$q=\lambda\frac{(T_1-T_2)}{R_2-R_1}\frac{2\pi L(R_2-R_1)}{\ln(R_2/R_1)}$$

伝熱面積 $A_1=2\pi R_1L$，$A_2=2\pi R_2L$ の対数平

均値 $A_m=(A_2-A_1)/\ln(A_1/A_2)=2\pi L(R_2-R_1)/\ln(R_2/R_1)$ を用いると，最終的に式(6・20)が得られる。

6・5　式(6・17)，(6・24)，(6・25)より，定常状態では次式が成り立つ。

$$q/A=\frac{T_f-T_a}{1/U}=\frac{T_f-T_1}{1/h_1}=\frac{T_1-T_3}{l_1/\lambda_1}=\frac{T_3-T_2}{l_2/\lambda_2}=\frac{T_2-T_a}{1/h_2} \quad (1)$$

$$\frac{1}{U}=\frac{1}{h_1}+\frac{1}{\lambda_1/l_1}+\frac{1}{\lambda_2/l_2}+\frac{1}{h_2} \quad (2)$$

(1) 式(1)より熱量 q は，

$$q/A=\frac{T_1-T_2}{l_1/\lambda_1+l_2/\lambda_2}=\frac{820-72}{0.500/1.25+0.120/0.15}=\underline{6.23\times10^2\,\mathrm{W\cdot m^{-2}}}$$

耐火レンガ層の $q/A=\dfrac{T_1-T_3}{l_1/\lambda_1}$ より接触面の温度を求めると $T_3=\underline{571℃}$

(2) 式(6・23)より熱伝達係数を求める。

炉内流体：$h_1=(q/A)/(T_f-T_1)=6.23\times10^2/(1400-820)=\underline{1.07\,\mathrm{W\cdot m^{-2}\cdot K^{-1}}}$

炉外流体：$h_2=(q/A)/(T_2-T_a)=6.23\times10^2/(72-25)=\underline{13.3\,\mathrm{W\cdot m^{-2}\cdot K^{-1}}}$

(3) 保温れんが層の厚さが2倍であるので，$l_2=2\times0.12=0.24\,\mathrm{m}$。総括熱伝達係数は

$$\frac{1}{U}=\frac{1}{1.074}+\frac{0.5}{1.25}+\frac{0.24}{0.15}+\frac{1}{13.26}=3.01$$

より $U=0.333\,\mathrm{W\cdot m^{-2}\cdot K^{-1}}$。したがって単位面積あたりの伝熱速度は

$$\frac{q}{A}=U(T_f-T_a)=4.57\times10^2\,\mathrm{W\cdot m^{-2}}$$

熱損失の低減率は

$$\frac{6.23\times10^2-4.57\times10^2}{6.23\times10^2}=\underline{0.27},$$

すなわち $\underline{27\%}$。次に温度 T_1 を求める。

$$T_f-T_1=\frac{\text{抵抗}}{\text{全抵抗}}\times\text{全温度差}=\frac{1/h_1}{1/U}(T_f-T_a)$$

より $T_1=T_f-(U/h_1)(T_f-T_a)=\underline{974℃}$。同様の計算を行って

$$T_3=\underline{791℃},\quad T_2=\underline{60℃}$$

6・6

二重管環状部の断面積 $S=6.31\times10^{-4}\,\mathrm{m^2}$

断面平均流速 $u=0.391\,\mathrm{m\cdot s^{-1}}$

水力相当直径 $D_{eh}=D_o-D_i=0.014\,\mathrm{m}$

レイノルズ数 $Re=\rho uD_{eh}/\mu=8.78\times10^3$

プラントル数 $Pr=c_p\mu/\lambda=7.57$

$hD_{eh}/\lambda=73.0$ より

$$h=(\lambda/D_{eh})Nu=\underline{730\,\mathrm{W\cdot m^{-1}\cdot K^{-1}}}$$

伝熱的相当直径を用いた推算：Nu数の代表径として用いる伝熱的相当直径 D_e は式(6・33)より

$$D_e=\pi(D_o^2-D_i^2)/\pi D_i=0.037\,\mathrm{m}$$

Re数の相当径には水力相当直径 D_{eh} を用いる。式(6・32)より

$Nu=73.8$，$h=(\lambda/D_e)Nu=\underline{279\,\mathrm{W\cdot m^{-1}\cdot K^{-1}}}$

伝熱的相当直径を用いると熱伝達係数は小さく算出される。管の中に複数の伝熱管が挿入されているような熱交換器の設計では，伝熱的相当直径を用いると熱伝達係数が小さく出るので安全側の計算となる。

6・7　自然対流熱伝達係数を求めるためにGr数，Pr数を計算する。

$$Gr=\frac{g\beta(T_w-T_a)D^3}{(\mu/\rho)^2}=\frac{(9.81)(3.13\times10^{-3})(75-18)(0.2)^3}{(1.95\times10^{-5}/1.092)^2}=4.39\times10^7$$

$$Pr=\frac{c_p\mu}{\lambda}=\frac{(1.007\times10^3)(1.95\times10^{-5})}{0.028}=0.701$$

$GrPr=3.08\times10^7$ となるので，式(6・34) $Nu=0.525(GrPr)^{1/4}$ を適用する。

$$h=(\lambda/D)Nu=5.475\,\mathrm{W\cdot m^{-2}\cdot K^{-1}}$$

管1mあたりの伝熱面積 $A=0.628\,\mathrm{m^2}$

式(6・23)より失われる熱量 q は

$$q=(5.475)(0.628)(75-18)=\underline{196\,\mathrm{W\cdot m^{-1}}}$$

凝縮水量は

$$(196/2257\times10^3)=\underline{8.68\times10^{-5}\,\mathrm{kg\cdot m^{-1}\cdot s^{-1}}}$$

6・8　金属球は完全に部屋の壁に囲まれているので，表6・3の $\dfrac{1}{\phi_{12}}=\dfrac{1}{e_1}+\dfrac{A_1}{A_2}\left(\dfrac{1}{e_2}-1\right)$ を適用する。球表面積は部屋の壁の面積より十分に小さく，$A_1/A_2\fallingdotseq0$ であるので $\phi_{12}=e_1=0.7$。放射熱量を式(6・39)から求めると

$$q=(5.67)(\pi)(0.1)^2(0.7)$$

$$\times\left[\left(\frac{573+273.2}{100}\right)^4-\left(\frac{15+273.2}{100}\right)^4\right]$$
$=\underline{631\ \mathrm{W}}$

6・9 (1) 金属管の表面積 $A_1=0.314\,\mathrm{m}^2$，炉の表面積 $A_2=0.88\,\mathrm{m}^2$。表6・3より

$$\frac{1}{\phi_{12}}=\frac{1}{0.58}+\frac{0.314}{0.88}\left(\frac{1}{0.8}-1\right)=1.813$$
$$\therefore\quad \phi_{12}=0.552$$

式(6・39)より $\underline{q=21.9\,\mathrm{kW}}$

(2) 問題6・8と同様であるが，金属棒の両端からの放射伝熱も考慮する必要がある。金属棒の面積は

$$A_1=(\pi)(0.1)(1.0)+(2)(\pi/4)(0.1)^2=0.330\,\mathrm{m}^2$$

$\phi_{12}=e_1=0.58$ とおいて，式(6・39)より

$$\underline{q=24.2\,\mathrm{kW}}$$

6・10 問題6・8と同様，$\phi_{12}=e_1=0.9$ である。式(6・39)より水平管1mあたりの放射伝熱量は $q=276\,\mathrm{W\cdot m^{-1}}$。自然対流による伝熱量 $196\,\mathrm{W\cdot m^{-1}}$ と合わせると，水平管1mあたりの総伝熱量は $472\,\mathrm{W\cdot m^{-1}}$ となるので，凝縮水量は

$$472/2257\times10^3=\underline{2.09\times10^{-4}\,\mathrm{kg\cdot m^{-1}\cdot s^{-1}}}$$

6・11 (1) 低温流体の出口温度を T_C[℃]とする。

熱交換量：$\underline{q=385\,\mathrm{kW}}$

低温流体の出口温度：

$$(4.18)(7200/3600)(T_\mathrm{C}-25)=385$$

より $T_\mathrm{C}=\underline{71.1℃}$

対数平均温度差：$\Delta T_\mathrm{lm}=\underline{96.5℃}$

内管基準総括熱伝達係数：

$$U=q/A\Delta T_\mathrm{lm}=(385\times10^3)/[(9)(96.5)]=\underline{443\,\mathrm{W\cdot m^{-2}\cdot K^{-1}}}$$

(2) 高温流体の出口温度を T_H[℃]，低温流体の出口温度でを T_C[℃]とする。

交換熱量 $q=(4.18)(7200/3600)(T_\mathrm{C}-25)=(1.98)(10000/3600)(180-T_\mathrm{H})$ より

$$T_\mathrm{C}=143.4-0.658\,T_\mathrm{H}\qquad(1)$$

熱交換器の伝熱速度式 $q=UA\Delta T_\mathrm{lm}$ と熱交換量より

$$q=(4.18\times10^3)(7200/3600)(T_\mathrm{C}-25)=(443)(9)[(180-25)-(T_\mathrm{H}-T_\mathrm{C})]/\ln[(180-25)/(T_\mathrm{H}-T_\mathrm{C})]$$

整理すると

$$T_\mathrm{C}-25=(0.4769)[155-(T_\mathrm{H}-T_\mathrm{C})]/\ln[155/(T_\mathrm{H}-T_\mathrm{C})]\qquad(2)$$

式(1)，(2)を満足する T_H, T_C, q を求めると，

$$\underline{T_\mathrm{H}=114.5℃},\quad \underline{T_\mathrm{C}=68.1℃},\quad \underline{q=360\,\mathrm{kW}}$$

6・12 管外流体(熱媒体)の熱交換量 $\underline{q=96000\,\mathrm{W}}$。管内流体の出口温度 T_H[℃]とすると交換熱量

$$q=(2.28)(4.2\times10^3)(90-T_\mathrm{H})=96000\,\mathrm{W}$$
$$\therefore\quad \underline{T_\mathrm{H}=80.0℃}$$

対数平均温度差：$\underline{\Delta T_\mathrm{lm}=43.3℃}$

伝熱管の内表面積：$A_\mathrm{H}=6.78\,\mathrm{m}^2$

管内表面基準の総括熱伝達係数：

$$U_\mathrm{H}=q/(A_\mathrm{H}\Delta T_\mathrm{lm})=\underline{327\,\mathrm{W\cdot m^{-2}\cdot K^{-1}}}$$

式(6・25)より U_H を伝熱抵抗式として表すと，

$$\frac{1}{U_\mathrm{H}}=\frac{1}{h_\mathrm{H}}+\frac{l}{\lambda_\mathrm{w}}\frac{A_\mathrm{H}}{A_\mathrm{av}}+\frac{1}{h_\mathrm{C}}\frac{A_\mathrm{H}}{A_\mathrm{C}}\qquad(1)$$

上式の右辺第1項が管内境膜の抵抗，第2項が伝熱管壁の抵抗，第3項が管外境膜の抵抗。管内表面 $A_\mathrm{H}=6.78\,\mathrm{m}^2$，管外表面 $A_\mathrm{C}=7.92\,\mathrm{m}^2$，管壁の平均伝熱面積 $A_\mathrm{av}=7.34\,\mathrm{m}^2$(対数平均を使用)。

右辺第1項：管内境膜の h_H を式(6・32)から推算。

内管の総断面積：$S=0.0136\,\mathrm{m}^2$

断面平均流速：$u=0.168\,\mathrm{m\cdot s^{-1}}$

$Re=\rho uD/\mu=1.147\times10^4$，$Pr=c_\mathrm{p}\mu/\lambda=14.7$，式(6・32)より $Nu=119$

管内境膜の熱伝達係数：

$$h_\mathrm{H}=(\lambda/D)Nu=497\,\mathrm{W\cdot m^{-2}\cdot K^{-1}}$$

以上の数値を式(1)に代入し，h_C を求めると，$h_\mathrm{C}=845\,\mathrm{W\cdot m^{-2}\cdot K^{-1}}$。式(1)を比で表すと，$1=0.66+0.01+0.33$ となり，管壁の抵抗は全体の1%と小さい。管内境膜の抵抗が全体の2/3，管外境膜の抵抗が全体の1/3を占める。

6・13 NaOH収支

$$(0.08)(4500)=(0.18)\,W$$

より濃縮液の質量流量 $W=2000\,\mathrm{kg\cdot h^{-1}}$。全量収支より発生蒸気量 $D=2500\,\mathrm{kg\cdot h^{-1}}$。88℃における水の蒸発潜熱は

$$\Delta H_\mathrm{vap}=2257+(2.05-4.21)(88-100)=2283\,\mathrm{kJ\cdot kg^{-1}}$$

伝熱速度は，式(6・50)より $q=1935\,\mathrm{kJ\cdot s^{-1}}$。蒸発缶の総括熱伝達係数は

$U=q/[A(T_S-T_B)]=\underline{2.31\,\mathrm{kW\cdot m^{-2}\cdot K^{-1}}}$

110℃における水の蒸発潜熱は

$$\Delta H_{vap}=2257+(2.05-4.21)(110-100)$$
$$=2235\,\mathrm{kJ\cdot kg^{-1}}$$

であるので，必要水蒸気量は

$$1935/2235=\underline{0.866\,\mathrm{kg\cdot s^{-1}}}$$

7·1　(a) フィードバック制御系，(b) フィードバック制御系（どちらの系も流量（被制御変数）を測定し，設定値と比較して操作している制御系である。）

7·2　貯留タンクの液面の断面積を A，液レベルを h，流入量を v_i，さらに流出量を v_o とすると，物質収支 $A\dfrac{\mathrm{d}h}{\mathrm{d}t}=v_i-\alpha\sqrt{h}$ が導け，任意の流入量 v_i^* に対して，$h^*=\left(\dfrac{v_i^*}{\alpha}\right)^2$ なる定常値が存在する。

7·3　貯留タンクの液面の断面積を A，液レベルの定常値 h^* を，その変化量を Δh，定常状態での流入量を v_i^*，流出量を v_o^*，その変化量を Δv_o^* とすると，物質収支式から

$$A\frac{\mathrm{d}\Delta h}{\mathrm{d}t}=-\Delta v_o$$

が導ける。

7·4　対象プロセスを式(7·6)で近似すると，ステップ状のバルブ開度の変化を与えたときの出力は式(7·7)となる。図7·18より，$\underline{K_p}=-6/6\underline{=-1\,\mathrm{cm\cdot\%^{-1}}}$，$\underline{\text{時定数}\ \tau_p=6\,\mathrm{min}}$

7·5　系の動特性は $40\dfrac{\mathrm{d}\Delta y}{\mathrm{d}t}=4\Delta u-\Delta y$ で表されるので，表7·1より $\underline{K_c=1\%\cdot\mathrm{cm^{-1}}}$，$\underline{T_I=40\,\mathrm{min}}$

7·6　制御系を一巡したときの符号を－にするためには，＋のゲインの Reverse Controller を使うべき。

索　引

さ　行

た　行

ま　行

や 行

ら 行

わ 行

1999 年 1 月 22 日 初 版 発 行
2021 年 4 月 2 日 増 補 版 発 行
2023 年 9 月 8 日 増補第 3 刷発行

基 礎 化 学 工 学

編 者 (公社) 化学工学会
発行者 山本 格

発 行 所 株式会社 培 風 館
東京都千代田区九段南4-3-12・郵便番号102-8260
電 話(03)3262-5256(代表)・振 替 00140-7-44725

中央印刷・牧 製本

PRINTED IN JAPAN

ISBN 978-4-563-04637-8 C3043